U0181243

THE STARRY SKY

我们头顶的星空

余恒 著

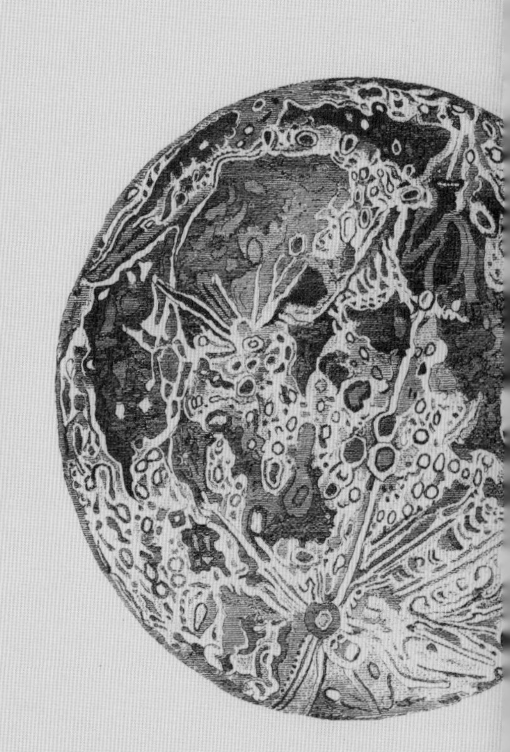

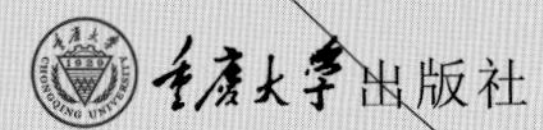

序言：
星空宝藏

“所谓的夜，就是大地把它自己的影子投射到了天空上。”

——《巴比伦塔》（特德·姜）

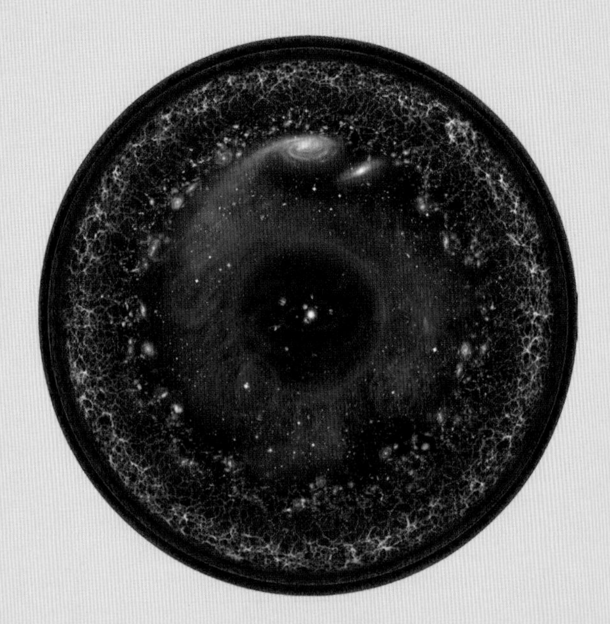

艺术家以对数比例构思的可观测宇宙。
从内到外依次展现太阳系、银河系、邻近星系、
大尺度结构和宇宙微波背景辐射

晴朗通透的夜空其实不是黑色，而是一种深邃的蓝，仿佛平静的海面，能让思绪变得宁静深远。每当我注视着熠熠星子，都不禁想要知道更多它们的故事，希望通过它们更加了解我们所在的世界，以及我们自身。

我们用来观察夜空中光亮的眼睛是为了适应太阳而进化的。太阳的辐射在绿色波段最强，因此我们对这个颜色最为敏感，方便感知万物反射的阳光。当太阳西沉至地平线以下，月面反射的日光便成为最主要的天然光源，夜空中那些悄然显现的星星点点也大都是来自远方的“太阳”。虽说“天上的星星数不清”，但真有人认真记下了每一个亮点，试图从中找出宇宙运行的规律。他们是最早的天文学家。在这群人的努力下，我们知道，夜空中肉眼可见的光点大约有7000颗。它们的相对位置恒久不变，因此被称为“恒星”。此外还有五个明亮的光点在恒星构成的星空背景中缓缓移动，这便是“行星”。中国古人将这五颗星与五行学说相关联，以金木水火土给它们命名，这些名字一直沿用至今。在人类文明史的大部分时间里，日月星辰就是世人认知中的全部宇宙。

人们关心这些天体最直接的原因并不是想探索遥远的空间，而是为了规划眼前的生活。太阳东升西落，月亮圆缺轮回，四季斗转星移，岁月就在这不变的循环中流逝。草木荣枯，鸟兽迁徙，也都遵循同样的节律。为了适应这样的环境，我们有了时间的观念。

被太阳照亮时，地球上是白天；背对太阳，便成了夜晚。地球每自转一圈就意味着昼夜交替一次，这就是一天；每约365天，地球围绕太阳转动一圈，四季轮换，这就是一年。然而一年中的日子太多，不便数算。恰好月轮以30天为周期盈亏交替，熟悉月相的人只要看一眼月亮的形状，便知道这个月（阴历月）过去了几天。

无论地理迥异还是天气异常，我们都能通过星象确认时节，知道农时将近，物候可期。遥远的天体便融入了我们琐碎的日常。

自恐龙灭亡以后，除人类之外，没有其他生物更能成功地适应环境。这是个值得骄傲的成就，于是有人骄傲地认为整个世界以自己为中心。这时候，是那些遥远的天体让我们认清自己在宇宙中的位置。

如果把太阳比作一个篮球，地球就是在它26千米之外的一颗绿豆。这颗绿豆只能接收到太阳所释放能量的22亿分之一，但就是这么一点微不足道的能量，维持着地球上的全部生机。无论是水的奔流，风的行止，还是植物的萌生，动物的奔走……所有的能量都来自这份宝贵的光和热。

五大行星也和地球一样，是围绕太阳转动的小世界。但它们得到的能量不是太多就是太少，没能成为生命的源泉，只能在地球的夜空中闪耀。望远镜发明之后，更多类似的天体被发现，其中天王星和海王星质量较大，被纳入行星的行列，其他较小的则被归为小行星。后来，人们发现一些星球的特征介于行星和小行星之间，天文学家一度为了它们的分类争执不休，最后干脆增加了新的分类——矮行星，容纳以冥王星为代表的一系列中等大小的行星。这些大大小小的星体都是在太阳诞生之初没来得及坠入其中的星云碎片，和太阳一起构成了太阳系。

类似太阳这样的恒星在夜空中数不胜数。它们如沙砾般汇成银河，在夏夜横亘晴空。太阳不过是其中的万亿分之一。它被星系无法抗拒的强大引力裹挟，拖着众多行星在银河旋涡中上下浮沉，每两亿年绕行银心一周。即使死亡也无法将它从这条没有尽头的轨道上带走。

而主宰这一切的银河系，只是可见宇宙的数千亿星系中极其普通的一个。它周围的小星系要么已经被它吞噬，要么正被牵引着，在漫长的绕转中缓缓地滑向死亡的深渊。银河系是它所在星域的王，而更大的世界在254万光年之外，那里的仙女座大星系比银河系更加庞大，它们共同构成了一个叫作“本星系群”的联合王国，决定着周围1千万光年半径内所有星系和物质的命运。这两个主导星系也在引力的作用下缓缓接近，最终将融为一体。

所有已知的星系都以这样的方式存在着：绕转或者被绕转，吞噬或者被吞噬。人们根据星系在天空的位置和距离画出它们的空间分布，发现这些星系构成了海绵般的物质之网，在无尽的空间中绵延不绝。似乎宇宙中所有的物质都被引力吸附在这张巨网之上，形成滔滔的物质洪流，汇入最近的质量中心。在那里，成百上千个星系共同构成了巨大的星系团，就像被群蜂围绕的蜂巢。宇宙中没有任何已知力量能阻止这些星系就近聚集。

按理说，引力会让宇宙中的所有星系彼此接近，天文学家们却发现众多星系都在相互疏离。这意味着网在不断膨胀，就像一个正在发酵的面团。如果没有未知的斥力在撑开这张巨网，我们看到的膨胀只能解释为一场爆发后的惯性——那就是大爆炸。

根据大爆炸理论，在时空之初，所有的能量和物质

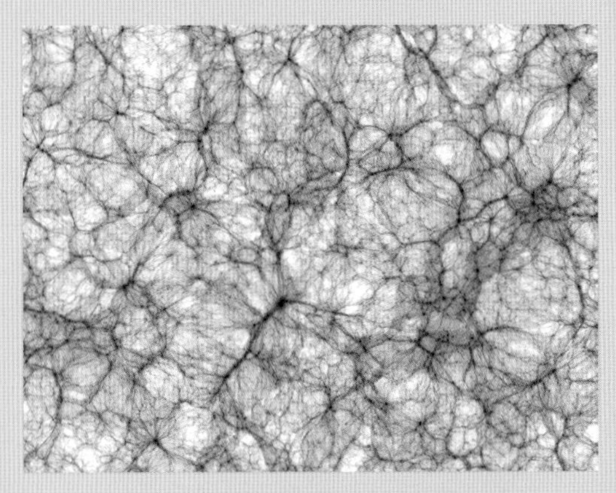

计算机数值模拟得到的宇宙大尺度结构切片。
图像对应的空间尺度为12亿光年。
其中亮度代表物质密度，颜色代表气体温度

都挤在一处，高温且致密。构成这个世界的基本粒子在混沌中倏生倏灭。随后空间开始膨胀，宇宙温度逐渐降低，基本粒子相互结合，形成氢和氦并稳定下来。早期微小的密度起伏在这个过程中被不断放大：物质越多的地方引力越大，越容易吸引到更多的物质。这些偶然的涨落就构成了今天宇宙结构的种子。虽然空间在不断膨胀，宇宙整体变得越来越冷，但在物质密集的地方却是相反的景象：物质越聚越多。它们被自身的重力挤压，密度增大，温度升高，最终达到核聚变的临界点，以猛烈的燃烧宣告宇宙中的第一代恒星的诞生。

自那以后，一代代恒星生生不息。它们通过核反应将大爆炸后产生的氢和氦聚变成更重的元素，并在死亡时将其抛撒回星际。下一代恒星又自灰烬中诞生……这样的轮回在第一颗恒星出现后就再也没有停止过。今日宇宙中几乎所有比氦重的元素都源自这个过程。我们脚下的土地，呼吸的空气，乃至我们的身躯都曾是星尘。

这样奇妙的联系已经远远超出了我们最初观察星空时的期望，所以不要小看星空下的仰望。每当我们在晴朗的夜晚抬起头，都有无数来自遥远恒星熔炉的光子穿透地球大气，进入瞳孔。光子打在视网膜上产生微弱的电信号，而视神经将这些信号传递到大脑皮层。光子消失，视觉形成，思考随即开始。虽然那些光子所携带的能量不足以让我们感到温暖，但包含了许多令人兴奋的信息。在这本书里，我要讲述的正是这些光子带来的故事。

C O N T E N T S

目录

认识星空

THE STARRY SKY

在古都沉睡之时，午门上方的星轨记录着时光的流逝。
steed 拍摄

> “若星辰千年一现，人类关于上帝之城的记忆，必将世代相传，而被永久信仰、崇拜、珍存。然而每夜，美丽天使们芳颜展现，并以警世之微笑，照亮宇宙。”
>
> ——[美]拉尔夫·沃尔多·爱默生

旭日初升，东方渐晓，在你匆忙开启一天生活的时候，可曾留意过那些消隐于曙光中的星点；当你结束一天的忙碌，快步下班回家的时候，是否注意到明亮的星子正从夕阳的霞光中慢慢显现。我们都曾在茫茫的夜色里凝望过闪耀的群星。我们也不禁想知道那些明亮的天体是否就是传说中的金星、火星或者织女、天狼。然而星点不像植物或者动物，它们没有可以明确区分的形态，只是一个个小小的光点。你甚至都很难确定，你和身边的朋友所指的是否是同一颗星。不过，我们仍然可以认识它们。

从古至今，人们一直用肉眼观察星空，还发明了许多专门的工具（圭表、浑仪、星盘、象限仪等）测量和定位天体，但并没能看到更多的目标。直到17世纪，望远镜发明之后，地球上的人们才得以窥见一个更大的世界。

如今的人们不仅能在地面上建造直径超过十米的光学望远镜，还能将望远镜发射到太空中以避开大气层的干扰。自动化的远程控制系统让操作者无须亲临现场，灵敏的电子探测器让观测者不必依靠人眼观测。包括天文学家在内的许多人都已经很久没有见过真实的星空了。虽然天文照片美轮美奂，星空剧场特效逼真，但它们都无法替代璀璨星河之下的真实体验。

现代的天文观测主要是通过望远镜进行的。不过只凭眼睛也能够享受到许多乐趣。在晴朗的夜里，驻足室外抬头远望，给眼睛一些时间让它适应黑暗。你会发现，星空一直在那里。晴朗的夜空就像深不见底的海洋，散落着许多宝藏。有些光属于死去恒星的遗骸，有些光来自新生恒星的襁褓。甚至还有一些光是由距离我们很远的亿万颗恒星共同贡献的……当你了解这片星空时，就能找到它们，观察它们，从中感受探索宇宙的乐趣。

一眼望去，密集的星子似乎数不胜数。然而早有人将它们一一记录。全天肉眼可见的恒星有约七千颗。古希腊天文学家喜帕恰斯（Hipparchus，约公元前190—前125）把它们按亮度分为6等，数字越小亮度越大。最亮的天狼星是-1.5等，织女星是0等，心宿二是1等。肉眼能看到的最暗星是6等。它们要比1等星暗一百倍，相当于两千米外的烛光。不过我们不需要费力去辨认这些暗星，从亮星开始会容易很多。只要天气晴朗，即使在都市中，适应了黑暗的眼睛也能够看到亮于3等的恒星。古人把这些亮星连缀成图案，并赋予它们具体的形象和动人的故事。这就是星座。而且这些星座图案并不是唯一的。每个民族都有各自关于星空的传说。

欧洲人对星空的认识

欧洲的星座体系起源于古巴比伦。经过古希腊人和古罗马人的加工演绎，许多星座都与动人的神话故事联系在一起流传至今。我们会在后面逐个介

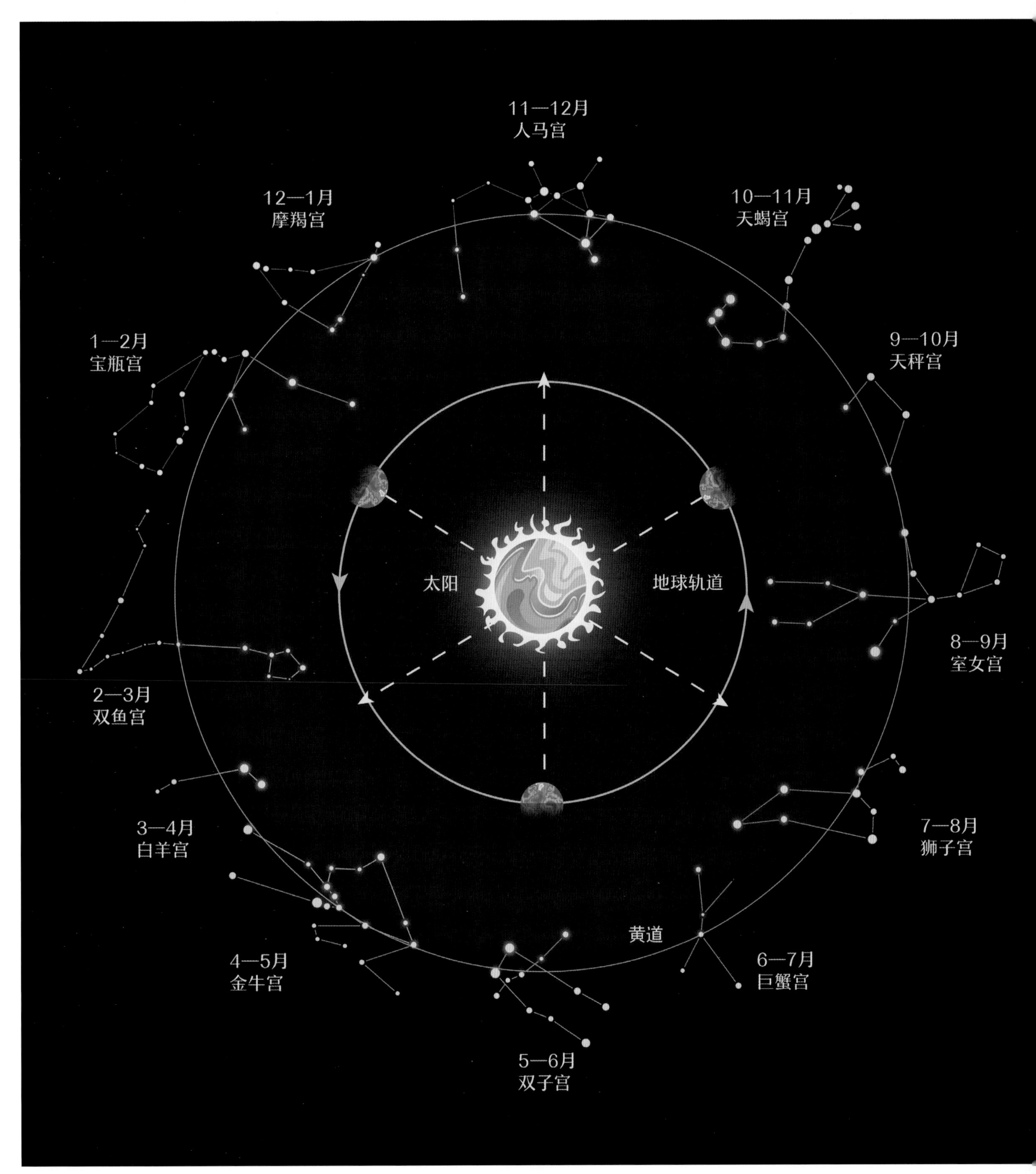
11—12月
人马宫
12—1月
摩羯宫
10—11月
天蝎宫
1—2月
宝瓶宫
9—10月
天秤宫
太阳
地球轨道
8—9月
室女宫
2—3月
双鱼宫
3—4月
白羊宫
7—8月
狮子宫
黄道
4—5月
金牛宫
6—7月
巨蟹宫
5—6月
双子宫

黄道十二宫

绍。西方星座中最重要的概念是黄道十二宫。它们是分布在太阳运行轨迹(黄道)上的十二个星座(或者区间),太阳大致每个月停留在其中一个星座中,于是人们就把那个星座作为在此期间诞生的孩子的守护星座,并和出生时刻的行星位置一起用于占卜。那些遥远的天体并没有影响人生的神秘力量,不过相信占星的人们的确借此调整着自身的信念,从而作出真正的改变。

星座中的恒星名称一般根据德国天文学家约翰·拜尔(Johann Bayer,1572—1625)在1603年出版的《测天图》一书中所采用的规则,按照亮度从大到小用小写希腊字母顺次编号。如果24个希腊字母都用完了,就用拉丁字母继续。这个方法被称为“拜尔命名法”。它为每个星座提供了约50个编号,用于星座的标注绰绰有余,但要记录更暗的恒星就不够用了。于是天文学家们又发展了出另一种命名方法,不过它的诞生过程有些曲折。

英格兰第一任皇家天文学家约翰·弗拉姆斯蒂德(John Flamsteed,1646—1719)花了40年时间对北天约3000颗恒星进行了系统观测。虽然艾萨克·牛顿(Isaac Newton,1643—1727)使用过其中的部分数据,但弗拉姆斯蒂德为了确保数据质量,迟迟没有发表结果。1712年,他的观测助手埃德蒙·哈雷(Edmond Halley,1656—1742,就是那位以哈雷彗星闻名于世的天文学家)和时任英国皇家学会会长的牛顿偷偷将他的观测数据复制了400份。弗拉姆斯蒂德得知后勃然大怒,他设法收集到了300份并将其付之一炬。但就是这份未经授权的星表首次用数字来为每个星座中的恒星编号。于是天狼星既是大犬座α,又是大犬座9。后来的天文学家广泛采用这个方法,并称之为“弗拉姆斯蒂德命名法”。而他自己的正版星表直到1725年才由其遗孀整理出版,其中反倒没有使用数字编号。

中国古人对星空的认识

中国古代也有类似星座的星象系统,是将恒星单独或多颗组合在一起,与人间的形象和官职相对应,这便是星官。古人在星空中设置了天帝所居的紫微垣、象征朝堂的太微垣,以及代表市井的天市垣,构成了一个与人世国度对应的天界。此外,与西方关注太阳运行轨迹的思路不同,我国古人更在意月亮的位置。月亮每28天在星空背景中运行一周,每晚宿留一处,这些位置附近的亮星就构成了二十八宿。后来,二十八宿中一些重要的形象逐渐被放大,演变成人们所熟悉的东方苍龙、西方白虎、南方朱雀和北方玄武四象,成为四方的象征。星官中的亮星用数字来编号,例如牛郎星所在的星官叫河鼓,因此它也被称作河鼓二。这样一套三垣、四象、二十八宿的星空体系在中国沿用了约两千年,直到在明清之际与西方科技接轨,才渐渐淡出人们的视野。

古人只关心亮星,星座之间没有明显的边界,许多星也没有明确的归属。后来在望远镜的帮助下,越来越多的新天体被发现,各国天文学家争相在夜空角落中设立新的星座,星图因此变得混乱而拥挤。20世纪20年代,世界天文学家的联合组织——国际天文学联合会(International Astronomical Union, IAU)决定统一星座的名称和边界,以方便交流与合作。我们今天所用的全天88星座的系统就此固定下来。只要我们熟悉了这些星座的图案和传说,辽远的星空就不再是幽暗的荒原。

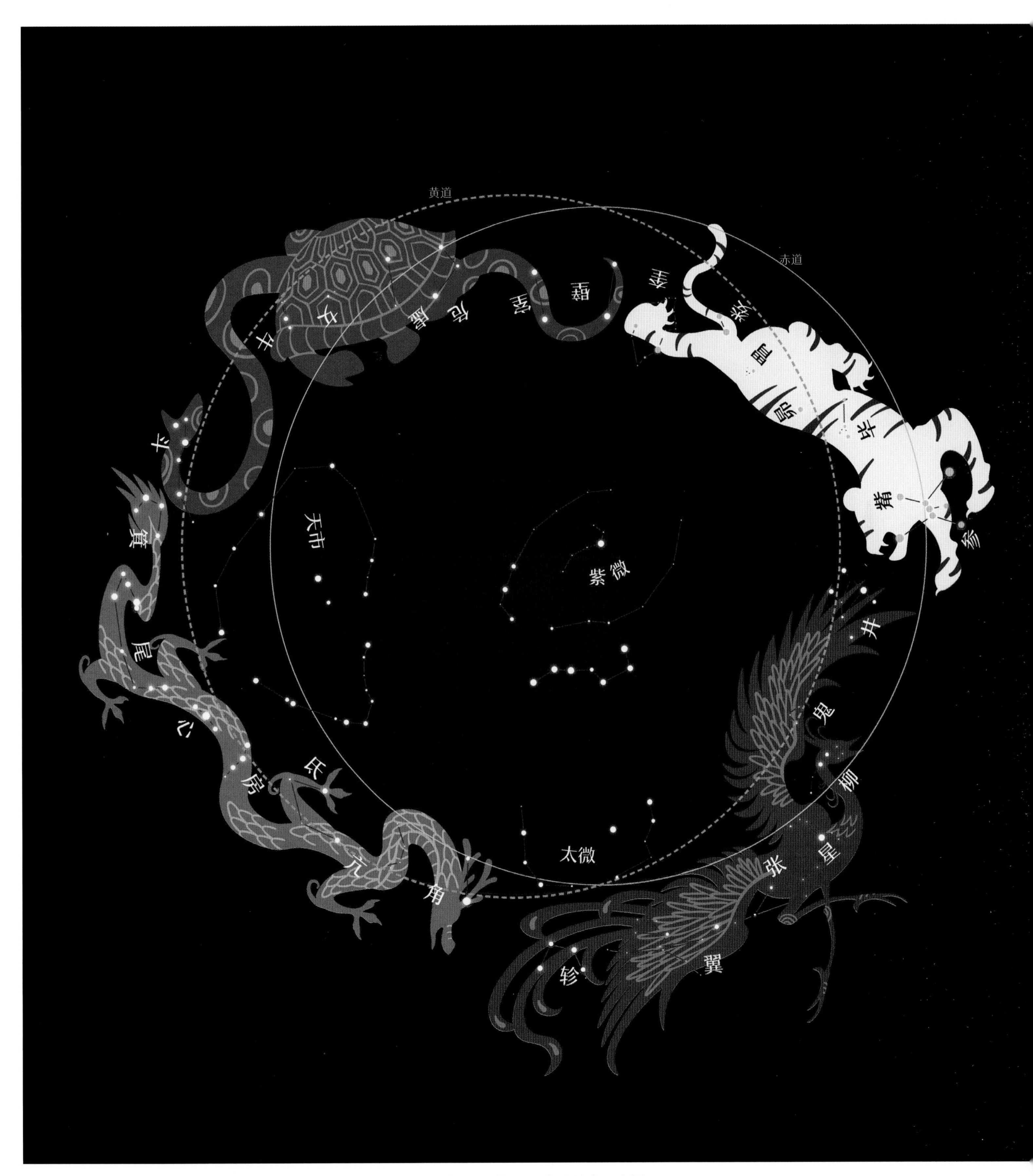

三垣、四象、二十八星宿示意图

如何认识我们头顶的星空？

认识星空虽然不难，但也不能一夜速成，因为我们头顶的星空并不是一成不变的。即使我们站在原地不动，大地也在带着我们巡视寰宇。地球每 4 分钟自转 1°。日月星辰东升西落，都是这个速度。如果不是由于大气散射的日光掩盖了星光，我们本可以在一天内认遍全天星座。可生活在地球上的人们不能没有大气层的保护，一时半会儿也无法移民外太空，所以看星星这件事目前只能在地面上慢慢来。一年有 365 天，古巴比伦人将圆周分为 360°，于是地球公转会让太阳以大约每天 1° 的速度在恒星背景上缓缓运行，我们每天在固定时间看到的星空也因此会平移大约 1°。所以，认识星座用不着通宵达旦，只需每个月都找机会认认真真地看上一会儿，如此坚持一年便可大功告成。

我在本书中会依次介绍每月中旬 21:30 左右出现在北半球正南方向的星座。正南方是最适合北半球观测的方位。因为天体东升西落，当它们运动到正南方时就处于一天中观测角度最高的位置，天文学上称为上中天。这时观星最不容易受到地面障碍物和灯光的影响。21:00—22:00 是适合大多数人观测的时间，足以避开太阳的余晖，又不至于太晚而影响休息。如果你在其他时间观测，只需按照同一方向每小时星空相差 15°，或者同一时间每 15 天相差 15°的标准来推算即可。例如“一月”一节介绍的是 1 月 15 日的 21:30 出现在正南方的星座。如果你在 15 日 20:30 点时观测，它们会在南方偏东一点，还没有升到最高处。那时在正南方位于它们西侧的还是“十二月”一节介绍的星座。如果你是在 1 月 20 日 21:30 分观测，会发现它们已经在 20 分钟前越过正南，此刻已经向西偏转了 5°。在它们东侧的二月星空已经准备就绪了。

我们每个月介绍的星空是正南方向左右 15° 的范围。这对于肉眼观测来说范围并不大。如果你闭上一只眼睛，将另一侧手臂平举伸直，竖起小手指，它对应的角度就大约是 1°；拳头对应的角度约为 10°；同时竖起食指和小指，它们之间的自然张角就差不多是 15°。天空就这样被拆分成 30° 宽的 12 个分区，每个月都可以从容地探索。

如果你观星的地域开阔，没有地面灯光污染的话，观测角度可以达到 120°，这意味着你可以同时观察 4 个月的星空，不过你在室外停留的时间也会相应延长。

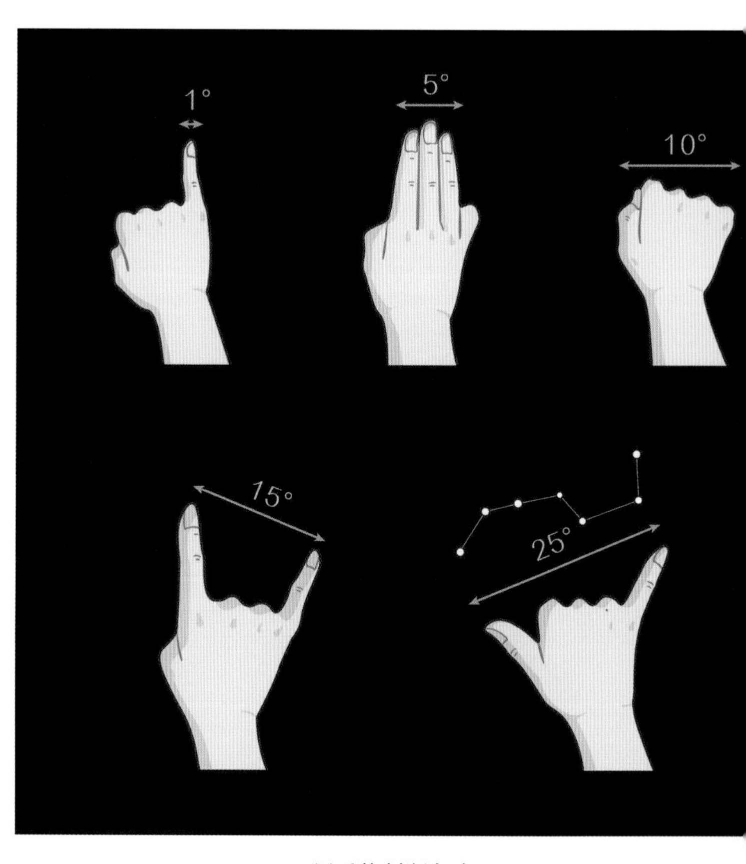

用手势判断角度

除了 12 个月的特色星座，还有一部分星空全年都不会落入地平线以下，那就是北极星所在的北天极（对于南半球的观测者来说则是南天极）。北极星刚好处在地球自转轴所指的方向上，所以不论昼夜交替四季轮回，它总是高悬北天。北极星在地平线上的高度就是观测地点的地理纬度。譬如北京位于北纬 40°，人们在这里看到的北极星就常年挂在地平线以上 40° 的位置指示北方。群星围绕极星旋转，北天极附近 40° 范围内的星空都不会落入北京地平线以下。这个范围被称为“恒显圈”（circle of perpetual apparition）。与之相对的南天极附近 40° 的星空就不会在北京的地平线上升起。这部分被称为“恒隐圈”。因此，本书在 12 个月度星空章节之外，还有两个章节专门讲述南北天极，这 14 个区域就完全涵盖了全天 88 个星座。

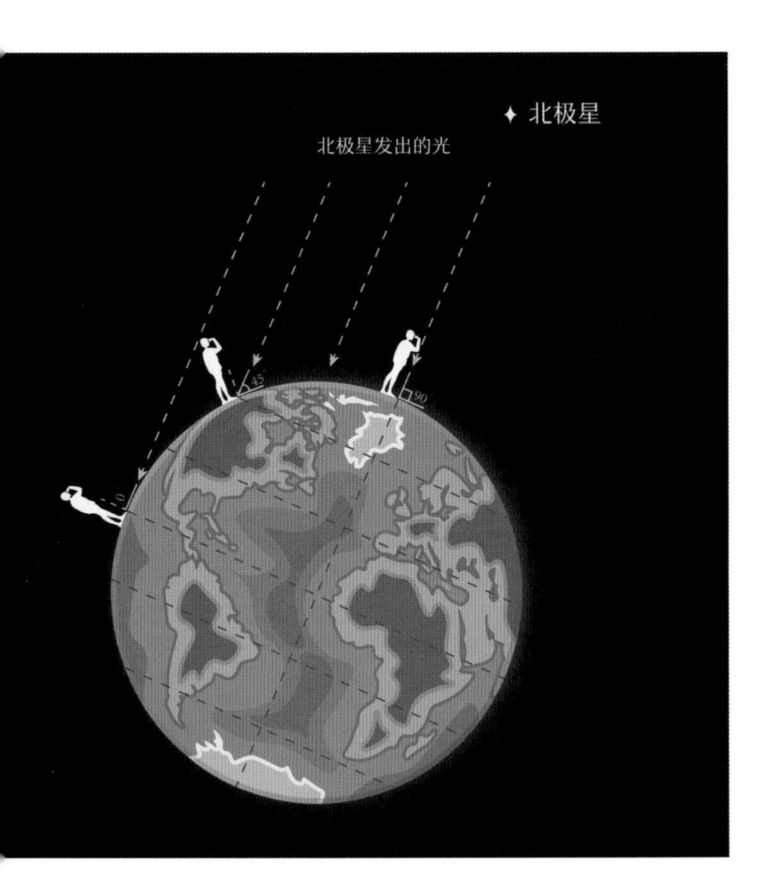

在地球上的不同纬度看北极星的位置

星座面积很大，因而可以在晴朗的夜里用肉眼直接观看。有些暗弱的星座要到没有月亮的晴夜才会现身。认出星座之后，就可以开始寻找藏身其间的星空宝藏了。这时候，一个双筒望远镜会很有帮助。首先它的视场足够大，不会让你迷失在星海之中。其次它又提供了合适的放大率，足以呈现常见的特殊天体。

恒星通常是无趣的目标，因为无论用多好的望远镜，都只能看到一个个明亮的光点，和肉眼直接看到的没有区别。不过有一些恒星与众不同。虽然肉眼看上去是一个普通的星点，但在望远镜中会被分解为两颗星。这类天体被称为双星，较亮的一颗被称为主星，另一颗则是伴星。有的双星只是刚好投影在同一个方向上，彼此之间并没有任何关联。这种是光学双星。而确实在相互绕转的双星被称为物理双星。能在望远镜中目睹两颗恒星彼此绕转的刹那也是难得的体验。不过它们的位置变化通常都小得难以察觉。有些恒星还会有周期性的明暗变化，它们被称为变星。变化周期从几天到几年不等。有的恒星会成群结队地聚集在一起，构成璀璨的星团，在望远镜中显得琳琅满目。还有些天体根本不是恒星，只是星际间的尘埃。因为有着云雾般的形态而被称为星云。而有些看起来像星云的天体其实是遥远的星系……这些特殊的天体都隐藏在繁星之间。观星的一大乐趣就是找到并观察它们。

星团、星云、星系这些非恒星天体在望远镜发明之前一直不为人知，因此被称为深空天体。它们大都没有通用的名字。天文学家们为了方便研究，会整理出各类天体的列表，这就是星表。人们通过星表中的编号来称呼这些天体。一个天体如果被多个星表同时收录就会有好几个不同的编号。例如

18 世纪的法国天文学家查尔斯·梅西叶（Charles Messier，1730—1817）整理过一份星云星团表用来和彗星相区别。这是最早的一份深空天体表，其中包含的 110 个天体是天文爱好者最容易观测的一批目标。这些天体被称为梅西叶天体，以 M 为缩写。著名的猎户座大星云在这张星表中的编号为 42，所以被记为 M42。后来，19 世纪的爱尔兰天文学家德雷尔整理了一份更加全面细致的深空天体表，叫作星云星团新总表（New General Catalogue of Nebulae and Clusters of Stars，NGC）。猎户座大星云在这张表中的编号为 1976，于是有了另一个名字 NGC 1976。所以当你在本书中看到陌生的天体编号时，不用紧张，它们只是来自不同星表的代号而已。

本书没有试图涵盖这些星表中的全部目标，同时也包含了一些不在这些列表中，看上去似乎平淡无奇，却富有科学趣味的天体。我希望大家能够通过本书发现星空的魅力，并和我一样享受观察星空、思考宇宙的乐趣。让我们出发吧。

观星准备

如果你打算外出观星，有必要提前做一些准备工作。

首先要确认天气。大晴天当然很理想，不过最好也查询一下气象云图，以免天气临时变化。其次要确认月相，因为月明星稀，农历十五前后就算天气很好，也没有多少星星可看，最好避开这几天。

这两点很多时候要看运气，不过接下来就要看能力了。最好能在白天选择合适的观测地点。通常需要视野开阔，远离道路和城市的灯光干扰，同时还要保证夜间的行动安全。一个熟悉的环境会让你更放松地融入星空。

最重要的一点是准备合适的衣帽鞋袜。如果你只是在回家的路上停下脚步匆匆一瞥，当然不需要额外的衣物。但是要待在户外看上一个小时的星星则完全是另一回事。有太多爱好者的星空初体验是毁在单薄的穿着上的。不要怕麻烦。夏天观

北斗七星与玛尼堆。余恒拍摄

星要拿上秋天的衣服，春秋观星要穿冬天的衣服，而对于冬夜的观测，羽绒服和冲锋衣都必不可少，最好再带上自发热贴。在星光璀璨的晴夜，如果只是因为衣服不够而无法在室外领略星空的美丽未免太遗憾了。

除此之外，纸质的星图或者装有星图软件的智能手机也是必备的，它们能帮助你确认当前夜空中的目标。如果有双筒望远镜就能看到更多暗弱的天体。资深的天文爱好者还会准备天文望远镜和用于拍摄的单反相机。但是设备越多，出行就越困难。不要让这些设备成为你接近星空的障碍。我们没有它们一样能感受星空的美丽与浩瀚，就像千百年前的先祖一样。

万事俱备之后，就耐心地等着夜幕降临吧。如果看到夕阳不妨留意一下，只有半度大小的太阳从接触地平线（山尖、房顶）到完全隐没只需要2分钟。

谈谈恒星与行星

STAR & PLANET

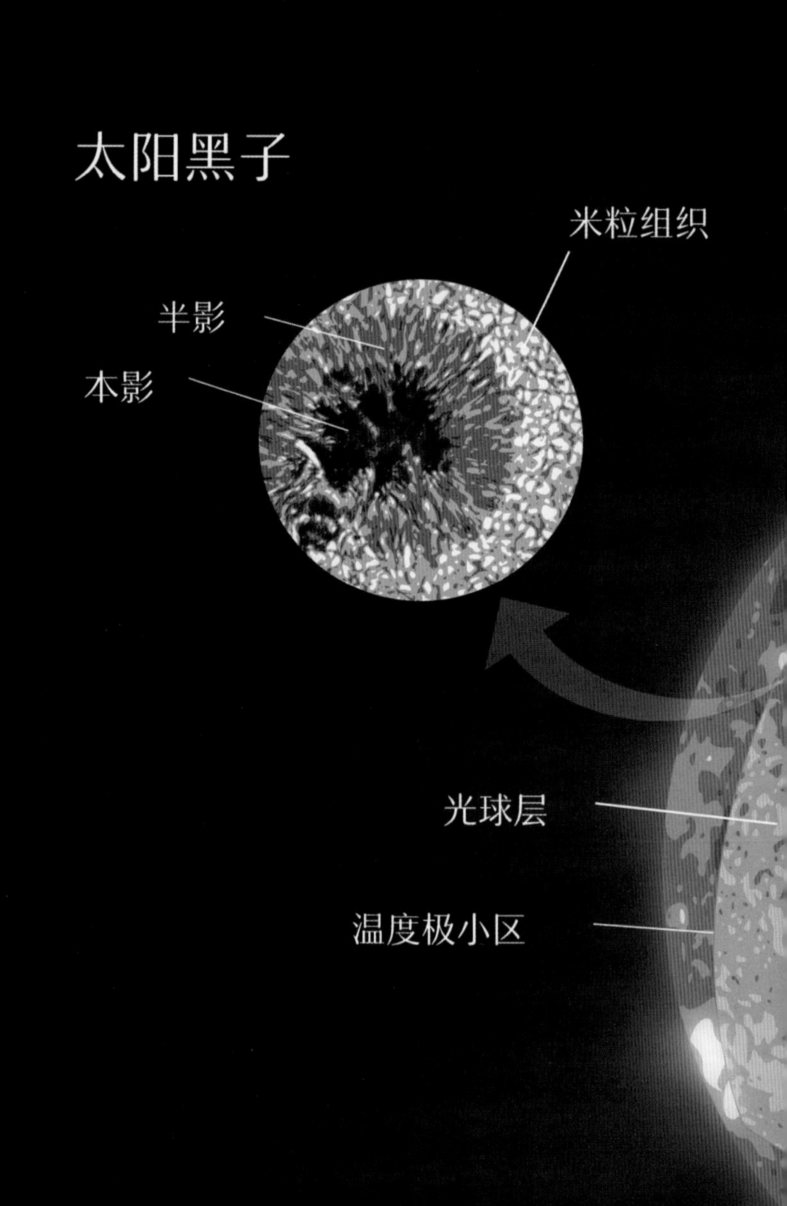

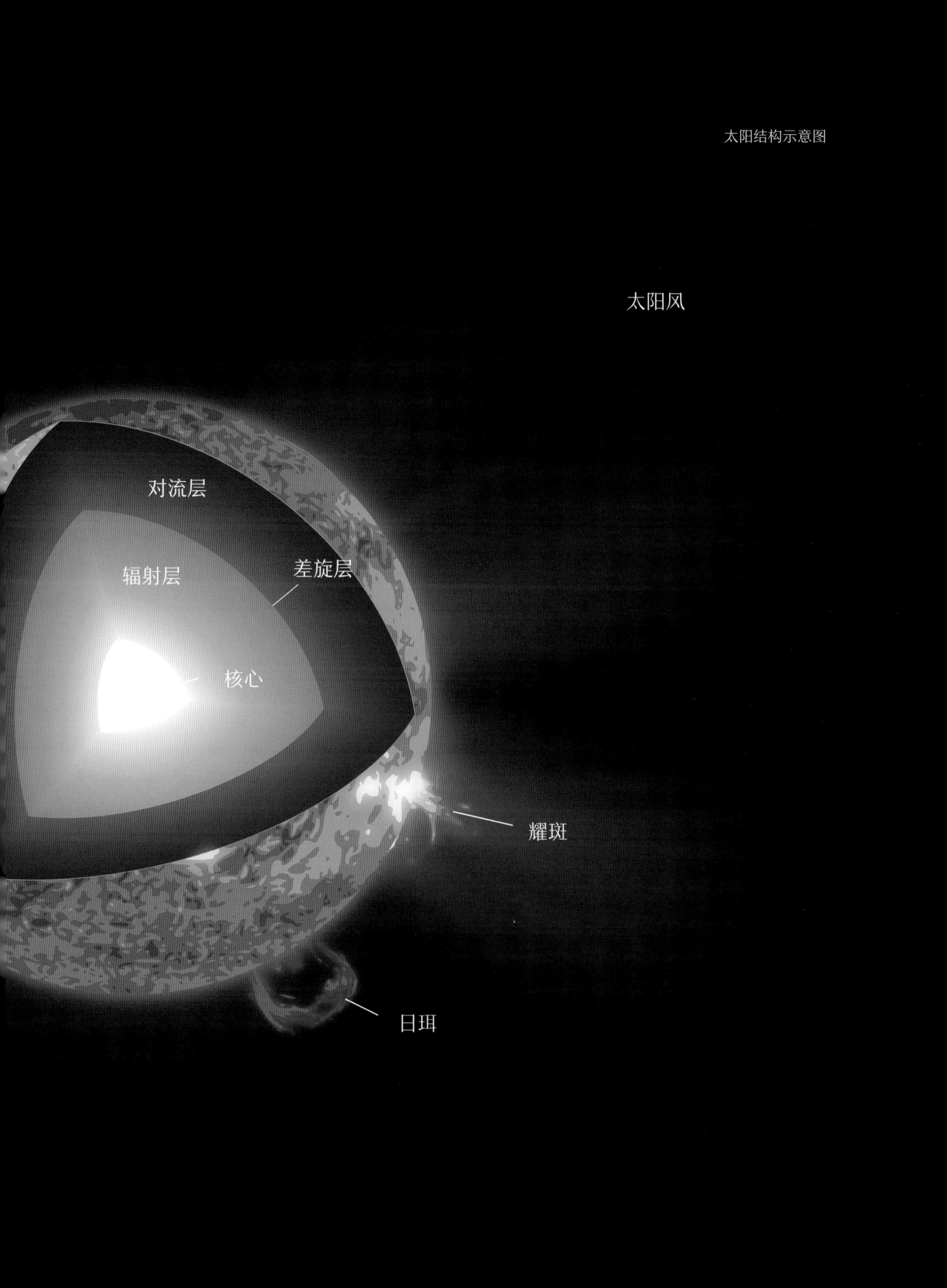

太阳结构示意图

宇宙的演化

宇宙浩瀚，星辰亘古，但它们都不是永恒的存在。从古至今，人类对世界起源的追问从来都没有停止过。我国古人认为天地由一个诞生于混沌之中的巨人盘古开辟，古印度人说梵天自金蛋中诞生创造了世界，古希腊人则相信原始神在混沌中整饬了世界。这些解释都没能真正解决这个问题，它们在回答一个问题的同时又提出了更多的问题。正如屈原在《天问》开头所质疑的那样："遂古之初，谁传道之？上下未形，何由考之……"在那个混沌初开，天地未分的时刻，是谁在见证并记录这一切，我们又是如何获知那段鸿蒙历史的呢？

今天，我们已经可以根据科学原理推演出宇宙创生时的大致情景，部分回答世界起源的问题。在现代版的宇宙诞生故事中，我们不再需要神的帮助，但一切仍是从一个混乱无序的"蛋"中开始的：在 137 亿年前，我们今天所知的整个宇宙都浓缩在不到一个原子大小的空间里，具有极高的温度和密度，基本粒子在这个能量场中倏忽而生又遽然而灭。随后，时间开始流动，宇宙开始膨胀，体积增加，温度降低，物质从能量中涌现，随着膨胀的空间弥漫。这个过程被形象地称为"大爆炸"。在这个爆发过程中，宇宙中的绝大部分物质以氢元素和氦元素的形式冷却下来，虽然空间中充斥着源自大爆炸的光子，但宇宙中还没有任何物质自发地产生光子，这是一段黑暗的时期。

宇宙虽然一直在膨胀，但物质在引力的作用下缓慢聚集，物质越多的地方越能吸引到更多的物质加入。随着引力越来越大，这些原初氢氦气体云的体积不断减小，密度增加，温度升高。终于有一天，气体云中心的压力和温度超出了氢原子所能承受的极限，氢原子克服了彼此之间的斥力开始合并，释放出巨大的光和热。核聚变开始了，宇宙中从此有了星光。

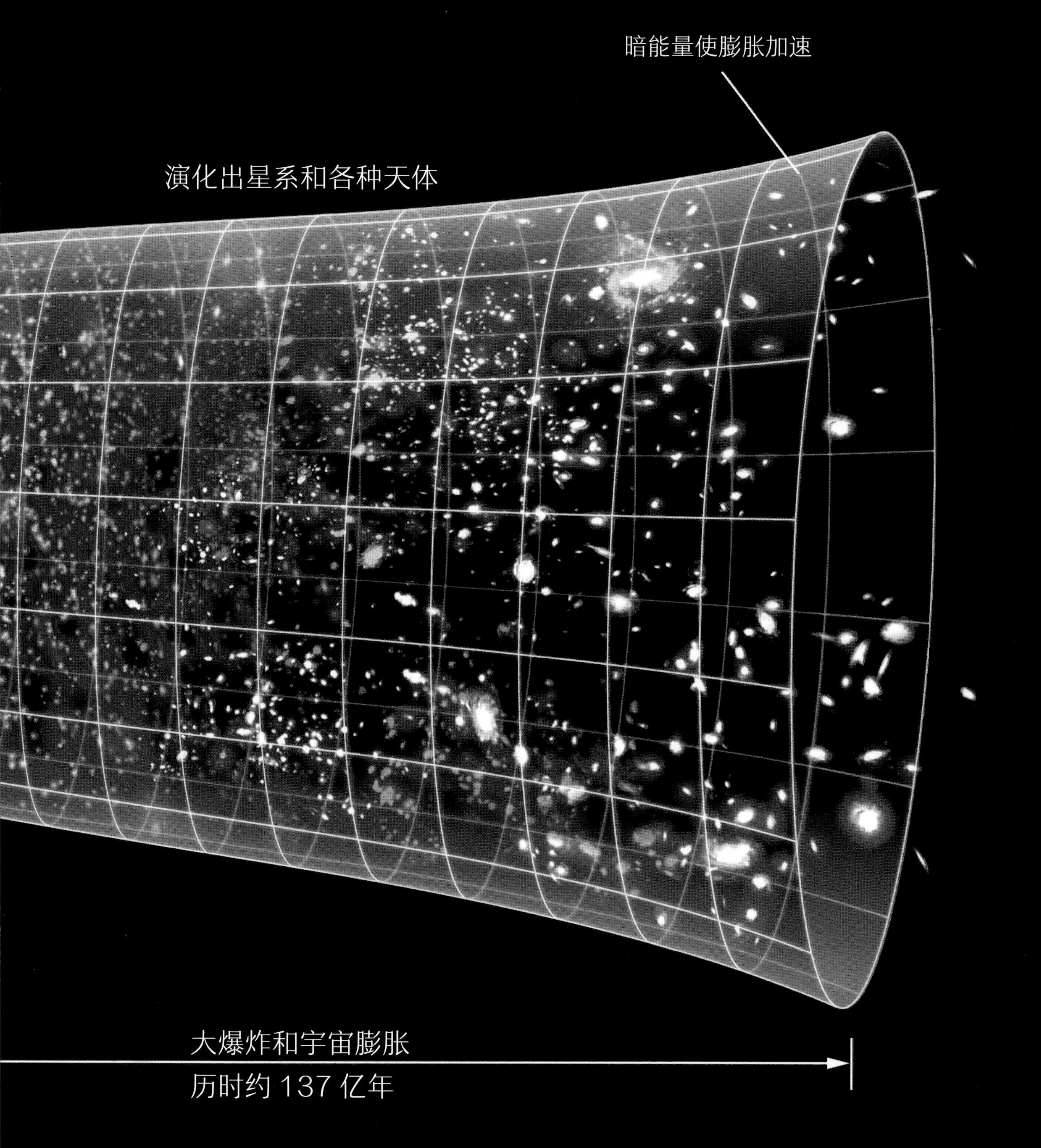
暗能量使膨胀加速
演化出星系和各种天体
大爆炸和宇宙膨胀
历时约 137 亿年

恒星的演化

一颗颗恒星就像一个个元素熔炉，将储量丰富的氢转变为氦、碳、氮、氧等更重的元素，它们成为日后构成星球与生命的原料。然而恒星一旦形成，质量就不再增加，强烈的辐射会中止外部物质的汇入。恒星就只能依靠已有的储备度过或长或短的一生。与我们认知的常识有所不同的是，并不是储备越多的恒星燃烧得越久。事实恰恰相反。恒星质量越大，体积和亮度也就越大，消耗燃料的速度因此成倍增加。反倒是小质量恒星能够细水长流，稳定地燃烧很久。

不过即使是最大质量的恒星，寿命也长达数千年。就像朝生暮死的蜉蝣无缘见证人类的成长一样，我们也无法目睹恒星的一生。但我们可以通过观察不同种类的恒星来推测它们可能的命运。

天文学家们发现绝大部分恒星的温度和光度（在给定距离处测算的亮度）都表现出明显的相关性——越亮的恒星温度越高。这说明大部分恒星都会有一个相对较长的稳定燃烧阶段。在这个青壮年阶段，它们的光度和温度都由初始质量决定。质量大的温度高光度大，质量小的温度低光度小，这类恒星被称为主序星。而当恒星将核心的氢都消耗殆尽时，情况就会发生变化。

缺少了中心核反应压力支撑的恒星会向内坍缩。如果恒星质量太小，内部的温度和压力不足以启动氦聚变反应，恒星将化为一颗致密暗淡的死星，默默度过余生。这类恒星通常颜色发白，光度偏低，因此被称为白矮星。

如果恒星质量大于四分之一的太阳质量，会在坍缩过程中启动氦聚变，进入晚年阶段。在这个阶段，恒星外层没有坠入核心反应区的氢气也开始燃烧，于是外层大气向外扩张，星体半径大大增加。虽然恒星的光度增加，但是来自内部的热量分散在更大的面积上，大气表层的温度反而降低了，呈现为红色。因此被称为红巨星。太阳也将在约 40 亿年后步入这个阶段。

对于太阳这样的中等质量恒星来说，当中心的氦聚变成碳之后，核反应会再次停止。失去支撑的外部大气又会在引力作用下向中心坍缩，内部的温度、压力随之升高，这会启动外层气体的核聚变，从而重新开始膨胀。而膨胀会导致温度、压力降低，核反应中止，引起收缩。这个过程会反复多次进行，称作脉动。每次收缩膨胀都会将部分恒星大气反弹到空间中，在恒星外部形成花样繁复的尘埃遗迹，这就是我们看到的行星状星云，中心处只留下一颗不起眼的白矮星。

如果恒星质量很大，中心核反应将会一直持续下去，氦聚变为碳，碳聚变为氧，氧聚变为硅，硅聚变为铁。而铁是所有原子核中最稳定的，它的核聚变反应会消耗能量而不是释放能量，所以大质量恒星都拥有致密的铁核心。当中心的燃料消耗殆尽，最后的坍缩也无法启动新的核反应。恒星自身强大的引力会将原子中的电子压入原子核，与质子结合形成中子，从而形成一颗完全由中子组成的恒星——中子星。

如果恒星的质量过大，连中子之间的作用力都无法抗衡自身引力，中子会被压碎，形成更加致密的物质。现有的物理理论还无法描述这种物质的存在形式。我们只知道这类星球的密度极高，引力极大，连光子都无法从中逃逸，因此我们称之为黑洞。

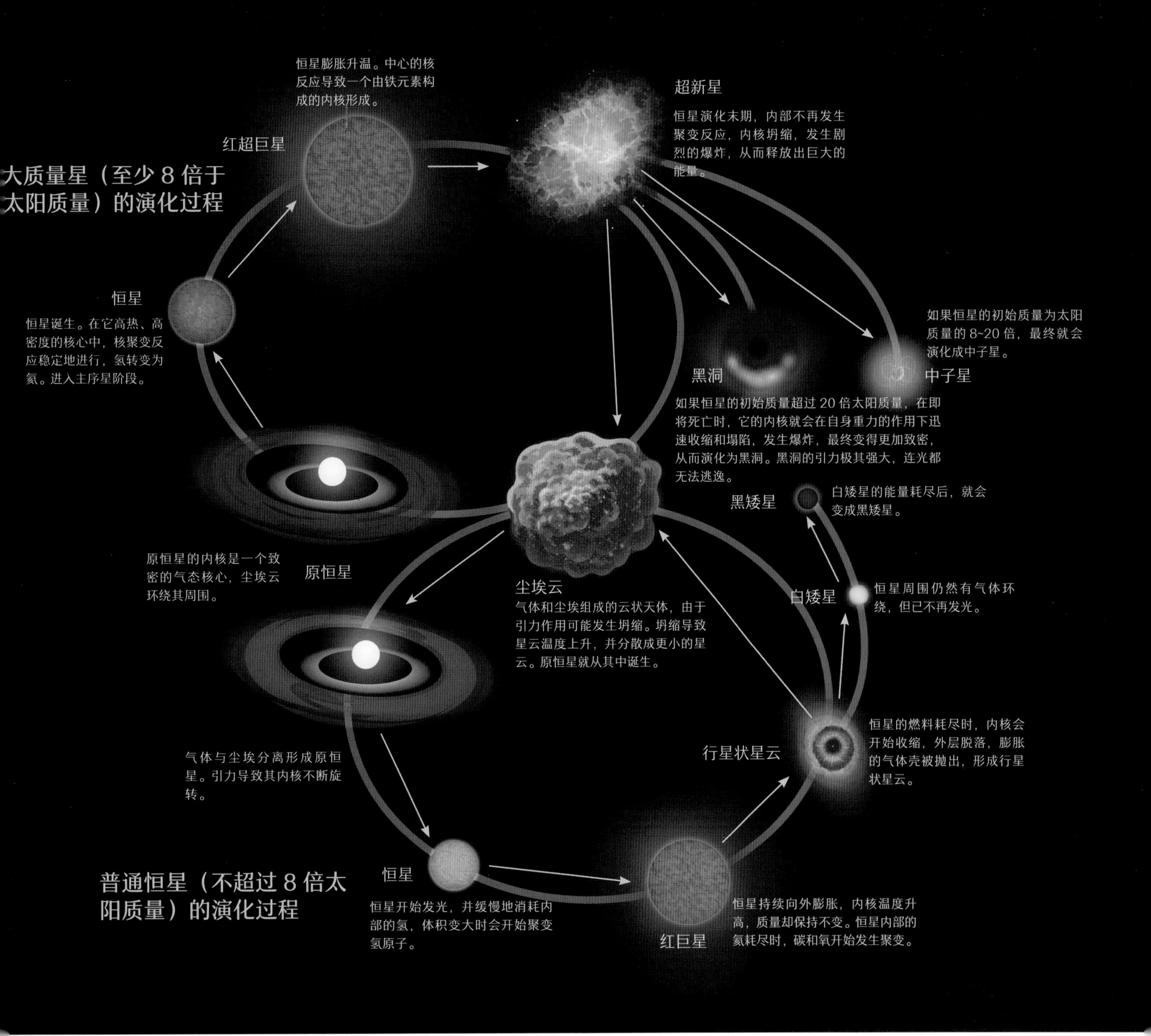

恒星演化过程示意图

对于以白矮星为归宿的恒星来说，它们合成的物质被永远地留在死去的星体中。而在中子星和黑洞形成过程中会发生猛烈的爆炸，形成亮度堪比整个星系的极亮新星，这就是超新星爆发。大量外部气体会在爆发过程中被抛洒回星际空间，成为下一代星体的原料。这样的星尘轮回已经发生过无数次。大大小小的恒星就像炼金术士一样，一点点地将大爆炸中形成的氢和氦转化成各种基本元素。地球上的生命再利用恒星的光和热把这些元素组织起来，变成自身的一部分。

所以，今天的宇宙多姿多彩，复杂而神奇，多亏那些闪烁的星光。

太阳系的行星

如果你时常留意夜空，也许能注意到有几颗亮星像太阳和月亮一样，会在繁星的背景中缓缓移动。它们就是“行星”。肉眼能看到的行星一共有五颗，都非常明亮，古人因此把它们与日月合称为“七曜”。我国秦汉时期的人们认为这五颗行星的颜色和五行之间存在对应关系，于是用金木水火土来称呼它们。

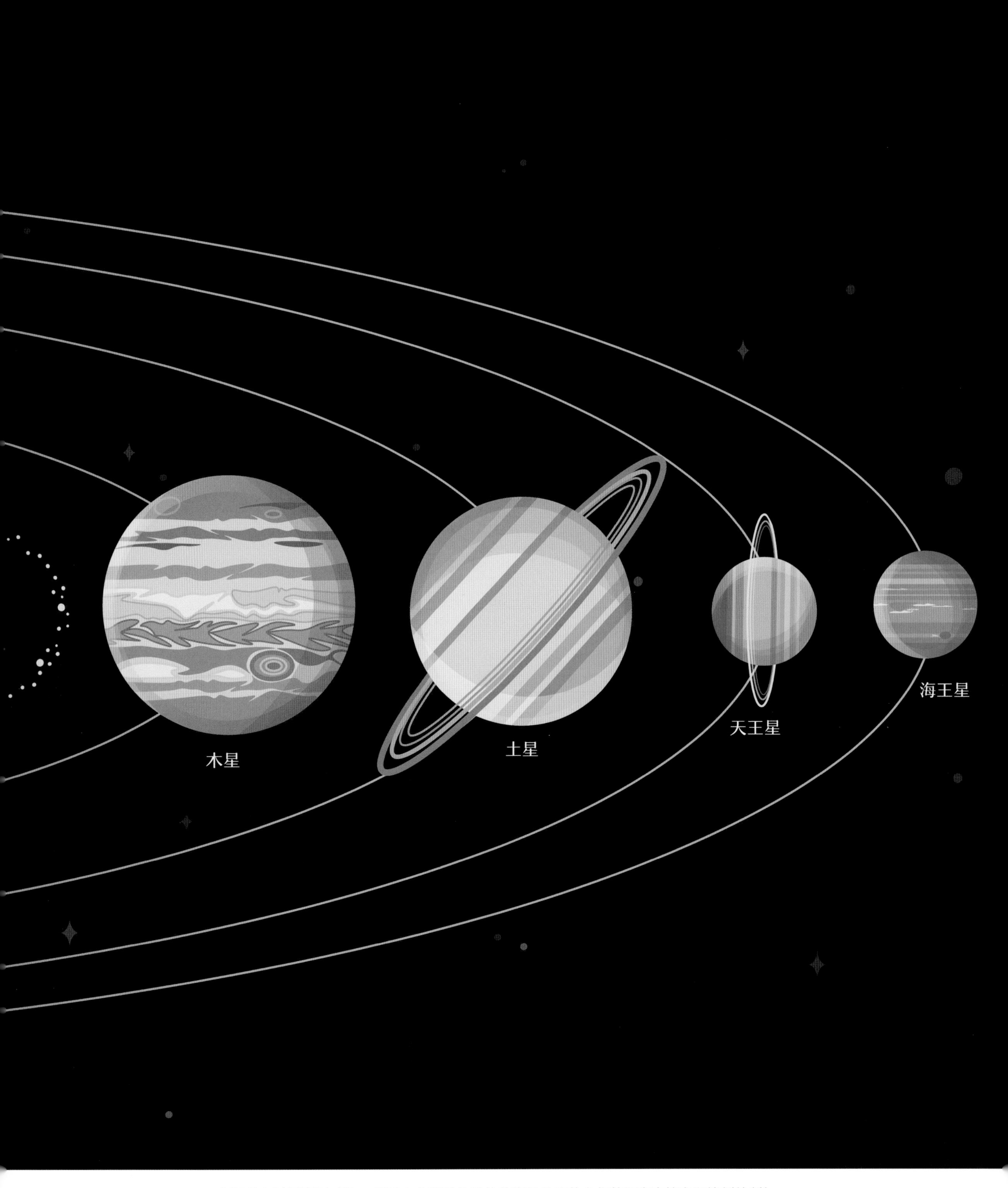

太阳系全景示意图（注：此图中太阳系各天体体积以及天体之间的距离未按实际比例绘制）

水星

Mercury

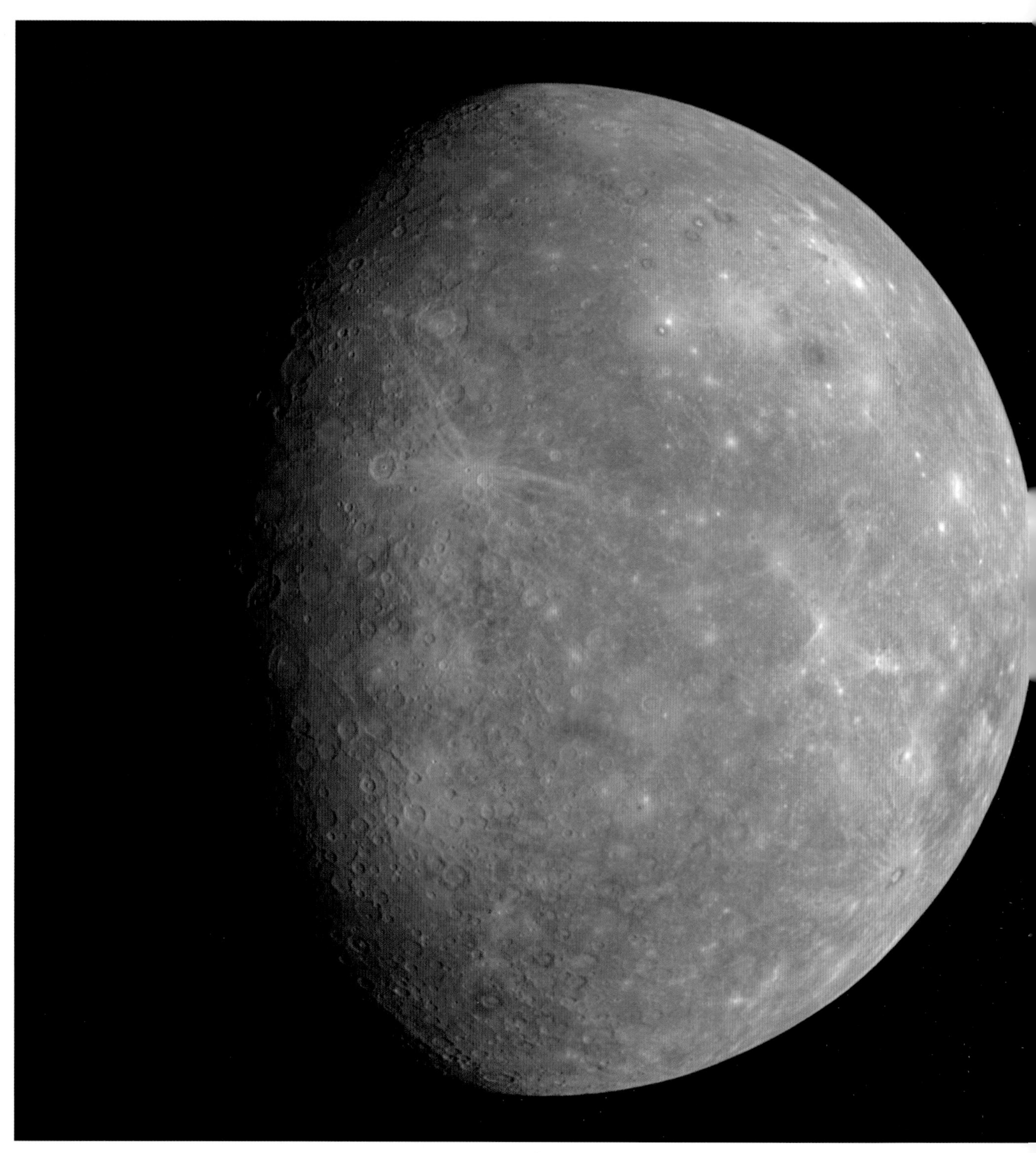

美国信使号水星探测器在 2008 年拍摄的水星照片

水星是由岩石构成的星球（岩质星球）。它本身质量很小，只有地球的八分之一。但它的体积更小，只比月球大一点，算起来密度比地球还大。

在这五颗行星之中，水星运动得最快。它总是在太阳不远处出没。我们知道，这是因为它离太阳最近。在地球上看，它和太阳张角最大时只有28°。而地球每小时转动15°，即使在它离太阳角度最大的时候（称为大距），也只有不到两个小时的时间能够避开太阳耀眼的光芒，显露在清晨或黄昏的天空中。古代以两小时为一辰，因此水星也称辰星。古罗马人看到它是行星中位置变化最快的，便用众神信使墨丘利的名字称呼它。

水星是由岩石构成的星球（岩质星球）。它本身质量很小，只有地球的八分之一。但它的体积更小，只比月球大一点，算起来密度比地球还大。这是个有意思的现象，确切的成因目前还不清楚。要研究这个问题并不容易。在地球上看，水星总是隐没于太阳的光芒之中，无法观测，要向它发射探测器也很困难。地球到水星的距离和地球到火星差不多，不过水星离太阳更近。水星探测器要在对抗太阳强大引力的同时，让自己被水星微弱的引力场捕获，就像要在飓风中把篮球投进篮筐，需要非常精巧的轨道设计。迄今为止只有两个航天器造访过水星，分别是美国在1974年发射的水手10号和2004年发射的信使号。

2018年10月，欧洲空间局也联合日本航天局发射了一个新的水星探测器“贝比科隆博”号。它将于2025年12月抵达水星，届时会为我们传回这颗星球的更多信息。

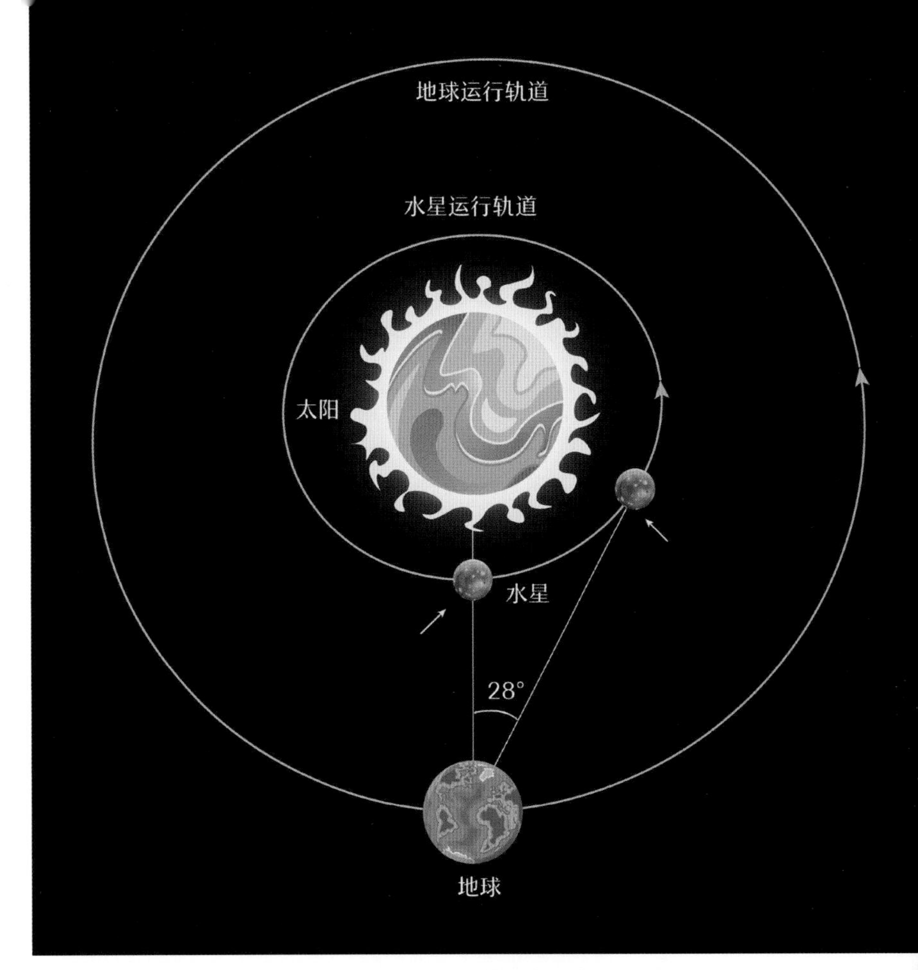

水星与太阳的张角示意图

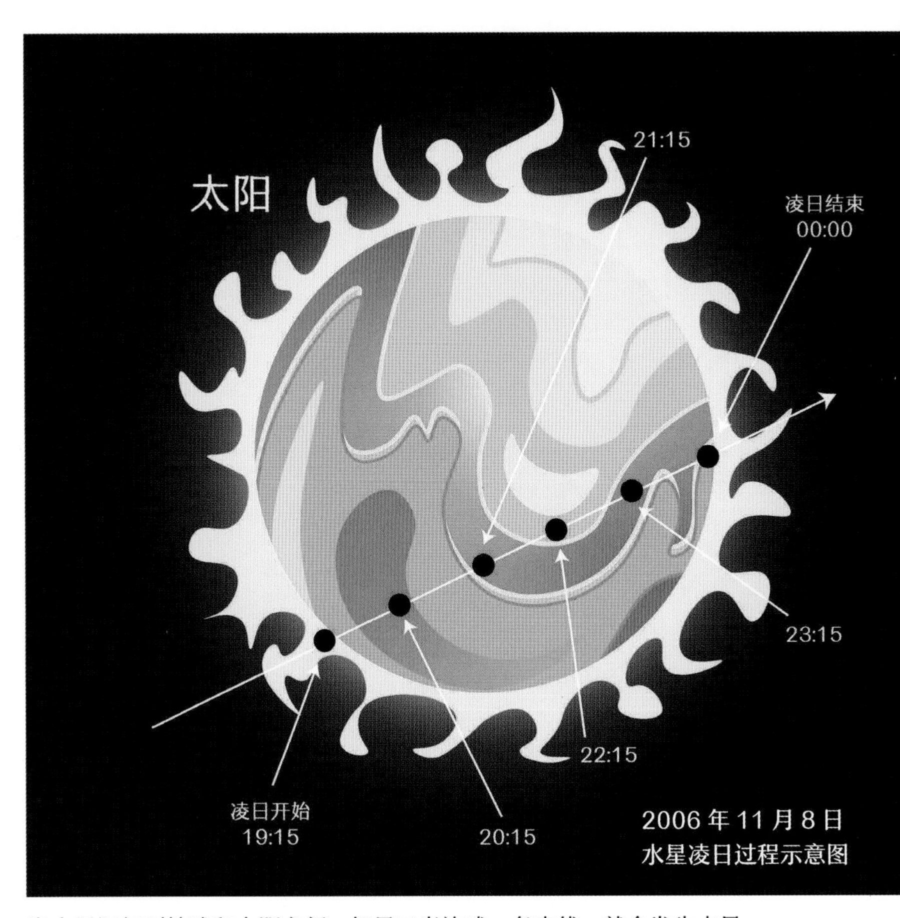

当水星运行到地球和太阳之间，如果三者连成一条直线，就会发生水星凌日。我们会观测到一个黑色的小圆点——水星横向穿过太阳表面

金星

Venus

日本的拂晓号金星探测器在 2017 年拍摄的伪彩色金星照片

金星是轨道离地球最近的行星，因此也最容易观测。它总是夜空中最亮的那颗星。

金星是轨道离地球最近的行星，因此也最容易观测。它总是夜空中最亮的那颗星。在地球上看，金星也和水星一样只出现在太阳附近，不过因为它的轨道靠外，运动范围也相应大一些，和太阳之间的张角可以达到 47°，即在日出前或日落后三小时内出现在天空。早在公元前 1600 年，古巴比伦人就开始系统地记录金星的位置。玛雅人甚至根据金星来制定历法。中国汉代以前将日落后闪耀西方的金星称为长庚，将日出前现身东方的金星称为启明。古埃及人和古希腊人也给金星取了“晨星”和“昏星”两个不同的名字。后来古罗马人意识到这是同一个天体，便用美神维纳斯为它命名。

在望远镜中可以看到金星有类似月亮的相位变化。而且神奇的是，即使金星处于背对我们的新月相位时，仍会有日光穿透它边缘的大气形成环形光晕。这是没有大气层的月球无法为我们提供的奇特景观。要观测这个天象需要一点耐心，因为金星的相位变化周期是 584 天，平均一年半才会出现一次。望远镜中的金星在圆缺变化之外并没有更多细节，它浓厚的大气完全掩盖了其起伏的地表。

人们曾经幻想，金星的大气之下也许隐藏着一个不一样的世界，毕竟它的质量大小都与地球相近。为了弄清这个问题，20 世纪六七十年代，苏联向金星发射了一系列探测器，发现了它美丽外表下的残酷现实。金星大气主要由火山活动喷出的二氧化碳构成，二氧化碳的密度是空气的 1.5 倍，导致金星地表的大气压几乎是地球表面的 100 倍，相当于水下 900 米处。大气中少量的二氧化硫等火山气体还形成了硫酸云层。不仅如此，浓厚的二氧化碳导致的严重温室效应使得金星的表面温度维持在 500℃ 左右，这几乎是酒精灯火焰的温度，足以融化铅、锌等金属。这些条件让金星成了太阳系中最像地狱的地方。虽然理论上我们可以通过微生物改造金星大气。然而在苏联解体之后，以金星为目标的探测器屈指可数。人们的注意力转向了地球外侧的火星。

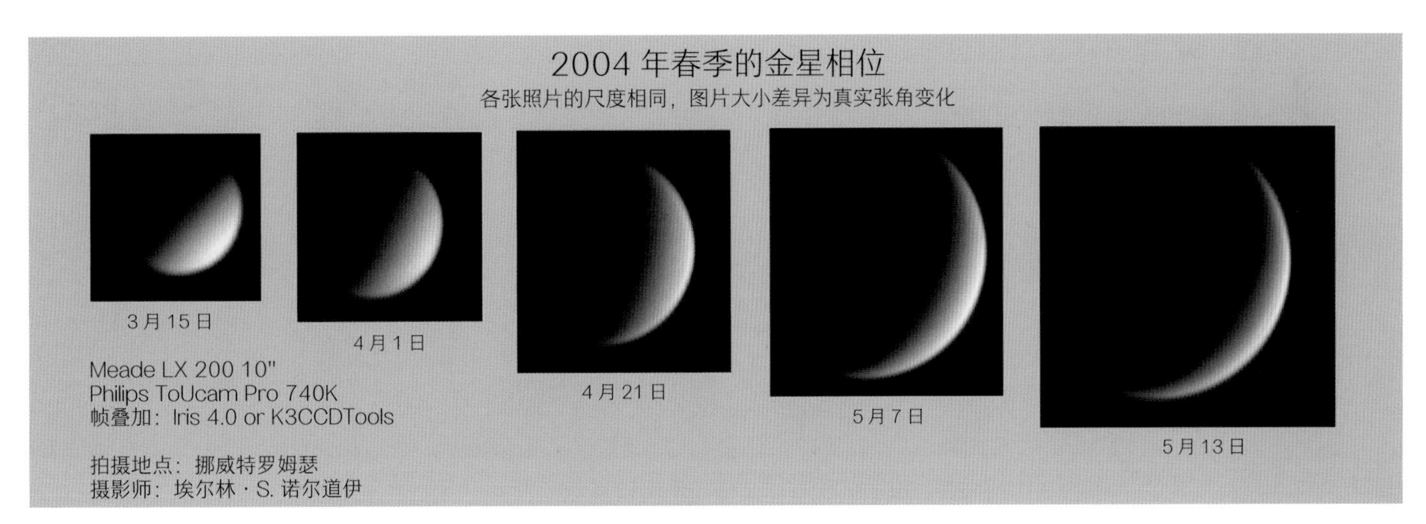

金星和月球一样，也有盈亏圆缺的相位变化，不过我们要借助望远镜才能看到

火星

Mars

这张广为流传的火星全貌由 102 张美国海盗号轨道飞行器拍摄的照片拼接而成。
图片中央的巨大疤痕是火星上最大的峡谷系统——水手谷

红色的火星是太阳系中最像地球的行星，它暗红的色调来自地表中大量存在的红色氧化铁。

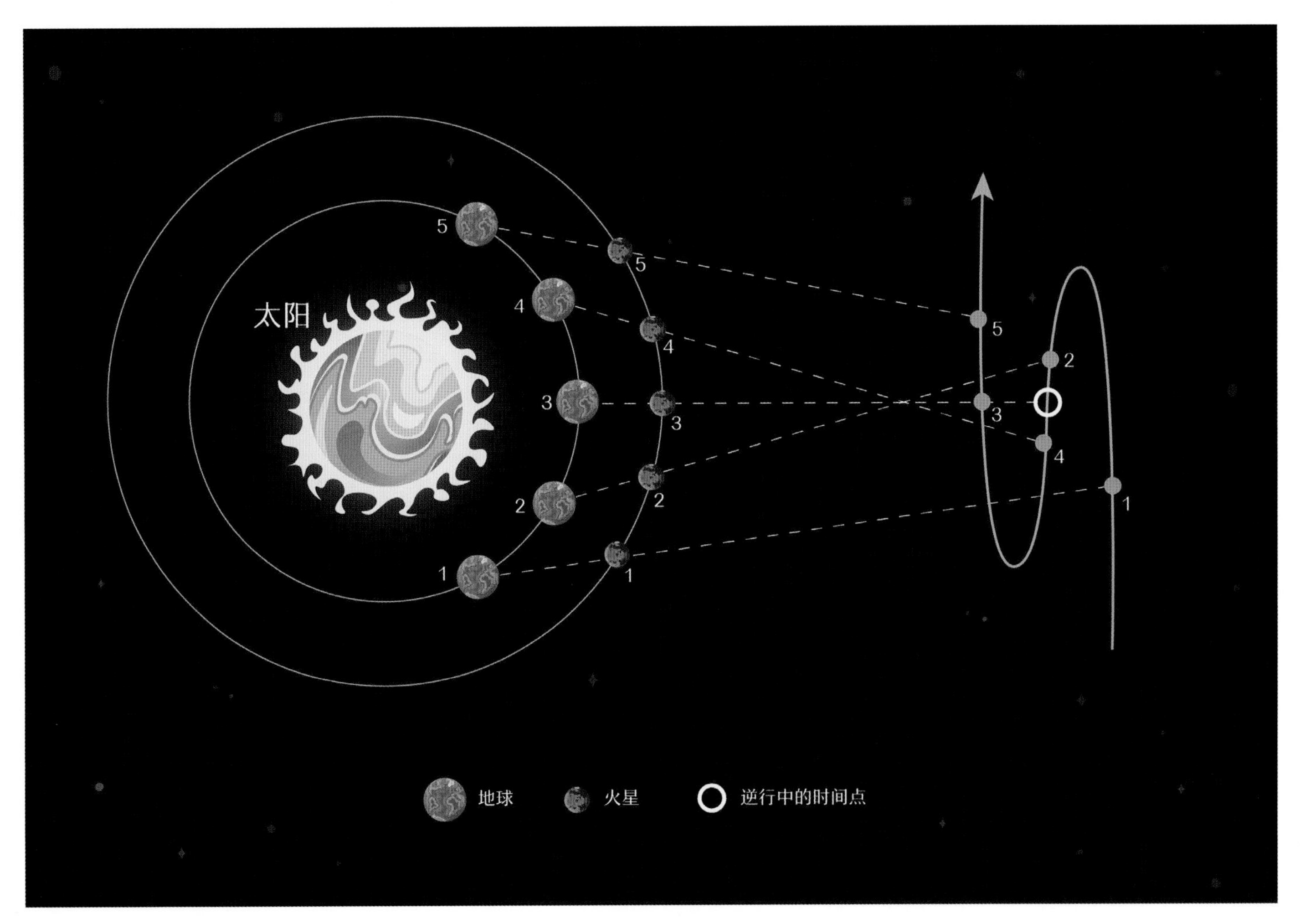

火星逆行示意图

红色的火星是太阳系中最像地球的行星，古罗马人用战神马尔斯的名字称呼它。它暗红的色调来自地表中大量存在的红色氧化铁。火星不仅颜色特别，在天空中的运行轨迹也很奇怪。太阳和月亮在星空背景中都是朝一个方向运行。而火星会在运行途中突然停下来，然后开始反向运动，这叫作“逆行”。火星逆行两个多月后会再次回到正常的运动方向。这个现象令古人非常疑惑，于是将火星称为“荧惑”。今天我们知道，这是因为火星轨道位于地球公转轨道之外，公转周期比地球长很多。每当地球从内侧轨道接近并超过它时，它就会发生逆行。

19 世纪的意大利天文学家夏帕雷利在观测火星时看到它的表面有类似河道的特征，然而他用意大利语标记的地名“河道”被错误地翻译成了英语中的“运河”，引起了轰动。人们开始憧憬火星上存在着先进的文明，尽管后来通过更大的望远镜证实这些水道不过是观测者的错觉，但人们仍然希望能在火星上找到生命或者曾经存在生命的证据。火星的直径是地球的一半，表面重力只有地球的三分之一。它有稀薄的大气和四季变化，甚至还有液态水的存在。但我们迄今还没有在那里找到生命存在过的迹象。

木星

Jupiter

哈勃空间望远镜于 2019 年拍摄的木星近照，标志性的木星大红斑在云带中十分显眼

木星是一颗气态行星，是太阳系中体积最大的行星。它的质量接近太阳的千分之一，超过太阳系内其他所有行星质量的总和。

木星和它的四颗卫星
从左到右依次是木卫四卡利斯托、木卫二欧罗巴、木卫一艾奥和木卫三伽尼墨得

火星之外的行星是木星。它的公转周期接近12年，也就是说，它每年在星空中移动约15°。于是木星成了黄道上一个天然的参考点。古巴比伦人根据它来确定黄道十二宫。古罗马人用众神之王朱庇特（相当于希腊神话中的宙斯）为它命名。我国春秋战国时根据它的位置来纪年，称其为岁星。

木星是一颗气态行星，是太阳系中体积最大的行星。它的质量接近太阳的千分之一，超过太阳系内其他所有行星质量的总和。如果它再大上几十倍，就可以启动核聚变成为真正的恒星。而现在，它只能通过缓慢地收缩释放出有限的热量。对于观测者来说，木星最明显的特征是它周围的四颗明亮卫星。这四颗卫星都位于木星的赤道面，同时出现时会连成一排，用小望远镜就能看到。它们最早是由伽利略·伽利雷（Galileo Galilei，1564—1642）发现的，因此也被称为伽利略卫星。

土星

Saturn

美国的卡西尼号土星探测器于 2010 年拍摄的照片
巨大的土星带着它纤细的光环轻盈地飘浮在太空中，优雅而平静

土星也是一颗气态行星，它是我们裸眼能够看到的最远的行星，大小仅次于木星，有着太阳系中最为壮观的光环。

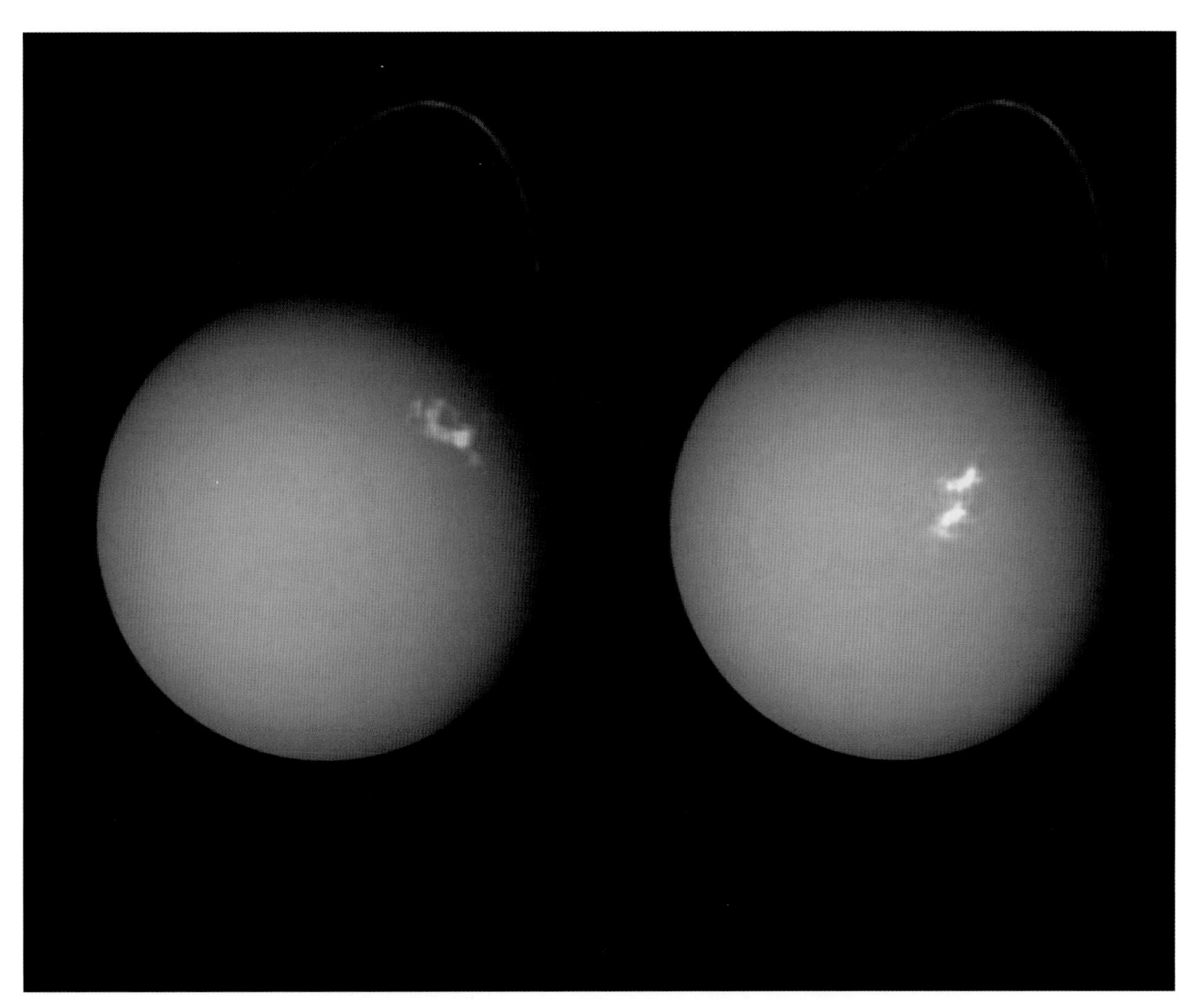

这张天王星的图片是由旅行者二号探测器和哈勃空间望远镜拍摄的照片合成的，
图中可以看到天王星细小的光环和白色的极光

七曜中运行最慢的是土星。它的公转周期约为29年。中国古人因为它每年都会停留镇守二十八宿中的一个，于是称之为“镇星”或者“填星”。希腊人则用时间和黄道之神柯罗诺斯（Chronos）为它命名。罗马人将柯罗诺斯与宙斯的父亲克罗诺斯（Cronus）搞混了，于是英语中土星的名字就成了罗马神话中对应克罗诺斯的农神萨杜恩（Saturn）。

土星也是一颗气态行星，它是我们裸眼能够看到的最远的行星，大小仅次于木星，有着太阳系中最为壮观的光环。当伽利略透过望远镜第一次看到土星旁的这种奇异结构时，将其称为土星的“耳朵”。这美丽的光环主要由高度反光的冰屑组成，可能源自被土星潮汐力瓦解的彗星碎屑。

至于太阳系中的其他两个行星——天王星和海王星都是用望远镜发现的，而且在望远镜中也呈现为恒星一样的光点，看不到什么细节。冥王星一度被认为是第九大行星。后来因为在它轨道范围内发现了多颗大小相近的星球而被降级成“矮行星”。这是介于行星和小行星之间的一类天体。小行星是没有凝聚成行星的太阳系碎片，直径通常不超过1000千米，也没有固定的形状和组成成分。太阳系中包含超过百万颗小行星，它们主要分布在火星和木星轨道之间一个相当

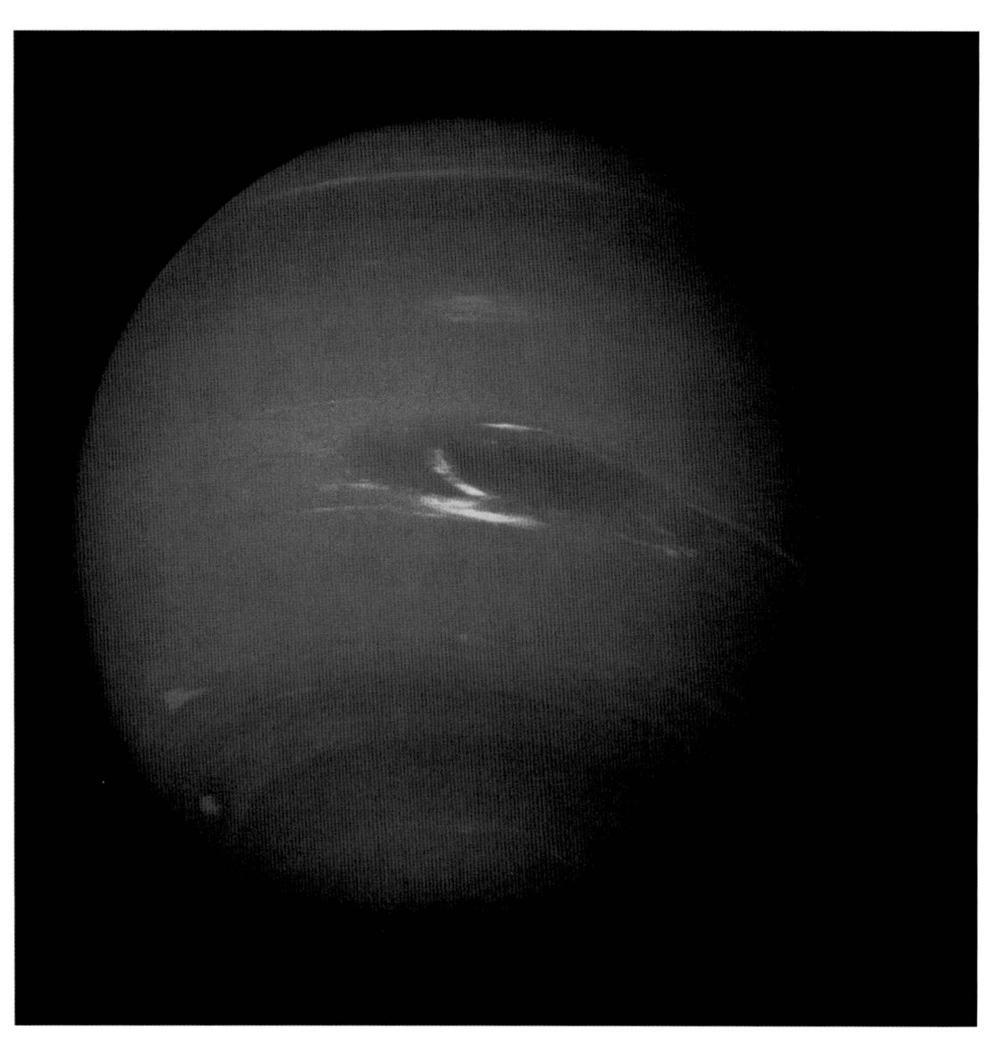

1989 年，旅行者二号在飞出太阳系的过程中路过海王星，拍摄了这幅照片，
照片显示出了海王星大气的细节

宽广的范围内，这个区域被称为小行星带。不过有的小行星富含矿藏，是移动的太空矿山。只要我们有办法接近它们，或者将它们捕获到地球周围，就可以获取大量资源。另一方面，因为小行星质量较小，很容易受到引力干扰而偏离轨道。偏离轨道的小行星既有可能会撞上月球形成环形山，也有可能会落入地球形成流星或者陨石。6500 万年前统治地球的恐龙就是因为一颗直径 10 千米的小行星撞击地球而灭绝。幸好大部分落入地球的太阳系天体都很小，直径不到 10 米，会在大气层中摩擦烧毁，形成流星。只有直径大于 10 米才有机会在烧蚀殆尽之前坠落地面，成为陨石。如果流星体的直径大于 50 米，就会对地面造成威胁。而我们的望远镜通常只能看到直径在 1000 米以上流星体。所以我们有必要关注为数量众多的小行星，以免重蹈恐龙的覆辙。

其实每天都有不少流星划过夜空，但它们完全是随机出现的，没有固定的大小和方向。能够看到流星无疑是幸运的。但有一类天体的出现却会给古人带来忧虑，那就是被称为“扫帚星”的彗星。彗星是来自太阳系边缘的冰质小天体。它们在接近太阳时，表面松散的冰冻物质会逐渐挥发剥离，在背对太阳的方向形成长长的尾巴，构成我们看到的彗尾。古人以为它和流星一样在大气中燃烧，将其视为战争或者灾祸的

2007 年 1 月，在智利的帕拉纳尔拍摄到的太平洋上空的麦克诺特彗星的彗尾，照片右侧的光斑是月亮

预兆。这种担心并不是毫无道理的。彗星掉落的物质就散落在它的轨道上。如果地球在围绕太阳转动的过程中恰好穿过这些轨道，这些颗粒就会坠入大气层变成流星，形成流星雨。如果颗粒较大，甚至有可能形成陨石雨。

我们能看到的太阳系天体主要就是这些：行星和它们的卫星、矮行星、小行星，以及不时降临的彗星和流星体。如果你看到星图上没有的天体，多半就是它们了。

离我们最近的星星——月球

MOON

望远镜中浙江新昌天姥阁的月升景象。
周熠君拍摄

月球是离地球最近的自然天体，绕地球运行，是地球的卫星。不是每一个星球都如此幸运。它的光芒照亮幽深的夜空，它的轮廓标记着流逝的时光，它以潮汐决定海洋的涨落，它的存在激发着人类对太空的向往。

月光皎洁，柔和亲切，我们于是能够清楚地看到月面的相位变化。月亮围绕地球转动，被太阳照亮的半个球面停留在地球不同的方向上，形成了盈亏轮回的月相。当月球与太阳处在同一个方向时，朝向地球的一面照不到日光，我们自然也看不到月亮。这一天是阴历每月的第一天，古人称为“朔”。第二天，月球稍微远离了太阳，成为西方暮色中纤细的月牙。人们常把每月前几天新出的月牙称为“新月”，而在天文学中，新月指的是初一那轮看不见的月亮。在接下来的几天里，月球与太阳的角度越来越大，被太阳照亮的部分渐渐变多。弯曲的形状仿佛蚕蛾的触须，被称为蛾眉月。到阴历初七时，月已半圆，是为上弦。此后月亮渐趋盈满，所以被称为盈凸月。在阴历十五，月球运行到太阳的对侧，朝向地球的一面全部被日光照亮，皎洁的满月整夜朗照乾坤，这一天便是古人所说的“望”日。满月之后，月亮一天天变小，从地平线上升起的时间也越来越晚。在依次经历亏凸月、阴历二十三的下弦月、残月之后，月球会在阴历月末消隐于灿烂的东方晨光中。这最后一天，古人称为“晦”日。

除相位变化之外，月面的阴影形态也演绎出无数的神话传说。起初，中国古人将月球与蟾蜍联系在一起，也许是月面坑坑洼洼的地形让人联想到蟾蜍背部凹凸不平的疣粒，有时还会加上一只兔子或者桂树作为补充。在汉代出现双髻高挽的发式之后，那个遥远星球的地貌便逐渐与女人的身影对应起来。嫦娥的故事随着人们的讲述变得日益丰满。对于唐朝人来说，一只在桂树下捣炼长生不老药的玉兔更符合他们对天界的期望。

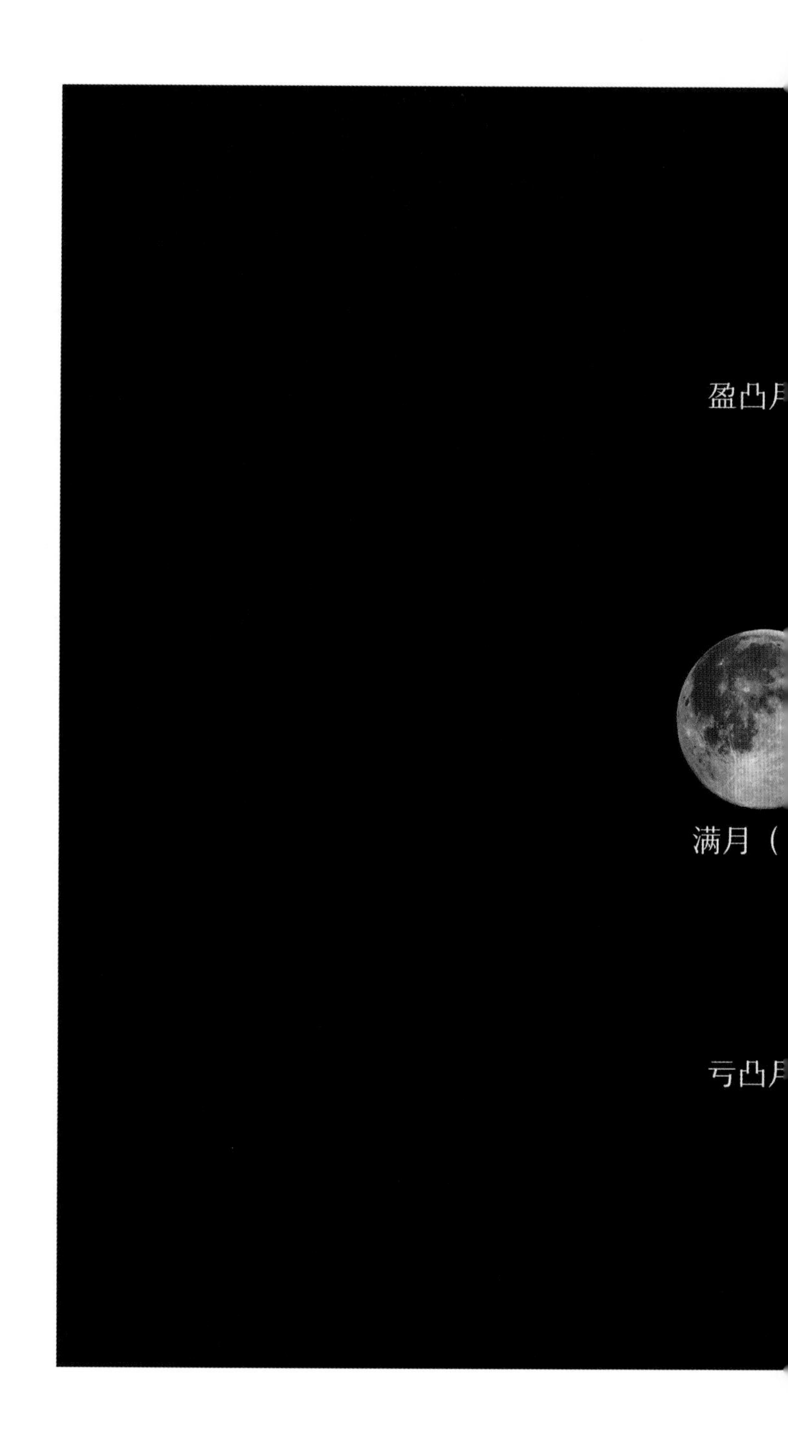

古希腊虽然也有月亮女神，但没有关于月面阴影的故事。他们很早就意识到月球是和我们一样的星球，月食的轮廓就是地球投射在月亮上的影子。后来的欧洲人似乎忘记了这个结论，虔诚的基督徒们将阴影看作一个捡柴的人，他因为在上帝规定要休息的安息日劳作而被发配月球。月面图案的本质直到伽利略发明了望远镜之后才逐渐被揭开。山脉和沟谷最先获得确

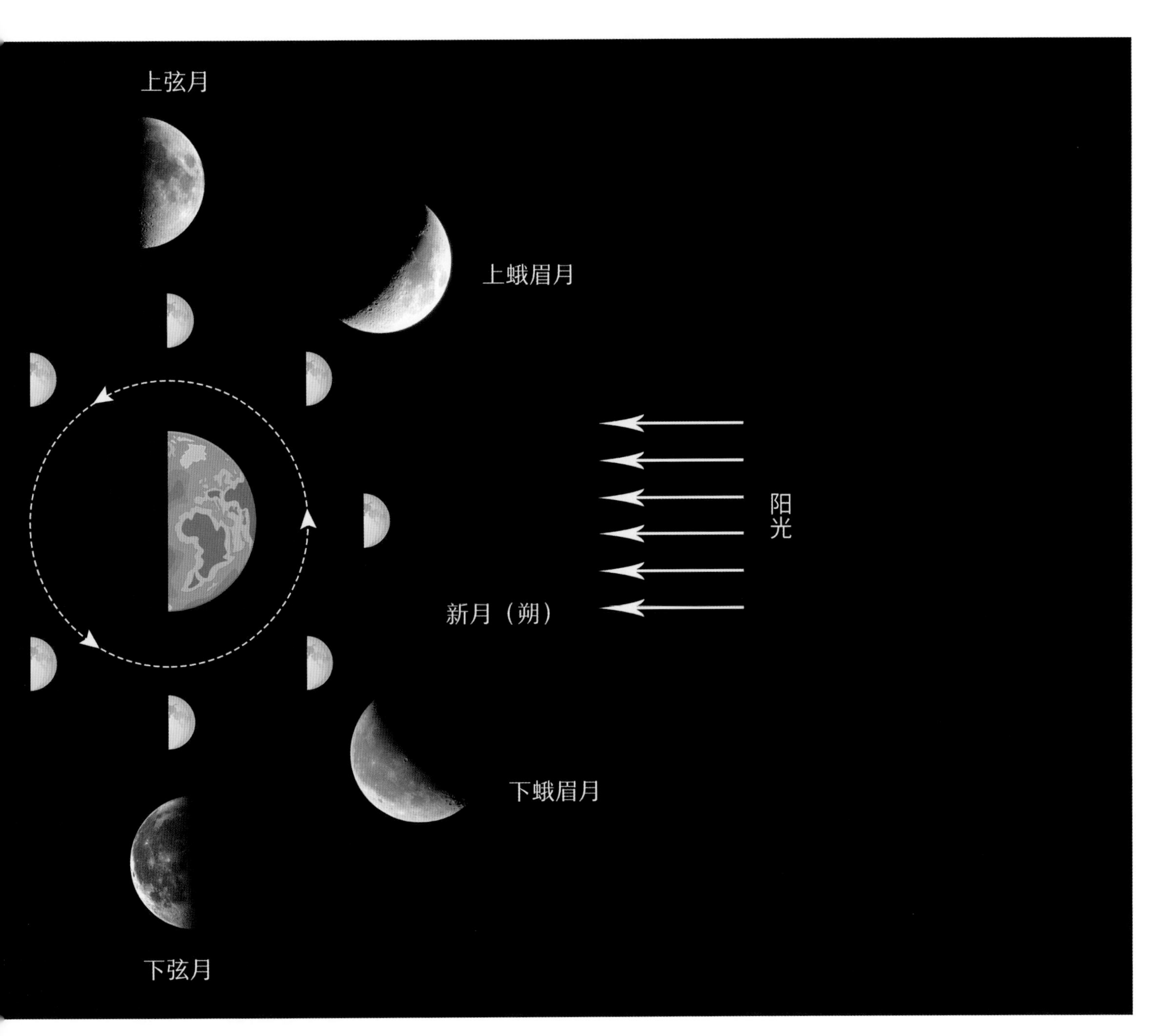

月相变化示意图

认，因为它们在不同角度的阳光照射下会出现变化的阴影。而那些深色的区域一度被认为是月面的水体。17 世纪的意大利天文学家乔万尼·巴蒂斯塔·里乔利（Giovanni Battista Riccioli，1598—1671）在他的经典巨著《新天文学大成》中将月面最大的一块阴影命名为“风暴洋”，将周围小一点的阴影称作各种海，此外还搭配了梦湖、虹湾这样更小的地貌。这些富有想象力的名字激发了公众的想象力。直到 20 世纪初，人们还幻想着月球上也许会有新奇的生物。法国导演乔治·梅里爱在 1902 年拍摄的著名科幻短片《月球旅行记》中设计了探险家和月球人搏斗的情节。1969 年，阿波罗登月飞船在静海着陆，证实这些所谓的“海洋”不过是平整的深色玄武岩，月球上既没有嫦娥玉兔，也没有外星生物。

在四十多亿年前的一次剧烈撞击中，大量地球物质被抛出并在不远的轨道上逐渐凝聚，最终形成一颗卫星，那就是月球。月球两端所受的地球引力有微小的差别。这个力像摩擦力一样让月球的自转逐渐变慢，直到与地球同步，始终以同一面朝向我们。这个过程称为潮汐锁定，在月球诞生后的一两千万年里就已经完成。事实上，月球的潮汐力对地球也有同样的影响。地球的自转因此变慢，我们的一天平均每世纪变长约2毫秒。有朝一日，地球也会用同一面朝向月球。不知道届时哪些国家（如果那时还有国家的话）足够幸运，能看到月球永远停在自己的天空上。

反正地球上存在过的所有生物看到的都是月球的同一面，但这一面并不总是我们今天看到的样子。在月球形成之初，岩屑碎片的猛烈撞击释放出大量能量，将岩石熔化。炽热的玄武岩岩浆四处流淌，然后在盆地中堆积，巨大的熔岩湖在冷却后形成了光滑平静的深色月海。在后来漫长的日子里，月面不断受到流星体的撞击，形成大小不一的环形山和辐射纹，逐渐变得坑洼粗粝。如今，地球轨道附近的大型流星体已经消耗殆尽，但不时仍会有“不小心”的微流星体重复类似的过程。微流星体撞击月表时，坠落的能量足以熔化撞击点的岩石。如果它刚好落在没被太阳照亮的一侧，幸运的观测者就能够看到月之暗面的刹那闪光。

月球正面和地球相对，不容易遭受星际天体的轰击，环形山的数目相对较少。而月球背部的景象直到1959年才由苏联发射的探测器发回第一张照片。那里被大大小小的流星体撞击得伤痕累累，甚至没有一块平整的地面。不知道有多少次潜在的地球生物灭绝事件被它在38万千米之外悄然化解。2019年1月3日，中国的嫦娥四号探测器在月球背面着陆，人类终于有机会近距离地观察这片已陪伴我们45亿年的陌生土地。

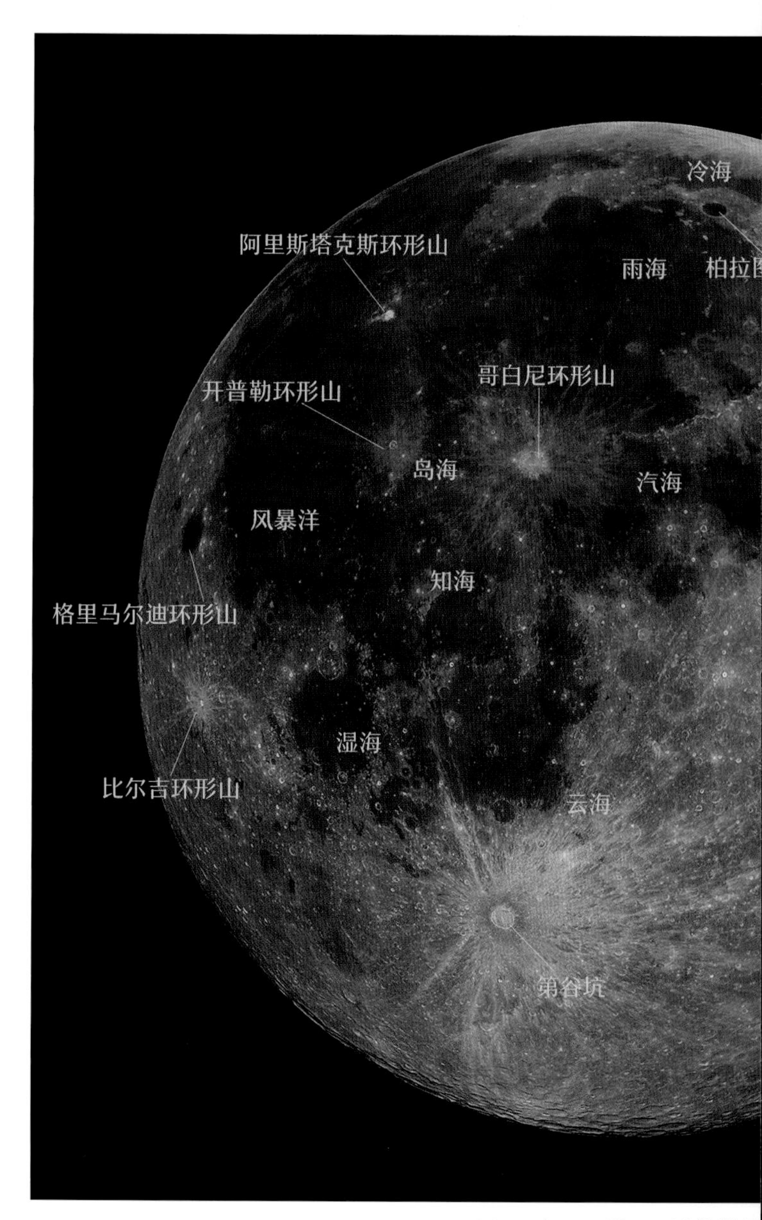

2010年10月22日的满月
拍摄于美国亚拉巴马州麦迪

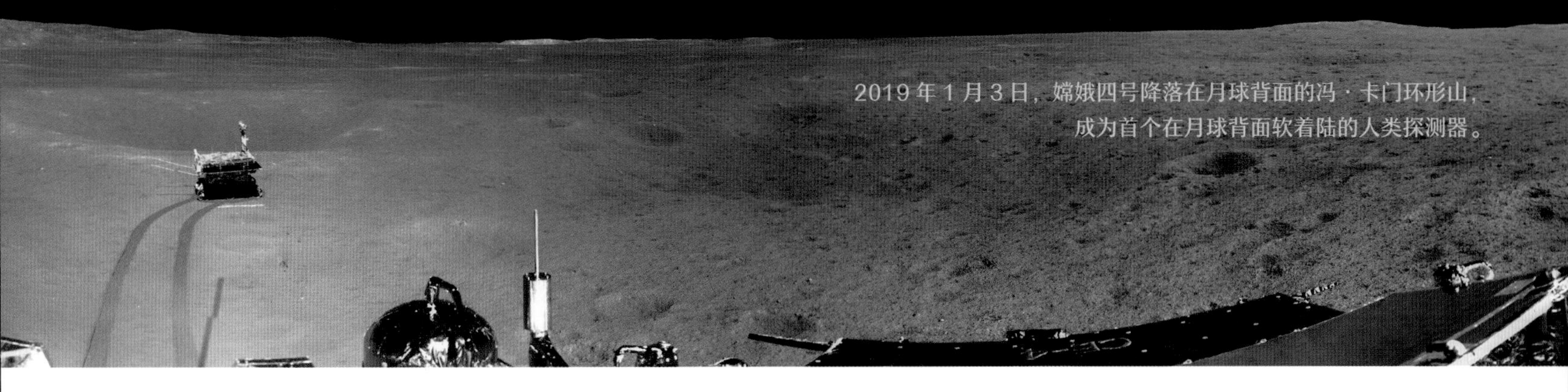

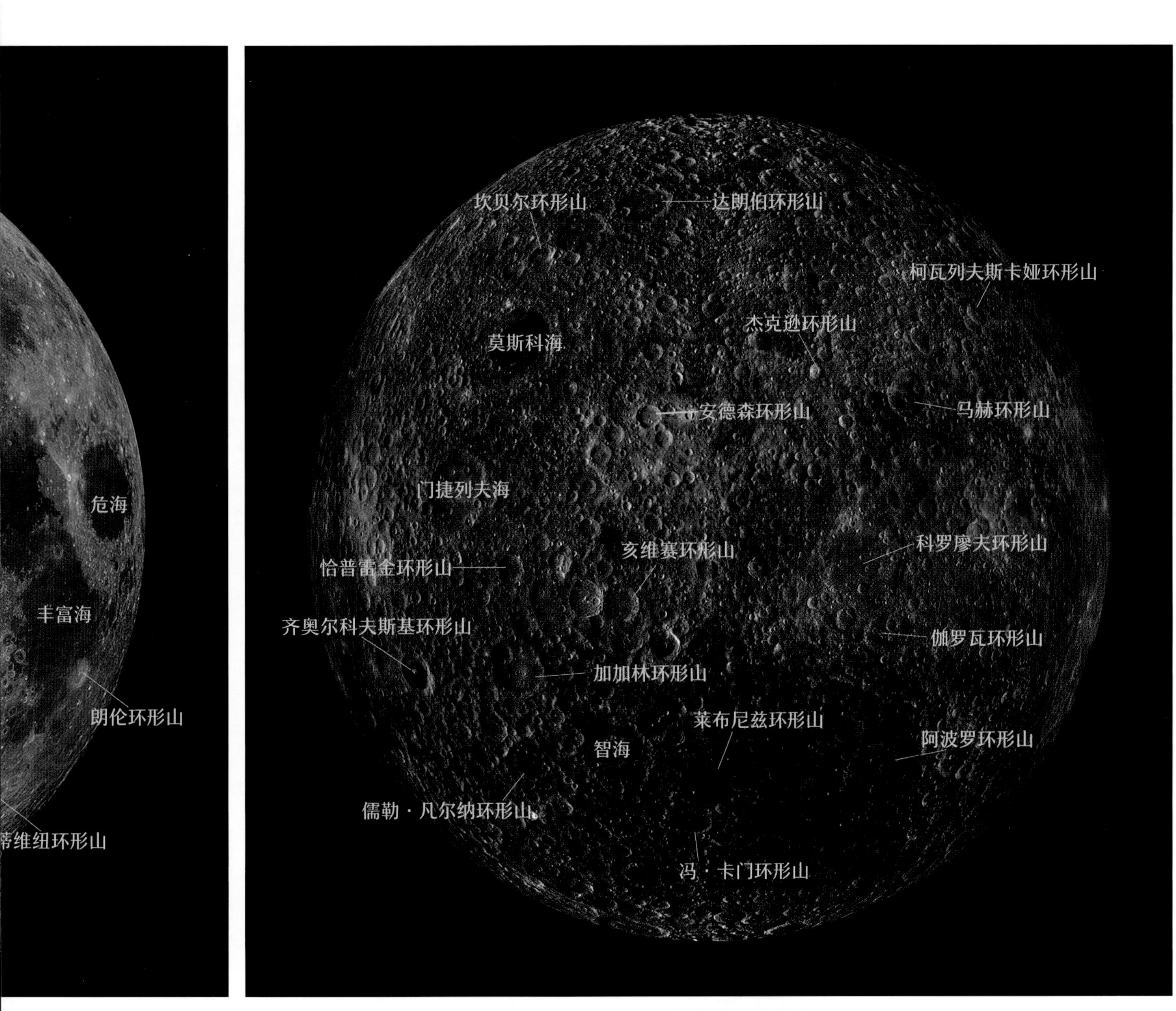

NASA 拍摄的月球背面

对于地球上的观测者来说，在望远镜中观察富有雕塑质感的月球表面始终是一件赏心乐事。不过，和中秋赏月不同，用望远镜观测月球的最佳时机可不是农历十五的前后几天，而要选在月亮不圆的时候。因为阳光斜照时投出的阴影才能塑造月面的立体感。而在农历十五时，阳光直射月球，即使月球表面有高低起伏，但都因为缺少阴影的对比而显得扁平呆板，没有层次。明亮的月光被望远镜汇聚后变得耀眼夺目，令人无法久视。这个时候不妨转而关注被皎洁月光照亮的地面景致，譬如和你一起赏月的人。

不过，如果有月食就另当别论了。月食是月球运行到地球的阴影里，接收不到太阳光时发生的现象。所以只有在农历十五，地球运行到太阳和月球之间时才有可能出现月食。但由于月球绕地球运行的轨道和地球绕太阳运行的轨道有个夹角，月球经常会从地球阴影的上方或下方经过，所以并非每个农历十五都会有月食。平均每年只有一两次，月球会运行到地球的阴影里，这时月食就发生了。而月球离地球很远，如果把地球比作一颗绿豆的话，那月球就是距离绿豆 13 厘米处的一粒小米。月食发生时，月球被地球的阴影遮蔽，但并不是漆黑一团。事实上，一部分阳光会穿透地球边缘的大气层折射到月面上，将它染成暗红色。月全食平均每一两年就会发生一次，每次都会持续好几个小时，花整个晚上看它缓缓穿过地球的影子是一件很需要耐心的事情。

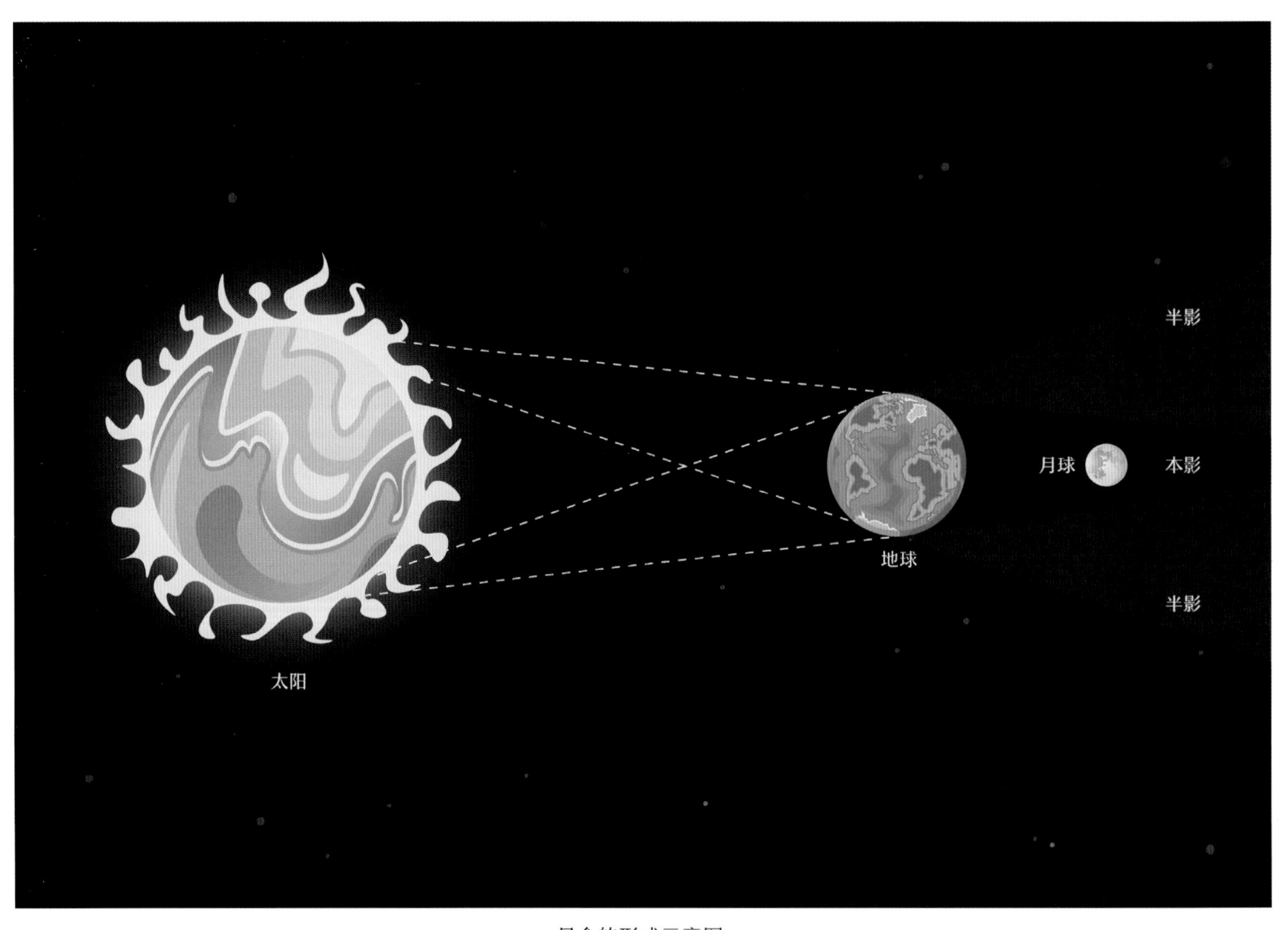

月食的形成示意图

在望远镜的帮助下，人类所见到的月球无疑是细节最为丰富的天体。平滑的月海和壮观的环形山都是天文爱好者们百看不厌的目标。这里只介绍其中最著名的几个。月球上最大的一块阴影区域是风暴洋，这是月面唯一一块被称为“洋”的区域。它的直径约2600千米，相当于北京到乌鲁木齐的距离。这个尺寸在整个太阳系的陨击坑中能排进前三，对于直径只有地球四分之一的月球来说这是一个相当危险的尺度。如果坠落物再大一点，月球可能就不复存在了。同时期发生的其他撞击在风暴洋周围形成了知海、雨海等小型盆地，而晚近的小规模陨击事件则在这些平坦而坚硬的玄武岩表面制造出了环形山。

由美国月球勘测轨道飞行器（LRO）拍摄的月面照片合成的风暴洋图像

位于风暴洋东部的哥白尼环形山就是一座典型的年轻陨击坑。它大约形成于 8 亿年前，那时地球上只在海洋中有简单的藻类，连三叶虫都还没有出现。一颗直径约 7 千米的小行星（只有灭绝恐龙的那颗小行星的一半大小）以 16km/s 的速度撞击了月球的表面，产生了一个直径约 93 千米、深达 2.5 千米的大坑，环形侧壁的高度接近 1.5 千米，相当于一圈泰山拔地而起。溅射出的碎屑形成了明亮的辐射纹，向外延伸了数百千米，在幽暗的月海上十分明显。值得一提的是，这座环形山是意大利天文学家里乔利在 1651 年命名的。那时距离乔尔丹诺·布鲁诺（Giordano Bruno，1548—1600）在罗马鲜花广场被烧死已有半个世纪；尼古拉·哥白尼（Mikołaj Kopernik，1473—1543）的《天体运行论》在 35 年前被教会查禁；约翰尼斯·开普勒（Johannes Kepler，1571—1630）的行星运动定律在 33 年前全部发表；伽利略于 9 年前在佛罗伦萨的寓所中辞世；英国还没有皇家学会和天文台，而牛顿只有 9 岁。在这样的时代背景中，身为神父的里乔利将月面上这座标志性的环形山命名为哥白尼，而将旁边稍小的环形山留给了开普勒和伽利略，个中深意耐人寻味。

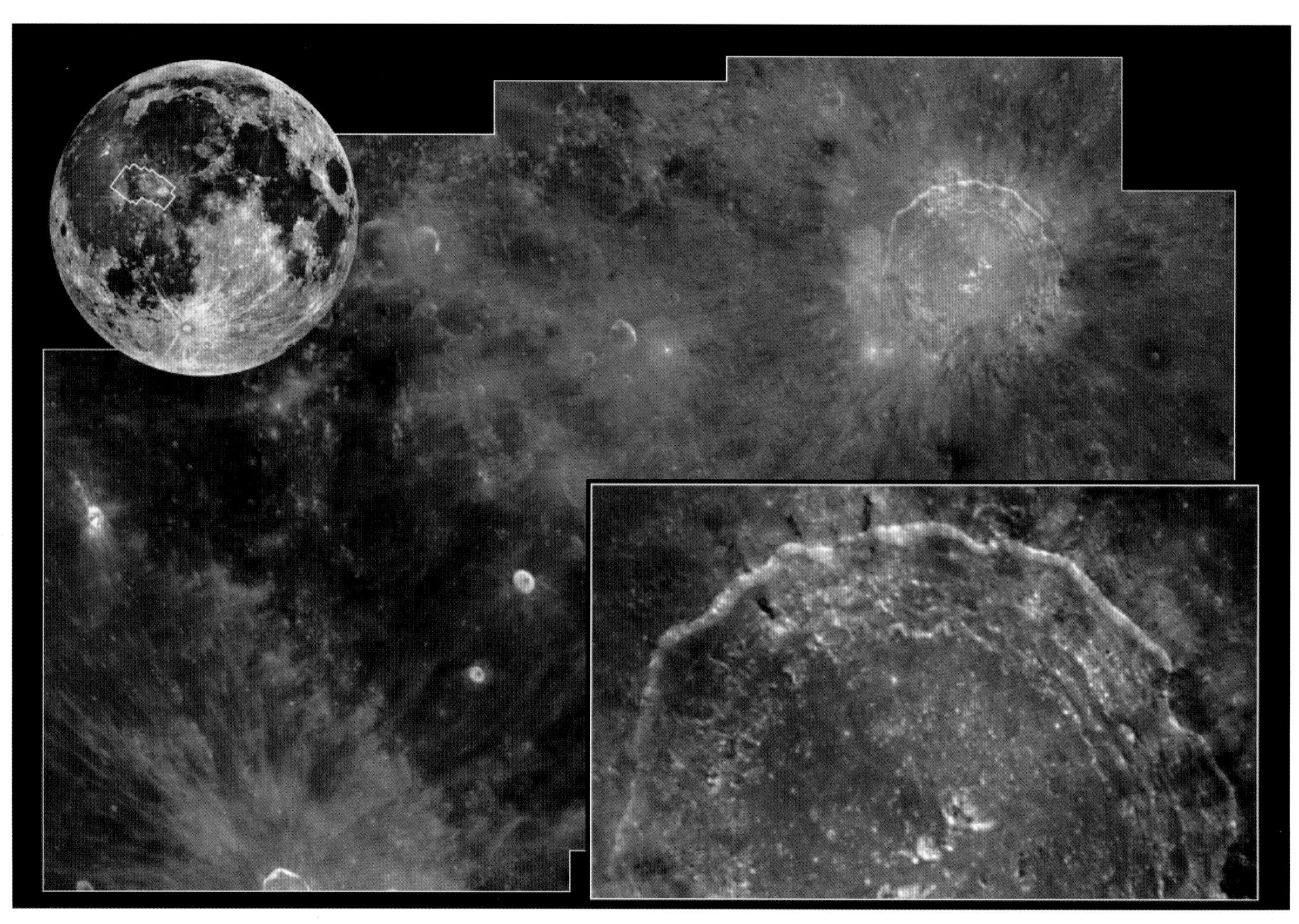

由哈勃空间望远镜拍摄的月球哥白尼环形山，使用多达 130 张照片合成

位于哥白尼环形山北方的圆形暗区就是雨海。这是除风暴洋之外最大的月海。它的直径超过1100千米，比从北京到上海的距离还远。雨海早在约39亿年前就已经形成，遭受过多次撞击。但我们仍然能够看出它圆形的轮廓。雨海中部最大的环形山叫阿基米德。在阿基米德环形山南方高高耸立着月球正面最显眼的山脉——亚平宁山脉。首次使用月球车的登月项目阿波罗15号就选择了这片地质条件复杂的区域作为登陆地点，开展研究。亚平宁山脉和阿基米德坑西侧的高加索山脉，以及哥白尼坑北麓的巴颜喀拉山脉都是在雨海撞击事件中一起形成的，它们共同勾勒出雨海盆地的西南边界。在雨海北方能够看到小巧精致的柏拉图环形山以及半圆形的虹湾。2013年，中国嫦娥三号探测器携带的玉兔号无人驾驶月球车就降落在这片区域。

雨海西侧几个稍小的月海——澄海、静海、危海、丰富海、酒海的形成过程和雨海类似。它们一起构成了月面阴影的主体，唤起了人类丰富的联想。在靠近月球南极的地方还有一个著名的特征，那就是第谷环形山。第谷坑不算大，直径仅有85千米。但它是月球上最年轻的大型陨击坑，结构和成分都还没有受到后续撞击的侵蚀，因而显得十分明亮。它周围的辐射纹长度超过4000千米，即使不在月海上也很容易辨认。1972年，阿波罗17号的宇航员在澄海边缘采集了用于确定地质年代的辐射纹岩石样本，发现第谷坑大约形成于1亿年前。有科学家推测，曾有一颗小行星在位于地球和火星之间的轨道上意外解体。一块碎片撞上地球，在墨西哥尤卡坦半岛形成了直径达180千米的希克苏鲁伯陨石坑，并造成全球气候剧变，恐龙灭绝。另一块碎片撞上月球，形成了第谷环形山和覆盖近半个月球的辐射纹。这颗小行星可能仍有部分残骸在轨道上运行，也许就是今天的第298号小行星——巴蒂斯坦娜（Baptistina）。

月球是位沉默而忠实的伙伴，以自己的方式目睹并记录着地球上的沧海桑田。我们因为它而向往太空，也借助它理解地球。总有一天，那些遥远陌生的地貌会成为人类眼前新奇恢宏的景观，寂静荒芜的土地会成为我们远征星辰大海的前哨基地。

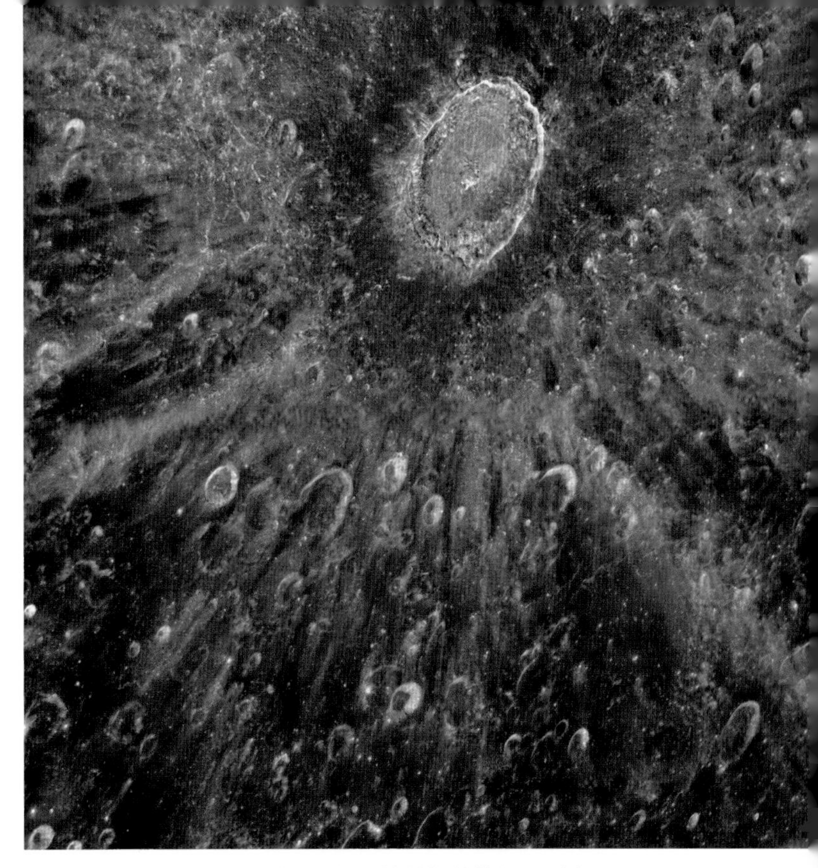

哈勃空间望远镜拍摄的第谷环形山，源自约1亿年前的一次小行星撞击，明亮的放射状条纹是撞击的喷出物

春季星空

SPRING

浙江新昌镜岭镇，星空下的油菜花田。
周熠君拍摄

春风和煦，吹面不寒。春天正是外出观星的好时候。春季夜空中最显眼的星座是狮子座。由室女座α（角宿一）、牧夫座α（大角）和狮子座β（五帝座一）三颗星组成的春季大三角是这个季节的星空标志。我们在日落后不久会看到角宿（代表苍龙的犄角）从东方地平线上升起，这就是俗话说的“二月二，龙抬头”了。

春季星图

Spring Star Chart

三月看点：巨蟹座、长蛇座、罗盘座

四月看点：狮子座、小狮座、六分仪座、巨爵座、长蛇座、唧筒座

五月看点：室女座、后发座、猎犬座、乌鸦座、长蛇座

仙后座
仙王座
鹿豹座
座
小熊座
御夫座
天龙座
天猫座
双子座
仙座
大熊座
牧夫座
北冕座
猎犬座
小狮座
巨蟹座
小犬座
后发座
狮子座
蛇座
麒麟座
室女座
座
巨爵座
乌鸦座
长蛇座
半人马座

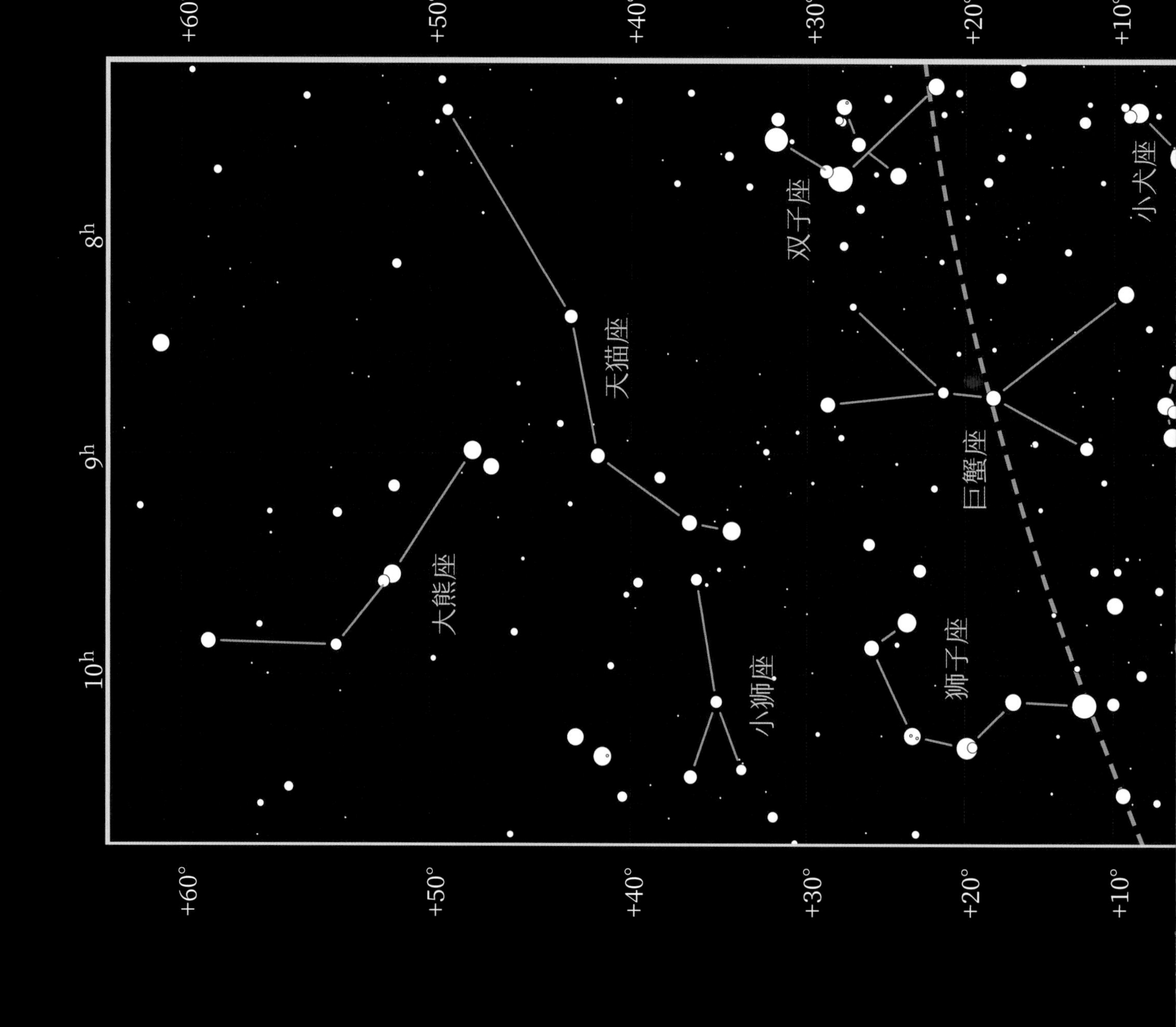

阳历三月，天气转暖，夜间的室外终于不那么难以驻足了。不过空气也逐渐湿润，星空不再通透。在中国大部分地区，三月少有晴天，不是一个观星的好季节。亮星不多，有趣的天体也不多。不过不用担心，哪怕整月都没条件观测，在相邻的月份也可以轻松“补课”。

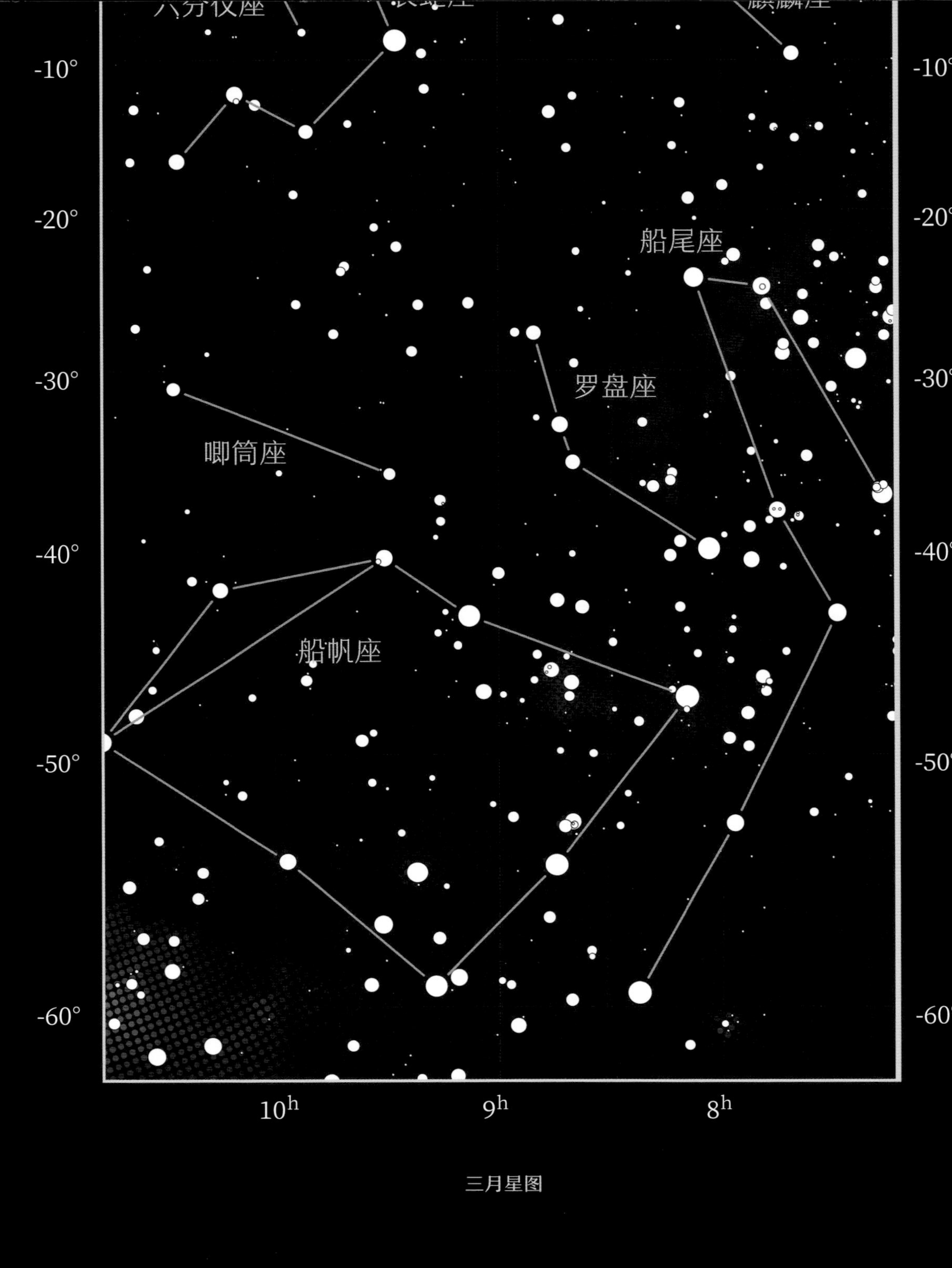

三月星图

巨蟹座 (*Cancer*)

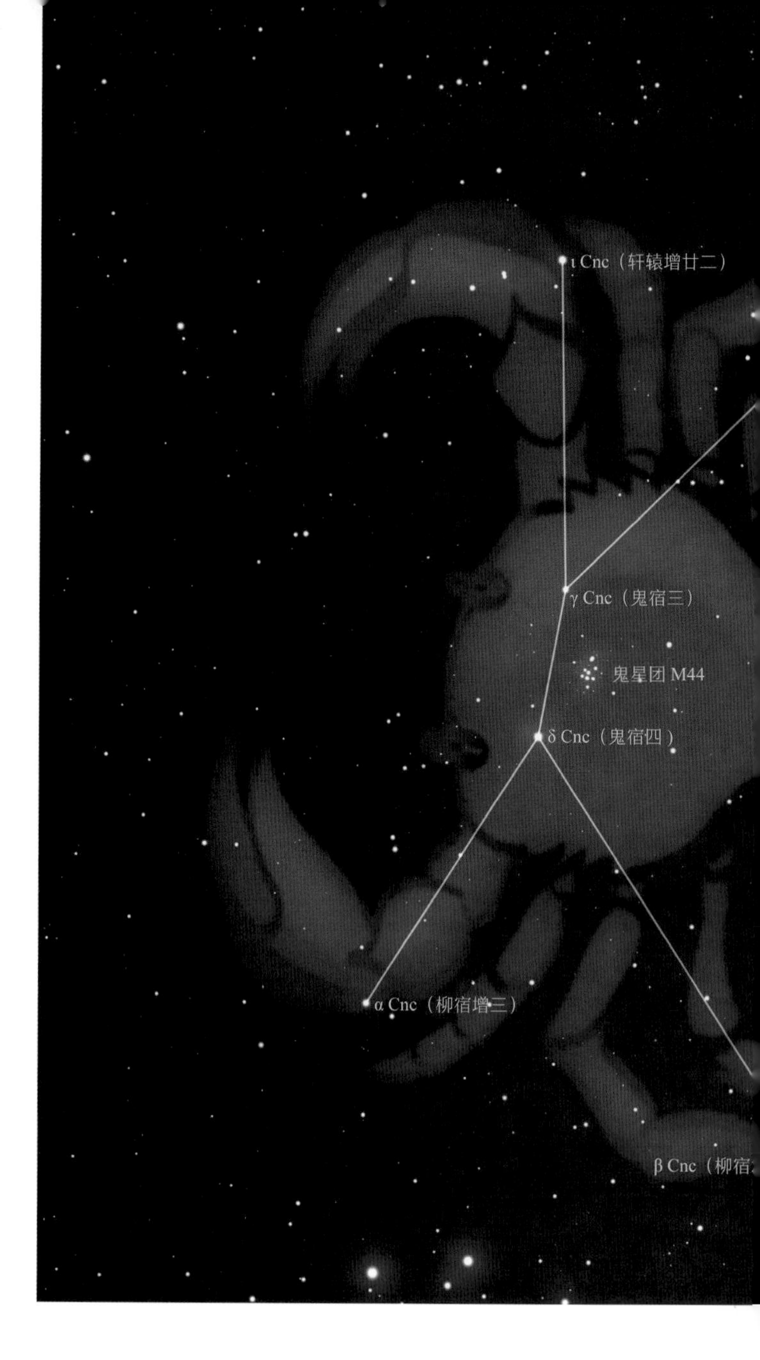

夹在双子座和狮子座中间的巨蟹座是黄道十二宫中一个相对暗淡的星座。其中最亮的星巨蟹座α星只有4等。它在希腊神话中的地位也同样尴尬——大英雄赫拉克勒斯（Hercules，武仙座）大战怪兽九头蛇（长蛇座）时，天后赫拉（Hera）派巨蟹去为九头蛇助阵，结果被英雄一脚踩死。巨蟹就这么稀里糊涂地成了星座。

撇开这档丢脸的事情不提，巨蟹座中的鬼星团M44作为为数不多肉眼可见的深空天体，还是值得一看的。鬼星团的亮度达到3.7等，可与昴星团、猎户座大星云和仙女座大星系相媲美。因为外形像云雾一样朦胧晦暗、模糊不清，让中国古人联想到了墓地的鬼火，于是被称为“积尸气”，所在的星官也因此被称为“鬼宿”。鬼星团周围还有四颗小星围绕，就好像被担架或者轿子抬着一样，所以《史记》中称之为“舆鬼”。在另一个版本的希腊传说中，鬼星团旁边的两颗亮星（巨蟹座γ星及巨蟹座δ星）代表两只驴子，而鬼星团则是驴子的食槽，英文名“Praesepe”就是拉丁语中的饲料槽一词。

《赫拉克勒斯大战九头蛇》
居斯塔夫·莫罗绘于1875—1876年，现藏于芝加哥大学美术馆

星团是一群聚在一处的恒星。它们一起诞生，一起旅行。天文学家根据形态把它们分为疏散星团和球状星团两种。疏散星团看起来比较松散，用双筒望远镜就可以分辨出其中单个的成员；球状星团则要密集得多，数十万颗恒星挤在一处，在双筒望远镜中就像一个蓬松的毛球。虽然疏散星团和球状星团都叫星团，但身世很不一样。疏散星团诞生于银河盘面附近的分子云中，会随着银河的转动逐渐

解体消散，年龄不会太老，也不会离银河太远。而球状星团则和星系本身一样古老，它们均匀地分布在星系的各个方向上，有的甚至远达星系的边界。有人认为球状星团是被银河系吞噬的星系所留下的残骸，但天文学界还没有对此达成共识。

鬼星团能有这些故事传说，因为它是除昴星团以外距地球最近且最亮的疏散星团。它距离地球577光年，上千颗成员恒星聚集在一个很小的空间内，就好像围绕着蜂巢的蜂群，因此也被称作蜂巢星团（Beehive Cluster）。鬼星团和毕星团很像，年龄相近，成员恒星的类型也相似。它们朝同一个方向运动，到地球的距离也相差不远，因此有天文学家怀疑两者有相同的起源。不过，鬼星团和毕星团都已经6亿多岁了，绕着银河中心转了好几圈。很难找到决定性的证据证明它们是一家人，也许它们只是年纪相仿的同路者吧。

在4等的巨蟹座α星西边，将近2°的地方，还有另一个疏散星团M67。由于自身密度不高，疏散星团的成员很容易逃逸，一般不会存在很长时间，通常在10亿年内就分崩离析，溃散瓦解。而M67是一个少见的年老疏散星团，已经存在了约40亿年。它离我们很近，只有约2600光年，于是成了一个重要的研究目标。M67中包含上百个年龄大小和太阳相仿的恒星，天文学家们最近甚至在这些恒星周围探测到了行星存在的迹象。不过，星团并不是孕育生命的理想场所，其中的恒星更容易受到周围星体的引力影响而离开原有的轨道，而脆弱的行星生态很容易在频繁变化的星际环境中失衡。

鬼星团M44在肉眼看来是模糊的云气，
但在望远镜中呈现为松散的星群，因此被归为疏散星团。
湖南省天文协会拍摄

年老的疏散星团M67。
湖南省天文协会拍摄

长蛇座 (*Hydra*)

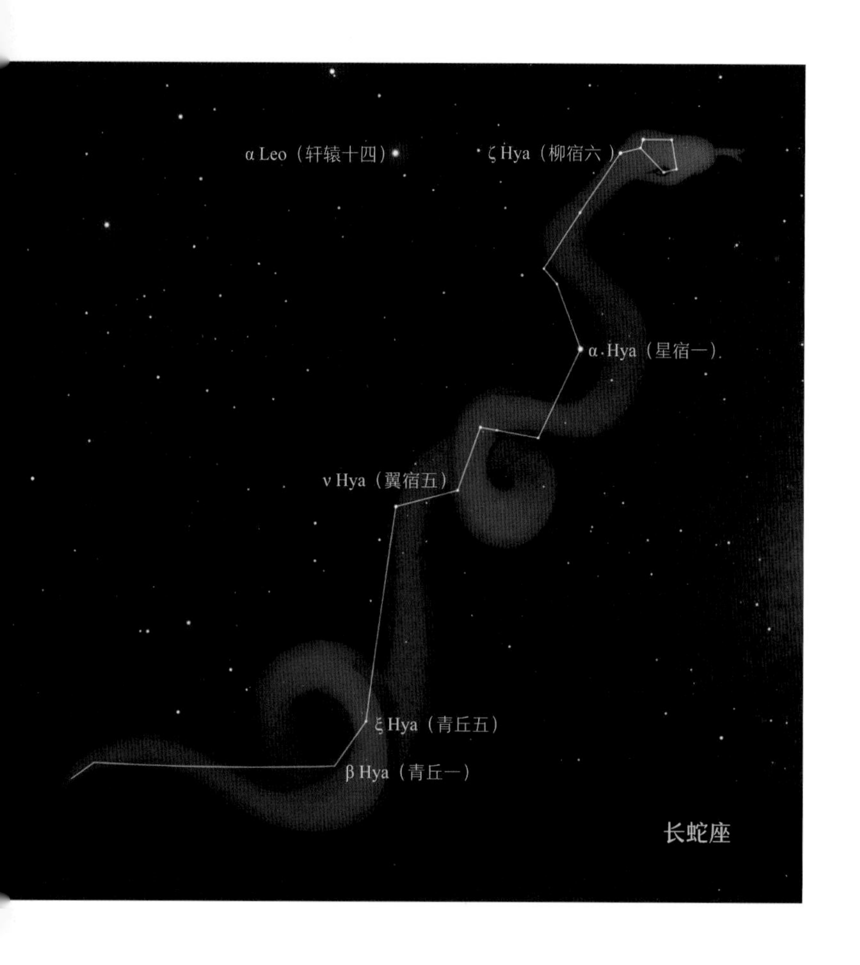

巨蟹座的南方是全天最大的星座长蛇座。常见的说法是，这条蛇是希腊神话中的一只多头水怪，盘踞在希腊东南部的勒那湖中，为祸一方。后来被大英雄赫拉克勒斯（武仙座）杀死。另一个版本的传说虽然也出自希腊神话，但故事截然不同。太阳神阿波罗让乌鸦衔着杯子去打水，乌鸦却在半路偷嘴吃果子耽误了时间。它担心受到阿波罗的责罚，于是抓了条水蛇作替罪羊，结果被太阳神识破。乌鸦、水蛇乃至水杯都被升上天空以示惩戒。自古希腊时代起，星空中的长蛇座就只有一个头，而且和乌鸦座以及代表水杯的巨爵座紧挨着。如此看来倒是后一个版本似乎更能解释这个星座的起源。不过因为故事本身不像赫拉克勒斯的彪炳功绩那样精彩，反倒少有人知。

作为全天最大的星座，长蛇座的跨度相当广，达到102°。这一节只介绍它的头部，位于巨蟹座南方的一段，其他的部分我们会在接下来的几个月里慢慢述说。小犬座最亮星南河三与狮子座最亮星轩辕十四连线中间的地方有几颗3、4等星，它们是长蛇的头部。这里也是中国古代二十八宿中的柳宿，属于四象中的朱雀，代表鸟喙。由于地球的自转轴并不是始终指向北极星方向，而是以26000年为周期在缓慢转动，恒星在天空中的位置每年都会有小小的漂移，这便是岁差。古人创造二十八宿的时候，柳宿还在鬼宿的东南侧，月亮会依次从它们的星域路过。而如今的柳宿和鬼宿经度相同，作为二十八宿已经名不符实了。

在柳宿东南方向有一颗孤单的2等亮星，它就是长蛇座α，通常被认为是长蛇的心脏或者脊柱。它的英文名“Alphard”就来自阿拉伯语中的“孤零”一词。中国古人把它和周围六颗小星连在一起，称为星宿。这七颗星构成了朱雀的脖颈。长蛇座α也就是星宿一，曾被称为“鸟”星，在中国古代历法中有非常重要的地位。《尚书·尧典》中记载：“日中星鸟，以殷仲春……日永星火，以正仲夏……宵中星虚，以殷仲秋……日短星昴，以正仲冬。”意思是，在白昼渐长，几乎与夜相等的时候查看鸟星的位置，就能判断春分是否到来；在白日最长的时候看大火星（即心宿二）的位置，以确认夏至降临；在夜晚渐长，约与白昼相当的时候观察虚宿，就可知道哪天是秋分；在白天最短的时候看昴宿在天空中的哪一处，便能清楚冬至到来与否。

后来，由于岁差的影响，两分两至对应的星空位置发生了漂移。于是鸟、火、虚、昴的地位逐渐被范围更大的四象所替代。在春分那天傍晚，苍龙（天蝎座）正从东方升起，朱雀（长蛇座）高挂正南夜空，白虎（猎户座）刚于西方隐没，玄武（宝瓶座）则在北方地平线以下。所以，四象与方位之间的对应关系其实是为了纪念这个万象更新的特殊时刻。

罗盘座（*Pyxis*）

再往南靠近地平线的地方便是法国天文学家拉卡伊设立的罗盘座。15 世纪以前，南天的星座并不为欧洲人所知。地理大发现时代开启之后，全球性航海活动如火如荼。海上的船只夜间定位需要精确的星空坐标。于是，此前醉心于占星术和天宫图的天文学家们开始重新制作星图。新发现的南天星空让他们获得了将自己的声名与志趣置于繁星之间的难得机会。1750 年，法国天文学家尼古拉－路易·德·拉卡伊（Nicolas-Louis de Lacaille，1713—1762）前往南非好望角，对南天开展系统观测。虽然早在 1679 年，英国天文学家哈雷就根据他在南大西洋的圣赫勒拿岛上开展的观测发表了第一份南天星表，但他只提供了 341 颗南天恒星的信息。拉卡伊如今拥有更好的观测设备和地理条件，能看到的恒星数量大幅增加，任务也因此艰巨了许多。他编制的南天星表直到他去世后才正式出版。其中包含上万颗恒星的坐标和亮度，并且新设立了 14 个南天星座，其中大部分都以现代科学仪器命名。罗盘座就是其中之一。因为刚好位于南船座的船尾甲板上，所以罗盘座被想象成一个航海仪器。不过南船座代表的是古希腊的英雄之船阿尔戈号，那时可没有这种先进设备。罗盘是直到 12 世纪才传入欧洲的。

罗盘座

三月天区就是这样，可供爱好者观测的亮点不多。对于生活在盘状星系中的我们来说，倒也不足为奇，天空中的星星本来就不是均匀分布的。

四月

观测时间（正南）：

4月1日 22:30 / 4月15日 21:30 / 4月30日 20:30

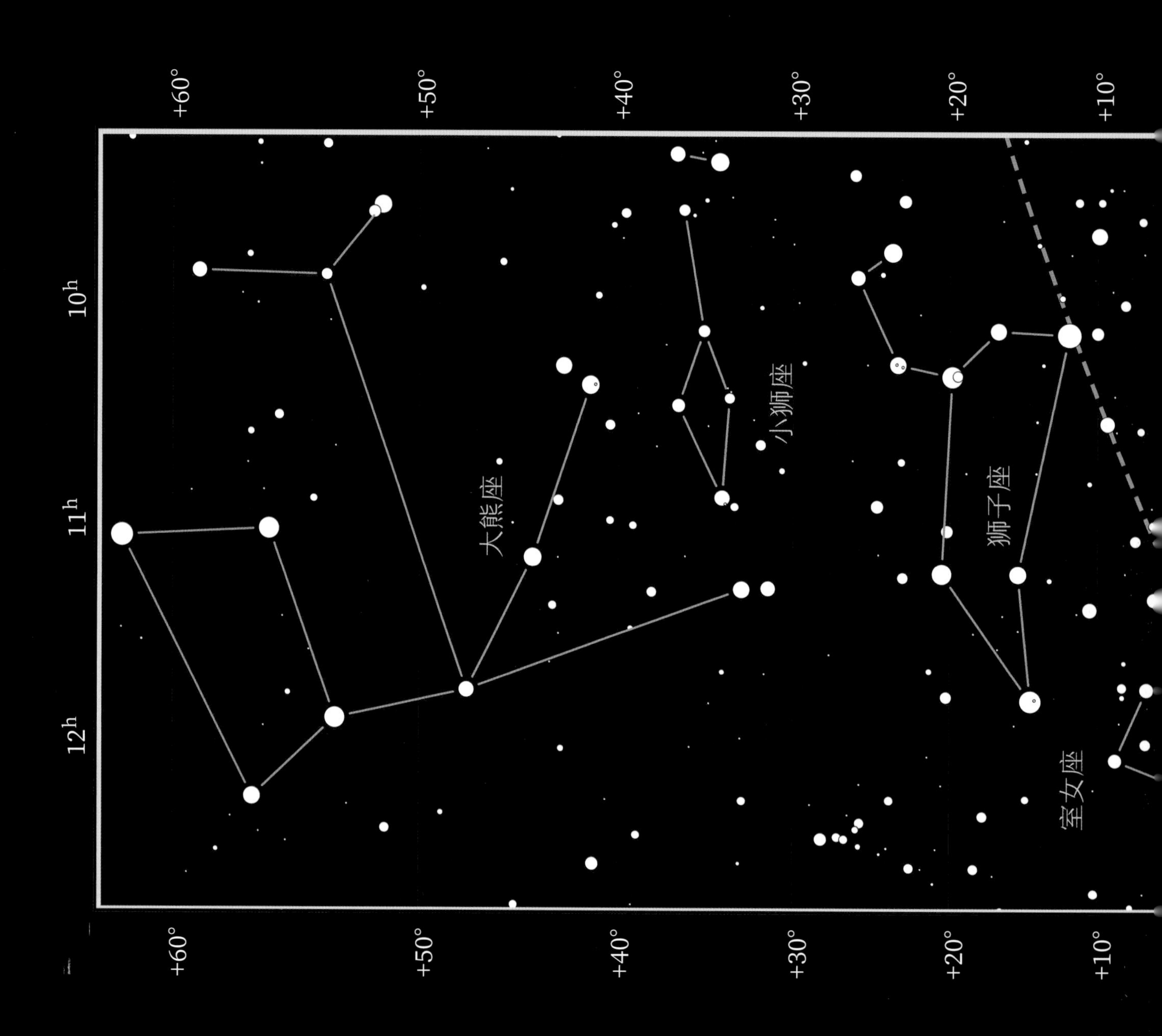

春暖花开的四月，早晚还有些凉意，恼人的飞虫也因此无法肆意活动。只要不是大风或阴雨天气，踏青、郊游，乃至夜间观星都十分惬意。宅居一冬之后，不妨在睡前熟悉一下春天的星座。

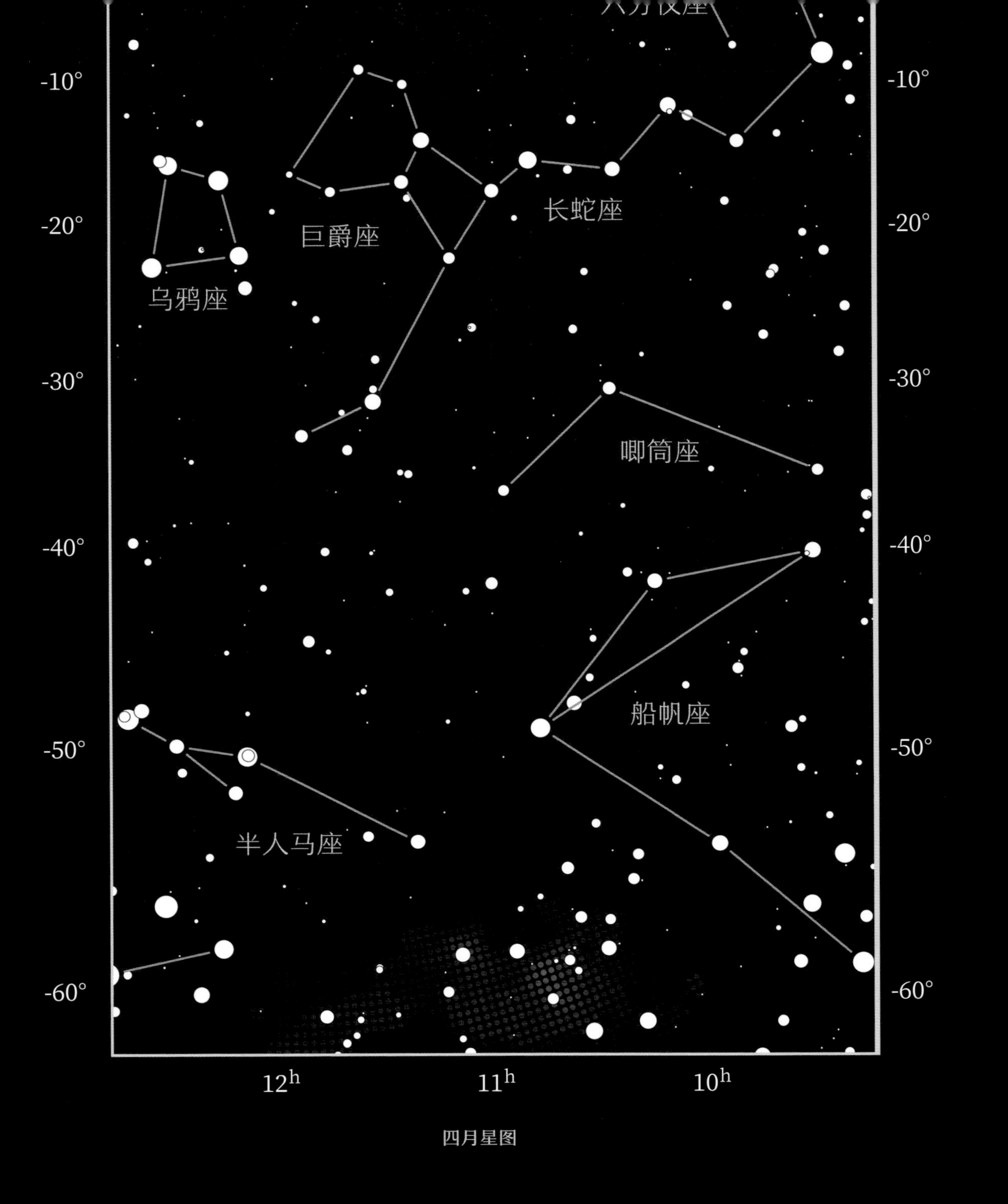

四月星图

狮子座 *(Leo)*

狮子座是春季天空中最显眼的星座。四颗梯形亮星组成了它的躯干，一组钩状亮星（狮子座大镰刀）构成了它的头颈。这是早在公元前 4000 年就为古巴比伦人所知的古老形象。在希腊神话中，这只狮子是一只凶猛的巨兽，身体刀枪不入，为祸人间，后来被大英雄赫拉克勒斯（武仙座）徒手掐死。在古代中国，因为它总是在春分的傍晚时分出现在天穹中央，而被视为象征黄帝轩辕的黄龙，狮子的后腿则是太微垣的西侧边界。

狮子座最亮星轩辕十四在这片天区中十分突出，自古就备受重视。它在古代中国被视为皇后，在阿拉伯被认为是雄狮之心，而在古罗马被视为王子，它的英语名“Regulus”就来源于此。在公元前 2000 年前后，它十分接近黄道上的夏至点，同时期的金牛座毕宿五、天蝎座心宿二、南鱼座北落师门几颗亮星也都在黄道附近，而且分别对应当时太阳在春分、秋分和冬至时的位置。于是这四颗亮星成为古波斯人确定时节的重要标志，并被称为“王星”（Royal Star）。

轩辕十四本身是一颗距地球 79 光年的蓝白色恒星，质量是太阳的 3 倍多。它的自转速度非常快，每 16 个小时就自转一圈（太阳的自转周期将近 25 天），因此把自己甩成了一个椭球体，赤道半径比两极半径多出近三分之一。它还有一颗暗淡的伴星，以 40 天为周期围绕它转动。不过两者离得太近，我们只能通过光谱才能分辨。

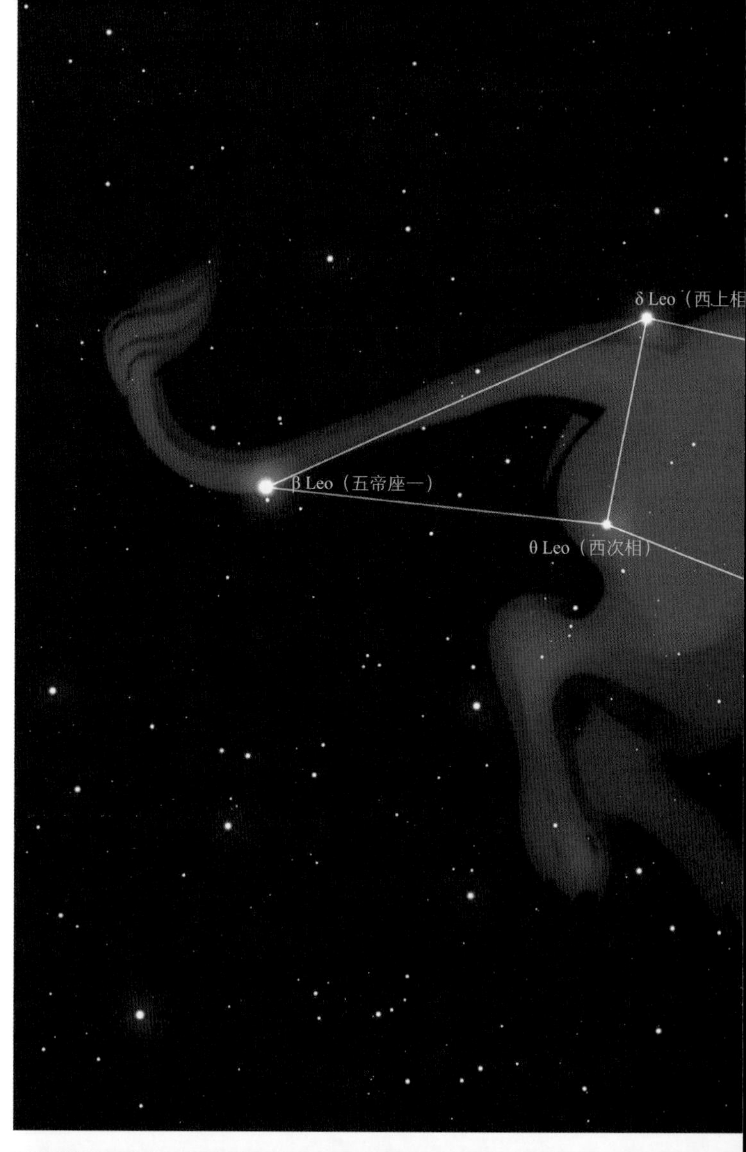

图中明亮的蓝白色恒星便是轩辕十四，
它右侧的模糊天体是一个 11 等的矮星系 UGC547

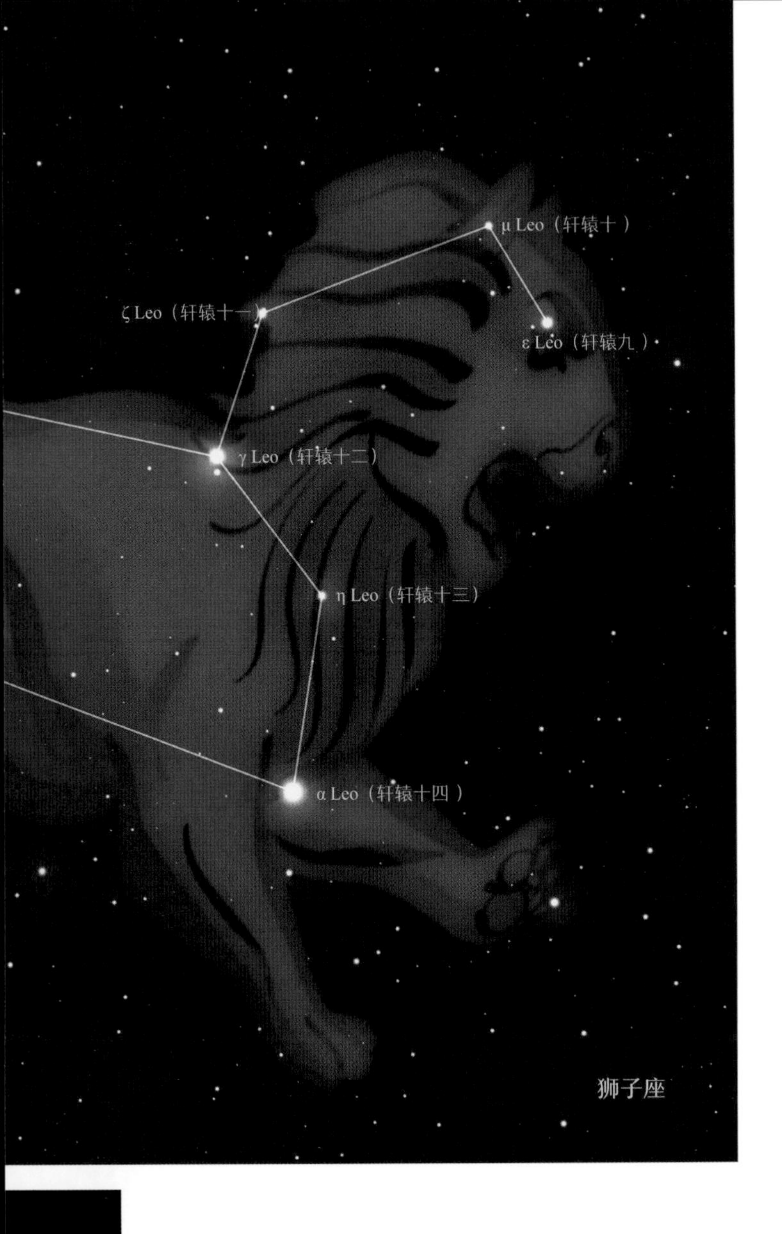

另一方面，轩辕十四是为数不多的离黄道很近的亮星，经常会被月球和行星遮挡，我们称这类现象为掩食。掩食现象对精确测量行星轨道和月表地形很有帮助，也可用于研究被掩恒星的形状和伴星。

狮子座远离银河，天区中缺少星团和星云，不过在狮子后腿处的θ星（Chertan，太微右垣四）附近有三个10等左右、旋涡结构的盘状星系M65、M66和NGC 3628。它们的大小都和银河系差不多，但因为距我们有3500万光年之遥，所以看起来只有满月的三分之一（10'）大。这三个星系在引力的作用下相互绕转，组成三重星系。从M66开始翘曲的旋臂来看，它似乎已经和其中一个伙伴经历了一次近距离的接触（称为交会）。这使得它的旋臂变形，其中的气体也会在引力的扰动下发生坍缩，产生大量的年轻恒星。随着它们越靠越近，交会也会愈加频繁，愈发猛烈。这个毁灭性的过程将持续数亿万年，三个盘状星系的旋臂都会在撕扯中破碎，其中的气体也会被新生的恒星消耗殆尽，最终融合成一个巨大、明亮，但没有明显结构的椭圆状星系。

图中的三个旋涡星系同属于一个小星系群，
它们被称为狮子座三重星系。
可以看出NGC 3628（左上）和M66（左下）
在引力的撕扯下已经开始变形，
一旁的M65（右下）正要加入它们。
右上角那颗相对明亮的恒星其实只有7等，
星表编号为HD98388

在狮子的肚子下方，轩辕十四和狮子座θ连线中间的位置上还有另外三个10等左右的河外星系M95、M96、M105。它们和更多的小星系一起组成了另一个星系群——狮子座1号星系群（也称M96星系群）。旋涡星系M96是其中最亮最大的一个，它的质量和大小都和银河系差不多。但在附近其他星系的影响下，核心和旋臂都开始出现明显的变形迹象。M105则是一个典型椭圆星系，它的亮度有10等，外形接近正圆，在小望远镜中看起来就像是一颗稍亮的恒星，平淡无奇。而实际上，这个光点中包含了远在3000万光年之外的1000亿颗恒星。即使是通过哈勃空间望远镜，我们也无法分辨其中的恒星，只能看到朦胧的光晕。由于缺乏气体，椭圆星系中不会再有新的恒星形成，其中都是年老的小质量恒星，可以稳定地燃烧上百亿年。M105旁边还有两个伴星系，分别是11等的NGC 3384和12等的NGC 3389。它们和M96三重星系都属于银河系所在的室女座超星系团，这是一个由成千上万个邻近星系组成的超级系统。在遥远的未来，其中所有的星系都会在引力的作用下汇聚到一处，就像碎石滚落山谷，江河汇入大海。

狮子座1号星系群。画面中央为M96，右下方是M95，左上角三个星系从大到小依次是M105、NGC 3384和NGC 3389。湖南省天文协会拍摄

小狮座 (*Leo Minor*)

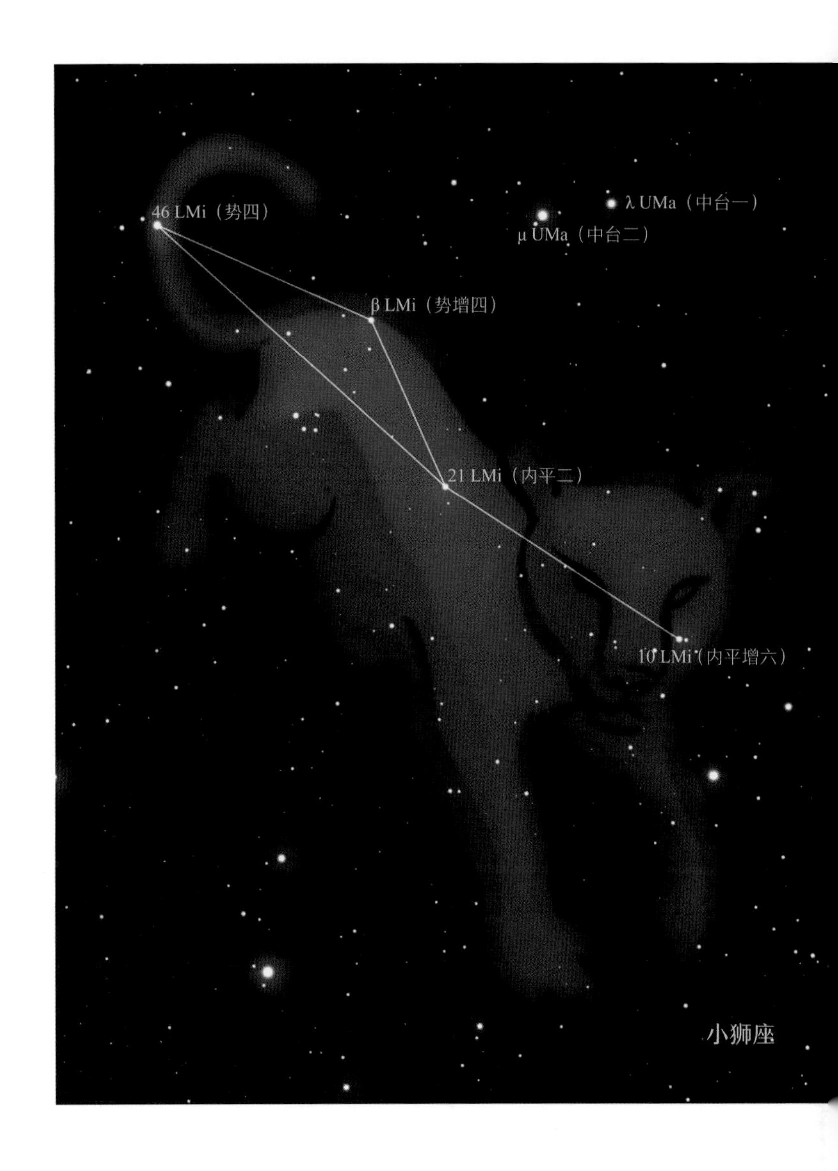

小狮座是一个很容易被忽视的区域，其中最亮的恒星势四（Praecipua）只有 3.8 等。17 世纪，由于远洋探险在夜间需要借助星空定位，天文学家开始系统地记录全天恒星的位置。许多之前无人在意的空白天区都开始有了新的名称和形象，天文学家之间也就此展开了激烈的竞争。荷兰天文学家彼得勒斯·普朗修斯（Petrus Plancius，1552—1622）于 1612 年在这个天区设立了约旦河座（Jordanus）；1687 年，波兰天文学家约翰·赫维留（Johannes Hewelius，1611—1687）在他的星图中将其表现为一头幼狮。1870 年，还有天文学家试图将它重命名为母狮座（Leaena）。最后，只有赫维留的形象经受住了时间的考验。1845 年，英国天文学家弗朗西斯·贝利（Francis Baily，1774—1844）主持编制了一份亮星星表——英国天文协会星表（British Association Catalogue)。他在这份星表中按拜尔命名法为所有亮于 4.5 等的恒星分配了希腊字母。不巧的是，他在小狮座中漏掉了字母 α，于是小狮座就不幸成为一个没有 α 星的星座。原本的 α 星（势四）就只有一个弗拉姆斯蒂德名称——小狮座 46。

对于观星爱好者来说，小狮座中没有什么明亮的深空天体。不过，星系在全天是均匀分布的。只要我们看得足够远，总能有新的发现。2007 年，荷兰教师哈尼·冯·阿科尔（Hanny van Arkel, 1983—）浏览斯隆望远镜拍摄的公开图像时，在旋涡星系 IC 2497 附近发现一团绿色的物质，长度达 30 万光年，有整个银河系这么大。当时没人知道这团物质是什么，为什么会出现在那里。这类新天体被冠以发现者的名字，称为哈尼天体（Hanny’s Voorwerp，“Voorwerp”是荷兰语中的“天体”一词）。天文学家们如获至宝，立刻对它展开了全方位的研究。从我们目前掌握的情况来看，这团物质是星系附近的弥散气体，其中的氧原子因受到辐射激发而呈现出明亮的绿光。但研究者们对辐射能量的来源仍莫衷一是，初步怀疑是星系中心大质量黑洞的短暂爆发照亮了这个云团。而现在爆发已经结束，正如我们听到雷声时闪电已经消失了一样。如果我们找不到合适的历史记录，就只能寄希望于找到更多的同类天体，拼凑出不同阶段的演化历程。

六分仪座（*Sextans*）

狮子座和长蛇座之间的部分是六分仪座。这是一个比小狮座更暗的星座，里面只有一颗星超过5等。同小狮座一样，这个星座也由赫维留于1687年设立，用于代表他测量恒星位置的六分仪。六分仪是在六分之一的圆面上放置一个活动杆，用来测量两点之间的张角。赫维留所用的六分仪在一次火灾中被烧毁了。北京建国门的古观象台上倒陈列着一个类似的设备，叫作纪限仪，是比利时传教士南怀仁（Ferdinand Verbiest，1623—1688）在清康熙十二年（1673年）参考西方的设计铸造的。

暗弱的天区虽然在天文爱好者看来很无趣，却是天文学家们探测宇宙深处的理想窗口。在六分仪座小小的视场中，天文学家们发现了三个比银河系小很多的星系（矮星系），分别是六分仪A、六分仪B，以及六分仪矮椭球星系。它们到银河系的距离都有数百万光年，但仍无法摆脱银河系强大的引力，只能像月亮围绕地球一样绕着银河缓缓转动，并且在潮汐作用下逐渐解体。数以亿计的成员恒星从母体星系中飞出，仿佛被风扬起的火焰余烬，渐渐隐没在深邃的夜空当中。

不仅如此，2008年，天文学家们为了研究宇

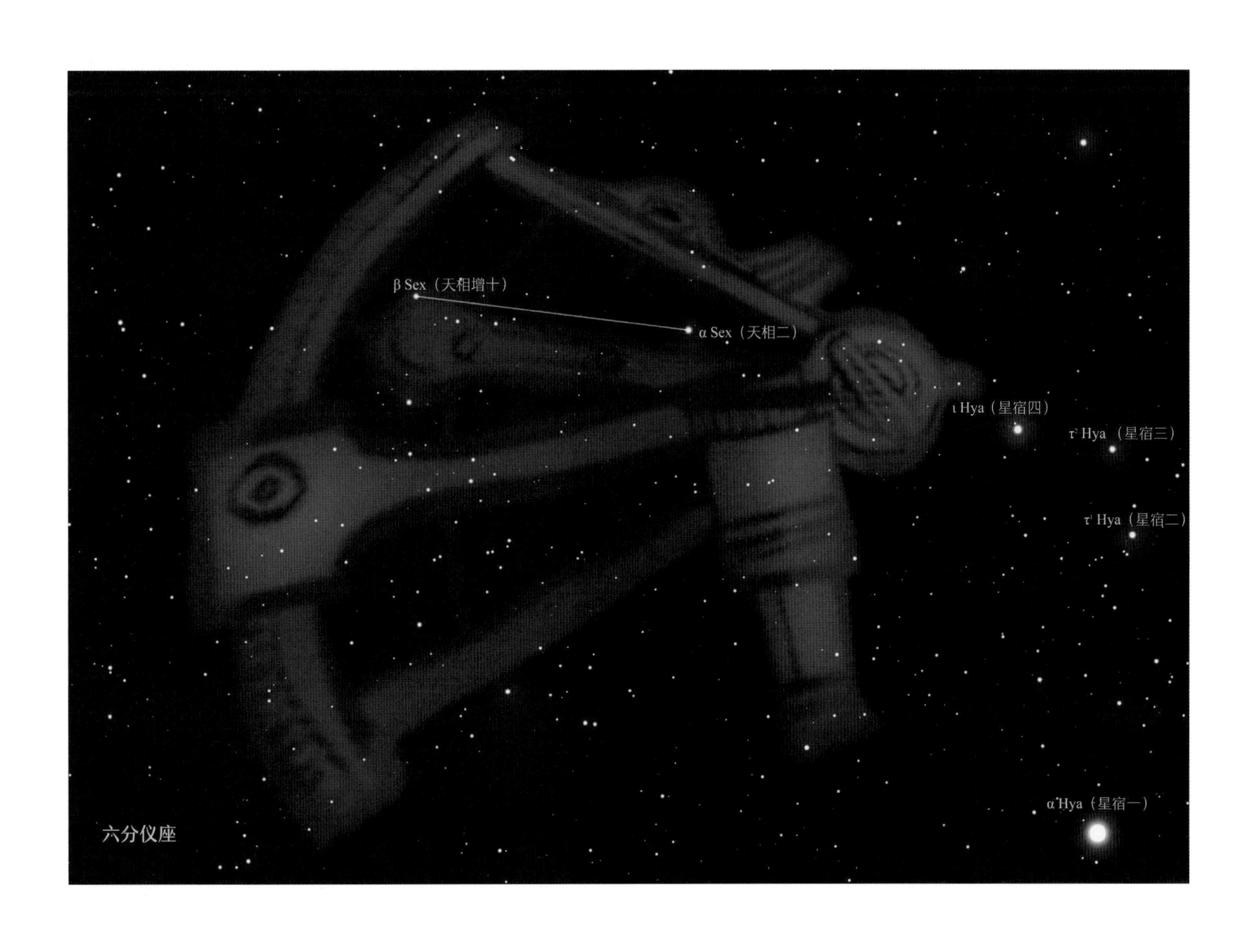

宙中的物质结构和星系的演化过程，启动了一个名为 COSMOS 的深度观测项目。他们在六分仪座中选取了一片没有恒星和星云遮挡的天区，作为眺望宇宙深处的窗口，就像在地表打一口很深的井，来获取古代的地质信息。天文学家们利用世界上最先进的设备，在这个仅有两平方度（16 倍月亮大小）的视场内发现了超过 200 万个星系！这些遥远的微弱星光自它们诞生之日起就在向我们飞来，历经了几十亿年的长途跋涉。16 万年前，它们到达银河系时，地球上作为现代人先祖的智人才刚出现不久。2000 年前，当它们到达太阳系附近的银河盘面时，中国人还在使用竹简，而欧洲文明则局限在地中海沿岸。到达地球时，我们已经能够利用空间望远镜在高分辨率的传感器上记录下每一颗光子的位置……终于没有辜负它们漫长的旅程。

2019 年冬季，北京建国门古观象台雪后的纪限仪。
邵珍珍拍摄

巨爵座（*Crater*）

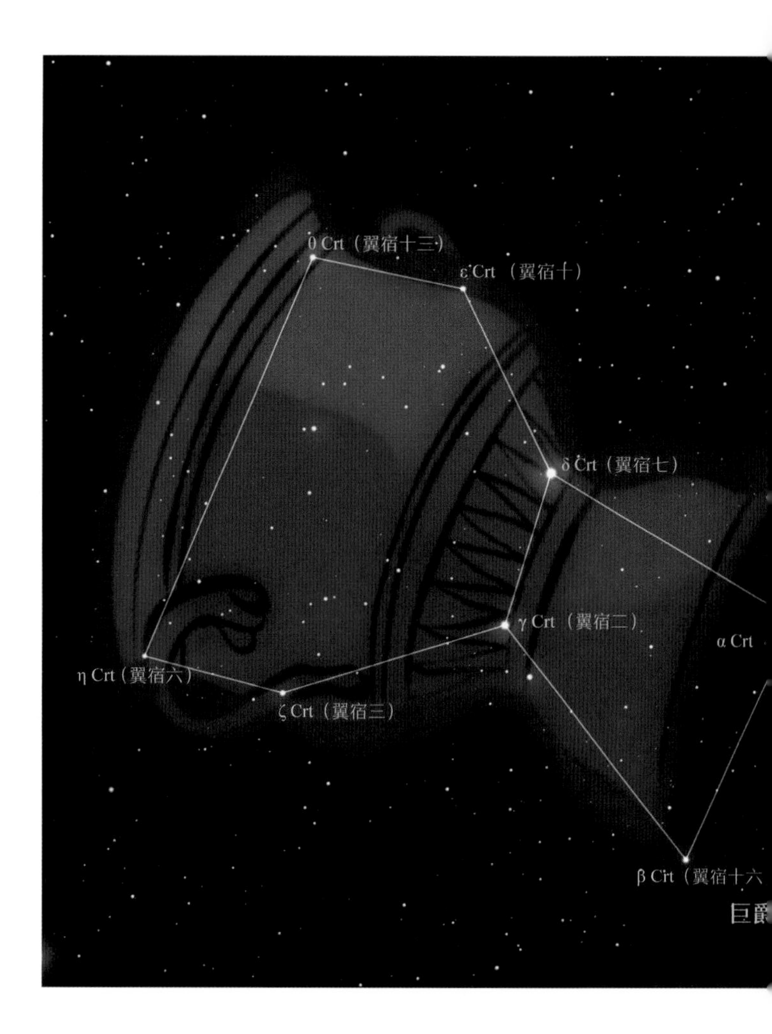

在六分仪座和四边形的乌鸦座中间有另一个暗弱的星座——巨爵座。它是 48 个古希腊星座之一，是阿波罗交给乌鸦座用于取水的酒杯。在古代中国，它是二十八宿中的翼宿，代表南宫朱雀的翅膀。巨爵座中几颗 4 等星连出的梯形构成杯子的主体，杯口朝大角星方向，杯子的底座就在长蛇的身上。一旁的 3 等亮星翼宿五（ν Hydrae）就是它与长蛇座的边界。

长蛇座（*Hydra*）

翼宿五东边的几颗星就是二十八宿中的张宿，也就是朱雀的嗉囊。在西方星座中，它是长蛇座的中段。在这片看上去平淡无奇的天区中，藏着一个巨大的天体——长蛇座星系团（Hydra Cluster）。它在乔治·阿贝尔（George Abell，1927—1983）编制的星系团表中的编号为1060，因此也被简称为A1060。这个星团是位于地球一亿光年之外的庞大系统，由一百多个星系所组成。这些星系诞生之初就被彼此的引力束缚在一起，一边各自坍缩，一边缓慢绕转、聚集。它们组成了宇宙物质网络中最明亮的结点。星系团是宇宙中质量最大的一类天体。但我们在光学波段看到的星系只占它们总质量的三十分之一，还有十分之一的质量是以稀薄热气体的形式存在于星系之间，可以在X射线波段看到。但剩下的83%质量没人知道是由什么物质构成，于是我们称之为“暗物质”。天文学家们探索了近一个世纪，始终没有找到暗物质所对应的成分。有人认为是观测设备不够灵敏，有人认为存在一种属性奇特的新粒子，也有研究者认为根本就是引力理论出了问题……无论最终是哪一种解释得到证实，都将大大加深我们对现有世界的认识。

长蛇座星系团A1060。图中最明亮的两个带有星芒的天体其实是银河系的恒星，它们背后那些带有延展结构的天体大都是长蛇座星系团的成员

在长蛇座星系团中，还有一对罕见的重叠星系 NGC 3314。这两个旋涡星系都是长蛇座星系团的成员。它们重叠在一起，似乎是在并合。但实际上两者相距 3000 万光年。这个距离比我们到仙女座大星系的距离还要远上 10 倍。前景星系的盘面在背景星系映照下就像一张透明的贴纸，成为研究星系物质组成的绝佳样本。不过，这对重叠星系的亮度只有 12.5 等，要用大望远镜深度曝光才能显现。

哈勃空间望远镜拍摄的重叠星系 NGC 3314。
图中的两个星系只是在视线方向上偶然重叠

唧筒座 (*Antlia*)

在长蛇座星系团的南边是一个暗淡的南天星座——唧筒座。它直到 18 世纪才作为 14 个拉卡伊星座之一成为一个独立的天区。唧筒座的命名来自法国物理学家丹尼斯·帕潘在实验中使用的单缸泵，法国天文学家拉卡伊用它来纪念这位压力锅和安全阀的发明人，他对蒸汽机的改良有重

要贡献。不过，拉卡伊与帕潘并不相识，他在帕潘去世的那年才出生。如此命名恐怕是因为拉卡伊出于民族荣誉感，在英国人主导的蒸汽机领域加入了一个法国人的名字。不过，帕潘的主要工作却是在英国完成的。

唧筒座中也有一个星系团：唧筒座星系团。它和长蛇座星系团类似，不过要小一些，也暗一些。唧筒座星系团和长蛇座星系团相距不是太远，因此还有微弱的引力联系。这些有物理关联的星系团组成了一个更大的系统，称为超星系团。其中的成员星系就像城墙一样横亘在黑暗的荒原之中，因此被称作“星系巨壁”（或者“星系长城”）。作为物质节点的星系团就相当于其中的烽火台。我们看到的每一个星系都不过是其中的一块墙砖。

关于这些我们没法用自己的小望远镜直接看到的星座和星系，我已经说得够多了。让我们去下个月的天区中寻找更多可以观赏的有趣目标吧。

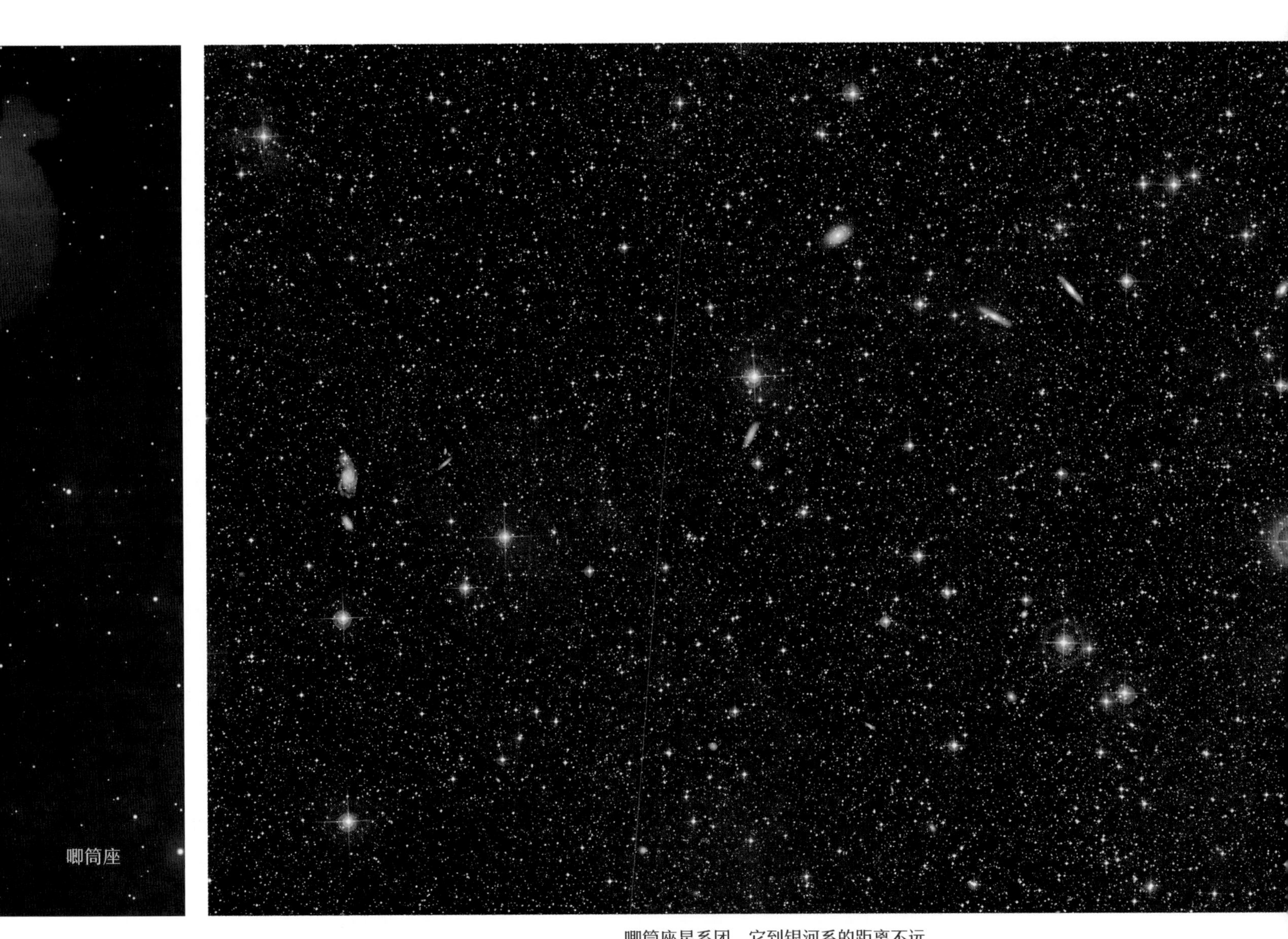

唧筒座星系团。它到银河系的距离不远，
仅次于室女座星系团和狐狸座星系团，位列第三

五月

观测时间（正南）：

5月1日 22:00 / *5月15日 21:00* / *5月30日 20:00*

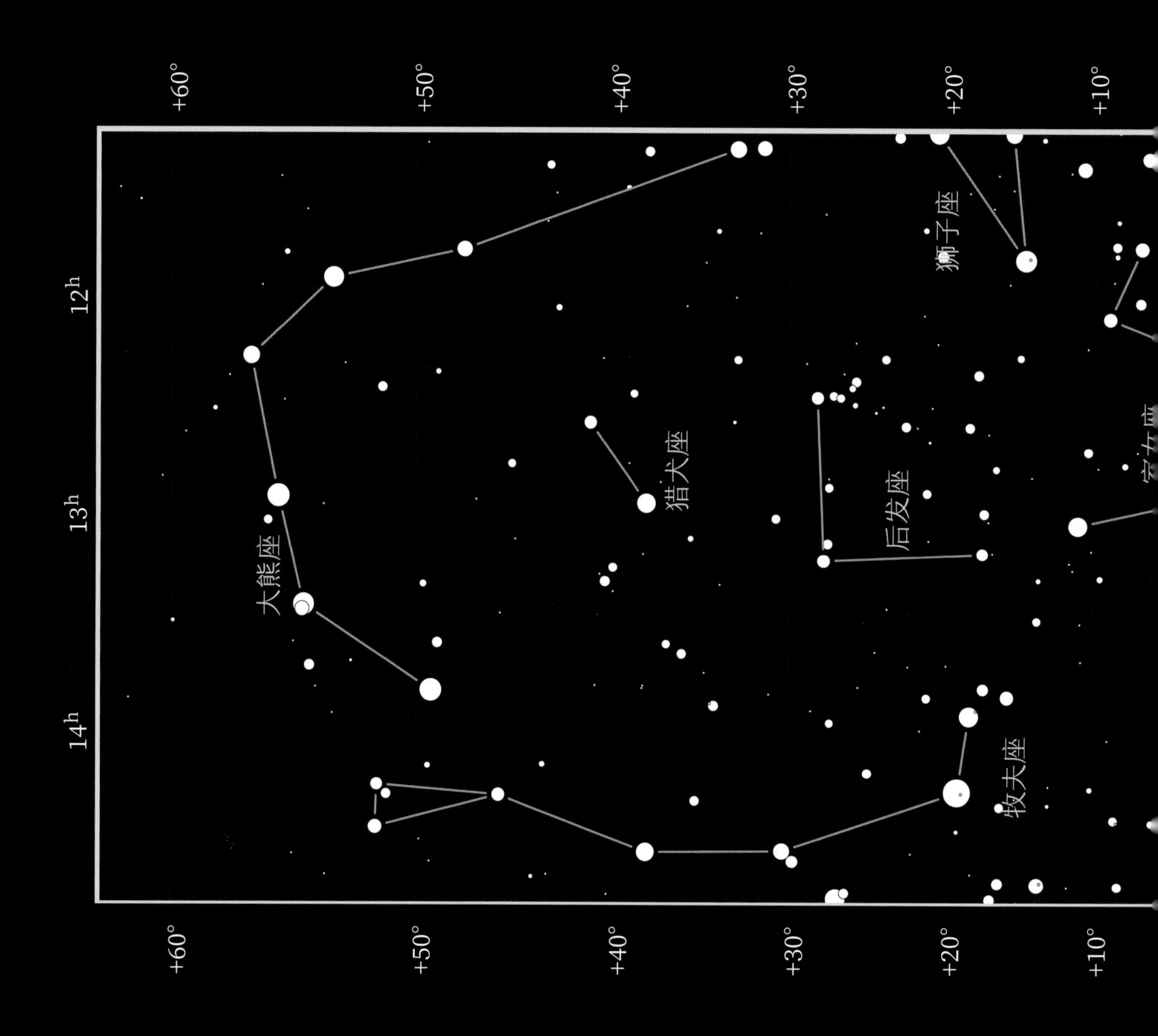

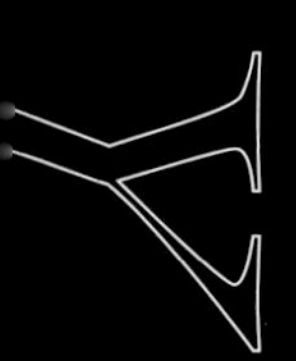

五月星空中，南方最亮的星当属室女座的角宿一。它和牧夫座α（大角）和狮子座β（五帝座一）一起组成了一个等边三角形，称为春天大三角。角宿是东方苍龙的角。每年阳历三月

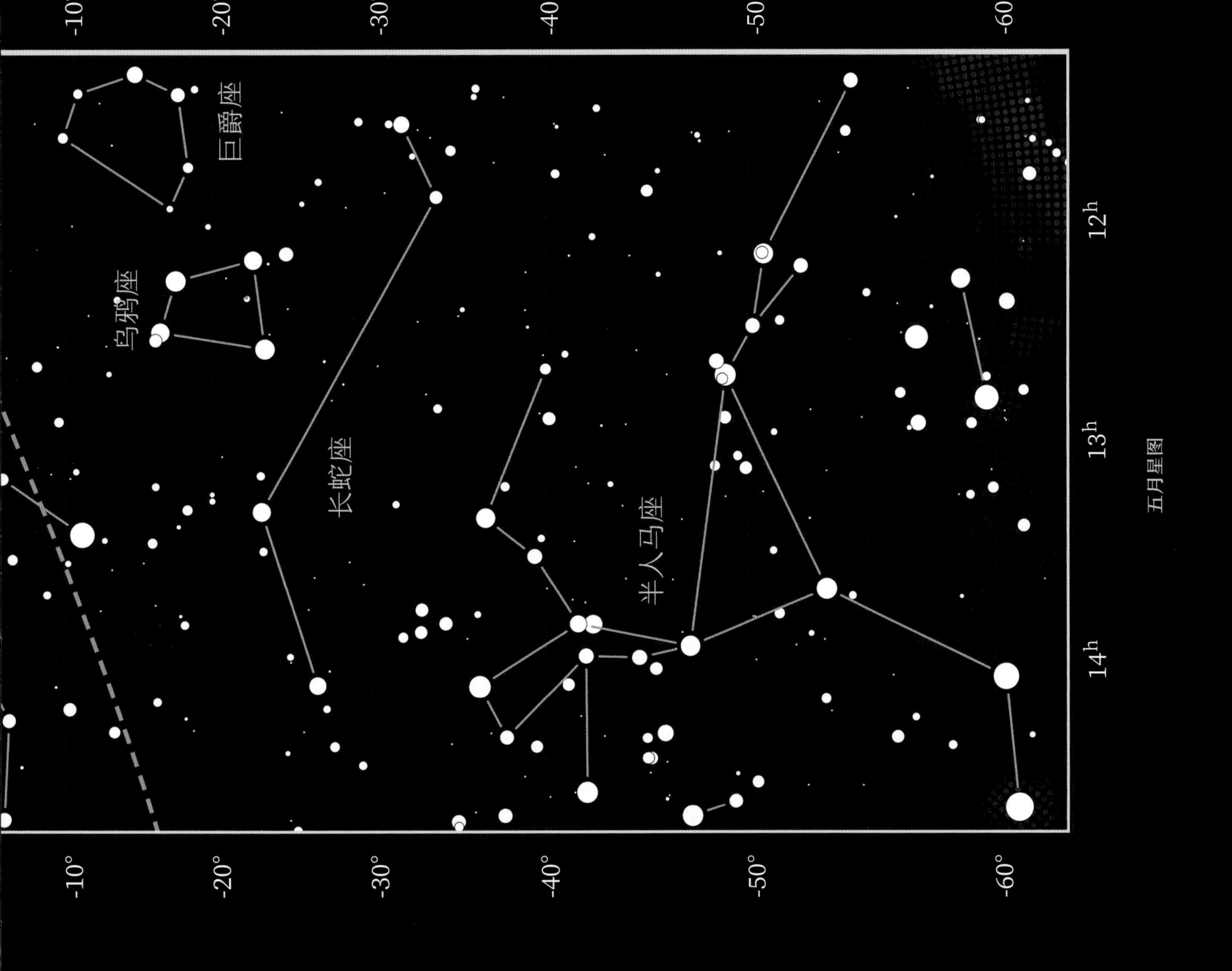

五月星图

它都会在日落后出现在东方地平线上。民俗中的“二月二，龙抬头”，说的就是这个天象。等到角宿高挂南方天空时，已是花褪残红的暮春之际了。

室女座 (*Virgo*)

角宿一位于室女座的中部，借助它可以很容易地定位这个黄道上最大的星座。室女座就是占星师所说的“处女座”，日本称之为“乙女座”，指的都是尚未成家的女子。她通常被认为代表着希腊神话中的正义女神狄刻（Dike，也称 Astraia），一手高举天秤，一手持剑主持正义。正义女神一度生活在人间。人类放弃对神祇和秩序的崇敬，进入混乱纷争的青铜时代后，她失望地回到天界，成为星座。另一个说法是，室女座代表谷物和丰收女神得墨忒耳（Demeter）。她手执饱满的麦穗——角宿一（Spica），是给人类的馈赠。这也许是因为在农耕文明刚刚出现的时代，每当谷物成熟的季节，角宿一就会在南天夜空中闪耀。

图为农神得墨忒耳（左一）送别要回冥界的女儿珀耳塞福涅，其左上为标志麦穗

物理上，角宿一是距我们 260 光年之遥的一个双星系统。两颗成员星靠得很近，以 4 天为周期相互绕转。主星是一颗蓝巨星，质量是太阳的 10 倍，表面温度达到 25 000℃，足以气化地球上所有物质。我们无法直接看到伴星，但可以通过光谱确认它的存在，是一颗 7 倍太阳质量的正常恒星。千万年之后，主星耗尽自身的燃料，最终走完演化道路时，会作为超新星猛烈地爆发。伴星也会因为距离主星太近而被同时摧毁。相比之下，太阳的寿命要漫长得多，我们的子孙后代届时仍有机会在地球上收获饱满的谷物。

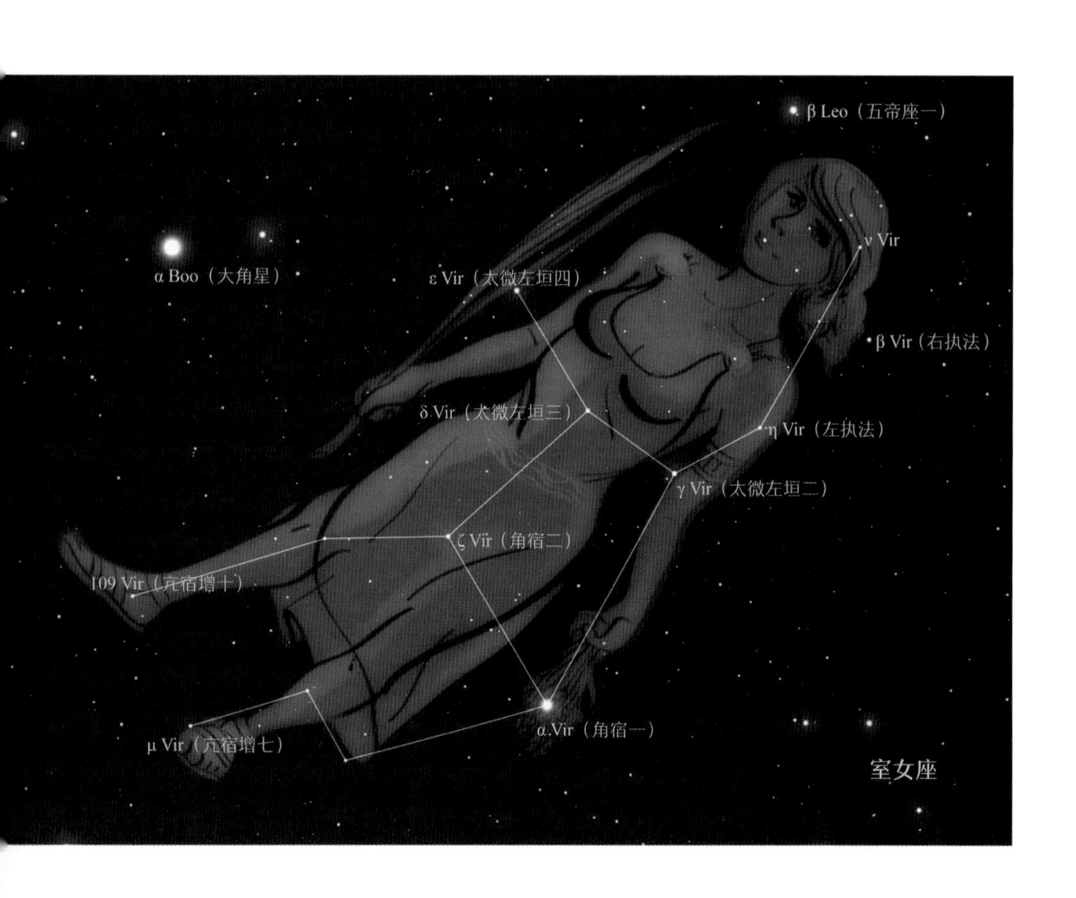

虽然无法直接看到角宿一的两颗成员星，但在室女座中还有另一个双星系统可以弥补这个缺憾。那就是位于角宿一和狮子座 β 之间的室女座 γ（中文名为东上相，又称太微左垣二）。这是一个距太阳39光年的双星系统。两颗3.5等星以169年为周期相互绕转。2005年，它们之间的距离达到最近，在地球上看只有0.4"*。在接下来的80年里，它们之间的距离会越来越大，今天已经超过2"，用小型望远镜就能分辨。

室女星系团中的部分成员星系组成了著名的马卡良星系链。这样由引力连接而成的星系链并不罕见，它们是构成大尺度结构的骨架。李天拍摄

在室女座γ星正北方，靠近狮子尾巴的地方，有一大群朦胧模糊的天体聚在一起，它们被克罗狄斯·托勒玫（Claudius Ptolemaeus，约90—168）视为狮子座尾巴末端的毛簇，其中每一个都是类似银河系这样的星系。这些星系在引力的作用下彼此吸引，缓慢聚集，形成了离银河系最近的星系团——室女星系团。银河系也是这个大家庭中的一员，不过并不在灯火通明的中心区域，而是边缘处一个相对僻静的位置。我们正和周围的仙女座大星系、大小麦哲伦云等一群小伙伴一起以每秒几百千米的速度向室女星系团中心进发。这个速度对于人类来说当然很快，要知道中国嫦娥探月火箭的发射速度还不到每秒10千米。但对于宇宙旅行来说，这个速度还远远不够。我们离室女座星系团中心有5000万光年，按照目前的速度需要至少200亿年才能到达那里。不过，室女座星系团里有太多的星云、恒星和星系，频繁的碰撞与爆发会带来许多不确定性。相比之下，目前这样稳定平静的星系际（星系之间的空间）环境能够让我们有足够的时间去进化，去思考。

* 1°（度）= 60'（角分）= 3600"（角秒）

室女星系团的中心是巨大的椭圆星系 M87。它是银河系附近质量最大的星系之一。虽然距我们有 5300 万光年之遥，比仙女座大星系远 20 倍，但视亮度仍达到 9 等，用小望远镜就能看到。它没有明显的旋臂，也没有布满尘埃的星系盘。万亿颗恒星形成一个明亮的光晕，即使在天文台的专业望远镜中也显得模糊不清。这样的星系被称为椭圆星系，一般是由众多星系并合而成的。因此通常出现在星系团的中心处，内部的冷气体和尘埃已经在之前的并合过程中消耗殆尽，只剩下见惯了星际波澜的年老恒星燃烧着。M87 最令人着迷的地方是它的核心。它在中心处孕育了一个超大的黑洞，质量是太阳的 65 亿倍，足足比银河系中心的黑洞重了 1000 倍！可以说，这个黑洞是 M87 中心的主宰。一些不幸的恒星或者星云一旦离它过近就会被强大的潮汐力撕成碎片，落入万劫不复的黑暗深渊。不过，那些天体并非径直掉入黑洞。它们原本围绕黑洞转动，进入黑洞后在下落的过程中会越转越快。如果转得足够快，还有机会产生和黑洞引力相当的离心力，从而暂时停留在毁灭的边缘。这些死里逃生的碎片在黑洞周围堆积出一个高速转动的物质盘——吸积盘。但这个临时的避难所并不稳定。因为天体碎片源源不断地从四面八方掉落进来，和之前抵达的物质发生摩擦和挤压。靠内侧的物质一旦受到阻碍，转动速度减慢，就会越过黑洞的边界，消失在连光都无法逃逸的视界中。在某些我们尚不清楚的机制作用下，部分粒子会在坠落时被黑洞高速喷出，形成尺度巨大的喷流，逃离死亡的陷阱。M87 的喷流就是其中最容易被观察到的一个。天气好的时候，用 40 厘米的小望远镜就可以看到其中长达 5000 光年的壮观喷流。

哈勃空间望远镜于 1998 年拍摄的
椭圆星系 M87 中的巨大喷流

M87 作为离我们最近的大质量黑洞，自然成为黑洞研究的首选。2017 年，一个国际天文研究团队利用全世界最强大的射电望远镜组成干涉仪对 M87 中的黑洞进行深度观测。在经过两年艰辛浩繁的数据处理工作之后，终于在 2019 年 4 月公布了人类历史上第一张黑洞照片。黑洞本身当然是看不到的，这张朦胧的照片呈现的是黑洞边缘因摩擦而升温的吸积盘。它就像漩涡周围的水流一样勾勒出入口的形状。于是，在黑洞这一概念被提出的 103 年后，我们终于看到了它边界的模样。

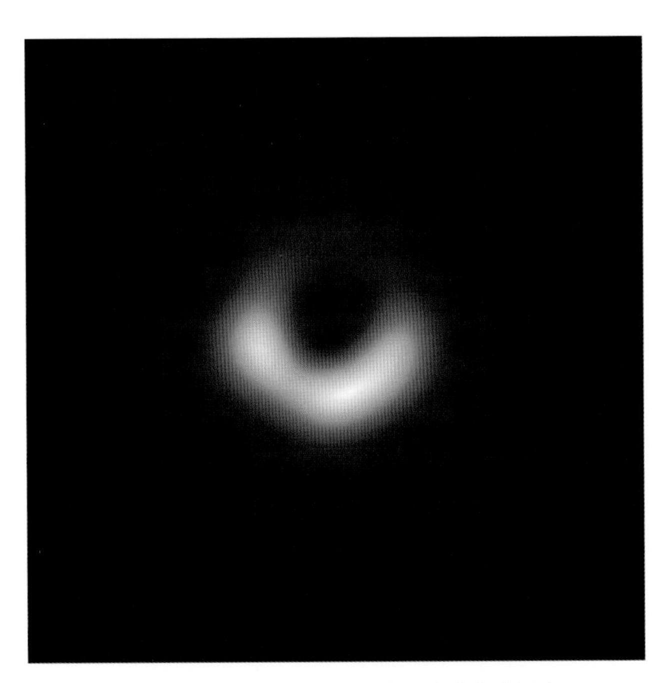

2019 年事件视界望远镜公布了人类有史以来
第一张黑洞视界的照片，神秘的黑洞终于显露出身影

在浩瀚的宇宙中，黑洞并不罕见，几乎每个星系的中心都会有。对于更遥远的星系来说，旋臂和光晕都暗得无法分辨，只有星系的核心在大质量黑洞的驱动下仍能发出明亮的光线，穿过漫长的岁月抵达地球。这类天体看上去和银河系的恒星没什么区别，因此被称为“类星体”（quasar）。在室女座 γ 西北约 0.55° 的地方就有这样一颗——3C273。它在 20 世纪 60 年代由无线电（天文学家称为射电）探测发现，并被编入第三版剑桥射电星表（Third Cambridge Catalogue of Radio Sources, 简称 3C），位列第 273 号。随后，天文学家发现这个强烈的射电源属于一颗光学波段亮度为 13 等的小星。光谱测量结果表明这颗小星远在银河系之外。当时的研究者对此十分震惊，这意味着这颗天体正在释放出超乎想象的巨大能量。人们这才逐渐认识到这是一类全新的天体。3C273 也因此成为第一颗获得光谱认证的类星体。今天，它是天文爱好者能够看到的最远的天体。那点微弱的星光来自 24 亿年前，当时地球的大气中有大量的二氧化碳，藻类还在努力制造生命所需的氧气。

哈勃空间望远镜拍摄的类星体 3C273 的照片，
它看上去就像一颗普通的恒星

后发座
(Coma Berenices)

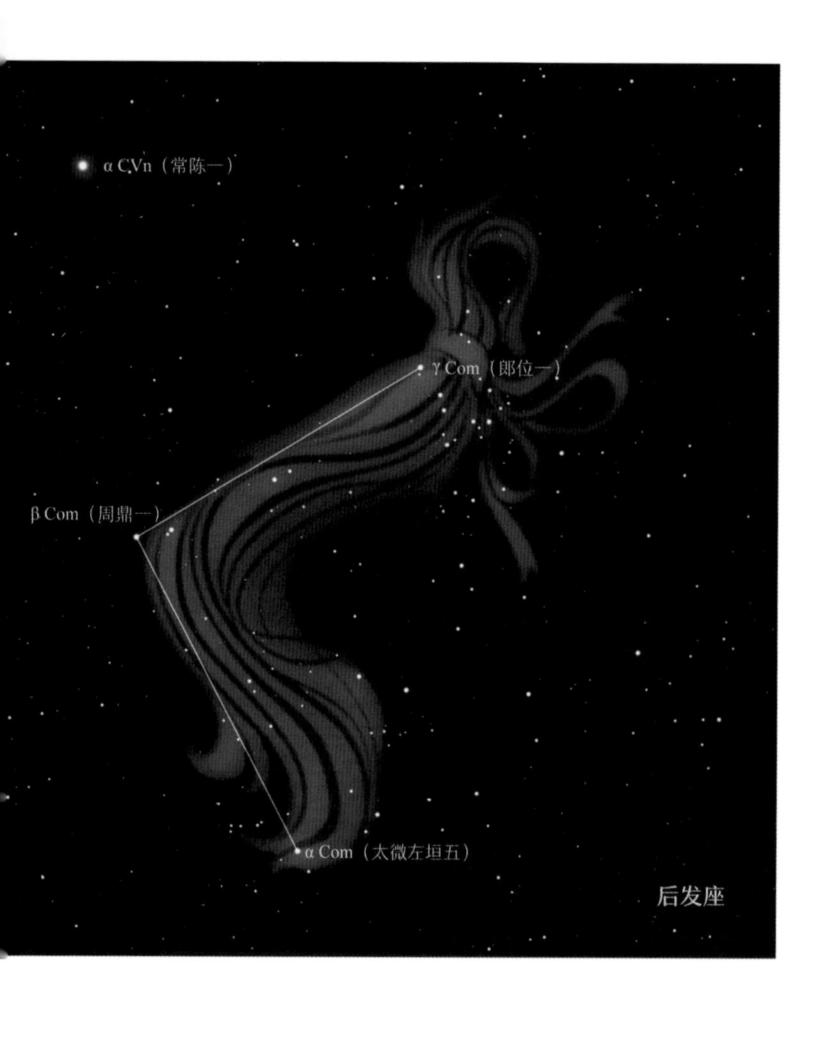

在室女座北边、狮子座的东边是后发座。这个星座源自一位真实的历史人物——古埃及王后贝勒尼基二世（Berenice II of Egypt, 公元前 267—前 221）。她在丈夫埃及法老托勒密三世出兵远征叙利亚期间向神庙许愿，如果丈夫能够平安归来，就剪下自己秀美的长发作为祭品。不久后，法老如期平安返回，王后也信守了自己的诺言，将头发献给了神。但在第二天，祭品离奇地消失了。宫廷天文学家安慰王后说，神很喜欢这份祭品，已经把它拿到了天上，化为群星。于是，这片看似平淡的天区从此便与王后的头发联系在了一起。而在亚欧大陆的另一端，同时代的秦始皇（公元前 259—前 210）看来，这片天区是太微垣的一部分。星星点点都是帝国的诸侯与郎将，将辅佐秦朝传诸万世。两千年后，帝陵犹在，星象依旧，而嬴氏已湮没无闻。

话说回来，在后发座γ附近、属于星官“郎位”的一群小星还真有物理上的联系。它们的亮度相近，运动趋势相同，到地球的距离也差不多，都是后发座星团的成员。这群恒星诞生于约 4.5 亿年前。那时地球正处于古生代的奥陶纪，大部分地区被海洋覆盖，笔石和鹦鹉螺统治着世界。然而，由于某种我们尚不清楚的原因，包括笔石在内的大部分海洋生物在短时间内完全从地球上消失了。有人怀疑是地球上的火山喷发改变了气候，也有人怀疑是邻近某颗恒星的死亡严重影响了地球大气层。我们不知道这个离地球只有 280 光年的星团是否与这次事件有关。但是在这个距离上发生的天文事件足以对我们的星球产生影响。从这个意义上说，关心星空，就是关心我们自己的命运。

后发座位于银河系自转轴的北极方向。由于银河系中的物质呈盘状分布，因此这个方向上的恒星和星云最少，是夜空中河外星系最为密集的区域之一。后发座和室女座相接的地方包含许多室女座星系团的成员星系，如 M85、M100 等，但后发座也有自己的星系团——在它的β星西侧 3° 的地方，有上千个 13 等左右的星系聚集在一起，构成了一个巨大的星系团。这个星系团到我们的距离比室女星系团远 6 倍，因此看上去小且密集。1933 年，瑞士天文学家弗里茨·茨威基（Fritz Zwicky，1898—

1974）希望研究这个星系团中的星系运动情况，从而推算出其中包含的物质总量。他很快发现这些星系所受的引力非常大。我们看到的这些星系自身根本无法提供足够的质量把所有的成员都束缚在一起。因此，他预言一定有大量我们看不见的暗物质在维系星系团的存在，并主导其中成员的运动。但当时的天文学家们认为茨威基的预言不可信，肯定是他的数据或者研究方法出了问题。然在随后的半个世纪里，暗物质的问题并没有随着世界大战或者战后经济复苏自行解决。如今，八十多年过去了，人们在考虑了尘埃、气体、矮星、黑洞，甚至中微子等所有已知的物质形式之后，仍无法找到足够的物质来解释这个星系团所需的引力究竟来自何处。暗物质便成为一个大家不得不接受的事实。科学界正花费大量的时间精力寻找它可能的形式。迄今为止，仍一无所获。一想到宇宙中还有 80% 的物质仍以我们全然未知的形式存在，我就对未来充满了期待。

哈勃空间望远镜拍摄的后发座星系团局部，
其中以 NGC 4860（右）和 NGC 4858（左）两个星系特别引人注目

后发座的精彩不止这些。位于后发座 α 星附近的球状星团 M53 是后发座中最明亮的梅西叶天体，用双筒望远镜就能看到。这个包含几十万颗恒星的璀璨天体，几乎和宇宙一样古老。在后发座 35 号星东北 1° 方向有另外一个热门的观测目标 M64。这个星系外部浓厚的尘埃盘围绕着中心明亮的核球，仿佛一只深邃的眼睛，因此被称为“黑眼睛星系”。它外部气体的旋转方向和中心处的恒星相反，可能是因为外部气体来自它在几十亿年前吞噬的另一个星系。在后发座 17 号星东侧 1° 的位置处，还有另一个经典目标——针状星系 NGC 4565。这是一个典型的侧对我们的星系。这类星系叫作侧向星系。弥散在星系盘面上的尘埃在这个角度重叠起来，挡住了核心处的明亮星光，形成一条狭长的暗带。我们在夏夜仰望银河时也能看到类似的暗带。

哈勃空间望远镜拍摄的球状星团 M53。
这个星团中包含了数百万颗恒星，它们被引力紧紧地束缚在一起

哈勃空间望远镜拍摄的黑眼睛星系 M64。
它外部有大量的尘埃暗带，这在旋涡星系中并不常见

欧洲南方天文台的甚大望远镜所拍摄的针状星系
NGC 4565，这是一个侧对我们的旋涡星系

猎犬座
(Canes Venatici)

后发座和北斗七星之间是牧羊人（牧夫座）忠实的帮手——猎犬座。这个星座虽然面积很大，但只有一颗星超过3等。其实，古希腊的托勒玫将它视为牧羊人的武器。但后人在传抄翻译的过程中出了差错，于是武器变成了猎狗，成了星空中继大犬座和小犬座之外的第三只狗。在古代中国，人们因其位于象征皇宫的紫微垣和代表朝堂的太微垣之间而将其视为禁卫军——常陈。

猎犬座中通常只有两颗星可见：3等的常陈一和4等的常陈四。常陈一在西方被称为“查理之心”（Cor Caroli）。这个看起来很古老的拉丁名字其实出现于17世纪的英国。1660年，在英国光荣革命中被斩首的英国国王查理一世的儿子查理二世复辟，实行温和统治，广受好评。他对科学和艺术的赞助也影响深远。英国格林尼治天文台和皇家学会都是在他的支持下成立的。英国天文学家用专门的星名来表达他们对国王的崇敬与感激也就不难理解了。哈雷甚至在南船座边上为他创造了一个专门的星座——查尔斯橡树座（Robur Carolinum），以纪念他在战败时赖以逃生的橡树。不过，这个具有强烈民族主义色彩的星座后来被法国天文学家拉卡伊移除。

物理上，常陈一是一个双星系统，两颗子星之间相距约20"，在小望远镜中就能分辨。它们相互绕转一周需要大约8000年，所以在本书有限的生命周期里一直会是一个容易观测的目标。其中较暗一颗叫作猎犬座α1，只有5.6等，是一颗比太阳稍大的主序星，颜色发黄。较亮的一颗称为猎犬座α2，是一颗具有强磁场的特殊恒星。它强大的磁场会在表面形成巨大的低温区（黑子）。这让它的亮度随着自转有0.1等的周期性变化。从它的光谱中我们还发现个别元素含量偏高，暗示着这颗恒星有着不寻常的演化过程。

猎犬座中还有另一颗著名的变星——猎犬Y。这颗5等变星呈现出明显的红色，因此被19世纪的意大利天文学家赛奇（Secchi，1818—1878）称为“华美之星”（La Superba）。它的亮度以160天为周期在4.8—6.3等之间变化，用小望远镜不难看到。猎犬Y已经耗尽了内部的氢与氦，正处于从主序星向红巨星演变的过渡阶段。强烈的星风让它的物质高速流失，表层大气也已经被推到超过火星轨道的位置，温度相应降至2800°C。其中碳元素化合物强烈地吸收着辐射中的蓝紫色波段，形成了其红色的外表。这类含有大量碳元素的恒星被称为“碳星”。猎犬Y是天空中最亮的碳星之一。不久后，它会在剧烈的坍缩和再爆发中将外层大气抛入星际空间，只留下中心的白矮星，成为一个美丽的行星状星云。

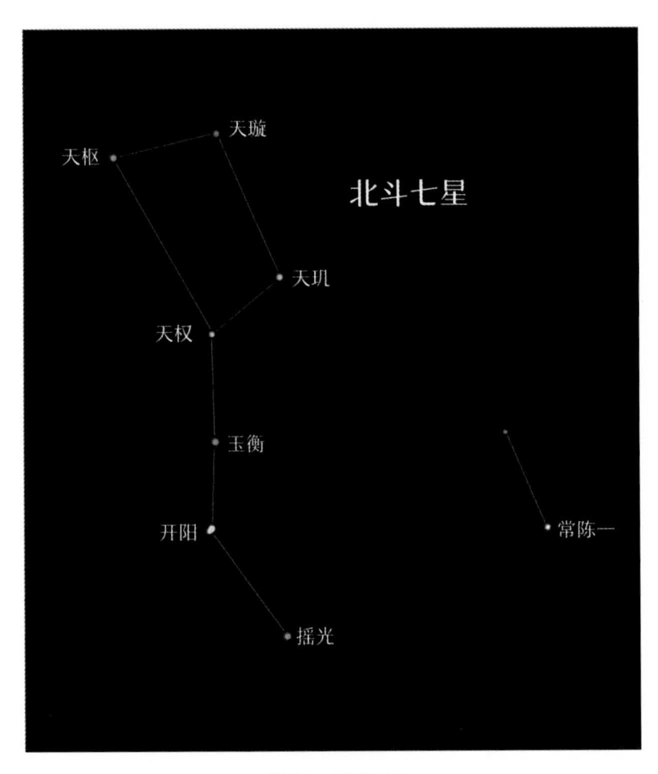

常陈一的位置

在上面提到的两颗变星之外，猎犬座中还有另一个超级明星——涡状星系M51。它是距银河系3100万光年的一个大旋涡星系。自从18世纪法国天文学家梅西叶发表第一个汇总深空天体的梅西叶星表以来，这类天体在当时望远镜的目镜中一直如云似雾模糊不清。1845年，爱尔兰罗斯勋爵建造了当时世界上最大的望远镜，口径达到1.8米。他用这架巨型望远镜意外地发现M51有着旋涡般的内部结构，而且和它的伴星系NGC 5195之间存在桥梁般的物质连接。人们这才意识到，晦暗不明的天体原来也有奇妙的结构。不过当时刚刚出现的摄影技术还无法捕捉如此暗弱的目标。天文学家们只能通过素描来记录眼前的奇景。1880年，法国天文学家尼可拉斯·卡米伊·弗拉马里昂（Nicolas Camille Flammarion，1842—1925）在巴黎出版了一本包含大量精美插图的科普书《大众天文学》，其中就包括一张罗斯勋爵的M51素描图。这本800多页的大部头获得了同行和公众一致认可，在一年内就卖出了数万本，成为他一生中最畅销的作品。罗斯勋爵的这张M51图像也随着图书的热销而变得广为人知。1886年，一位年轻的荷兰画家来到巴黎，停留了两年之后，前往普罗旺斯定居，并画下了著名的《星月夜》。他便是著名的画家文森特·梵高。虽然没有任何记录表明梵高真的从天文图像中获得了创作灵感。但是当我们把这两幅图像放在一起时，它们之间的相似性的确耐人寻味。

碳星猎犬座Y。与其他恒星相比，它的颜色明显发红

哈勃空间望远镜拍摄的涡状星系 M51。
它是最为壮观的旋涡星系之一，旋臂上的粉红色亮结都是大量恒星形成的地方

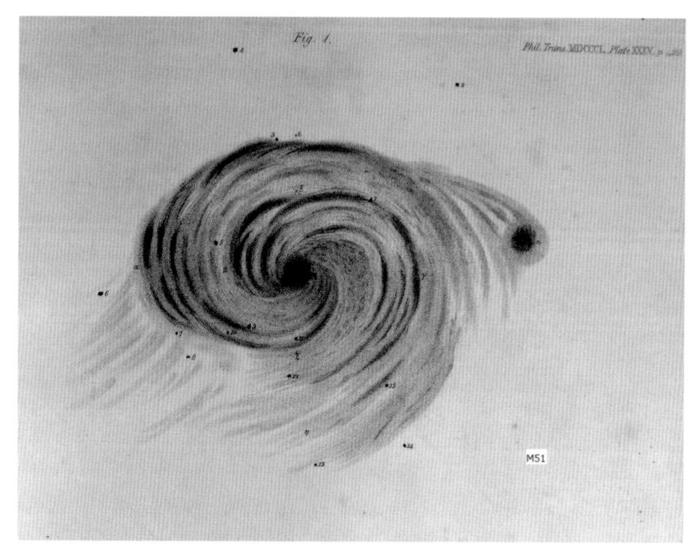

罗斯勋爵的 M51 素描

《星月夜》，文森特 · 威廉 · 梵高绘于 1889 年，
现藏于纽约现代艺术博物馆

M51的位置很靠近北斗七星，就在摇光东南方向3.5°。它的表面亮度有8.4等，用双筒望远镜就能看到。它是一个典型的旋涡星系，比银河系小三分之一，但是它正在吞噬旁边的伴星系NGC 5195。后者的恒星、气体和尘埃都被潮汐力瓦解，并通过物质桥源源不断地流入M51中。而M51自身也在引力的扰动下经历着大范围的恒星形成过程。图像上鲜艳的红色亮结就是新一代恒星诞生的地方。在这个壮丽而残酷的过程结束后，NGC 5195将彻底消失在这个巨大的物质旋涡之中。而M51将变成一个更加明亮壮阔的星系。但它的演化并不会就此终止，它周围还聚集了包括葵花星系M63在内的其他小星系。这些小星系也有着与NGC 5195同样的命运。宇宙中所有的星系都是这样生长、消逝，亿万恒星在其中如浮萍一般随波荡漾。在引力主导的宇宙中，这是真理，也是宿命。

乌鸦座（*Corvus*）

因为M51离北极不远，所以我们经常有机会看到它。让我们回到室女座，再认识一下南天的星座。角宿一东南方向有一个不规则四边形，那就是乌鸦座。在古代中国，它也被看成一个星官，是二十八宿中象征舆车的轸宿。组成车架的β、γ、δ、ε四星两侧还有两颗小星：α和η。它们是车轴两头卡住轮子的堵头，分别称为右辖和左辖。

乌鸦座面积不大，其中最有名的天体是11等的触须星系（Antennae Galaxies）。一个棒旋星系和一个大小相近的旋涡星系在9亿年前开启了这场曼妙的星空华尔兹。大约在6亿年前，它们挽手错身，交换了彼此位置，因旋转而甩出的物质流就像两根细长的昆虫触须。其中有些恒星会永远飞出这个系统，成为宇宙中的流浪天体。凝聚的气体与尘埃同时又在孕育新的星体。在接下来的4亿年里，它们还将多次重复这样的轮换旋转，直到彼此完全融为一体。

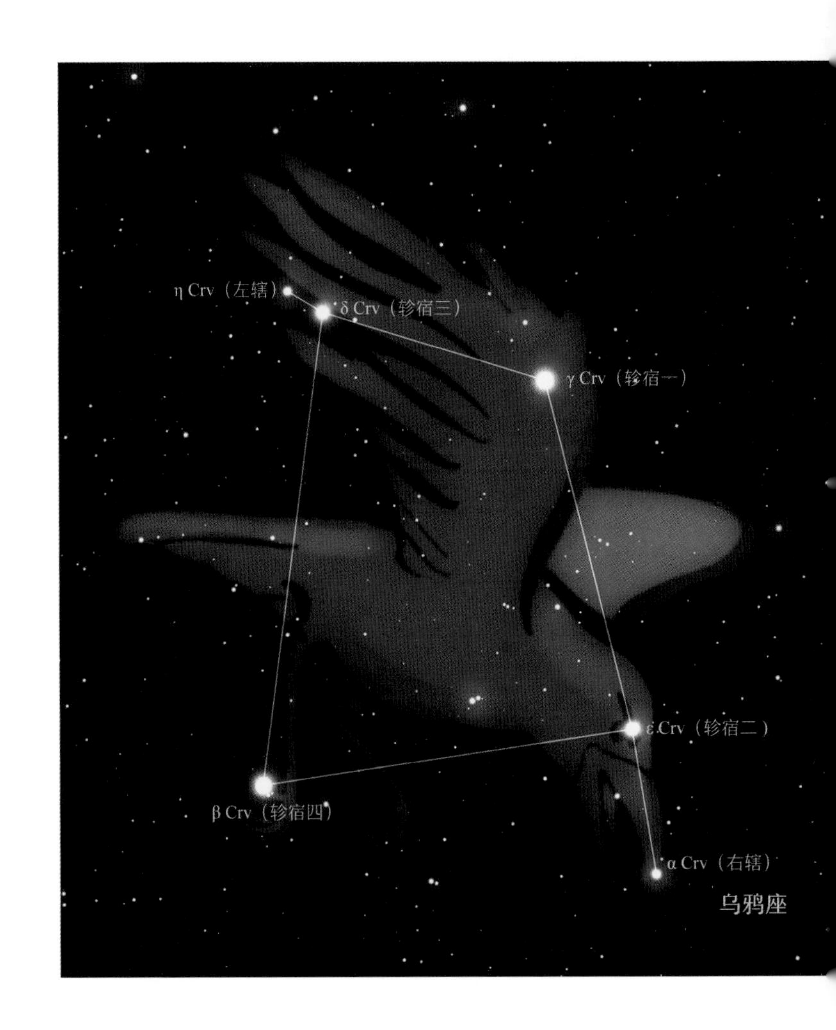

美国基特峰国家天文台 50 厘米望远镜拍摄的触须星系

如果人类文明能够幸运地延续到 40 亿年后的太阳红巨星阶段，膨胀的太阳会逼近地球轨道，引发人类的生存危机。而星系并合将是我们面临的第二大挑战。距离我们最近的大星系——仙女星系将在 40 亿年后与银河系相遇。届时我们会进入类似触须星系这样漫长而动荡的并合阶段。因此，看着它就好像看着我们自己的未来。虽然在星系并合过程中，恒星之间不太可能发生直接的碰撞。但星际环境的剧烈变化会给我们带来前所未有的危机。研究这样的星系，也许能够帮助我们应对数十亿年后的生存挑战。

哈勃空间望远镜拍摄的触须星系核心区，
它揭示出星系并合过程中令人叹为观止的激烈场景

长蛇座 (*Hydra*)

乌鸦座的下方是长蛇座细长的尾部。在乌鸦座 β（轸宿四）东南方向约 3.5° 的地方可以找到一个漂亮的球状星团 M68。它包含约 10 万颗恒星，在双筒望远镜中是个璀璨的目标。这些恒星中只包含很少的重元素，说明它们形成于缺乏重元素的宇宙极早期，很可能是被银河系吞噬的矮星系的残余部分。天文学家目前在银河系周围发现了 150 多个球状星团，它们近乎均匀地分布在银河系周围。1918 年，美国天文学家哈洛 · 夏普利（Harlow Shapley，1885—1972）就是根据球状星团的分布正确推测出了银河系的大小，以及我们在银河系中的位置。

哈勃空间望远镜拍摄的球状星团 M68

在角宿一正南方15°的地方，还有一个精彩的星系——号称“南天风车星系”（Southern Pinwheel Galaxy）的M83。它的外形神似位于大熊座的风车星系M101。不过，它的中心处有着类似银河系的棒状结构。对M83最早的记录来自法国天文学家拉卡伊在南非好望角的观测。它是离我们最近的棒旋星系，亮度达到7.5等，用双筒望远镜就可以看到。值得注意的是，M83中的恒星形成率很高，在过去的100年间爆发了多达6颗超新星。而其他星系平均每300年才出现一颗。所以，有条件的话不妨时常关注一下这个星系，也许会有意想不到的发现。

这张美丽的南天风车星系M83的图像
是由哈勃空间望远镜和位于智利的巨麦哲伦望远镜的观测图像合成的。
哈勃空间望远镜提供了星系中心的细节，
而后者提供了更大的视场

半人马座

(*Centaurus*)

位于长蛇座南方的是巨大的南天星座——半人马座。半人马是古希腊神话中一种半人半马的生物。在古希腊时代，半人马座会在仲夏时节的傍晚时分高挂在雅典南方的爱琴海上。不过由于岁差的影响，今天我们要到北纬20°以南的地区才能比较容易地看到这个星座。所以暂且留到南天极那一章去讲吧。

夏季星空

SUMMER

横跨在明长城遗迹上方的银河拱桥，
夏季大三角刚好位于银河拱桥的正中心（上方的亮星便是织女星）。
照片中位于长城最高处的瞭望塔名为望京楼。
steed 拍摄

夏天的太阳落山之后，醒目的夏季大三角（牛郎星、织女星和天津四）就从东方升起了，它是夏季星空的标志。顺着北斗七星的勺柄，我们还能轻松地找到北天最亮星——大角星。夏夜最明亮的星座天蝎座也不容错过。这只蝎子低低地趴在南方的地平线之上，它红色的心脏是 1 等星心宿二，在我国古代被称作“大火”。等到“大火”西沉，也就是我们所说的“七月流火”——夏天也就快过去了。

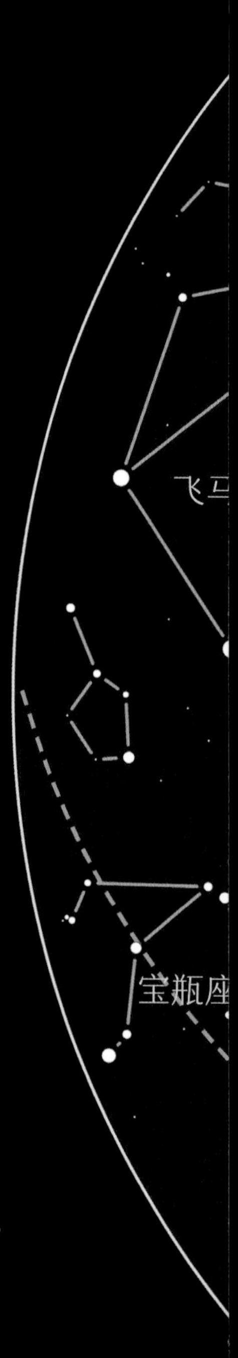

夏季星图

Summer Star Chart

六月看点：大角星、牧夫座、北冕座、巨蛇头、天秤座、豺狼座
七月看点：天蝎座、蛇夫座、武仙座
八月看点：夏季大三角、天琴座、天鹰座、狐狸座、天箭座、盾牌座、巨蛇尾、人马座、南冕座

天猫座
鹿豹座
仙后座
小狮座
小熊座
仙王座
大熊座
座
猎犬座
蝎虎座
天龙座
后发座
天鹅座
牧夫座
天琴座
武仙座
北冕座
室女座
狐狸座
海豚座
巨蛇座
蛇夫座
天鹰座
天秤座
盾牌座
蝎座
人马座
天蝎座

六月

观测时间（正南）：

6月1日 22:00 / *6月15日 21:00* / *6月30日 20:00*

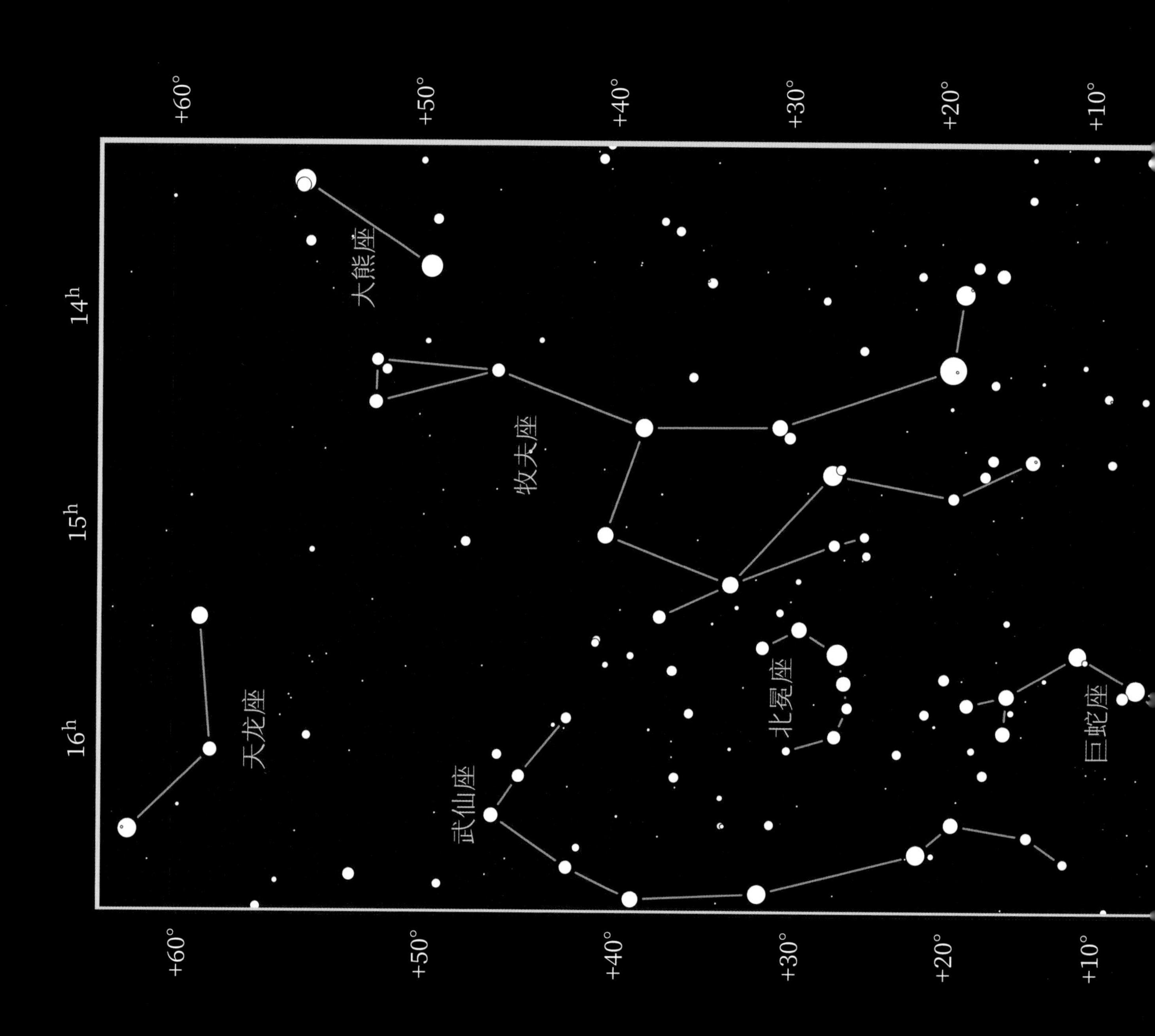

春季大三角中最亮的一颗就是牧夫座的大角星。我们顺着北斗七星斗柄划出的弧线很容易找到这颗橘黄色的北天最亮星。（全天最亮的天狼星虽然可以在北半球看到，但它的坐标其实是在南天球。）我们就从这颗星开始6月的星空之旅吧。

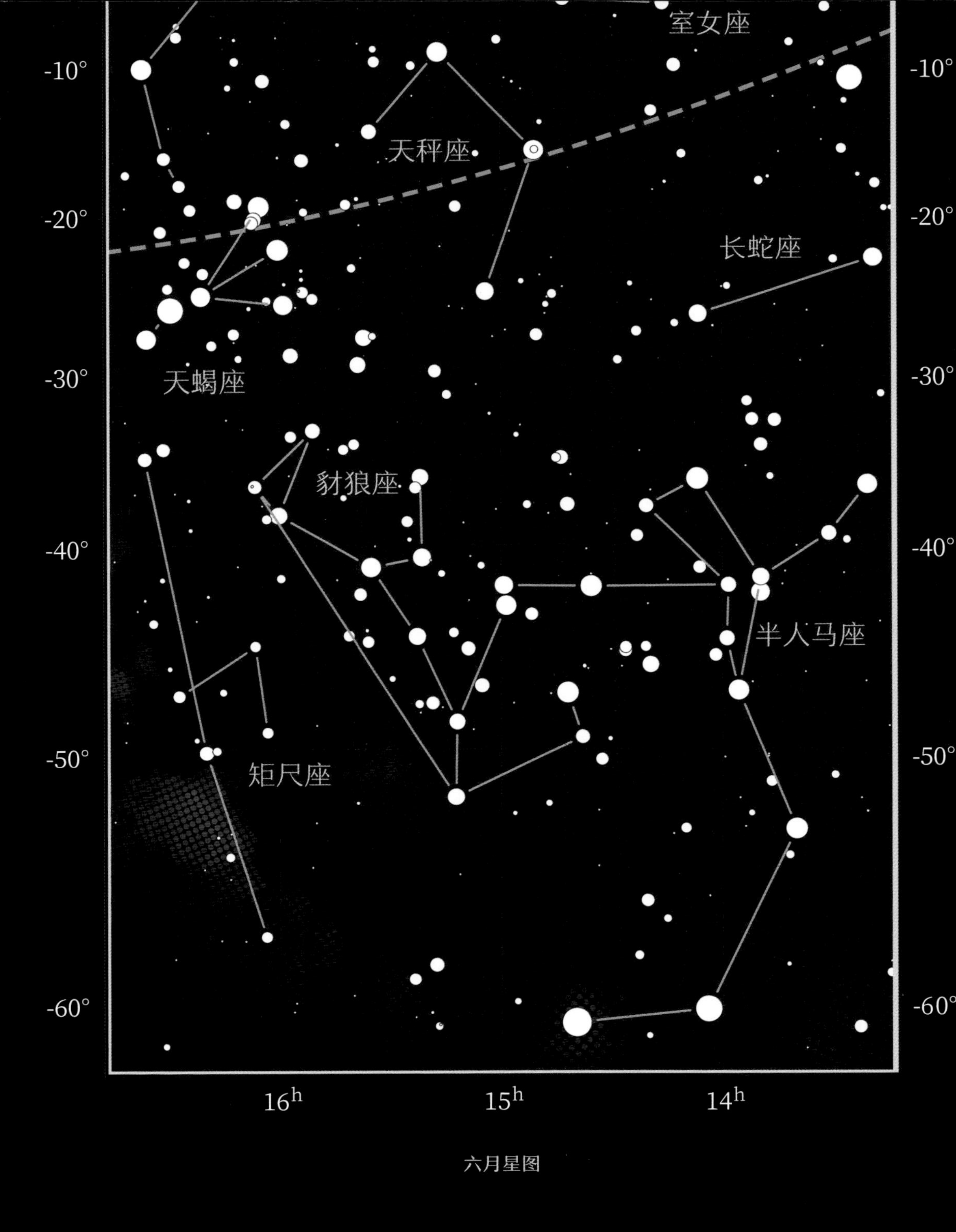

六月星图

大角星 (*Arcturus*)

明亮的大角星呈现出锐利的
湖南省天文协

大角星虽然有时被认为是东宫苍龙高昂的犄角，但其实它不属于角宿，而是属于代表苍龙脖子的亢宿。只有远在公元前6000年前后，大角才在地球岁差的影响下出现在角宿的范围内。如果“大角”的意思是角宿中的大星，那就说明这个星名相当古老，需要追溯到传说中的三皇五帝时期。当时中国刚进入新石器时代——农业出现，聚落形成，天象作为确定时节更替的重要参照，开始在社会生活中占据重要位置。有学者怀疑二十八宿也是在这一时期出现的。然而，考证一个文字尚未成形时期的名物，实在是希望渺茫。也许，古人只是因为它是和角宿一同升起的亮星而赋予它这样的俗称。

不过在先秦时代，大角星有着比龙角更重要的意义。它位于紫微垣、太微垣和天市垣之间，被认为是天的中心。《史记·天官书》中说它是“天王帝廷”，这可能是因为它肩负着确定时节的重要功能。当时，人们以北斗斗柄在前半夜所指的方向，也就是“斗建”来确定季节月份。分辨季节只需要判断斗柄的大致方向：“斗柄东指，天下皆春；斗柄南指，天下皆夏；斗柄西指，天下皆秋；斗柄北指，天下皆冬。”但要确定十二个月份，就需要一个更精确的指针，恰好位于斗柄延长线的大角星就扮演了这个角色。大角星东西两侧各有三颗星，组成了两个形状大小相近的三角形，古代中国称之为左右摄提。它们和大角星一起在更接近地平线的位置上为北斗斗柄所指的方位划出了明确的中心和范围。

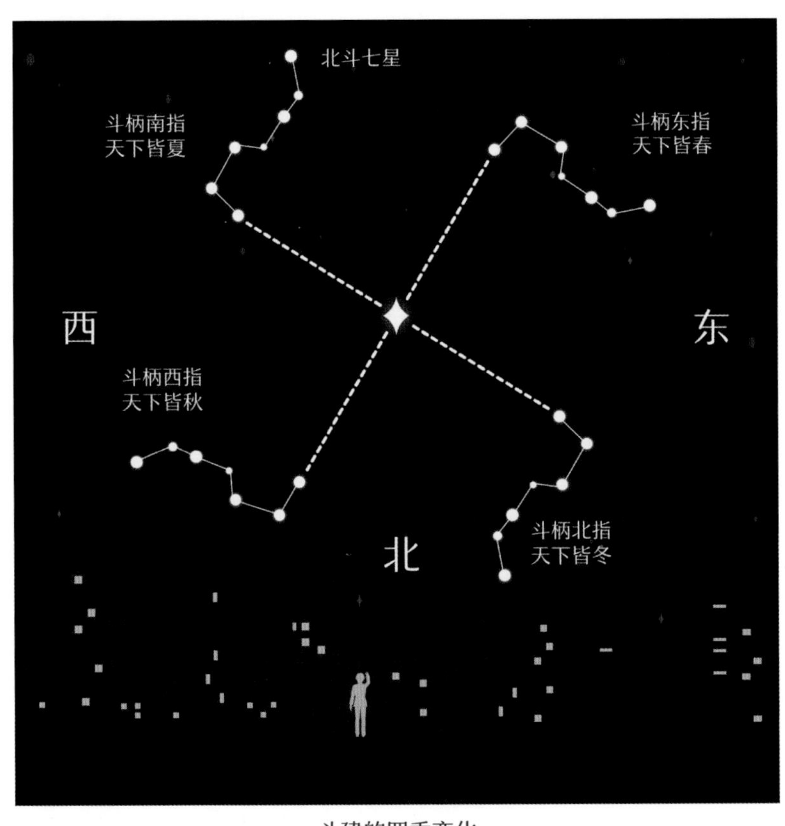

斗建的四季变化

在古希腊人眼中，大角星总是跟随着大熊座在星空遨游，因而被认为是大熊座和小熊座的守卫。而实际上，它和所有的恒星一样，看起来不动只是因为离我们太过遥远。银河系中的大部分恒星都在以每秒上百千米的速度绕银心转动。而只有离我们较近的那些天体的变化才能被测量出来。大角星距地球只有约 36 光年，在天空中的位置每年有 2" 的变化，也就是说，每 1800 年会运动 1°。如果我们将今天的星空与古希腊托勒玫的星表或者古罗马人绘制的星空图像相比较，就能够清楚地看到差别。所以，天文学家们一直在忠实地记录众星的位置。虽然对于天文学家来说，大部分恒星仅凭一时的数据无法得到有价值的结果，但只要我们留下更多可靠的记录，未来的观测者就有更多的机会发现其中的秘密。宇宙浩瀚无垠，人生如白驹过隙不过一瞬，但人类对宇宙的认识正是来自这种愚公移山般的坚持和积累。总有一天我们要飞出地球襁褓，远征星辰大海。

物理上，大角星是一颗质量与太阳相当的红巨星，已经稳定燃烧了约 70 亿年。可以说，它就是太阳衰老后的样子。如今，它已经耗尽了内部的氢元素，正在燃烧上层大气。核反应释放出的巨大能量将表层大气向外推出，就像吹气球一样把它的半径变成太阳的 25 倍，亮度也因此大大增加。而在大角星的核心处，氢聚变产生的氦原子不断堆积，密度的持续增加让温度和压力持续升高，终有一天会达到氦聚变所需的反应条件，届时会再次发生剧烈的核爆——这就是氦闪。但氦闪所释放的巨大能量都会在恒星内部被耗散掉，我们看到的星光并不会表现出明显的异常。所以我们尚不清楚，大角星核心处的氦是否已经被点燃，只有时间能够告诉我们答案。

牧夫座 (*Bootes*)

借助大角星，我们可以很容易定位牧夫座。大角星和北斗斗柄之间是牧夫的身体。这是一片广袤的天区，其中却没有什么深空天体。牧夫座远离银河，缺乏星团和星云可以理解，但是连像样的星系都没有就非比寻常了。我们通常认为，银河系位于宇宙中一个平凡的角落，它周围各个方向上的物质分布基本是一样的。这就意味着我们无论朝哪个方向看去，应该都能找到数目相当的星系。但是，这个假设只有在讨论的宇宙空间足够大时才近似成立。银河附近的星系分布是有明显结构的：室女座、后发座方向有大量的星系聚集成星系团，而不远的牧夫座却空空如也。这是因为，起初大致均匀分布在空间中的物质都在引力的作用下向质量更密集的空间运动。于是，星系密集的地方越来越密集，星系稀疏的地方越来越稀疏。牧夫座方向的宇宙空间刚好就是这样一片物质的空隙，天文上称之为巨洞（void）。这个巨洞的大小和星系团差不多，约 3000 万光年。如果我们用更大的望远镜对这个天区进行深度观测，还是能够看到巨洞后方遥远的古老星系。

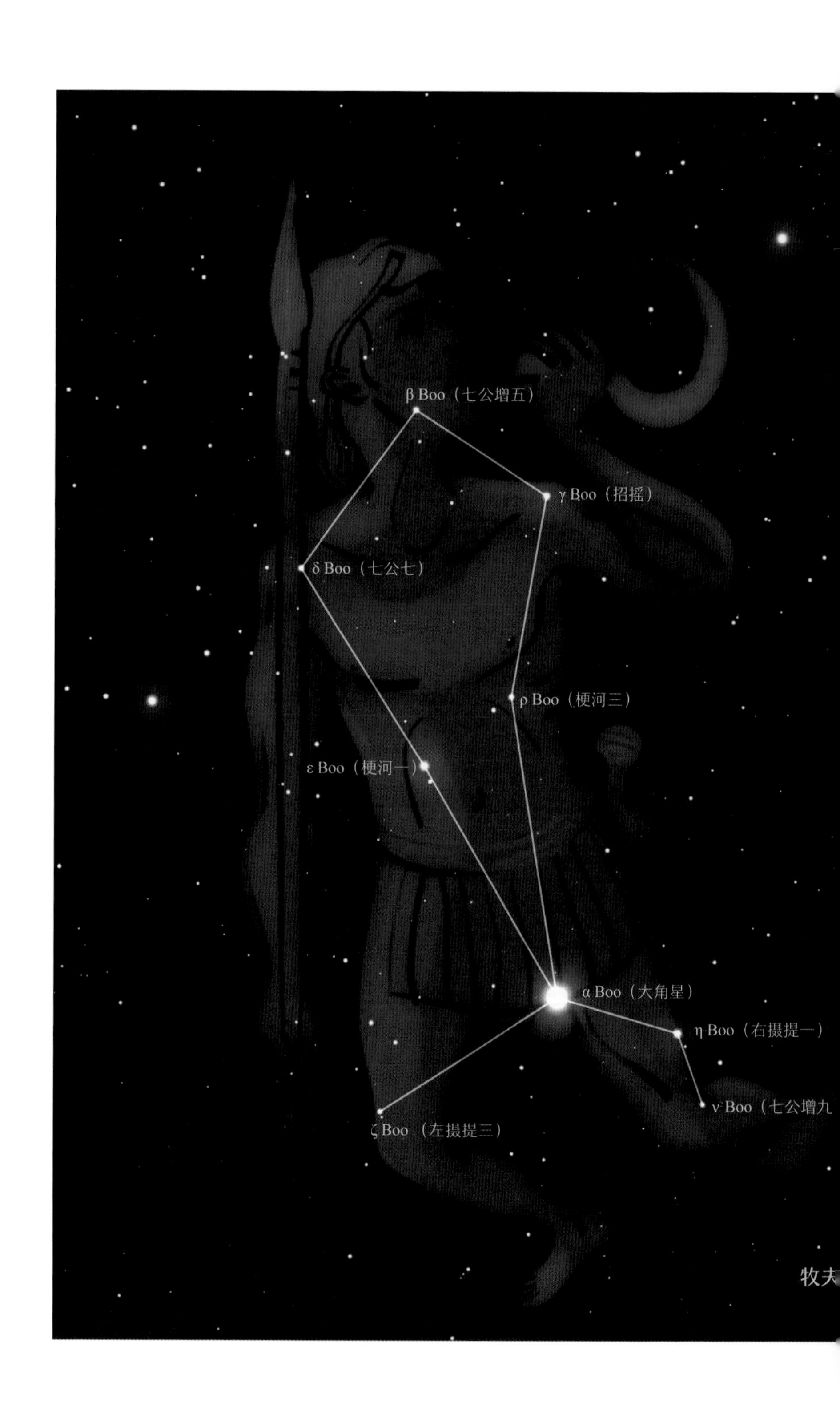

北冕座(*Corona Borealis*)

在牧夫座东侧，有一串小星连成美丽的弧形。希腊人认为它是克里特岛公主阿里阿德涅（Ariadne）的花冠。她就是那位帮助雅典王子忒修斯（Theseus）杀死牛头人身怪的聪慧公主。不过，这个花环却不是她所爱的忒修斯所赠予。阿里阿德涅在随忒修斯返回雅典的路上被抛弃了，成为酒神迪奥尼索斯（Dionysus）的妻子。这顶花冠是迪奥尼索斯在婚礼上为她戴上的。而在古代中国人的眼中，星空没有如此浪漫，这串小星被当成是捆绑罪犯的绳索，称为贯索。它们围出的空间是平民的监狱。其中只有一颗星——北冕座 R 肉眼可见。通常这颗星的亮度在 6 等附近，勉强能够看到。但它每隔几年就会有几个月暗至 15 等，在接下来的几个月里又慢慢恢复正常亮度。这是由于北冕座 R 中没有多少氢气，主要由氦元素组成。而氦聚变的产物是碳。碳尘埃会在它的大气中不定期凝结，强烈吸收内部的星光。这个过程没有固定的规律。古人看来就难免觉得奇怪。《史记》中说，如果贯索中的这颗星可见，说明监狱里关押的囚犯太多了。如果不可见，说明政令宽厚。古代大臣为了劝诫帝王，竟要借助 6000 光年之外一颗恒星的亮度，可谓费尽心思。

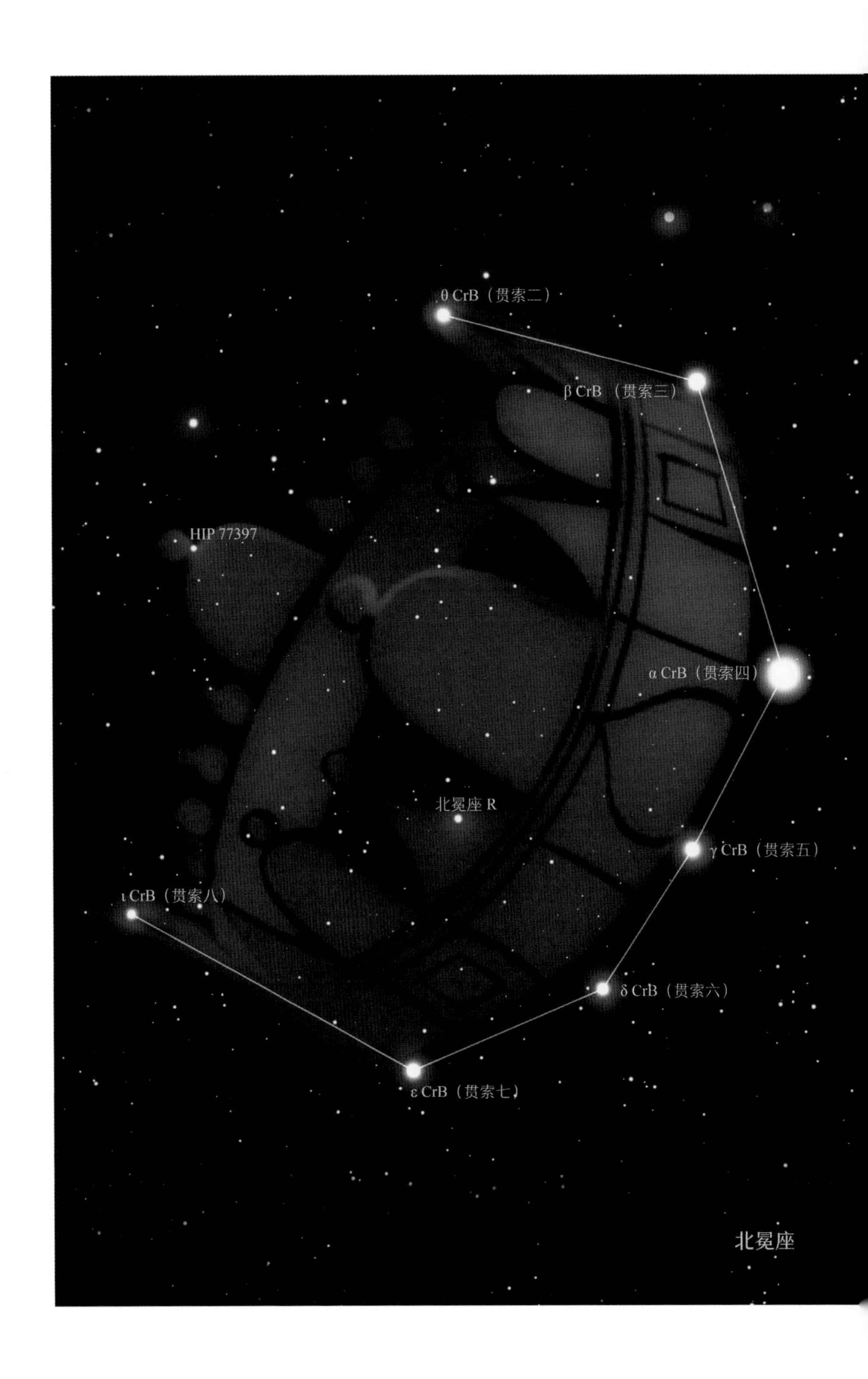

巨蛇头 (*Serpens Caput*)

北冕座南边是巨蛇座的头部。巨蛇座是全天88个星座中唯一被分成两段的星座。因为巨蛇的身子握在蛇夫的手里，而被划进了蛇夫座，只剩下头部和尾巴在蛇夫座两侧遥相呼应。东边的巨蛇头（Serpens Caput）和西边的巨蛇尾（Serpens Cauda）一起勾勒出天市垣的边界。周围的众星仿佛矗立的旌旗，正迎风猎猎作响。

巨蛇头与室女座交界的地方，有一个明亮的球状星团M5。这是一个有着130亿年历史的年老星团，其中包含数十万颗恒星。虽然它离我们有2.5万光年之遥，但我们还是能够在天气很好的时候用肉眼看到它。如果它到我们的距离和昴星团一样近（约 440 光年），那些璀璨的光点将占据半个夜空！不过，这种情况并不会真的发生。因为所有距离过近的球状星团都会被银河系强大的潮汐力瓦解撕碎，化为银河中的星星点点，踪迹难寻。

巨蛇头与北冕座交界的地方，还有另一个有趣的天体——赛弗特六重星系（Seyfert’s Sextet, NGC 6027）。说是六重，其实只包含 5 个星系。有一团看起来像星系的气体不过是在并合过程中被甩出的巨大潮汐尾。这些星系的亮度在 15 等左右，要用较大的望远镜才能看到。其中的一个较小的旋涡星系是偶然出现在视野中的背景。所以在这个和银河系差不多大的空间里，一共有四个星系正在并合。这是罕见的事件。这些星系的形状已经开始被引力扭曲，外围的恒星也开始脱离。在数十亿年后，它们将并合为一个没有明显结构的椭圆星系。

哈勃空间望远镜拍摄的球状星团 M5

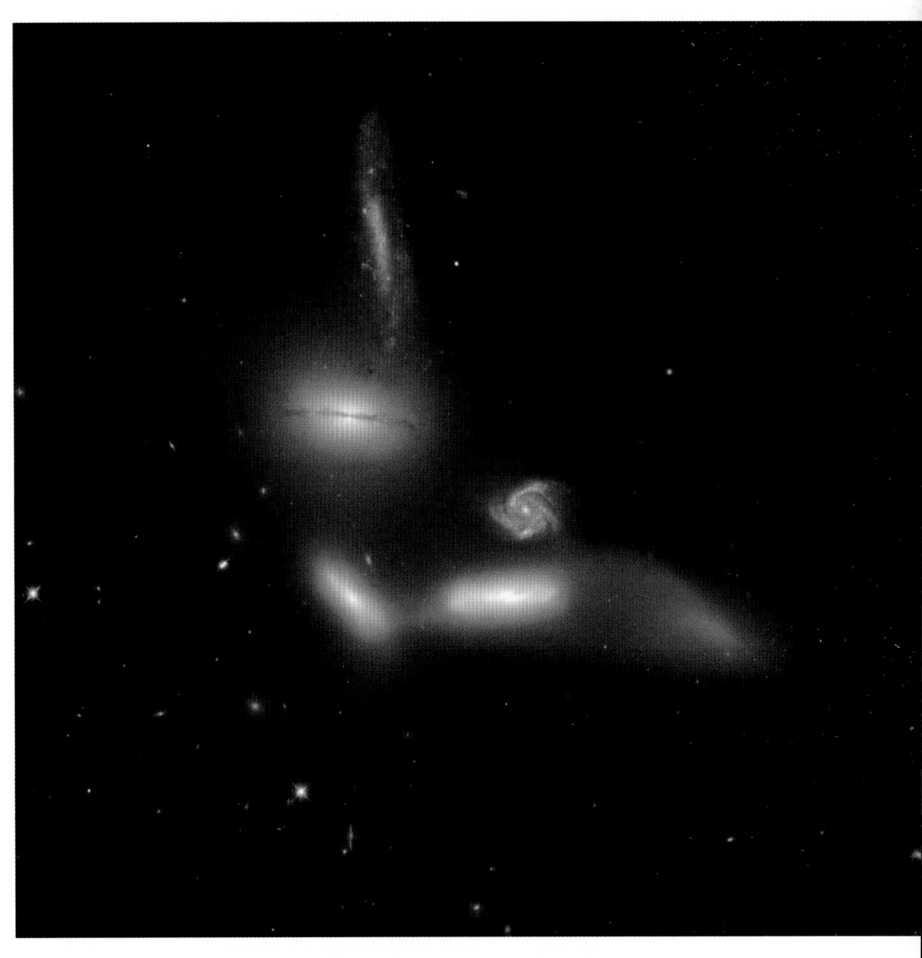

哈勃空间望远镜拍摄的赛弗特六重星系 NGC 6027，
其实只有四个星系在相互作用

天秤座 (*Libra*)

在巨蛇头下方，位于室女座东侧的是黄道十二星座中的天秤座。最初，它被视为天蝎的巨螯。后来罗马人将它分拆成独立的星座，于是它成为黄道星座中唯一的非生物形象。其实，英文中的黄道（zodiac）一词本意为“动物圈”，和动物园（zoo）一词有着相同的词根。在中国，天秤座诸星对应二十八宿中的氐宿，也被称为“天根”，不过含义和起源都已杳不可考。我们只知道它在四象中是苍龙的前肢，与它在古巴比伦天蝎形象中的角色相近。

天秤座面积不大，没有特别的深空天体，不过其中有颗特别的恒星。这是一颗 7 等星，在 HD 星表中的编号为 140283，因此被称为 HD 140283。它几乎完全是由氢和氦构成的，其中的重元素含量不及太阳的百分之一。这类恒星被称为贫金属星，都是在宇宙早期形成的。天文学家们估算出的 HD 140283 的年龄甚至和宇宙本身相当。也就是说，它是在宇宙诞生后不久就出现的。这是我们目前已知年龄最老的恒星。宇宙中的第一代恒星完全不含任何重元素。但它们质量很大，演化很快，诞生后不久就以超新星爆发的形式将内部合成的元素贡献给周围的星际空间。HD 140283 这样的贫金属星就是在被第一代恒星“污染”过的宇宙环境中形成的。它们就像时间胶囊一样封存了当时的星际环境，为我们研究宇宙早期的恒星演化过程提供了珍贵的样本。但看上去，它不过是银河系亿万恒星中不起眼的一颗罢了。

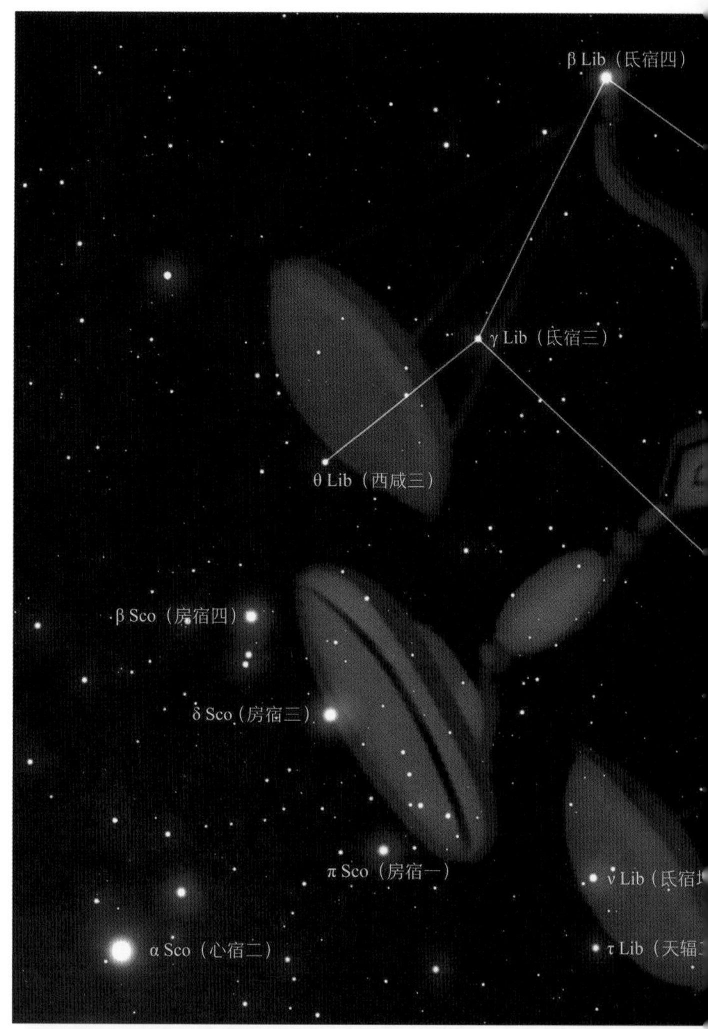

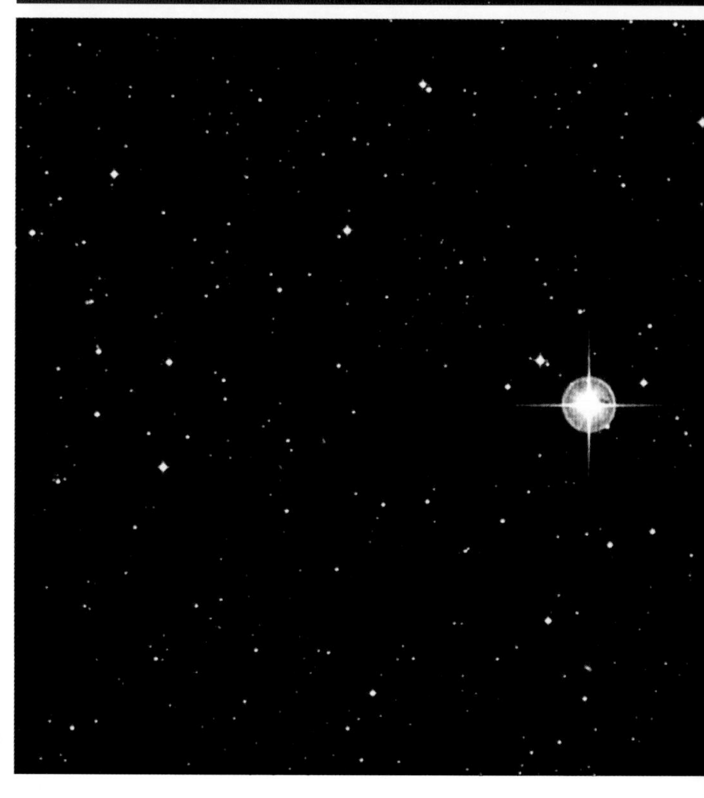

豺狼座 (*Lupus*)

天秤座南方是豺狼座。关于这个古老星座的西方神话已经失传。如今我们只知道它是一只野兽。在中国的星官系统中，豺狼座诸星被视为骑官，是天子的护卫。北宋景德三年四月戊寅（公元1006年5月1日），在豺狼座方向突然出现了一颗超新星。这是人类有文字记录以来最明亮的一颗超新星，亮度最大时甚至相当于半个月亮，可以在地面照出影子。当时宋真宗刚在一年前与辽国订立“澶渊之盟”，结束了持续25年的宋辽战争。这样一颗耀眼的客星不期而至，在朝野上下引起了不小的恐慌。有人说它是传说中名为“国皇”的妖星，预兆战乱或水灾将至。天文官周克明将其解释为瑞星“周伯”，说它会给国家带来好运。朝廷照此思路处理，成功安抚了人心。其实，宋朝的文武官员并不是真的相信星象会带来灾祸。时任京东转运使的张知白就当场上奏说君王应施行仁政以上应天道，星的出没与此无关。宋真宗也表示认同，还升官以奖掖他的耿直。只不过这样重大的罕见天象总是需要一个合理的解释。随着宋辽局势日趋稳定，周伯星逐渐暗淡，这段插曲也逐渐消隐在浩瀚的典籍之中。

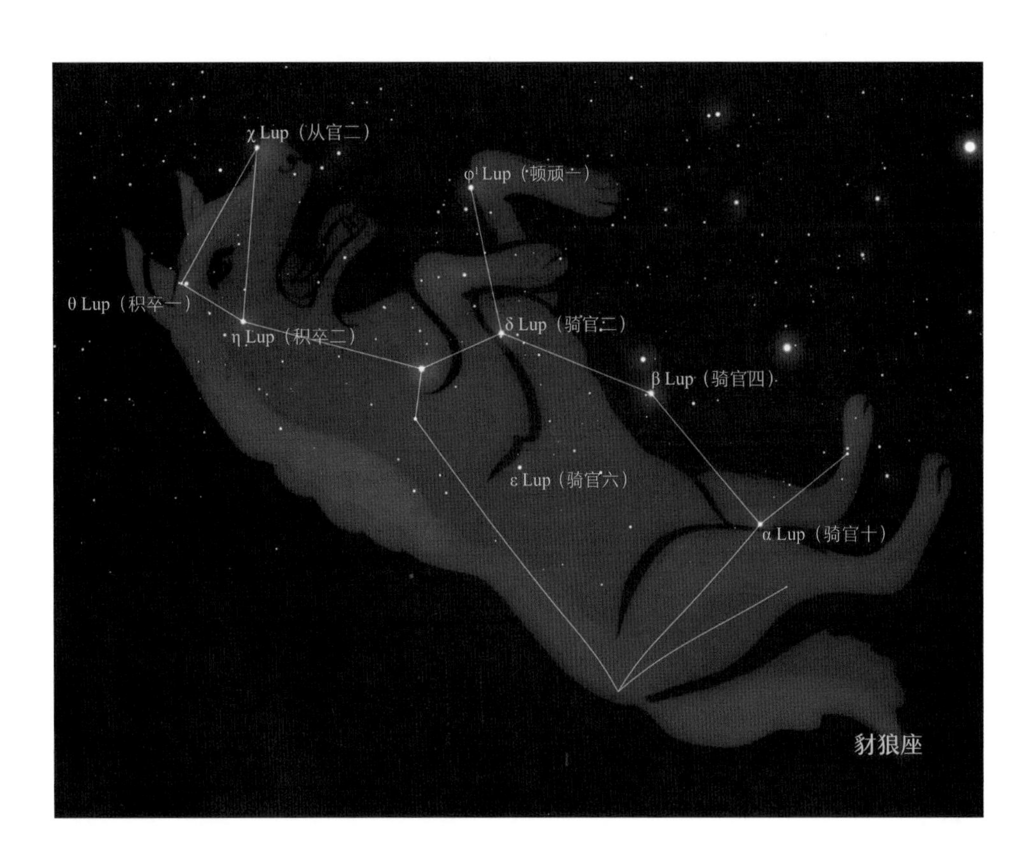

豺狼座

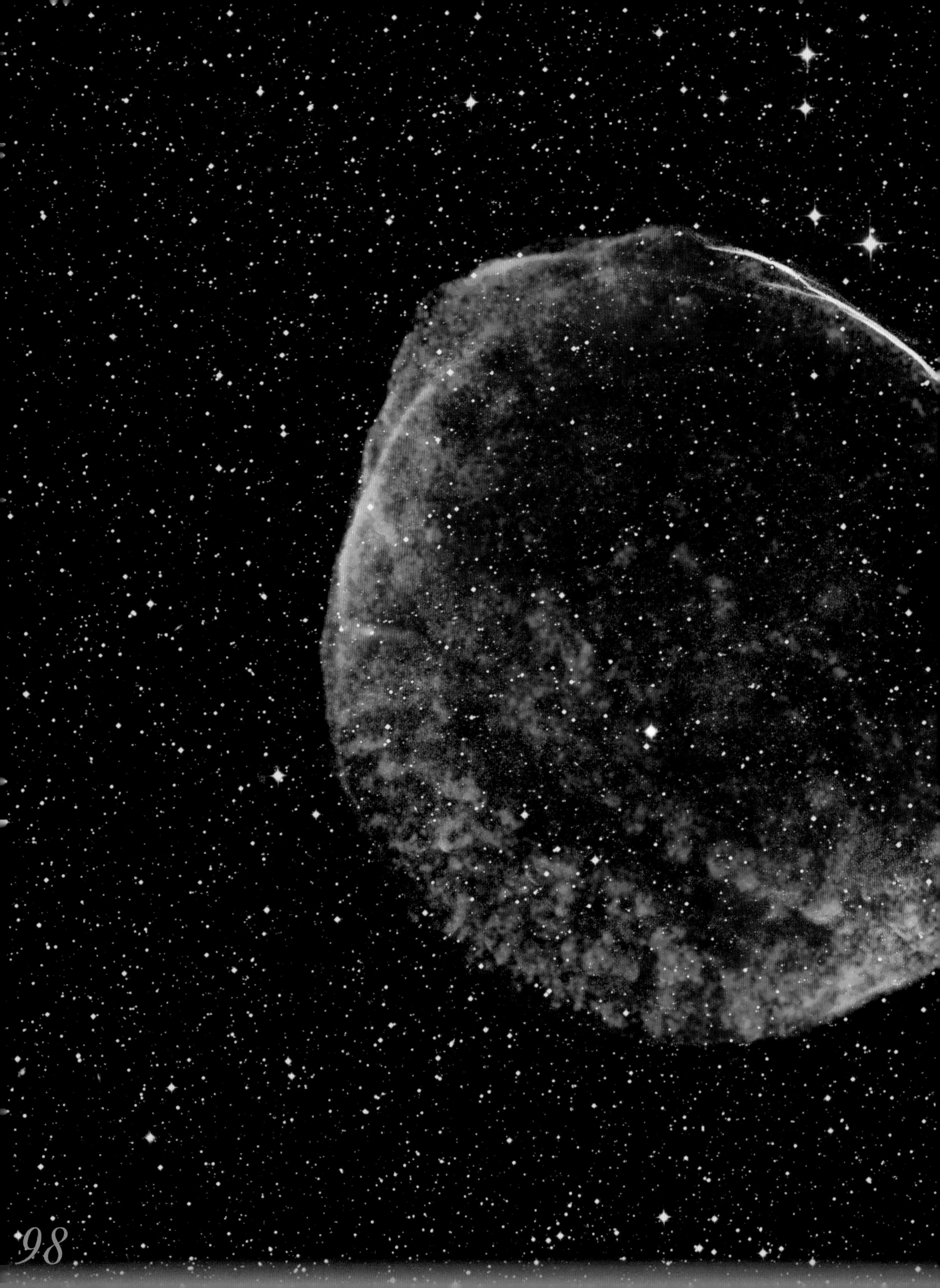

1965年，澳大利亚天文学家利用当时刚建成不久的64米帕克斯射电望远镜对这个区域进行了搜寻，第一次发现了与之相关的射电辐射，证实当年宋真宗和萧太后看到的确实是一次罕见的超新星爆发事件。现代天文学家也因此能够对这颗爆发近千年的超新星展开深入的研究。那颗超新星在消失近千年之后，它所抛出的物质仍在以超过2000km/s的速度在宇宙中高速扩散。我们综合光学、射电、X射线等多个波段的图像，得以从这些残骸中推测出它爆发前的组成和结构。它是一颗源自双星系统的超新星。其中质量较大的一颗率先演化到白矮星阶段，然后开始汲取伴星的物质成分，直到自身的质量超出它所能支撑的极限。被重力压垮的恒星会在猛烈的爆炸中粉身碎骨，所发出的亮度甚至超过整个星系。宇宙中所有比铁重的元素——金、银、铜、铂等都源自这样灾难性的爆发。所以，不要小看这些构成我们货币和首饰的贵金属，其中的每一颗原子都见证着恒星的辉煌终结，正如西汉文学家贾谊在两千年前所感慨过的那样："天地为炉兮，造化为工；阴阳为炭兮，万物为铜。"

1006超新星遗迹的多波段合成图像。其中蓝色成分来自X射线波段，红色来自射电波段，黄色和橙色来自可见光波段

七 月

观测时间（正南）：

7月1日 20:00 / *7月15日 21:00* / *7月30日 20:00*

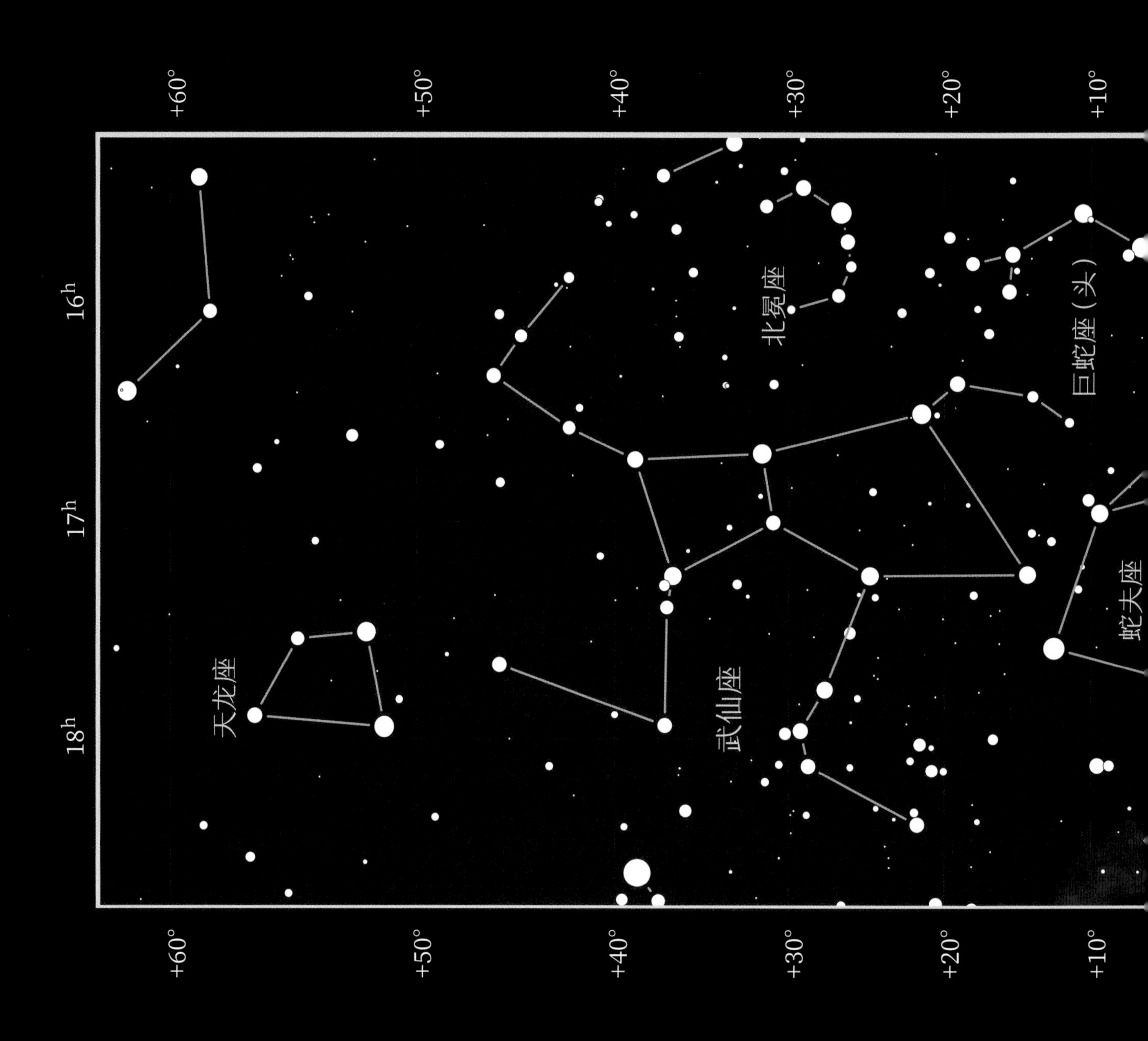

在晴朗的夏夜，天蝎座明亮的身形在日落后占据南方天空，其中红色的心宿二格外夺目，古人称之为“大火”。每年农历七月（阳历八月）末，大火星在暮色中西沉，意味着暑气将尽，

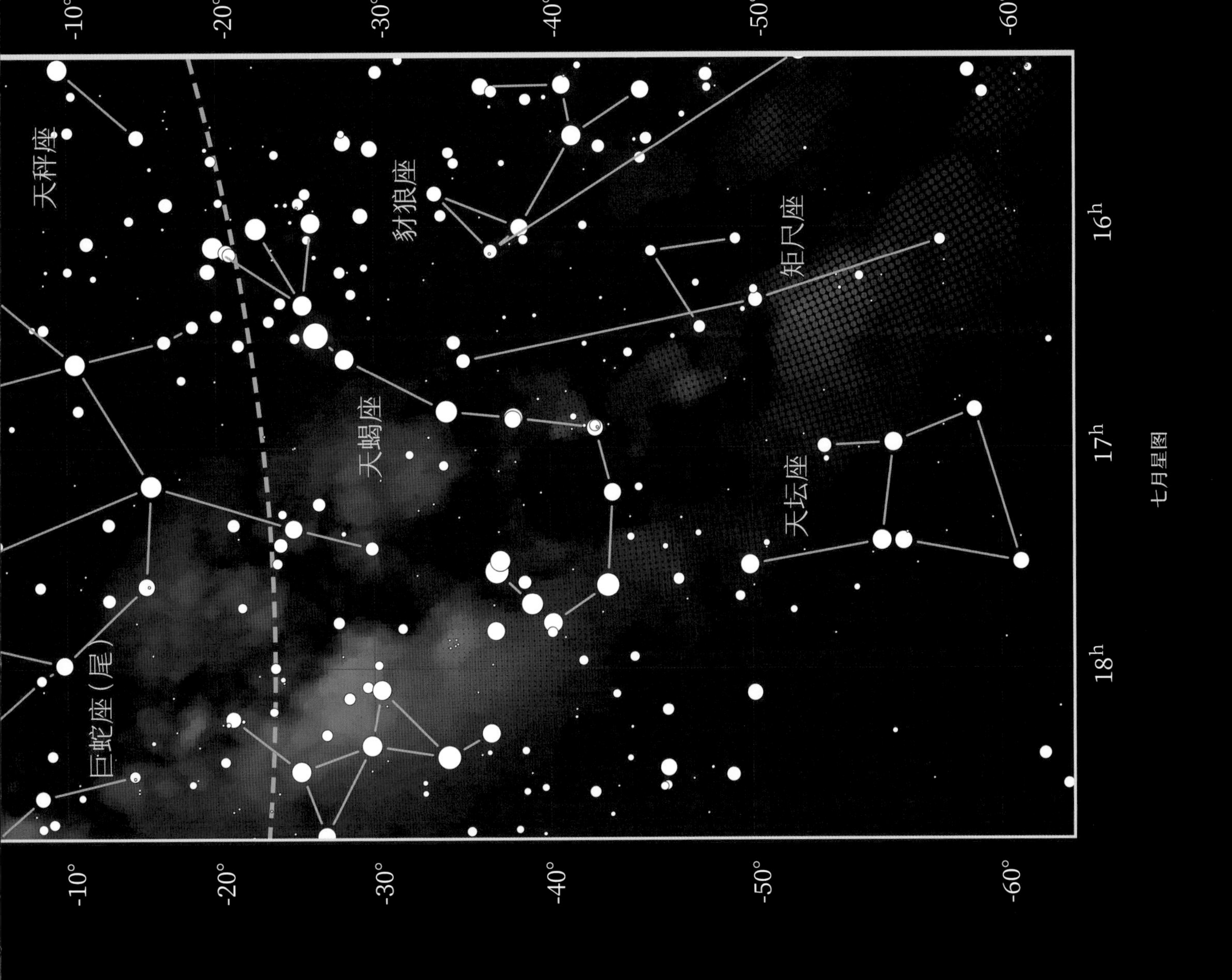

七月星图

所以诗经中有“七月流火”的诗句。不过阳历八月正是它主宰星空的季节。我们不妨找个舒服的位置，一起来仔细地欣赏一下。

天蝎座（*Scorpius*）

天蝎座是夏夜最为明亮显眼的星座，有着悠久的历史。早在公元前3000年时，中东两河流域的苏美尔人就将这片星空与蝎子联系在一起。古巴比伦人的界碑上也经常能看到它的身影。在古代中国，天蝎座对应神兽苍龙，守卫东方。心宿二对应巨龙跳动的心脏。如果你多观察它一段时间就会发现，这颗星是活的。它的亮度在0.6—1.6等之间变化，有时比室女座的角宿一更亮，有时则稍暗。这是因为心宿二的表层大气在不定期地收缩膨胀。收缩时发光面积减少，亮度变暗；膨胀时发光面积增加，亮度也随之增加。这种现象被称为“脉动”，就像一颗真正的心脏那样。心宿二和它东西侧的两颗小星组成心宿，一度在被认为是天子宣政施教的场所，称为“明堂”。心宿西侧竖立的四颗星为房宿，代表四马并驾的贵族车舆，称为“天驷”。加之古人把全天按十二地支均匀分成十二个方位，房宿所在的方向是辰，所以又被称为“辰马”。心宿东侧天蝎尾部的9颗星组成尾宿，《史记》中说它们代表龙之九子。

夏季的天蝎座与冬季的猎户座相隔约150°。这两个明亮星座不在同一片天空出现的现象引发了古人许多的联想。在希腊神话中，蝎子因为蜇死了猎人俄里翁（Orion），因此在天上与猎户座东西相对，永不相见。我国春秋时代的《左传》中提到，上古三皇之一的帝喾有两个儿子，两子不合，被分封至东西两地，分别以天蝎座的辰星和猎户座的参星为象征。东边一子的封地位于商丘，被称为商人，所祭之星也被称为商星。所以唐代大诗人杜甫留下了“人生不相见，动如参与商”的感慨。

天蝎座这么明亮其实并不偶然，它和猎户、北斗这些明亮的星座一样，众多明亮的成员星都来自同一个家族。天蝎座的恒星大都隶属于一个叫作天蝎－半人马星协（Scorpius-Centaurus Association）的系统。这是一个松散的恒星家族，包含天蝎座、半人马座、豺狼座和南十字座的大部分亮星。它们起源于同一片分子云，虽然现在相互之间已经没有直接联系，但仍以相同的速度在星际空间一起运动。它们恰好离太阳系不远，大都在400光年左右，于是在我们的夜空中构筑了灿烂的星座形象。

大火星就是这个家族中最耀眼的一颗。因

为它是心宿中第二颗从东方地平线上升起的星，所以被古人称为心宿二。它是天空中最为明显的红色恒星，人们经常将它与战乱和灾祸联系在一起。这一点与同为红色的火星十分相似。事实上，心宿二的英文名“Antares”就是“类似火星”的意思，与中国的“大火”之名异曲同工。我国古人认为，当这两颗红色的星球聚在一起时，会传递出十分危险的信号。如果此时恰逢地球从内侧公转轨道超过火星，我们便会在天空中看到火星停留在心宿二附近盘桓不去，这就是中国古代的占星术士认为最凶险、不利于国家和君主的天象——“荧惑守心”。秦始皇统一天下后的第11年曾出现“荧惑守心”，不久后，始皇帝在出巡时驾崩。西汉绥和二年（公元前9年），天文官奏报“荧惑守心”，恐对君王不利。于是汉成帝将宰相翟方进赐死，让他代自己受罚，试图以此避祸。然而，沉迷于酒色的汉成帝还是在一个月后暴毙。话说回来，“荧惑守心”的天象平均每80年出现一次，不是每次都碰巧能赶上国家大事。后来的皇帝不以为怪，天文官也就不再拿它做文章了。

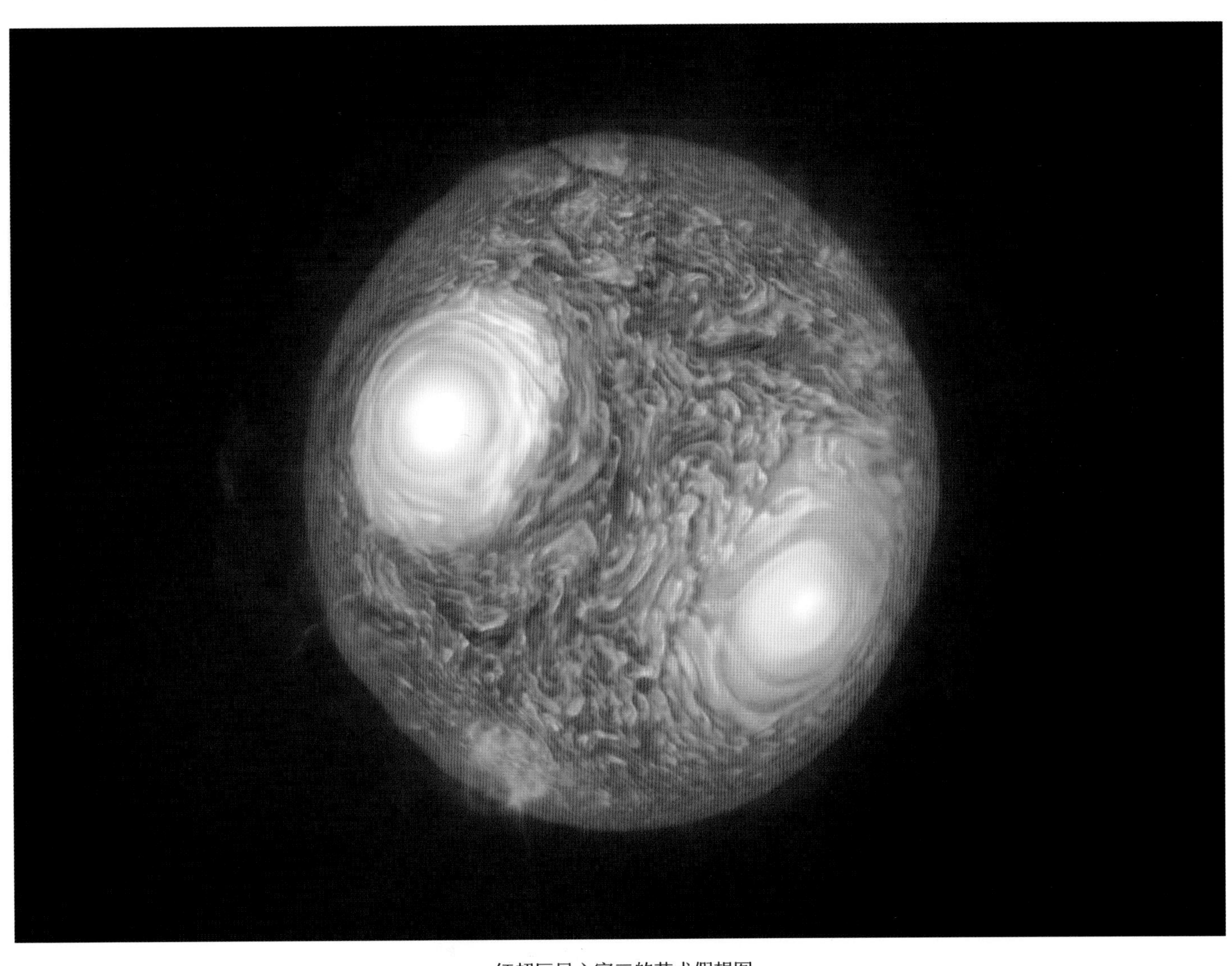

红超巨星心宿二的艺术假想图

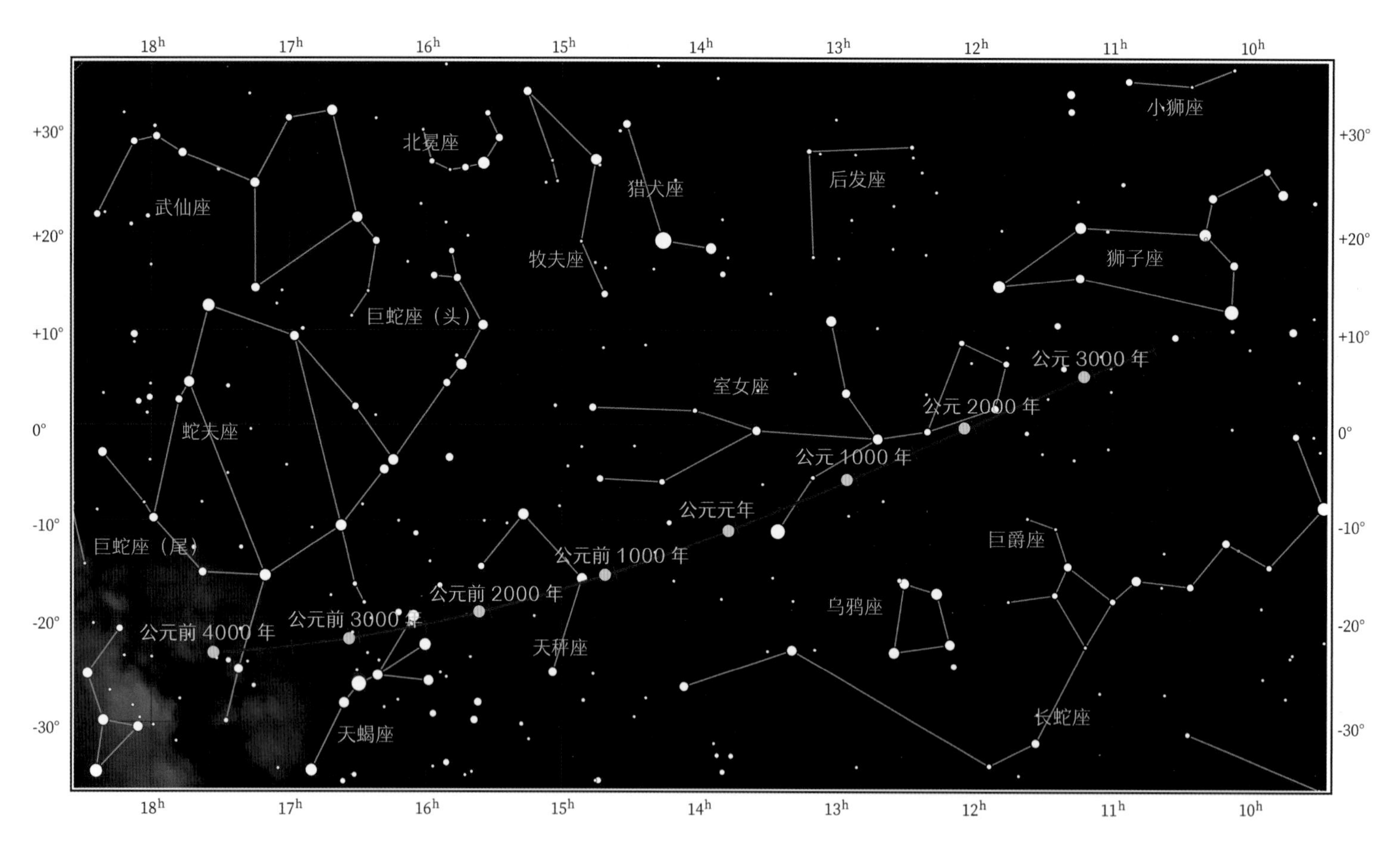

公元前 4000 年到公元 3000 年的秋分点移动示意图。
图中的黄色圆点为各时期秋分点的位置

公元前 3000 年左右，心宿位于黄道的秋分点附近，会在夏至前后的傍晚于南方夜空显现。因此《尚书·尧典》有“日永，星火，以正仲夏”的记载。这句话是说尧帝时期，人们在一年中白天最长的时候，通过观察大火星的位置来确定日期是否为夏至。由于岁差的原因，秋分点的位置（也就是夏至这天傍晚正南方的星空）一直在向西移动。公元前 2500 年，秋分点西移到了房宿；公元前 1000 年，秋分点西移到亢宿。而到了公元 100 年左右的东汉时期，秋分点已经移到了室女座的角宿一附近。古人为了保持秋分点与苍龙之间的传统对应关系，便将苍龙的身形不断扩大——从《史记》中记载的房、心两宿，一直延伸到氐、亢、角，从而演变为盘踞半个天空的巨大神兽。时至今日，秋分点已经西移到室女座的头部，位于南宫朱雀的轸宿之中了。

物理上，心宿二是一颗 550 光年外的红超巨星。它的质量是太阳的 12 倍，半径约为太阳的 700 倍。如果它位于太阳的位置上，火星以内所有行星的轨道都将位于它体内。由于表层距离中心过远，温度只有太阳的一半多——3600 ℃，所以看起来发红，就像燃烧殆尽的木炭。不久后，它将以超新星爆发的方式结束自己灿烂的生命。人类文明史中还从没经历过如此近距离的超新星爆发事件。文献记载中最亮的超新星是距地球7200光年的1006年北宋景德超新星。它的亮度最大时相当于半个月亮。如果心宿二以同样的能量爆发的话，会比满月亮上100倍！虽然这个亮度还不及太阳的千分之一，但足以将深沉的子夜变成晦暗的黄昏。更令人担心的是，超新星的近距离爆发不仅会带来明亮的星光，还伴随着强烈的星风和高能粒子流，可能会影响地球的磁场和大气，进而改变我们的生存环境。

这样的事情不是没有先例。大约在260万年前的上新世（Pliocene）时期，比大白鲨大3倍的巨齿鲨还在海中遨游，南方古猿已经开始直立行走。天蝎-半人马星协中的一颗超新星在太阳附近爆发，强烈的冲击波驱散了太阳系周围的星际物质，产生了名为本地泡的空洞结构。同一时期地壳中铁的同位素铁60也出现了峰值。这种同位素只能在恒星中合成，并由爆发产生的冲击波带到地球。到达地球的强烈宇宙线还会直接改变大气的结构和组分，从而影响地表的辐射水平以及全球气候。在接下来的100万年里，地球从较暖的上新世过渡到较冷的更新世（Pleistocene），包括巨齿鲨在内的大量海洋生物突然灭绝，古猿转变为直立人。由于化石记录的缺乏，我们没有足够的证据表明这一系列变化都是超新星爆发引起的连锁反应，但它们之间的关联耐人寻味。为了避免重蹈巨齿鲨的覆辙，人类要在心宿二爆发之前对宇宙和地球自身有足够的了解，并找到可行的对应方案。而心宿二留给我们的时间大概还有几万年。

天蝎座接近银河系的中心，天区内包含众多星云和星团。心宿二的前方，一层薄薄的云层被强烈的星光照亮，在照片中呈现出温暖的黄色。它东西两颗年轻蓝色恒星（心宿一、心宿三）将周围的氢云激发成红色的辉光。再加上不远处蛇夫座ρ星附近的黑暗星云——蛇夫座ρ星云（Rho Ophiuchi Nebula），使得这片区域成为夜空中色彩最为丰富的天区，被我国天文爱好者称为“星空调色盘”。当然，这些斑斓的色彩人眼无法直接看到，只有通过长时间曝光的照片才能一饱眼福。

星空摄影师镜头中的蛇夫座 ρ 星云和 M4

在心宿二西侧约 1.3°的地方可以找到球状星团 M4。这个满月大小的天体是离太阳系最近的球状星团，到我们的距离为 7200 光年，只有太阳到银心距离的三分之一。它也因此成为第一个被分辨出成员恒星的球状星团。虽然这个星团中的恒星很多，但近一半都是衰老的白矮星。白矮星是小质量恒星演化的最终阶段，已经丧失了产生能量的能力。即使把 M4 中质量和太阳相当的白矮星放在月球的位置，在我们看来它也只有 100 瓦灯泡那么亮。而且它们会在接下来的几十亿年里持续暗淡下去，最终成为冰冷的黑矮星，隐没于宇宙之中。

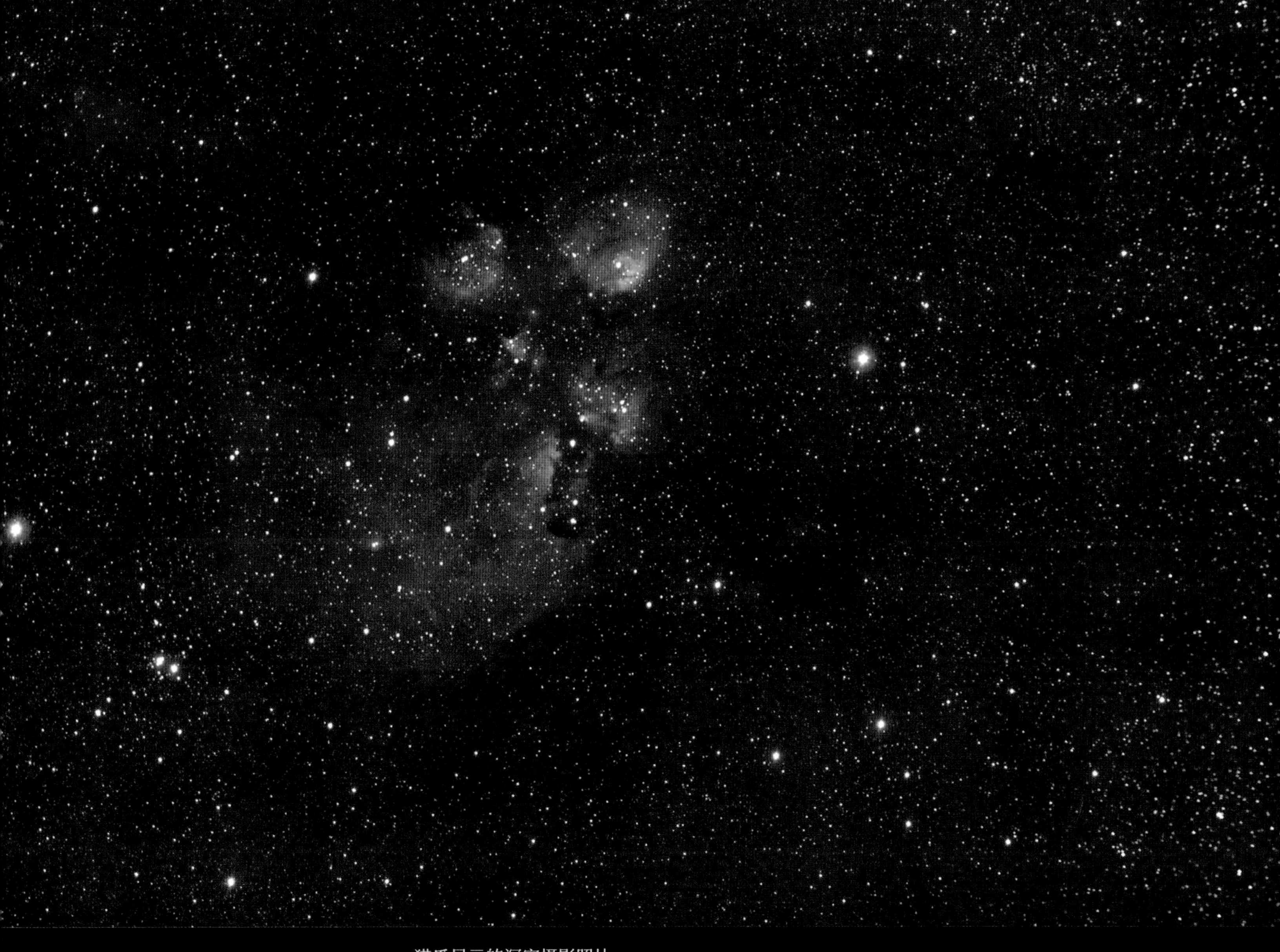

猫爪星云的深空摄影照片

天蝎的尾巴尖处有一个可爱的天体——猫爪星云（Cat’s Paw Nebula，NGC 6334）。这是一片比满月还大的恒星形成区。如果说球状星团 M4 是恒星养老院的话，那么猫爪星云这样的恒星形成区就是恒星幼儿园。这片美丽的星云中包含上万颗年轻恒星，其中大部分都被包裹在星云深处。少数几颗大质量恒星将各自附近的氢云照亮，刚好形成猫爪印的形状。随着越来越多的恒星被点亮，这个区域将出现一个年轻的疏散星团，会成为金牛座昴星团那样小巧精致的美丽天体。

托勒玫星团 M7

除此之外，天蝎座尾巴靠近银河系中心位置处还有两个肉眼可见的疏散星团，分别是蝴蝶星团 M6 和托勒玫星团 M7。它们两个和天蝎座的第二亮星尾宿八（天蝎座 λ）一起组成了一个等腰三角形，都很适合用双筒望远镜观看。其中 M6 离我们较远，看起来比 M7 要暗一些。它的明亮成员被人想象成一只蝴蝶，但这不过是在观星爱好者之间流传的说法，你看不出来也不必沮丧。用你喜欢的形象去记住它就好，说不定会获得更多的认同。托勒玫星团 M7 是更加明亮的目标，达到 3 等。它曾被公元 2 世纪的托勒玫记录，也出现在古代中国的星图上。我国古人将它视为银河中游动的天鱼，称之为“鱼”星。

天蝎座中还有全天除太阳外最亮的 X 射线源天蝎座 X1。因为地球大气会强烈地吸收 X 射线，所以这个天体一直没有被发现，直到 1962 年才由美国天体物理学家里卡尔多·贾科尼（Riccardo Giacconi，1931—）用高空火箭探测到。不过，也正是多亏了地球大气的保护，地球上的生命才没有被致命的 X 射线辐射杀死，得以繁衍生息。天蝎座 X1 在光学波段并不起眼，是位于天蝎座头部的一颗 12 等小星，编号为天蝎座 V818。那里有一颗中子星，本已进入迟暮之年，却因偶然地捕获了一颗正常恒星作为伴星，从而迎来新生。它强大的引力将伴星的物质源源不断地吸收到自己身上。伴星物质在下落过程中被加热到很高的温度，发射出强烈的 X 射线辐射。天蝎座 V818 于是成为人类发现的第一颗 X 射线双星。

天蝎座与银河

蛇夫座(*Ophiuchus*)

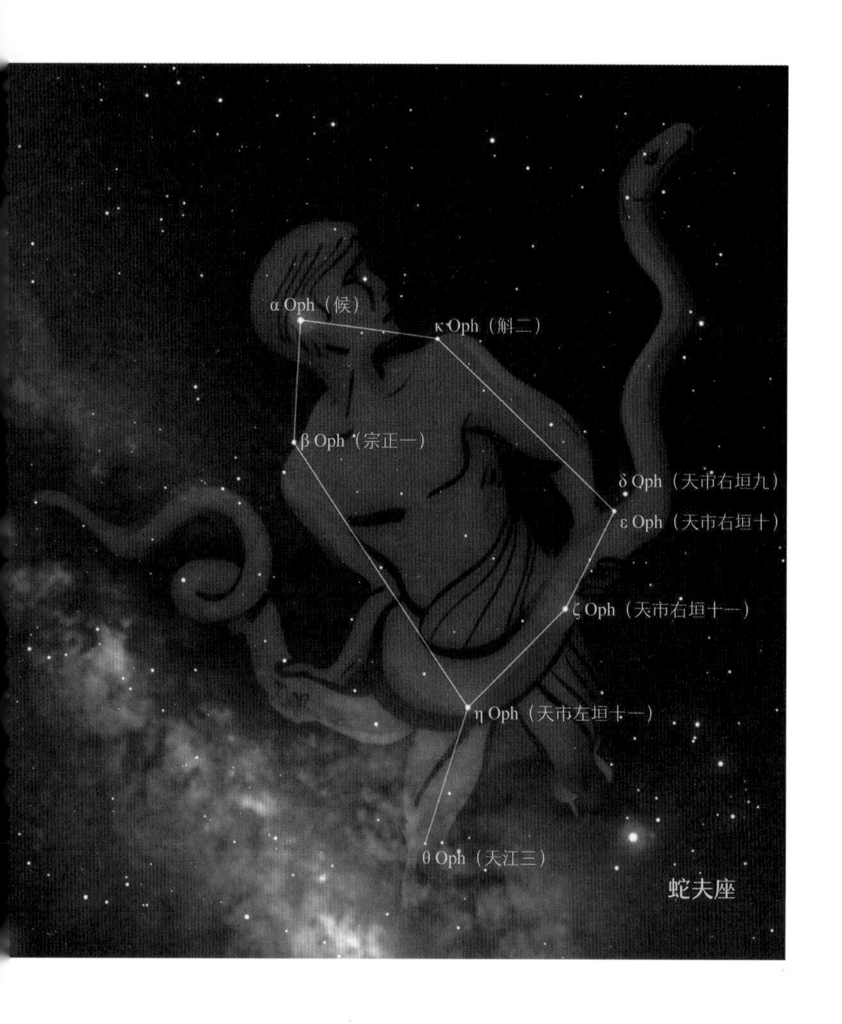

在天蝎座上方是巨大的蛇夫座。他名叫阿斯克勒庇厄斯（Aesculapius），是太阳神阿波罗（Apollo）的儿子，在半人马贤者卡戎（Charon，人马座）的教导下学习医术，后来受到蛇的启发掌握了起死回生的高超医术而被奉为医神，于是他的手杖上总是有蛇缠绕。蛇杖也因此成为西方医学的象征。不过后来天神宙斯为了维持世间的平衡，用闪电将他杀死。在阿波罗的请求下，宙斯将他化身手持巨蛇的蛇夫座，加入众神的行列。在古代中国，这片区域被视为天上的街市——天市垣。蜿蜒的巨蛇是环绕市井的旌旗藩篱。蛇夫的身躯则对应市井中琳琅的商铺，在银河边营造出一番熙熙攘攘的繁华景象。

《阿斯克勒庇厄斯》，选自《希腊史概述》
威廉·C. 莫利绘

蛇夫座中包含许多球状星团，如 M9、M10、M12、M14、M19、M62、M107 等，都是适合双筒望远镜观测的目标。此外，其中还有几颗特别的恒星也值得留意。

位于蛇夫座腰部的 ζ 星，也称天市右垣十一，是蛇夫座的第三亮星。在可见光波段，它呈现为一颗寻常的红色恒星。但实际上它是一颗拥有 20 倍太阳质量的蓝色恒星，亮度是太阳的 6.5 万倍。只因为它正在穿过一大片浓厚的星际气体云，其中的尘埃遮蔽了它的光芒，不然这颗距离我们 366 光年的巨大星球将跻身于夜空中最为明亮的恒星之列。如今，它正以 24km/s 的速度在星际空间中穿行。猛烈的星风推动着周围星际空间中的尘埃，先被加速的尘埃因遇到外部的阻力而减速，然后又被后方赶来的尘埃追尾。它们前赴后继地撞在一起，形成一道弓形激波，就像快艇尾部的人字形波纹一样。这些尘埃因为碰撞而被加热，我们得以在红外波段看到它们发出的暗淡辉光。对于这样一颗大质量恒星来说，如此高速的运动并不常见。天文学家推测它可能来自一个双星系统，它的大质量伴星只存活了很短的时间就被炸成了碎片。蛇夫座ζ星突然失去了引力的羁绊，被高速甩出，从此成为浪迹星际的孤独星子，不再有可以停靠的港湾。像这样的大质量恒星寿命只有 800 万年，再过 400 万年，蛇夫座ζ星便将走到生命的终点，像它曾经的伴星一样迎来辉煌的终结，在陌生的疆域化为星尘，促使新的恒星诞生，推动年轻的星球转动。

斯皮策空间望远镜拍摄的蛇夫座ζ星的红外图像

蛇夫座β星附近有一颗接近10等的红矮星，距离地球仅6光年，是离太阳第二近的恒星系统，仅次于半人马α系统中的三颗恒星。1916年，美国天文学家爱德华·爱默生·巴纳德（Edward Emerson Barnard，1857—1923）测量出它在天空中的位置每年移动10.3"，是目前已知相对太阳位置变化最快的恒星，因此被称为巴纳德星（Barnard' s Stars）。从被发现至今的100年里，它的位置已经移动了17'，相当于半个月亮的宽度。巴纳德星是一颗年老的恒星，已经静静地燃烧了约100亿年。因为质量只有太阳的七分之一，个头只比木星大一点，内部的温度和压力都不高，这使得它的核反应规模很小，仍将不紧不慢地燃烧相当长的时间。巴纳德星身边还有一颗行星陪伴。这是一个3倍地球质量的大个头，到主星的距离只有地球到太阳的一半。但由于巴纳德星的亮度实在太低，这颗行星的温度远在冰点之下，并不适合生命繁衍。毕竟一个岩质行星的活力主要取决于它从主星获得的能量，所以亮度偏低的矮星并不是星际移民者的理想目标。

1604年，在蛇夫浸在银河的那只脚旁，曾爆发过一颗超新星。这颗星在夜空中闪耀了一年之久，最亮时甚至超过天狼星。那是明朝万历皇帝在位的第三十二年。此前这位皇帝因立储之事与群臣意见不合，已经罢朝怠政十多年，这次超新星事件也没能引起他的兴趣。事实上，这并不是万历皇帝第一次见到超新星。早在1572年11月，年仅9岁的万历登基不满四个月的时候，北天极附近的仙后座就爆发了一颗超新星，后来被称为“第谷超新星”。当时负责教导皇帝的首辅张居正说那是“天戒”（上天的儆戒），小皇帝因此战战兢兢地“修省”（修身反省）达两年之久，直到超新星完全从天空中消失。再次见到超新星时，万历已年至不惑，张居正也已在二十多年前病逝，并被抄家清算。明史中只留下天文官的例行观测记录。

在此三年前，意大利传教士利玛窦（Matteo Ricci，1552—1610）觐见过万历皇帝并成功地赢取了后者的信任，获准在北京居住。但他也没有留下关于这颗明星的记录。同一时期，在亚欧大陆的另一端，执教于帕多瓦大学的伽利略已经开始接受日心说，但还没有发明望远镜。他借助这次这颗超新星事件做了几场公开讲座来宣传新的宇宙学说。在布拉格担任神圣罗马帝国皇帝占星顾问的开普勒对这颗蛇夫座的新天体进行了详细的观测，并在两年后出版了专著《新星》，对超新星的观测数据和资料进行了整理汇总，这个天体后来因此被称为“开普勒超新星”。根据当年的亮度变化记录，天文学家们估计前身星已完全炸毁，没有留下中子星或者黑洞。当年爆发的残余物质如今在光学波段已无法看到，但是在红外和X射线波段还有辐射。这是人类观测到的最后一颗来自银河系内的超新星。按照正常星系平均每300年出现一颗超新星的频率估计，我们离下一次超新星爆发的时间应该不远了，希望它不要发生在离地球太近的地方。

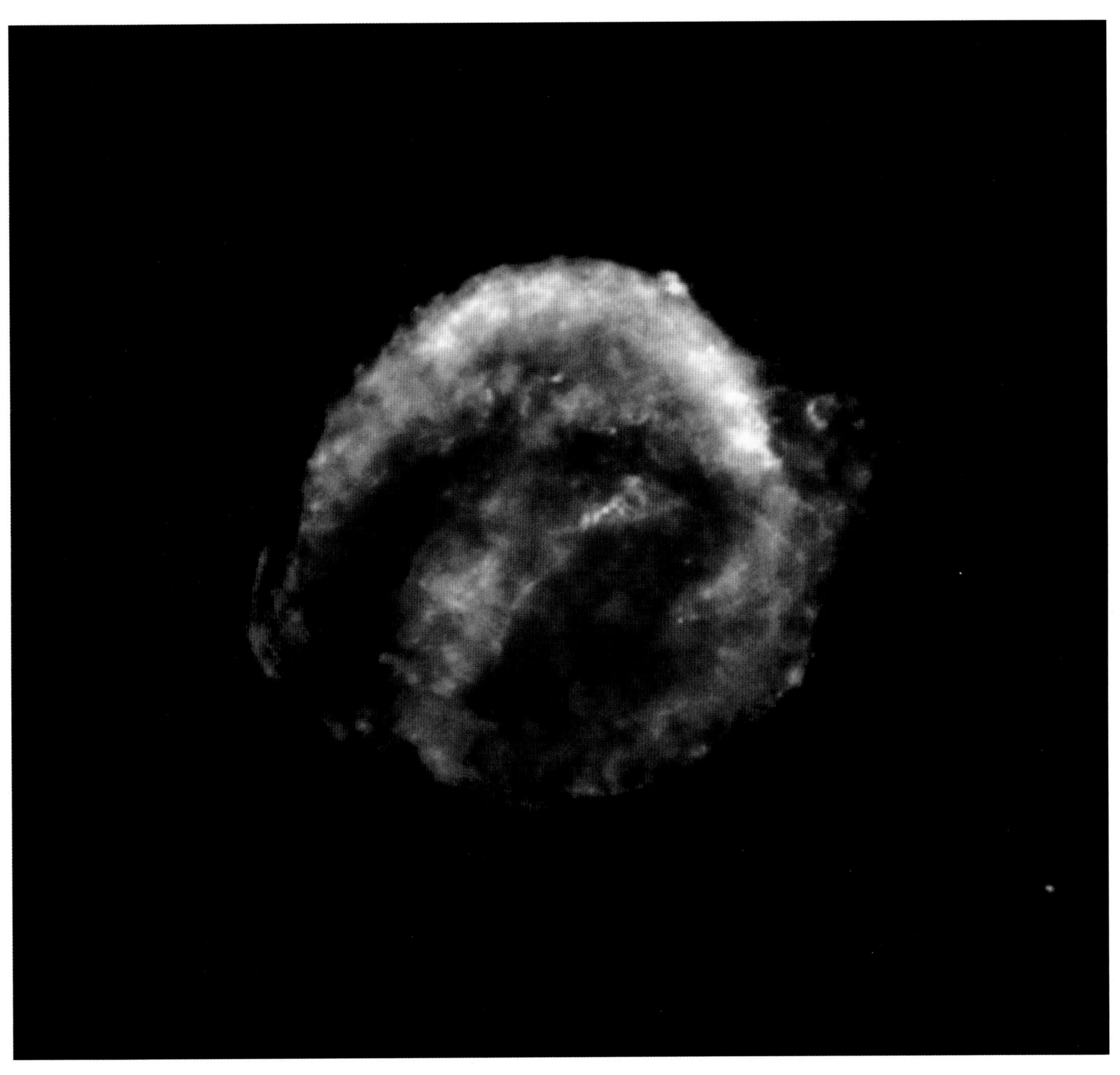

1604 超新星遗迹的多波段图像。其中蓝色来自 X 射线波段，白色为可见光波段，红色为射电波段

在紧邻心宿二的蛇夫座 ρ 星附近，有著名的蛇夫座 ρ 星云（Rho Ophiuchi Nebula）。银道面上密集的恒星映衬出尘埃云纤维状的结构，它是距离地球最近的恒星形成区，到太阳系的距离只有 460 光年，是著名的猎户座大星云到地球距离的三分之一。不过因为有浓厚的尘埃包裹，它并不像猎户座大星云那么明亮。通过红外望远镜，我们可以穿透尘埃看到数百颗刚刚形成的年轻恒星以及尚未成形的原恒星。这些年轻恒星的强烈星风会将周围的尘埃云逐渐吹散，露出明亮的核心。到那时，地球的夜空中将会出现一个比猎户座大星云更加明亮的巨大星云。

武仙座 (*Hercules*)

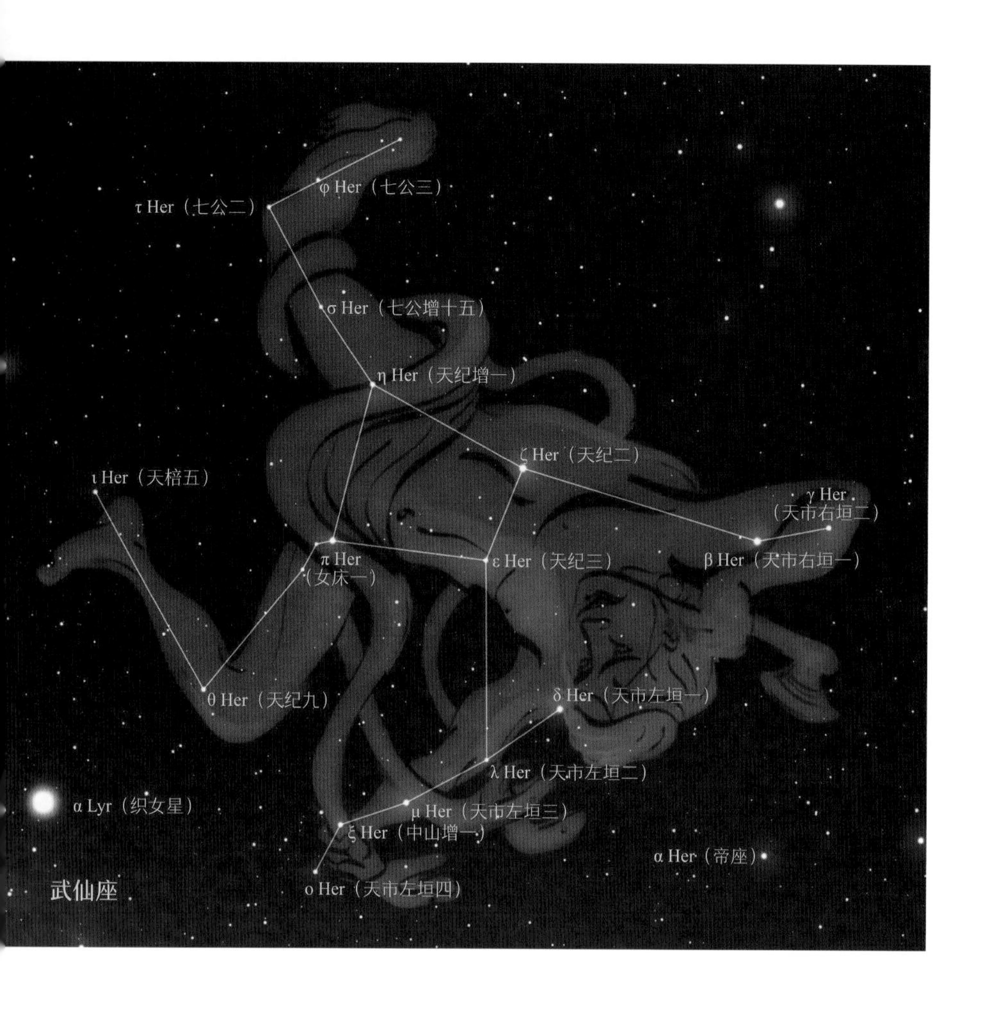

在蛇夫座北方是另一个巨大的星座——武仙座。这是一个单膝跪地的巨人形象，头朝南挨着蛇夫座，腿朝北贴着天龙座。在北冕座与天琴座中间有个被称为“拱顶石”（keystone）的四边形星组，是他的腰部。武仙座对应希腊神话中的大英雄赫拉克勒斯。赫拉克勒斯本是天神宙斯和人间女子所生，是肉体凡胎。不过宙斯趁天后赫拉熟睡时，抱着他偷喝了赫拉的乳汁。赫拉从睡梦中惊醒急忙推开孩子，奶水喷溅出来，变为银河（英文中称为“奶之路”，Milky Way）。赫拉克勒斯从此拥有了不死之身。愤怒的天后决心报复这个孩子，不断派出猛兽去折磨他，但都被他一一化解。夜空中的狮子座、长蛇座和巨蟹座，均被希腊人解释为赫拉克勒斯的手下败将。但包括武仙座在内的这些星座其实都有比希腊神话更古老的历史，希腊人用它们来讲述自己喜爱的故事，使这些古老的形象在新故事的包装下传承流转。

《赫拉克勒斯与赫拉》，丁托列托绘
现藏于伦敦国家画廊

在武仙座 η 星南方 2° 左右的位置可以找到球状星团 M13。这是一个包含 30 万颗恒星的巨大系统，用小望远镜就能看到。其中恒星众多，所以应该会有大量的行星存在，也许会有更大的概率演化出生命，甚至智慧生命。1974 年，为了庆祝当时世界上最大的射电望远镜阿雷西沃（Arecibo）改造完成，美国科学家向 M13 所在方向发射了一组包含数字、原子量、DNA 编码、人类图像、太阳系结构等基本信息的无线电信号。不过，M13 距离地球有 2.5 万光年，即使有外星人愿意回应，我们也要等到 5 万年后才能收到信息。

美国基特峰的伯勒尔施密特望远镜拍摄的 M13 照片

在武仙座 π 与武仙座 η 星北侧成等边三角形的位置附近，还可以找到另一个梅西叶天体——球状星团 M92。这是一个明亮致密的目标，很容易用小望远镜观察。它距太阳 2.7 万光年，其中包含 33 万颗恒星，恒星密度比太阳附近高 100 倍。这些恒星几乎完全由氢和氦两种元素组成，重元素的含量只有太阳的 0.5%。这说明它们出现于宇宙诞生之初。那时的星际气体还没怎么受到大质量恒星爆发所抛出的星尘污染，这些古老的星球无疑是研究早期宇宙成分的绝佳样本。从另一个角度来说，元素种类和数量的缺乏不利于生物的诞生和演化。那里的星夜灿烂，但却是寂寥的荒原。

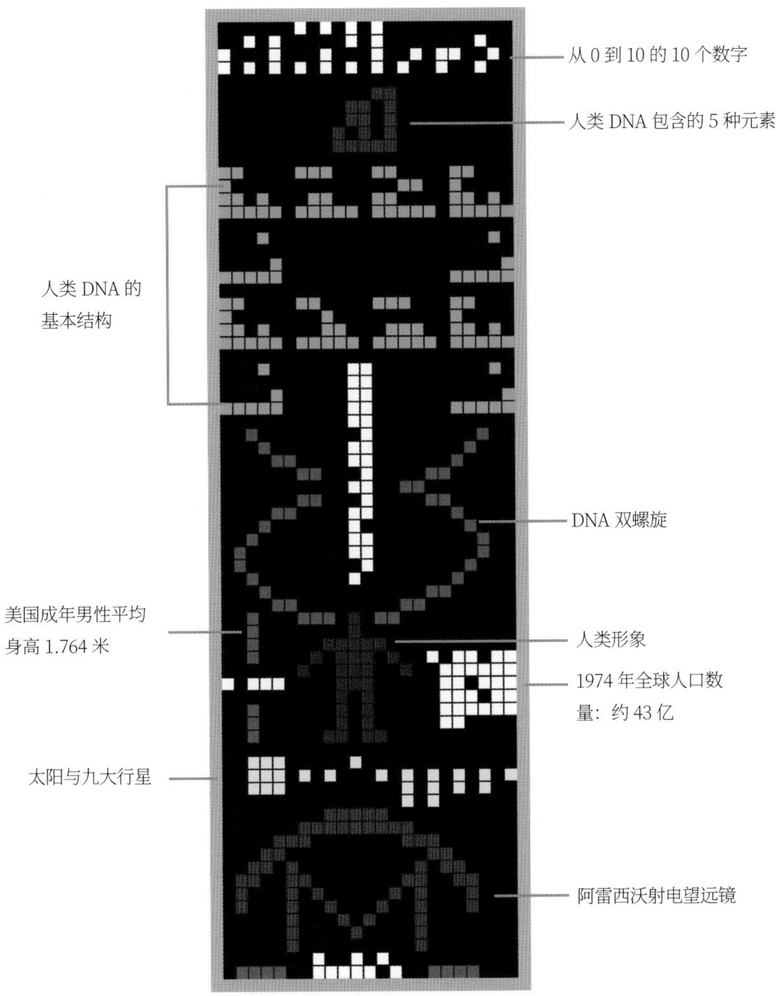

阿雷西沃无线电信息编码
本图于 2005 年绘制，因此称太阳系九大行星
（2006 年，冥王星被除名）

哈勃空间望远镜拍摄的球状星团 M92

武仙座中还有另一个美丽的天体——行星状星云阿贝尔 39。这是美国天文学家阿贝尔在 1966 年从照相底片中发现的第 39 号行星状星云。这是一个困难的观测目标，表面亮度只有 14 等，要在天气很好的时候用口径 20 厘米以上的望远镜拍照才能看到。不过它绝对值得这样的努力。阿贝尔 39 有着近乎完美的球形外观，青色的气体壳层呈现出薄纱般的透明质感，在深沉的夜空中显得轻灵而虚幻。它本是一颗类似太阳的中等质量恒星，死亡于 2.2 万年前。燃烧殆尽的内核在坍缩时将外部的气体壳层抛出，形成我们在照片中看到的动人景象。其中丰富的氧元素让它呈现出青色，它的内部核心则坍缩成一颗 15 等的白矮星。不知道在阿贝尔 39 死亡之际，当时以采集狩猎为生的原始部族是否曾注意到，天上有一颗星点突然消失了。但不论是两万年前还是现在，星空之下，只要太阳照常升起，就总有更迫切的现实问题需要关注。而繁星浩渺，若不刻意抬头追索，一颗星的消失不过就像雨滴汇入大海般无迹可寻。

北半球的七月本就夜短昼长。我们还是早点休息，不要影响第二天的生活。

行星状星云阿贝尔 39。
这张照片是美国基特峰天文台的 3.5 米 WIYN 望远镜在 1997 年使用蓝绿滤镜拍摄的

观测时间（正南）：

8月1日 22:00 / *8月15日 21:00* / *8月30日 20:00*

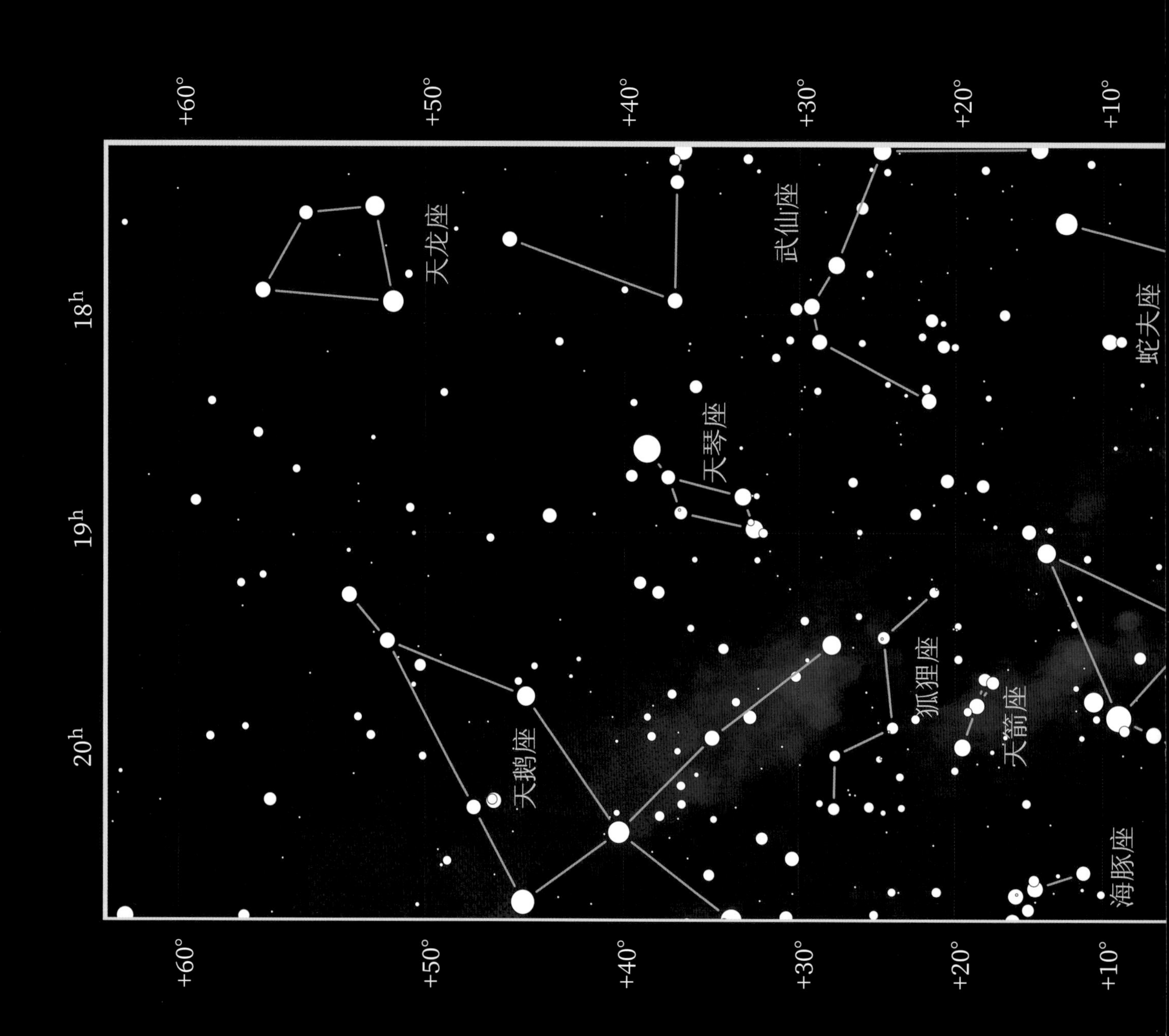

八月，是夏秋之交的时节。三伏将尽，骄阳挂在天上的时间一日短过一日，早晚也渐渐有些凉意。夏夜最为显眼的红色大火星会在日落后现身于西方天空，并且一天比一天向更低更靠西的位置移动，这便是诗经中所说的“七月流火”。

风清气爽的八月晴夜，如果没有明月或者城市灯光的干扰，肉眼就能看到在大火星不远处有条浅色的亮带横亘夜空，那就是银河。今天我们知道，这条壮观的亮带是由银盘上众多的恒

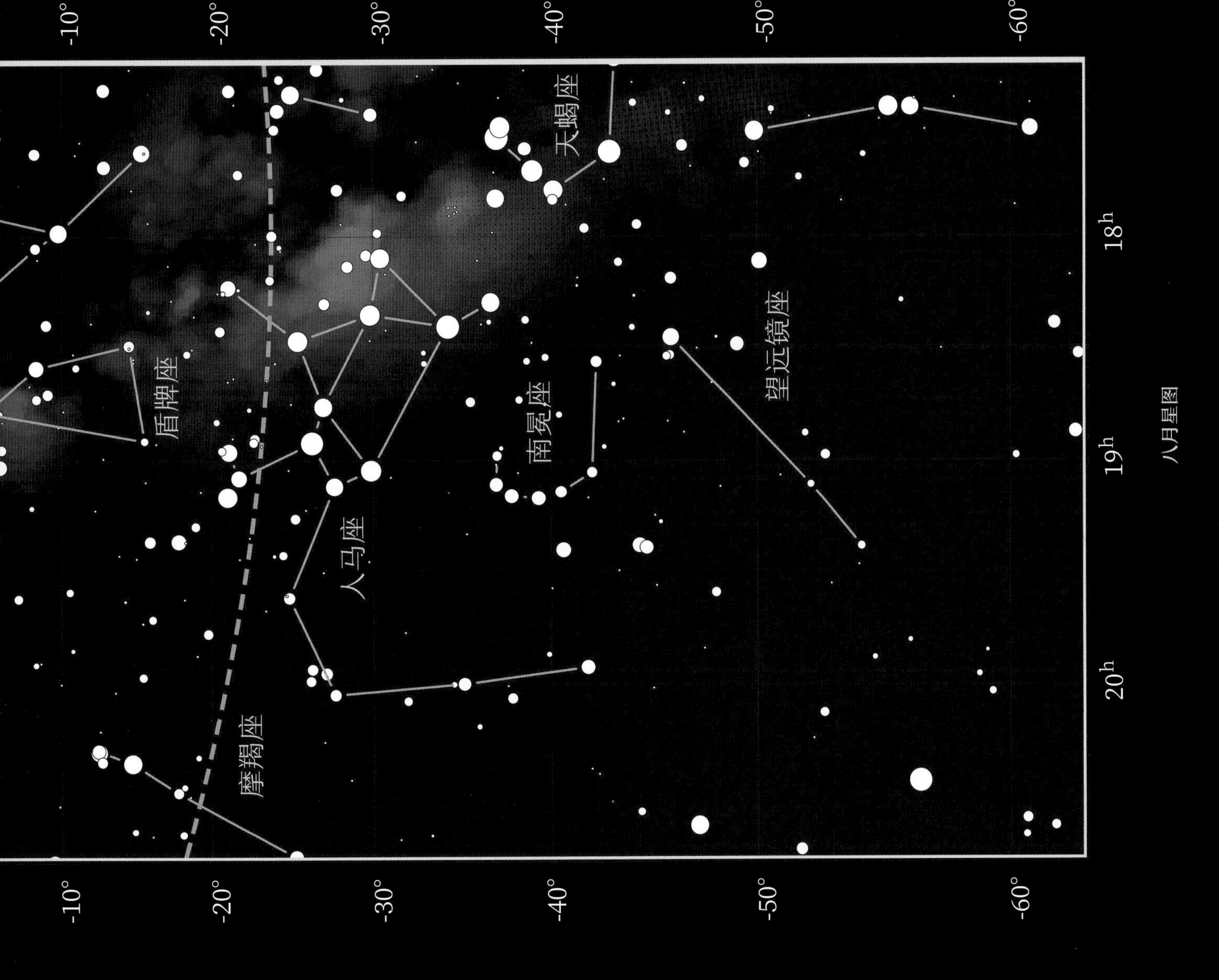

星重叠在一起形成的。不过在地球生命出现的 45 亿年里，没有任何一个生物能确认这一点。直到 1609 年，伽利略才用望远镜将这条亮带分解为恒星。在夏夜的众多亮星之中，分列在银河两侧的牛郎星、织女星以及银河中的天津四最为醒目。它们所构成的三角形便是著名的夏季大三角（Summer Triangle）。无论在西方还是东方，它们都是夏季星空的标志。

天琴座 (*Lyra*)

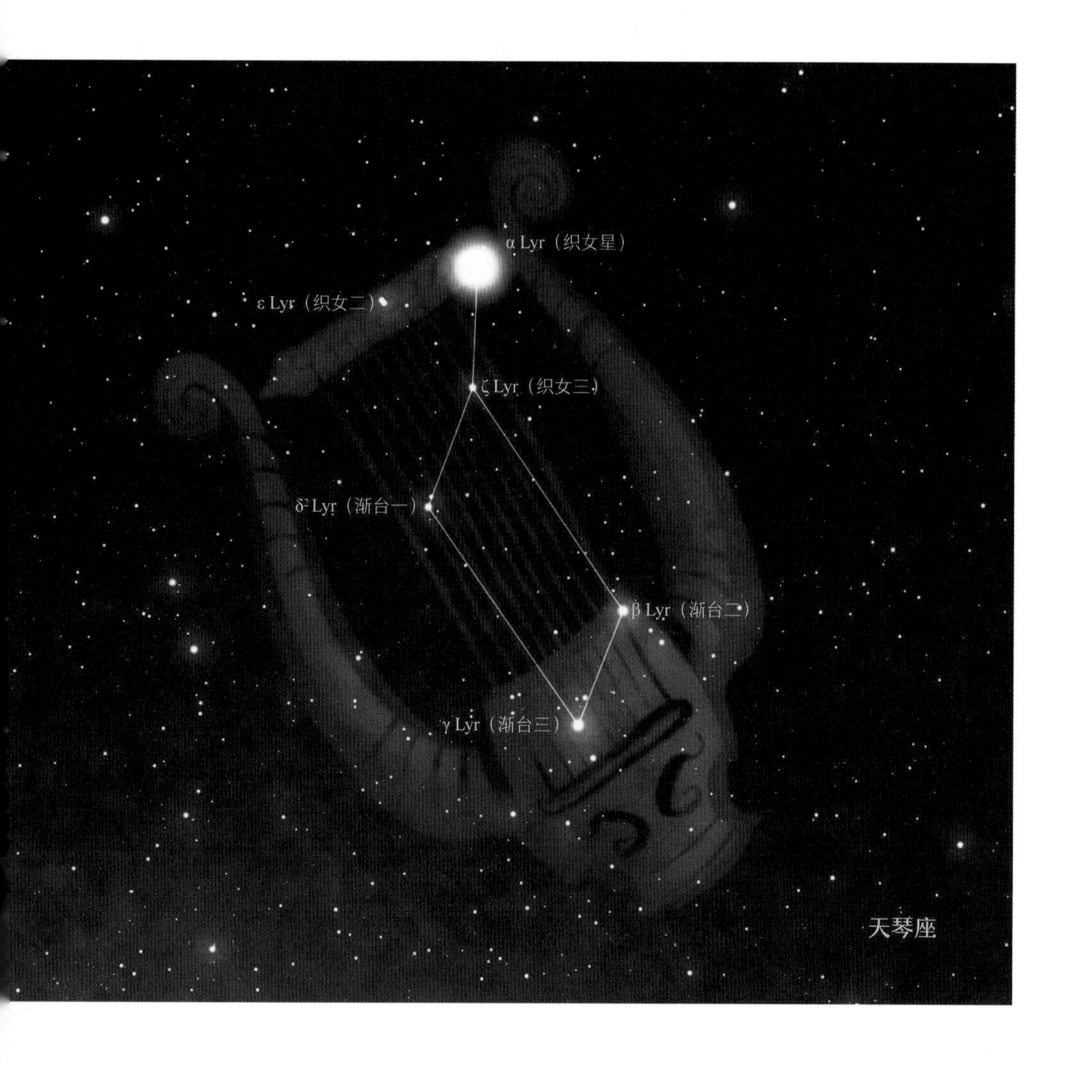

夏季大三角中，最亮的是天琴座的织女星（Vega）。它是北天第二亮星，视星等为 0 等，仅次于牧夫座的大角星。织女星离地球很近，我们看到的是它 25 年前发出的光。由于地球自转轴的周期性运动（岁差），在公元前 12000 年时，织女星曾非常接近北天极。对于当时史前文明期的人们而言，如此明亮的极星在宗教神话中应该有重要的位置，但这是我们后人的推测，并没有任何可靠的资料可以证明。而在一万年之后，公元 14000 年，极轴又会重新转回到织女星附近。兜兜转转两万多年，同是一颗星星，那时的地球人应该早已摆脱对极星的迷思了。这一轮回中人类经历了无数世代，对于寿命上亿年的恒星而言却只是白驹过隙。

织女星质量是太阳的两倍，燃烧速度很快，寿命只有太阳的十分之一。五亿年前，地球处于寒武纪时期，三叶虫统治着海洋，陆地上还没有生命。织女星从一片星云中诞生，一直闪耀至今。目前它正值盛年，不出意外的话，在五亿年后它才会耗尽大部分燃料，变成一颗红巨星，然后抛出大部分质量，成为一颗暗淡致密的白矮星，永远地消失在地球夏夜的星空之中。

织女星和它周围的四颗小星组成了一个明显的菱形图案。我国古人把它们想象为织布的梭子，并和织布的女子联系起来。农历七月七日前后，织女星会在前半夜到达南天最高处。汉朝的人们在每年的这个时候对她进行祭拜，祈福许愿，时称乞巧节。不过在官方的星宿系统中，这几颗星被当作银河中临水远眺的高台，称作“渐台”。在古希腊人看来，这几颗星更像是吟游诗人弹拨的里拉琴（lyre）。在古希腊传说中，太阳神阿波罗的儿子俄耳甫斯（Orpheus）是个非凡的乐手。他的琴声可以抚慰人心，降服猛兽。俄耳甫斯死后，生前使用的乐器被升上天空化为星座。

《俄耳甫斯与动物》，西奥多·范·图尔登 & 弗朗斯·斯奈德斯绘，现藏于西班牙普拉多美术馆

天琴座 β 和 γ 星之间有个著名的行星状星云——指环星云。它在梅西叶星表中的编号为 57，因此常被简写为 M57。它是一颗中等质量恒星的遗骸。恒星死亡时抛出的物质壳层在空间中均匀地扩散，呈现出相当对称的环形结构，就像一枚戒指。这类在小望远镜中看起来像行星一样的星云被称为行星状星云。在星云的中心有一颗 15 等的暗星，那是恒星核心坍缩而成的白矮星。通过比较星云不同时期的照片，我们发现，M57 周围的喷出物仍在以约 20km/s 的速度向外膨胀。按照这个速度反推，可以估计出这颗恒星大约是在公元前 5000 年死亡。那时，地球文明刚刚进入农耕时代，还没有发展出文字。对当时的人们来说，织女星附近的一颗亮星突然消失或许是含义不明的天启，或许并无人在意。今天，我们依靠工具重新找回了它，而当年见过它的人们已杳无踪迹。

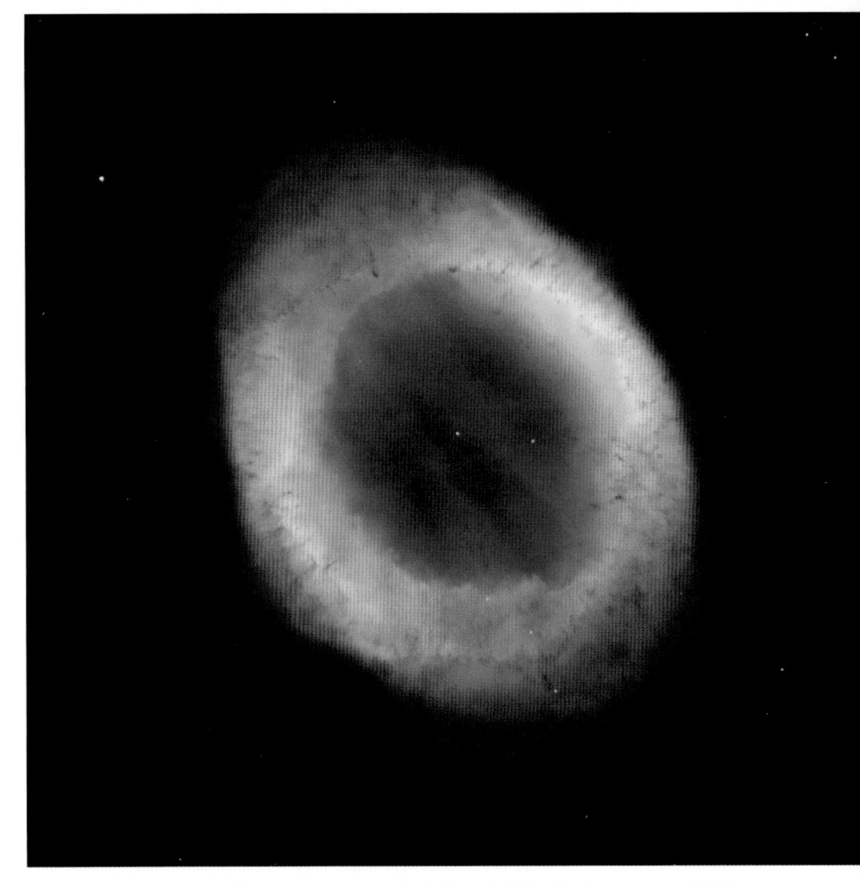

位于天琴座的指环星云 M57，由哈勃空间望远镜在 1998 年拍摄。它是一个美丽的行星状星云，但并不容易观测。

天鹰座 (*Aquila*)

与织女星隔河相望的牛郎星是一颗2等亮星。它和太阳同属于一个类型，不过非常年轻，在1亿年前才诞生，那时恐龙还没有灭绝。牛郎星的自转速度非常快，赤道处的气体运动速度高达240km/s。要知道，太阳赤道附近的物质运动速度只有2km/s。这样的高速自转让牛郎星赤道处的半径比两极处的半径长了将近四分之一。2006年，天文学家设法拍到了它表面的图像，直接证实了这一点。

牛郎星和它前后的两颗小星排成一行，好像一条扁担。传说中牛郎挑着两个孩子渡河寻母的情节便是对这个图像的演绎。在我国古代星官系统中，这条“扁担”被认为是天河中的河鼓，所以牛郎星又称河鼓二。而在阿拉伯人眼中，它是在高空翱翔的秃鹫，前后的小星是它张开的翅膀。而与之隔河相望的织女星是正在下落的秃鹫。古希腊人则将这片天区想象成宙斯的神鹰，正背负宙斯的闪电箭（天箭座）在空中疾行。

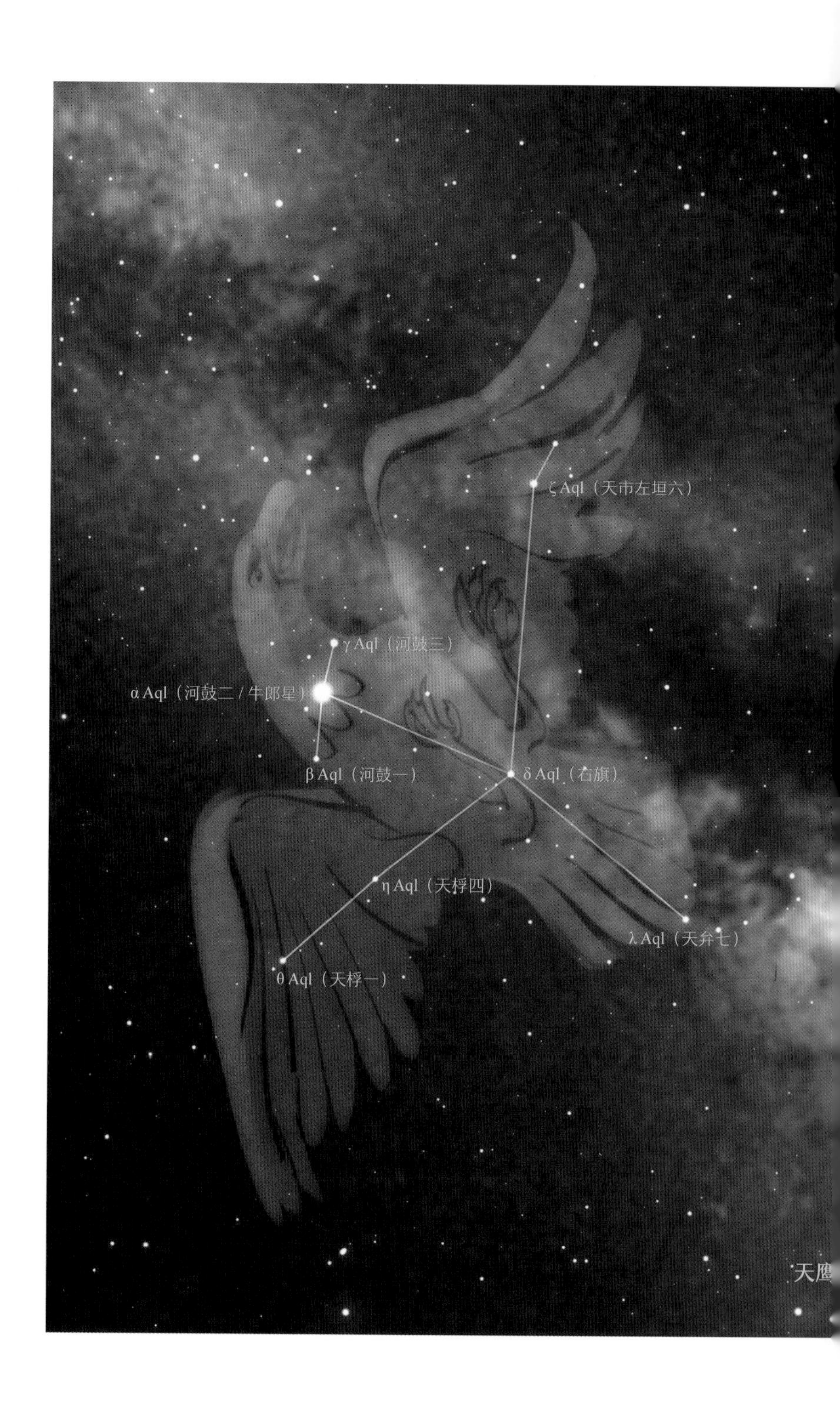

天鹅座 (*Cygnus*)

天津四是星官天津中的第四颗星，属于天鹅座。这个星座亮点很多。我们将在下一节详细介绍。

狐狸座

(*Vulpecula*)

夹在天鹅座、天琴座和天箭座中间的是狐狸座。它是17世纪末波兰天文学家赫维留为填补大星座之间的空隙而引入的。狐狸座没有什么亮星，不过其中的哑铃星云（Dumbbell Nebula，M27）是个热门的观测目标。哑铃星云有7.5等，距地球约1300光年。和指环星云一样，都具有小望远镜就能分辨的延展结构。对于天文爱好者来说，这些行星状星云就是定格在夜空中的烟火。而哑铃星云则是其中最亮最容易观测一个。哑铃星云也是死亡恒星的遗骸，但它的物质抛射方向并不是球对称的，而是垂直于我们视线，向两极方向延伸，因此呈现为哑铃的形状。根据其中的物质膨胀速度可以粗略推出，狐狸座哑铃星云的死亡时间大约在1万年前。

那时（公元1万年前），人类刚开始驯化植物和动物，逐渐发展出农业和畜牧业，过渡到新石器时代。也就是说哑铃星云前身星死亡的时刻曾被史前人类见证。

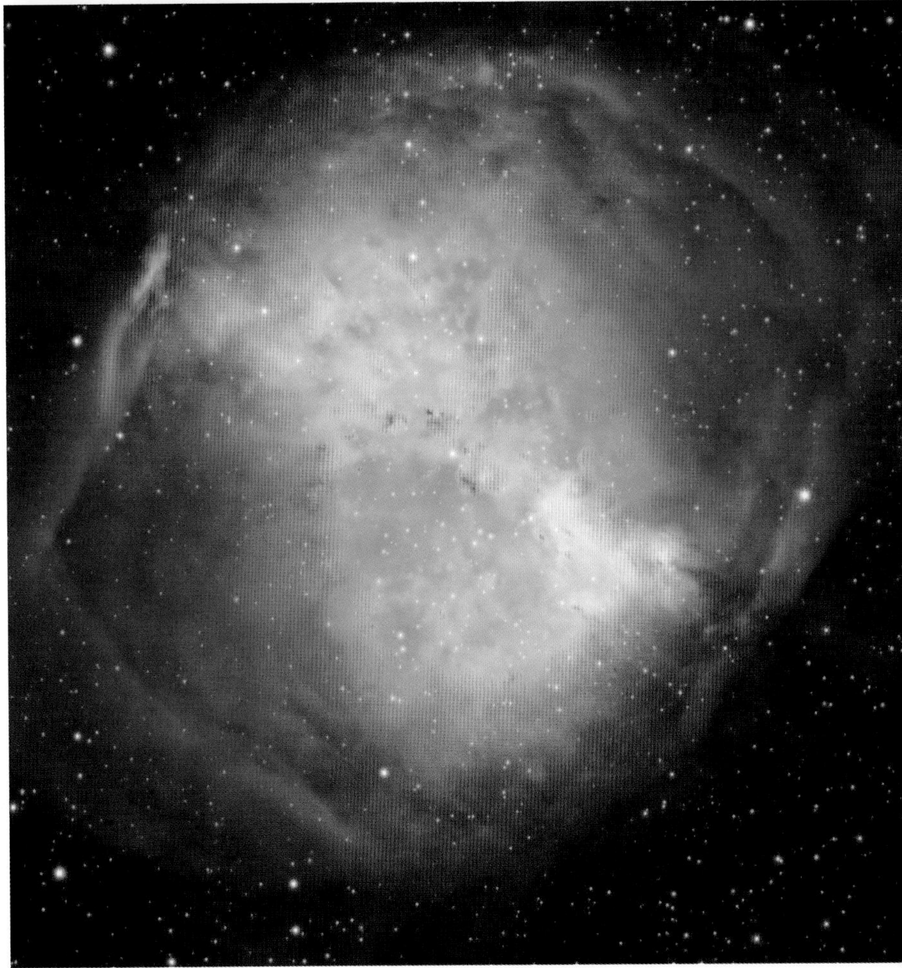

欧洲南方天文台位于智利的甚大望远镜拍摄的哑铃星云 M27 多色合成图像

哈勃空间望远镜 2001 年拍摄的哑铃星云 M27 的细节

此外，人类历史上第一颗脉冲星 PSR B1919+21 也是在这个小小的星座中发现的（它在光学波段的对应天体过于暗弱，很难观测）。这是一类有周期性射电辐射的星体。PSR B1919+21 发出的电磁脉冲以 1.3373 秒为周期精确地重复着。人们甚至一度怀疑这个信号来自外星文明。后来才知道，它是一颗高速自转的中子星，所发出的极窄辐射波束碰巧像灯塔一样周期性地扫过地球。脉冲星发出的电磁脉冲不仅有规律的周期，而且很容易被高精度地测量。在未来的星际航行中，周围恒星的亮度和位置都会发生变化，而我们并没有一个简单便捷的手段来辨别它们。届时，脉冲星将成为重要的导航信标。

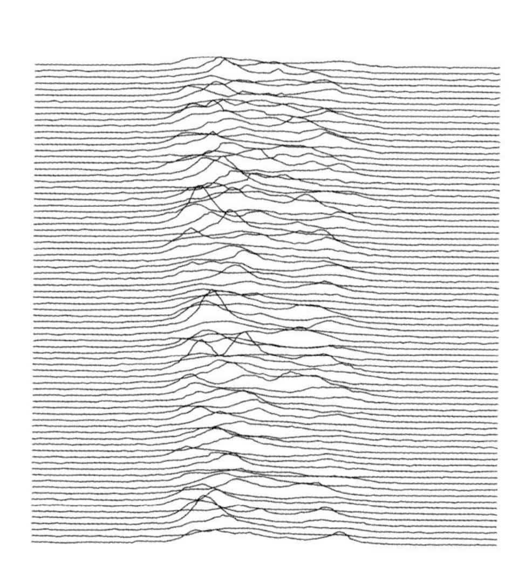

脉冲星 PSR B1919+21 的脉冲叠加图，选自康奈尔大学的天文学家哈罗德·D. 克拉夫特的博士论文《对 12 颗脉冲星脉冲轮廓和色散的射电观测》。观测脉冲星使用阿雷西沃射电望远镜，该望远镜由康奈尔大学管理，美国国家科学基金会所有

天箭座（*Sagitta*）

位于天鹅座和天鹰座中间的天箭座是一个紧凑的星座。四颗小星组成一支箭矢的形状，很容易辨认。在箭头的两颗星中间有一个星团 M71。星团是在同一片星云中形成的恒星，可根据其聚集度分为两种：一种是有大量恒星聚集，分布呈球形的球状星团；另一种是成员较少，分布比较松散的疏散星团。但在很长的一段时间里，天文学家都搞不清楚 M71 到底是一个比较致密的疏散星团还是一个比较疏散的球状星团。如今通过对其成员恒星细致的光变和光谱研究，基本确认它是一个球状星团。它的亮度不算低，有 8 等，你可以用望远镜亲自感受一下。

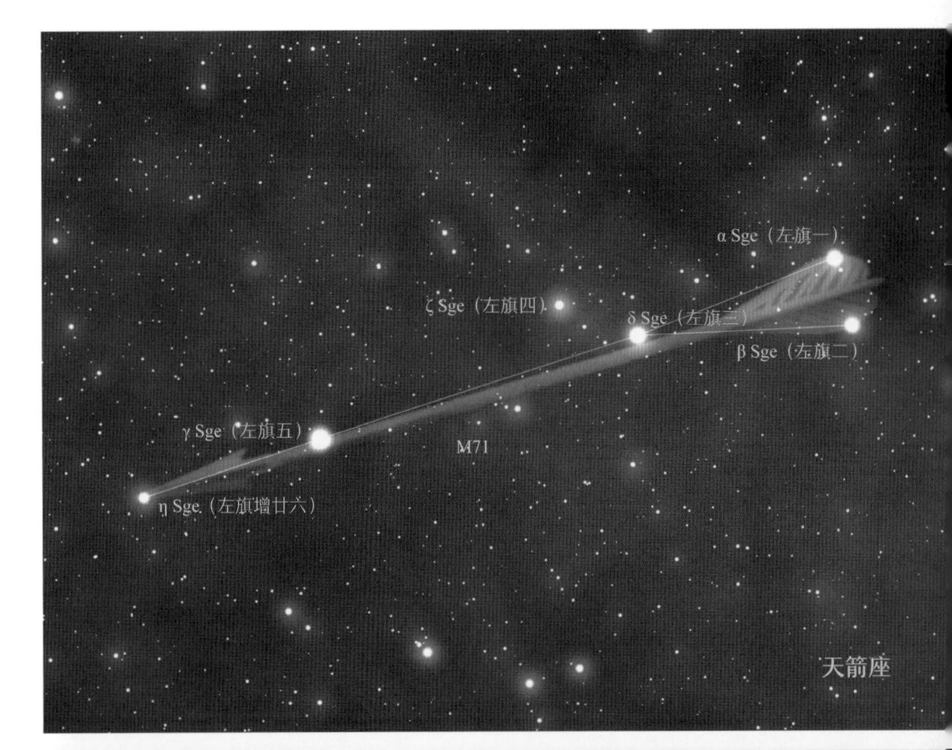

哈勃空间望远镜拍摄的星团 M71，它位于银河系的边缘，没有其他球状星团那么致密，又不像疏散星团那么松散

盾牌座（*Scutum*）

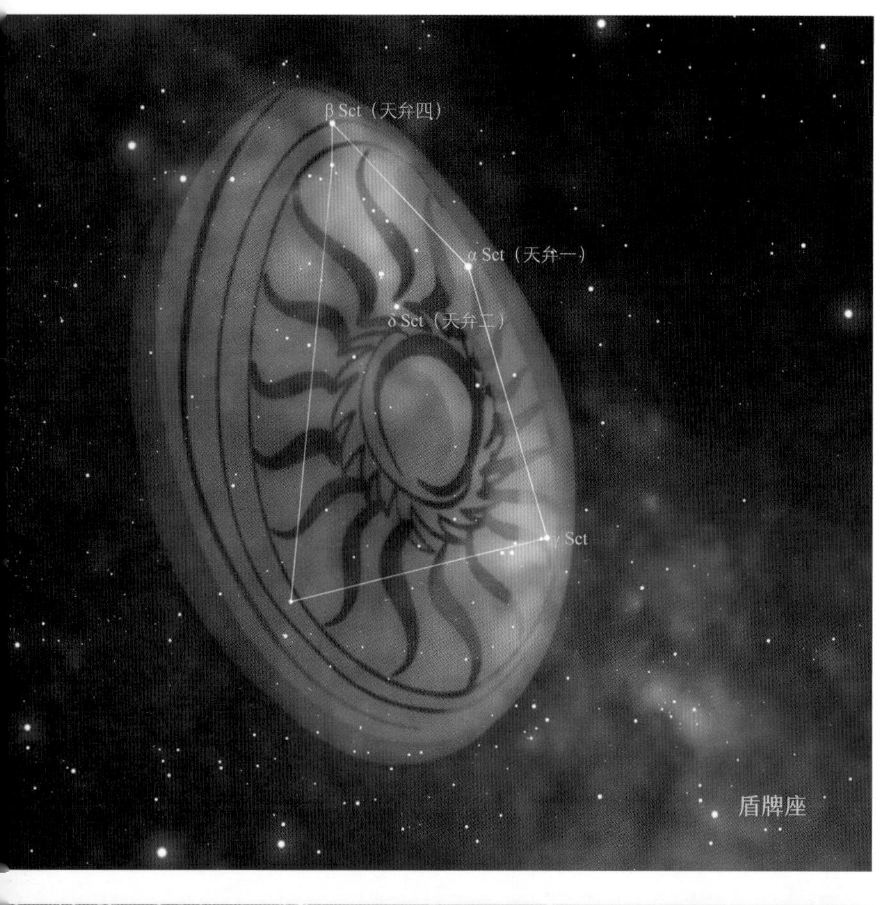

在天鹰座南部靠近银河的地方是盾牌座，因为缺乏亮星而并不起眼。不过值得一提的是，其中的11等星盾牌座UY是目前已知的体积最大的恒星。这颗红超巨星的半径是太阳的1700多倍。如果将它放在太阳的位置上，它会把整个木星轨道都包起来。对于拿着望远镜的爱好者来说，盾牌座中有两个疏散星团值得一看：M11和M26。M11被称为野鸭星团，是一个较为致密的疏散星团。相比之下M26就要逊色一些，它没有那么多成员恒星，中心处也没有那么密集。因为疏散星团成员之间的引力联系相当松散，很容易受周围天体的扰动而脱离，因此M26会比M11早一步瓦解。

野鸭星团M11，由智利拉西亚天文台2.2米望远镜拍摄

疏散星团M26，由美国基特峰的伯勒尔施密特望远镜拍摄

巨蛇尾 (*Serpens Cauda*)

在盾牌座的西边是巨蛇座的尾部。在它靠近盾牌座的一角有著名的鹰状星云 M16，这是一个弥漫星云。这类星云不像行星状星云那样来自某颗恒星，而是由气体和尘埃在引力作用下自发聚集而成的。它们通常形状不规则，弥漫地分散在宇宙空间中，一旦质量足够大就会坍缩形成新的恒星。鹰状星云中就孕育着一个年轻的疏散星团，这些恒星像舞台上的射灯一样从多个角度映照出这个星云的轮廓和细节。哈勃空间望远镜拍摄的著名照片“创生之柱”就是对这个星云的高清特写。

鹰状星云 M16 中的“创生之柱”，这些巨大的气体尘埃云正在孕育新的恒星

人马座 (*Sagittarius*)

天鹰座和盾牌座的南边是黄道十二宫中的人马座。在希腊神话中，它是著名的半人马贤者卡戎，一个多才多艺的文武全才，包括英仙（Perseus，即珀尔修斯）和武仙（即赫拉克勒斯）在内的许多英雄都是他的学生。人马座位于银河系的中心方向，包含许多亮星以及美丽的星团和星云，其中的欧米伽星云（M17）、三裂星云（M20）、礁湖星云（M8）都是观星爱好者经常拍摄的目标。它的主要亮星组成一个茶壶的形状，在西方广为人知。而在中国，它对应二十八宿中的斗箕两宿。茶壶盖和壶柄连起来就是南斗六星，南斗西南侧组成茶壶另一半的四颗星也可以看出一个簸箕的形状。《诗经》中“维南有箕，不可以簸扬；唯北有斗，不可以挹酒浆”的诗句，说的就是它们了。

《卡戎》，选自《金羊毛与阿基琉斯之前的英雄》，威利·珀加尼绘

由智利的甚大望远镜拍摄的欧米伽星云 M17，这是个壮观的恒星形成区

三裂星云 M20 的可见光和红外波段伪彩色照片

礁湖星云 M8（左）与三裂星云 M20（右）的合影

人马座中最重要的天体其实不是星云或者星团，而是银河系中心的黑洞（通常简写为 Sgr A*）。银河中心位于人马座和天蝎座的边界处，像其他所有星系一样有个大质量黑洞。由于银河盘面上的尘埃遮挡，我们看不到它附近恒星最密集的区域，但从中心处发出的射电辐射以及 X 射线辐射都可以穿透这些尘埃，为我们带来星系核心的消息。通过观测银心附近的物质运动，我们知道这个主宰我们家园星系的超大质量黑洞质量约为 360 万倍太阳质量，而且还在凭借其强大的引力吞噬周围的物质而持续生长。

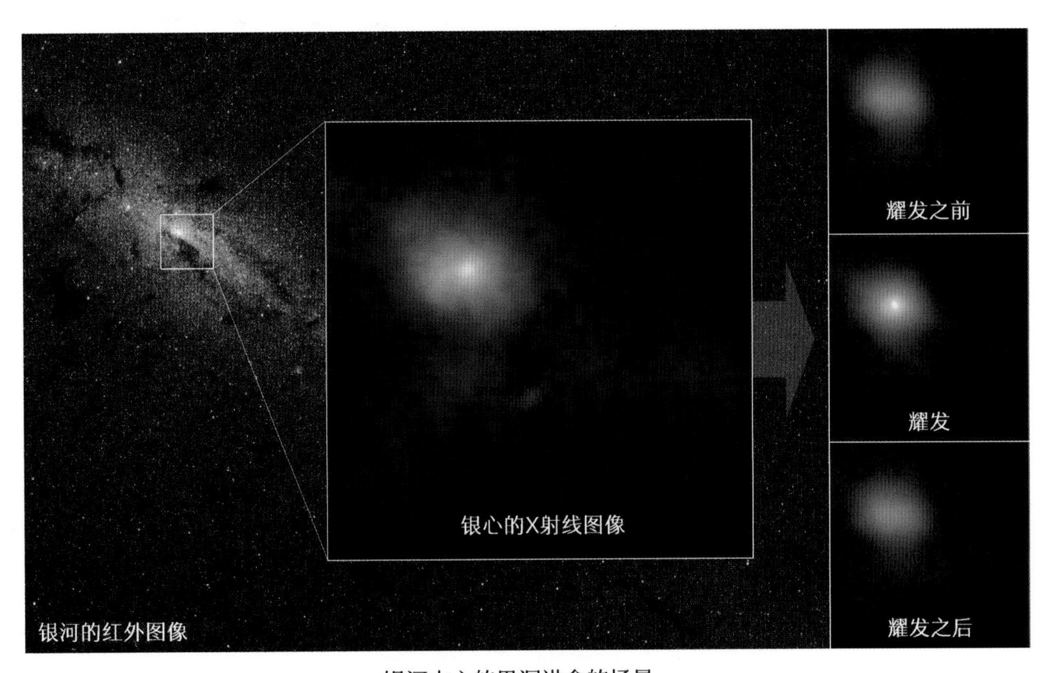

银河中心的黑洞进食的场景。
由美国核分光望远镜阵 (NuStar) 捕捉到的银心黑洞在吞噬物质过程中发出的 X 射线闪耀

南冕座

(Corona Australis)

如果你在北纬 35°以南的地区观星，就有机会在人马座下方看到美丽的南冕座。那里的一串小星连缀成环形，与北天的北冕座遥相呼应。在希腊人眼中，这是他们献给诗人和英雄的桂冠。不过古代中国人因为它在天河附近，便以水族“鳖”作为此处的星官。

秋季星空

AUTUMN

四川贡嘎山主峰的星空和云海，近处的高山杜鹃花期将尽，
飞马座四边形就在图像中上方。
戴建峰拍摄

日落的时间一天比一天早，秋季的动物星座们悄然登场。天鹅座就在我们的头顶，张开双翅，现在正是观察它的最好时机。凭借秋季星空的识别标志——“秋季四边形”，我们能找到夜空中最显眼的飞马座。这个季节的天空虽然亮星不多，但拥有众多美丽的深空天体，包括肉眼能看到的最远天体——仙女座大星系 M31。

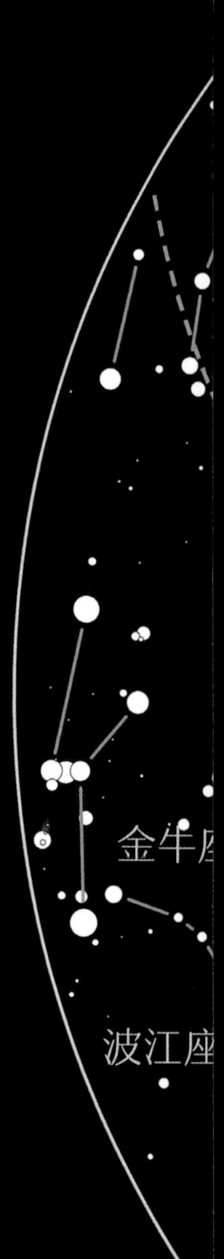

秋季星图

Autumn Star Chart

九月看点：天鹅座、海豚座、小马座、摩羯座、显微镜座
十月看点：飞马座、蝎虎座、宝瓶座、南鱼座、天鹤座
十一月看点：仙女座、双鱼座、鲸鱼座、玉夫座

大熊座
天猫座
小熊座
天龙座
仙王座
鹿豹座
武仙座
仙后座
天琴座
英仙座
蝎虎座
天鹅座
狐狸座
三角座
仙女座
天箭座
白羊座
飞马座
海豚座
双鱼座
天鹰座
鲸鱼座
宝瓶座
摩羯座
天炉座
南鱼座
玉夫座

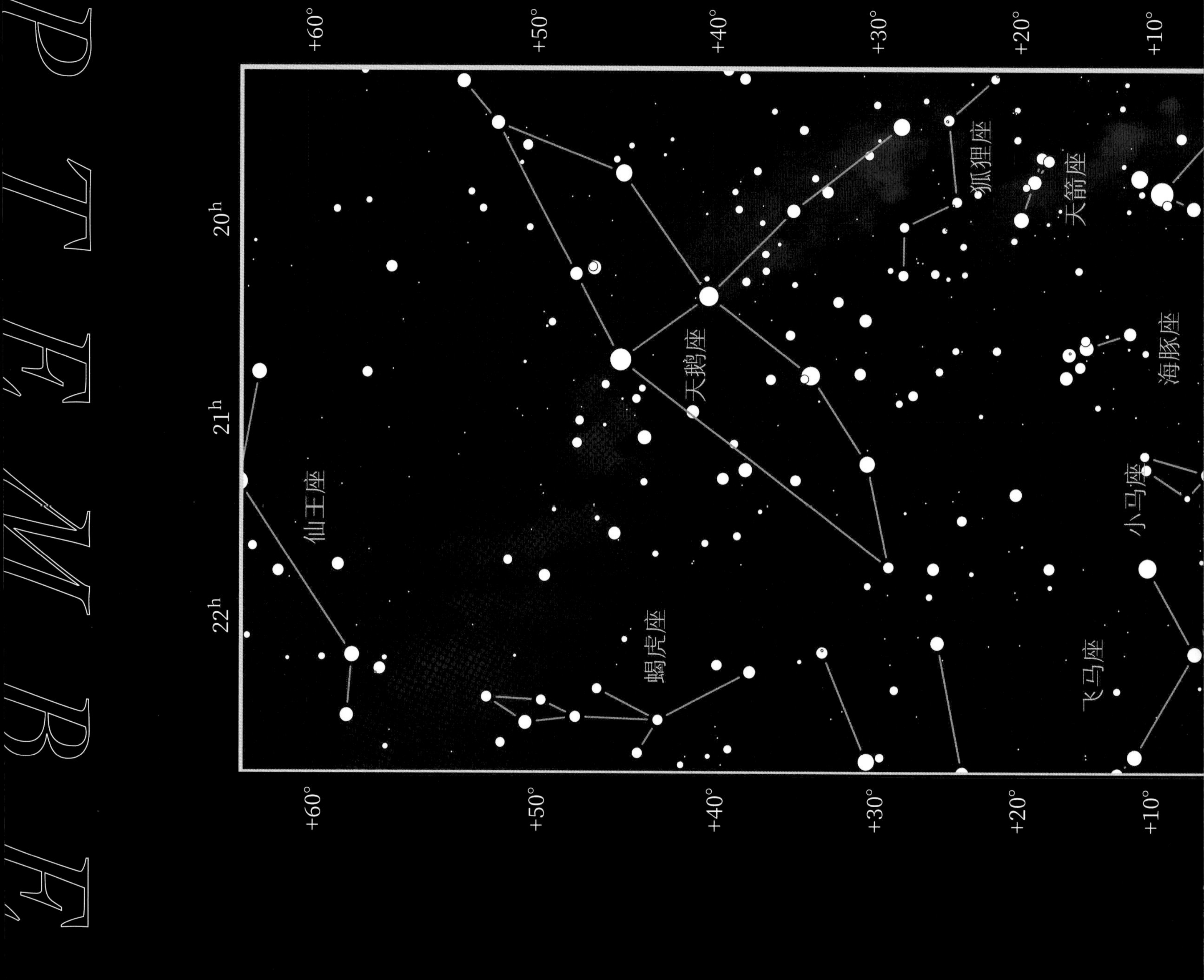

九月正是秋高气爽的季节。太阳落山后不久，夏季大三角仍占据着南部天空。天鹅座在夜幕降临时悄然展开双翼掠过天顶，这是观测它的最好时机。

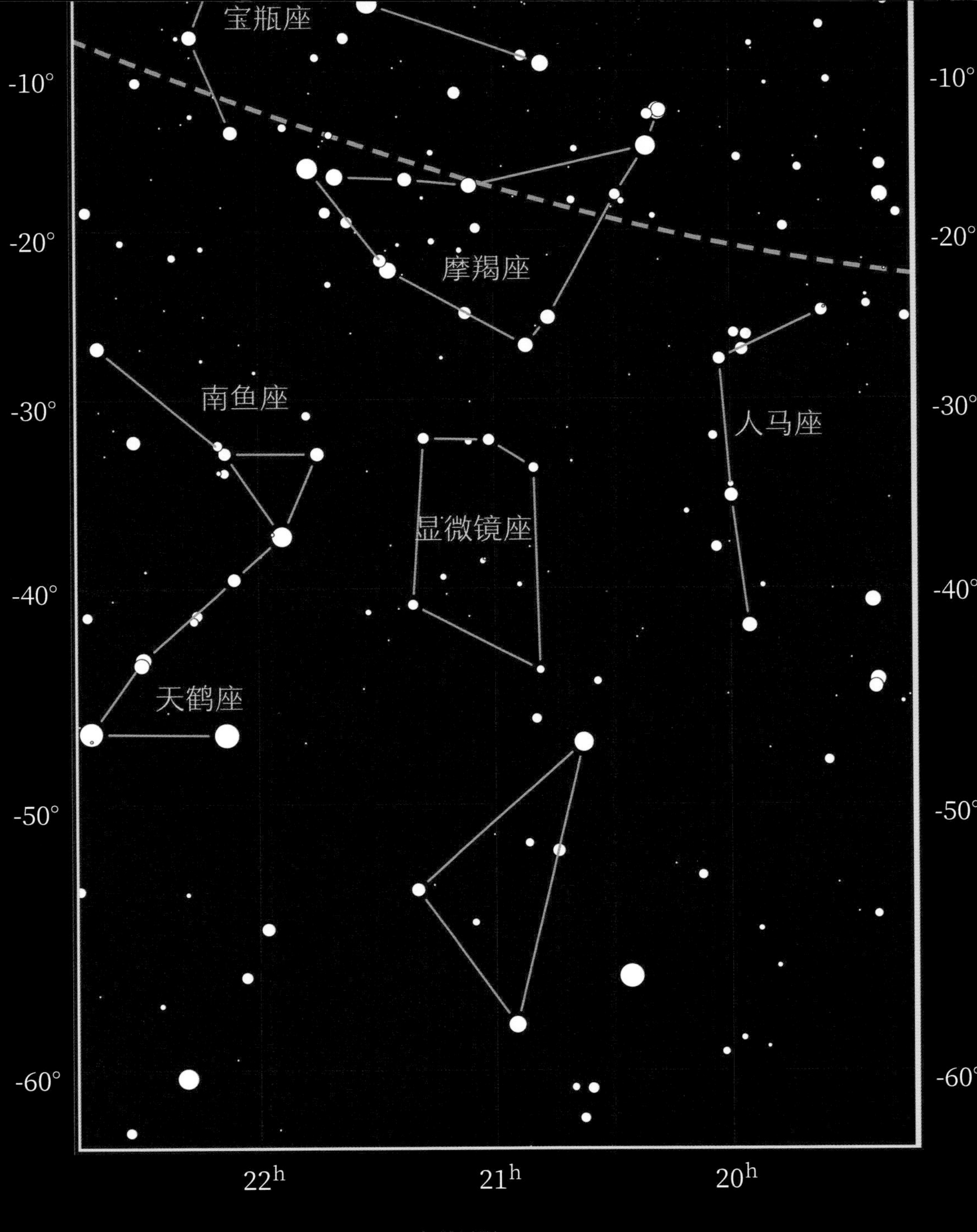

九月星图

天鹅座（*Cygnus*）

天鹅座的亮星组成一个巨大的十字形，因此也被称作“北十字”，和南天极附近的南十字座遥相呼应。在希腊神话中，这只天鹅被解释为天神宙斯的化身，他勾引了斯巴达王后勒达（Leda），生下了双子座的两兄弟。中国古人看到天鹅座横亘银河便将它想象成跨越天河的渡口，称为天津。而民间则把天鹅倒过来想象成长尾巴的喜鹊，喜鹊张翅飞架银河东西两岸成为鹊桥。这样，隔河相望的牛郎织女通过它便可以夫妻团聚，母子重逢。在整个夏季傍晚，夜空中都是这样一幅阖家团圆的幸福场景。即便遇上阴天下雨，那也是一家人喜极而泣。

天鹅座中最亮的恒星是天津四，位于天鹅的尾巴上。它的英文名“Deneb”就源自阿拉伯语中的“尾巴”一词。这颗蓝白色的恒星是所有1等亮星中离我们最远的一颗，因为直到现在我们都不知道它的确切距离（可能超过2500光年）。对于亮星，我们通常可以借助地球公转测量它相对于恒星背景的微小角度变化，以确定它的距离。这种观测方法被称为三角视差法。但是天津四的距离超出了这个方法的测量极限。对于较暗的恒星，我们还可以借助高精度的空间设备来进行更精确的测量。可是对于这种方法来说，天津四的亮度又太高，高灵敏度的设备根本无法直视。于是，天津四就成了全天所有亮星中距离我们最远，不确定性也最高的一个。它看上去那么亮，和其他距离太阳近得多的亮星如天狼星、织女星相比毫不逊色。这说明它本来的亮度[天文上称作光度（luminosity）]要比其他星大很多。至于究竟大多少，我们需要知道它离地球的准确距离才能确定。不过目前可以肯定的是，天津四是一颗已经耗尽内部氢燃料的大质量巨星，已时日无多，恐怕会在几百万年后作为超新星爆发。如果我们到那时还测不出它离地球的距离，肯定是因为人类灭绝了。

位于天鹅头部的β星（辇道增七）是天空中颜色对比最为强烈的双星，用小望远镜就可以分辨出一颗 3 等的黄色主星和一颗接近 6 等的蓝色伴星。它们到太阳的距离差不多。黄色的那颗质量大但温度低，蓝色的那颗质量小但温度高。我们目前很难下结论说这一对相距 35" 的双星完全没有物理上的联系，但至少它们之间的联系并不紧密。即使相互绕转，周期也长到我们无法察觉。让我们祝福它们能够相安无事，颐养天年。白头偕老是不可能了——因为质量大的总是先死。

天鹅座附近的银河本是明亮而宽阔的。不过有一条曲折的暗带蜿蜒其中，像一条裂缝一样将银河分为两半，它被称作“大裂隙”（Great Rift）。这条裂隙跨越天鹅座、天鹰座、蛇夫座、一直延伸到半人马座，将银河最明亮的部分切割成云朵般的碎片。在澳大利亚原住民的眼中，这条裂隙是一只巨大的鸸鹋。而南美的印加人也为它赋予了独立的形象和神话，使之具有与星座同等重要的地位。至于为什么只有南半球的民族才有关于它的传说与神话，那不过是因为银河中心位于南天球，所以银河在南半球夜空中的角度更高，停留时间也更长，自然而然地成为他们每个晴夜都需要面对的亘古疑问。今天我们知道，这个裂隙是由于聚集在银盘上的浓厚尘埃云遮蔽了后方的密集星光。如果这些尘埃云持续凝聚，最终会形成孕育年轻恒星的产星区。年轻的恒星会将周遭的气体驱散开，而星系的强大引力会让它们再度聚集。在这样反反复复的循环中，星系中的气体与尘埃逐渐转变为恒星。

天鹅座β双星

天鹅座与半人马座之间的大裂隙，这其实是堆积在银盘上的浓厚尘埃云挡住了背后的星光

在天津四的西侧就有这样一个产星星云NGC 7000。它表面亮度很低，需要借助望远镜才能看到。它的形状与北美洲大陆十分相近，俗称“北美洲星云”。这片巨大的星云中孕育着许多恒星。年轻恒星的明亮星光将星云中的氢原子电离，让整个星云在照片中呈现为红色。在同一片区域形成的恒星拥有相同的年龄和组成，它们同时也继承了星云的运动方向和速度。在接下来的很长一段时间里，它们都将作为一个整体在星际运动，这就是疏散星团。在北美洲星云朦胧的云气中已经有几个疏散星团开始浮现，如位于哈德湾处的NGC 6997、位于北冰洋方向的NGC 6996等。它们仍镶嵌在星云之中，不过附近的云气已经开始变得稀薄了。当这些年轻恒星的强烈星风将周围的星云尘埃完全剥离吹散后，它们就成年了。

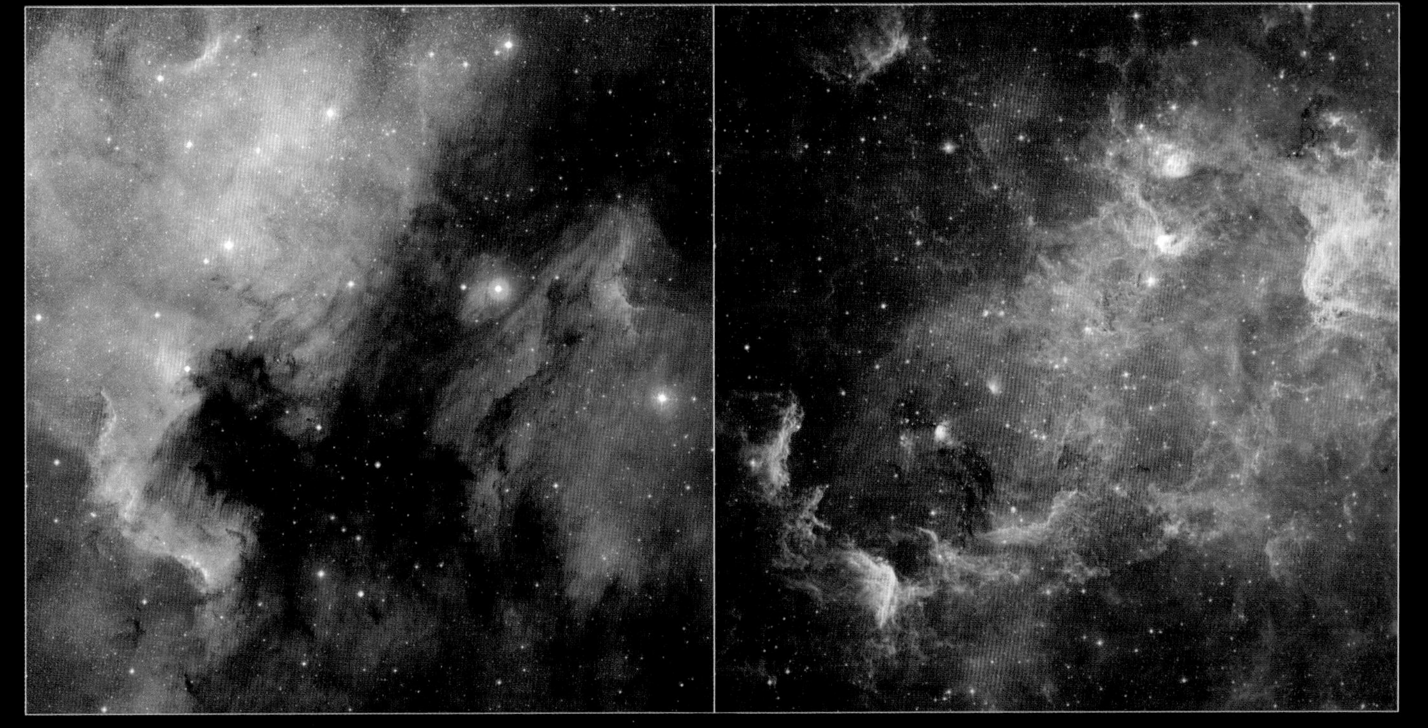

北美洲星云 NGC 7000 在可见光（左）和红外波段（右）的图像。
斯皮策空间望远镜的红外图像能够透过尘埃，看到隐藏在星云内部和背后的景象

天鹅座中另有两个容易观测的疏散星团 M29 和 M39。它们都适合用倍数不大的双筒望远镜来观察，用高倍望远镜反倒会有只见树木不见森林的感觉。在天鹅座 γ 附近、靠近大裂隙的地方可以找到 M29。它由于离我们较远（4000 光年以上），星光被星际介质严重吸收，显得有些暗淡。而 M39 因为离我们很近，只有约 800 光年，看起来要大得多，也分散得多。这些恒星成员虽然来自同一个家族，但彼此之间已经没有太多的联系，只是结伴在星际空间穿行，并在这场持续亿万年的漫长旅途中逐渐解体、各奔东西。

疏散星团 M29，由美国基特峰天文台 2.1 米望远镜拍摄

疏散星团 M39，由美国基特峰天文台 20.9 米的 WIYN 望远镜拍摄

在天鹅座中，还有着全天射电辐射最强的星系“天鹅座 A”（编号 3C 405）。1939 年，美国射电工程师雷伯就注意到这个天体，但直到第二次世界大战之后，天文学家才开始对它进行深入的研究。这个星系在光学波段毫不起眼，只有 17 等。但它的中心有一个由黑洞驱动的活跃星系核。中央黑洞将吸积的物质以接近光速向两端喷出，形成准直的射电喷流。被高速喷出的物质在失去动能之后扩散成巨大而明亮的瓣状结构，在星系两端延伸开来，尺度超过 50 万光年，是银河直径的三倍多。不过这番激动人心的景象只有用射电望远镜才能看到。其实，宇宙中的大部分奇景都是这样悄无声息地上演并落幕，在我们目力不及之处。

射电源天鹅座 A 的多波段合成图像。
蓝色来自 X 射线波段，黄色来自可见光波段，红色来自射电观测

天鹅座中还有另一个重要的天体天鹅座 X-1。这是一个首先在 X 射线波段被注意到的天体。它有着相当明亮的 X 射线辐射，但用光学望远镜在那个方向上只能看到天鹅座 η 星附近一颗 9 等的暗星。天文学家对这颗暗星进行了仔细的研究，发现它本身是一颗超巨星，表面温度并不高，无法让自身或周围的气体发出 X 射线。不过它存在小幅的周期性摆动，说明它附近有一颗看不见的大质量伴星在主导它的运动，而且其质量高达 15 倍太阳质量。根据现有的恒星演化理论，恒星死亡时的中心坍缩的物质小于 1.4 倍太阳质量（钱德拉塞卡极限）时会形成白矮星，在 1.4～3 倍太阳质量（奥本海默极限）之间的是中子星，而当坍缩的质量大于 3 倍太阳质量时没有任何已知物理机制能够阻止坍缩进程，只能形成黑洞！因此天鹅座 X-1 便成为人类发现的第一个黑洞候选体。虽然它距离地球只有 6000 光年。但作为一个恒星级黑洞，它的事件视界（光子无法逃逸的极限边界）实在太小了，直径只有 26 千米，相当于 1 光年外的一辆小汽车。我们现在还没有能力探测如此微小的目标。所以即使我们早在半个世纪前就已获知它的存在，但还是只能称之为候选体。

天鹅座 X-1 的光学图像和艺术假想图

在天鹅座ε星东南侧有一个被称为“天鹅圈”（Cygnus Loop）的超新星遗迹，因为它形如丝缕纱幕而被称为帷幕星云（Veil Nebula）。它是很久以前一次超新星爆发的产物，至于具体是5000年前还是1.5万年前，目前还很难确定。这个遗迹离我们很近，只有2500光年，是我们到银河系中心距离的五分之一，因此没怎么受到星际尘埃的遮挡。这些残骸如今已经扩散到6倍满月直径的大小，最亮的部分仍达到7等。不难想象，当年的爆发一定非常耀眼。然而当星光暗淡之后，我们连获得它的距离都变得格外困难。它的前身恒星也不知所终。爆炸波依旧挟裹着星尘在空间中穿行，星云的形态因此持续地发生着变化。我们甚至找不到一个可供参考比对的基准点。说起来实在有些无奈——我们可以穿透尘埃看到星云襁褓中的原初恒星，也可以跨越时空看到130亿年前宇宙刚诞生不久时的星系，却无法测量附近一团星云的距离。科学有边界，技术有极限。在科技之光尚未烛照之处，我们唯有保持对宇宙的敬畏与好奇。

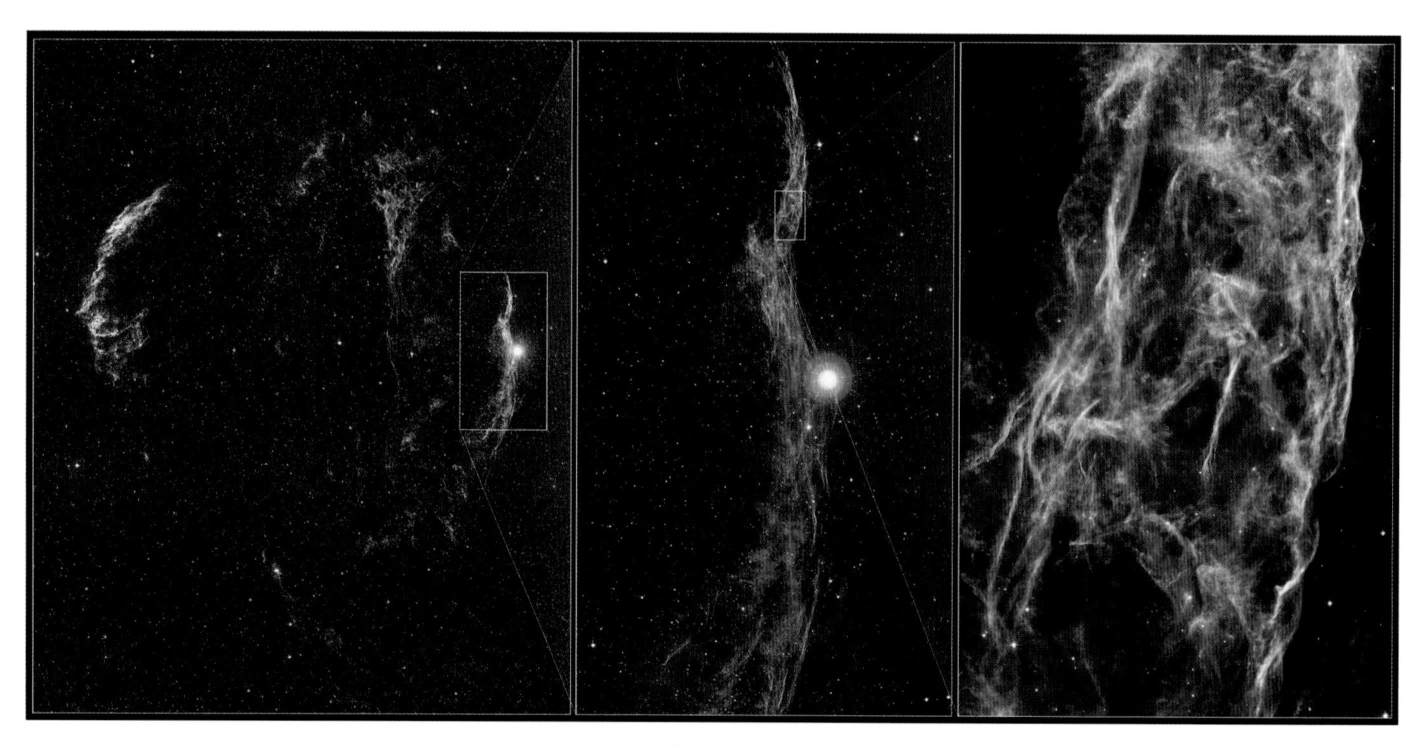

天鹅圈的全貌及细节。
左图为DSS巡天拍摄的天鹅圈全貌，中图展示的是天鹅圈的东侧局部，右图是哈勃空间望远镜拍摄的星云细节

海豚座

(Delphinus)

在天鹅座的下方是紧凑的海豚座。在希腊神话中它是替海神波塞冬（Poseidon）说媒的信使。而在中国的星官中它则是个葫芦架子，海豚身躯的几颗亮星构成葫芦（瓠瓜），尾巴处的几颗小星则是萎落的败瓜。这片天区也许是牛郎在银河边开辟的菜园。

每当这几颗星在休眠时分升上南天，人世间也来到了葫芦成熟的时节。

小马座（*Equuleus*）

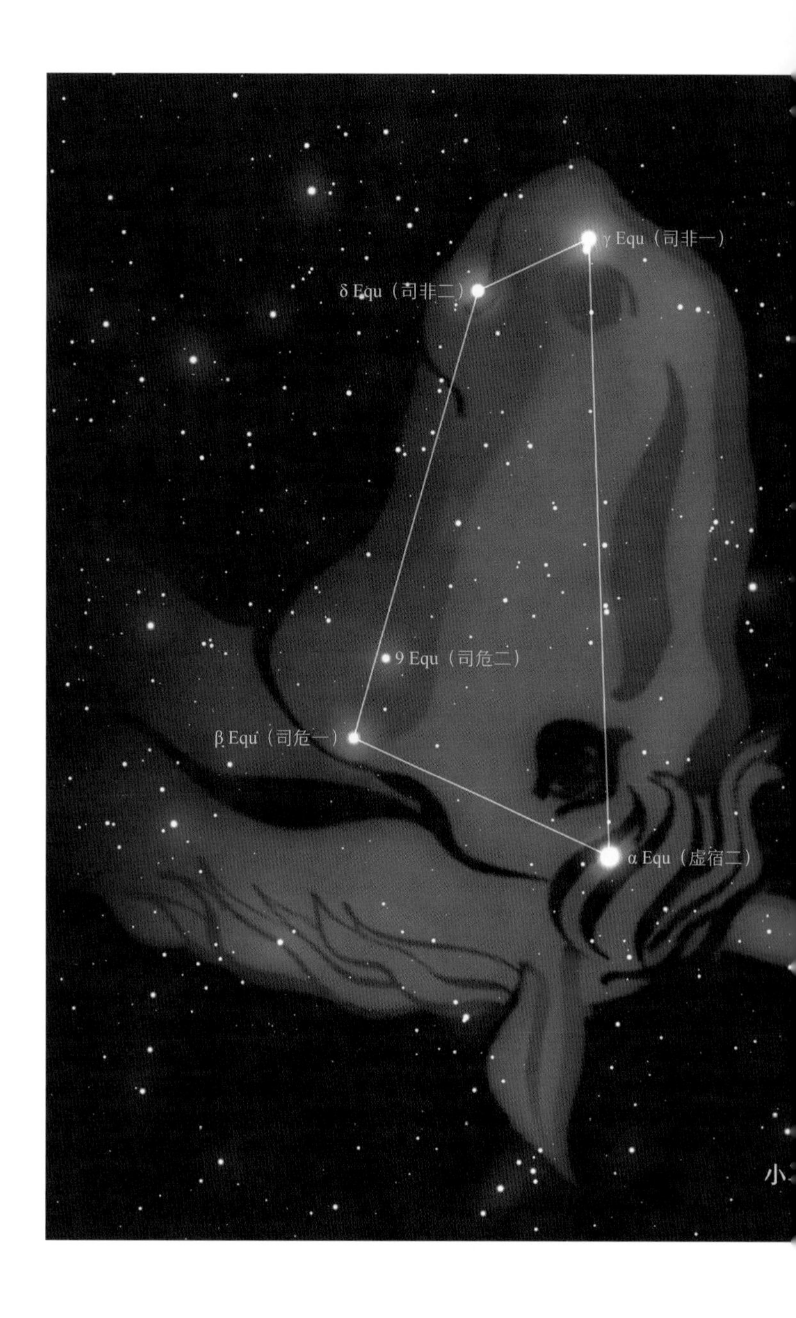

海豚座东南角是比它更小的小马座。据说是由古希腊天文学家喜帕恰斯引入，又被托勒玫继承下来。作为全天倒数第二小的星座（最小的星座是南天的南十字座），小马座中没有什么亮星，也没有特别的天体。不过这个并不起眼的天区在中国的星官系统中倒是有重要的位置。小马座、飞马座和宝瓶座三者相接之处正好是北宫玄武所在，而小马座 α 正是虚宿仅有的两星之一。

早在《尚书·尧典》中，就有“宵中星虚，以殷仲秋”的记载。这句话是说古人通过在子夜观测“虚”宿，来确认是否到达仲秋时节。毕竟在计时手段并不发达的上古时代，昼夜的长短不容易测量，天气的冷暖也难免反复，只有恒星的方位稳定不变。“虚宿”是二十八宿之一，位于天鹰座（牛郎星）东边 15° 左右的小马座和宝瓶座附近。这片区域没有什么亮星，看上去显得有些空，因此古人名之为“虚”。其中虚宿一为室女座 β，虚宿二是小马座 α。虚宿和东侧的危宿组成了北宫玄武。玄武的名称出现很早，在春秋时就有记载。但它的形象在相当长的一段时间内含混不清，通常所用的龟蛇合体的造型直到西汉末年才出现。星空中，虚宿两星和危宿三星勾勒出一个龟形。至于蛇的形象为何被糅合进来，目前学界尚无定论。不过龟和蛇在汉代经常作为灵兽而相提并论。三国时的曹操就曾留下“神龟虽寿，犹有竟时。螣蛇乘雾，终为土灰”的著名诗句。汉代的人们也许是为了加强北宫的神通以便与其他诸宫的神兽相配，于是将文字古奥、含义模糊的玄武从灵龟重新诠释为龟蛇的合体。不管怎么说，自东汉之后，玄武的形象就被固定下来并流传至今。

在虚宿的宝瓶座天区内，有一个球状星团 M2。它是银河系中最大最古老的球状星团之一。直径超过 150 光年，总质量也达到 15 万倍太阳质量以上。观测条件很好的时候甚至勉强可以用肉眼看到。它就位于宝瓶座 β 和飞马座 ε 之间连线的三分之一处。十几万颗恒星聚集在四分之一满月大小的地方，在小望远镜中呈现为一个模糊不清的云团，很像一颗没有尾巴的彗星。因此 17 世纪的法国天文学家梅西叶将它编入星表，提醒搜寻彗星的人们这不是他们要找的目标。直到 18 世纪，英国天文学家弗里德里希·威廉·赫歇尔（Friedrich Wilhelm Herschel，1738—1822）制作了大口径望远镜之后才将星团外围的恒星分辨出来。

国家博物馆藏南朝刘宋墓玄武画像砖
余恒拍摄

球状星团 M2。由哈勃空间望远镜拍摄

摩羯座（*Capricornus*）

在虚宿的下方，是黄道十二宫中的摩羯座。摩羯座在日本被称为山羊座，但它其实是个半羊半鱼的怪兽。希腊人认为它是半人半羊的牧神潘（Pan）在慌乱之中变化出来的形象。但其实它和半人马一样都起源于两河流域的苏美尔人。远古文明的传说早已湮灭无闻，只有附会希腊神话的版本流传至今。在十二宫传入印度后，摩羯座被印度神话中一种兽首鱼身的神兽“摩伽罗”（梵语 Makara 的音译）代替，后来又随着印度佛教传入中国。由于中国没有类似的形象，Makara 被直接音译为“摩羯”，并和中国鱼龙幻化的传说结合在一起，成为一个龙首鱼身的独立文化符号。直到清代末年，国人才从传教士引进的天文学教材中看到西方羊身鱼尾的原版摩羯形象。

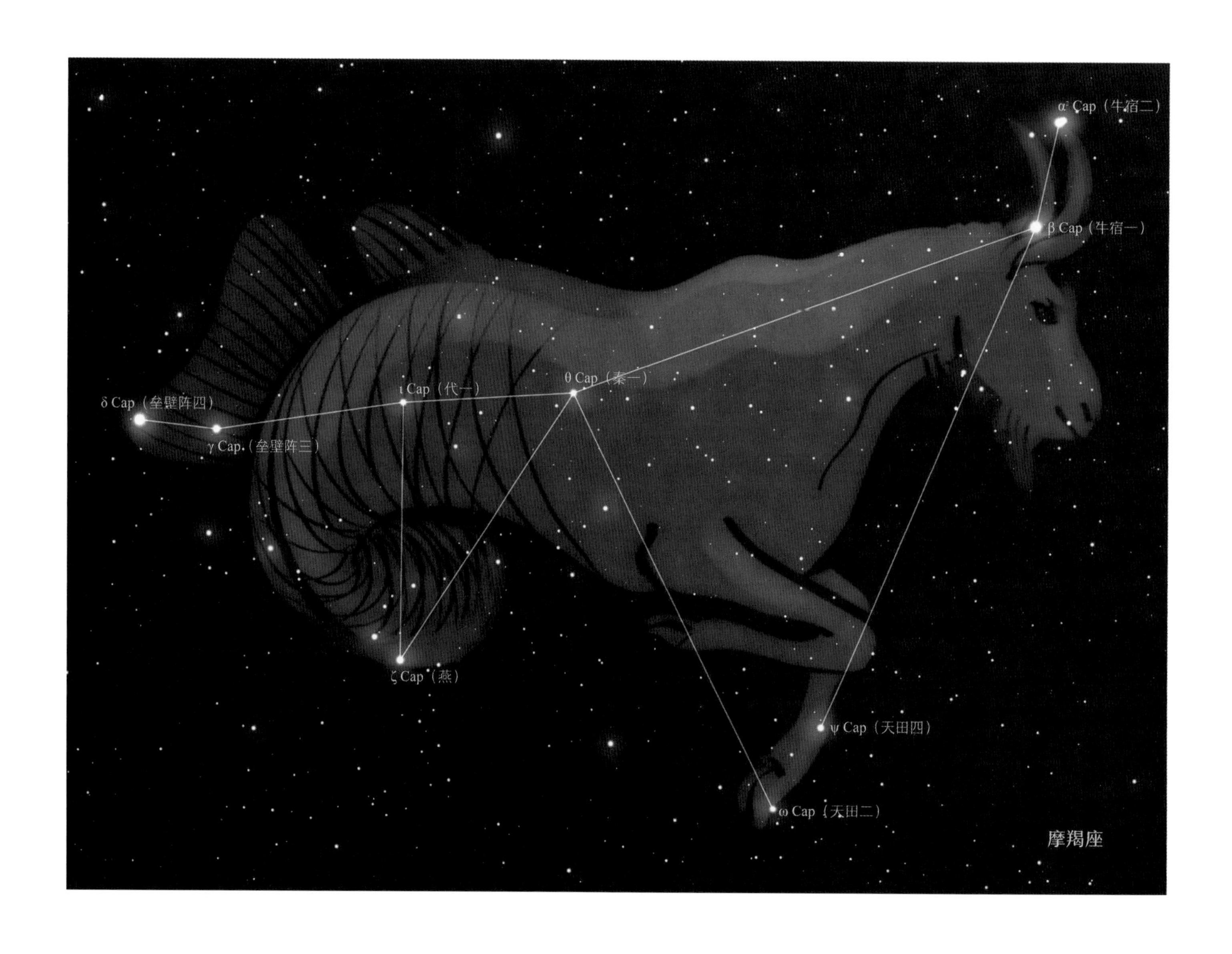

中国神秘的摩伽罗古墓砖，
现藏于加拿大皇家安大略博物馆

摩羯座的形象在不同的文化中有这样的差异并不是偶然现象。它是天空中最暗淡的星座之一，仅次于巨蟹座，周围又缺少其他明亮的星座辅助定位。只有有经验的观测者才能从苍茫的星野中辨认出其所在。在中国古代星官系统中，它被分成三个部分：西侧的α、β星属于二十八宿中的牛宿，中下部的φ和ω是天田，东部的δ与γ等星则组成军事工事壁垒阵的西端。

摩羯座中的牛宿经常和天鹰座中的牛郎星（牵牛星）相混淆。同样，位于虚宿和牛宿之间的宝瓶座ε和v星构成了女宿，和织女星名称相近。我们所看到的牛郎织女星是牛郎在东，织女在西。而二十八宿中的牛、女两宿却是女宿在东，牛宿在西。这个次序至少从战国时期就已确定。如果它们只是偶然和牛郎织女同名也就罢了。偏偏古代壁画总是用牛郎织女来代表牛、女两宿，不仅人物形象一致，连星象都用的是牛郎星和织女星所在的星官。那有没有可能它们之间真有联系呢？

如果牛、女两宿和牛郎星、织女星真有联系，那只能出现在公元前4000年前后。那时牛郎星刚好在牛宿诸星的正北方，织女星位于女宿诸星的正北方，而且织女星也恰好是在牛郎星的东侧。后来由于地球自转轴的周期性变化（岁差），织女星日渐西移，在商周时就已变到了牛郎星的西侧。然而二十八宿作为标定其他恒星的星空刻度尺，早已固定下来无法随意更改。牛女的原始方位就这样被保留下来，但当年的亮星已经无法作为参考点了。牛郎星在秦汉时就被划入了天河边的仪仗——河鼓。然而，牛郎织女的动人传说凭借自身旺盛的生命力让这两颗亮星的名称跨越时代长河和王朝更迭世代相传。于是分化后的牛女之名一方面指代中国古代天文坐标系统——二十八宿中的两个区间，另一方面又作为久远传说在语言学中的孑遗，遥指夏夜银河两岸的熠熠大星。

这个解释最大的问题是它指向的年代过于久远，我们恐怕无法找到决定性的证据来判定二十八宿真的起源于那么古老的年代。不过，一想到二十八宿也许超越了语言和地域的阻碍、抵御了灾荒和战乱的侵蚀绵延流传数千年，我就对人类文明的传承充满信心。

摩羯座中没什么特别的恒星，但在ζ星附近有一个球状星团M30值得一看。这也是一个总质量达到十几万太阳质量的古老星团。在它诞生后的129亿年间，成员恒星在引力的作用下向中心缓缓聚集，在核心处变得非常密集。通常情况下，一个星团中质量接近的恒星倾向于有相似的面貌（颜色、亮度）。但是球状星团中有些恒星呈现出与周围恒星明显不同的蓝色，它们被称为蓝离散星（Blue Straggler）。这类恒星的起源和演化尚不清楚一个可能的原因是，球状星团核心处恒星之间相互吸引碰撞的概率很高，一些小质量恒星会并合（或质量吸积）形成大质量恒星。这样并合而成的恒星就同时具有了小质量恒星的演化状态和大质量恒星的亮度，看上去比同等质量的普通恒星年轻许多。不过，由于球状星团核心区的恒星密度太高，对其中单个成员星的研究十分困难。我们需要更加精密的望远镜和更巧妙的研究方法去了解那里的恒星、双星乃至行星的演化历程。

球状星团 M30，由哈勃空间望远镜拍摄

显微镜座

(*Microscopium*)

摩羯座的南方是暗淡的显微镜座，其中最亮的一颗星也才 4.5 等。作为人马座脚边一个不起眼的区域，这里直到 1752 年才由法国天文学家拉卡伊填补了一个显微镜的形象。而在中国古代星官系统中，这里有个名为“离瑜”的古老星官，代表妇人的服饰。这片天区由于远离银河，没有星云或者星团，也没有明亮奇特的星系，就像宇宙中的绝大部分空间一样，深邃单调，空旷寂寥。

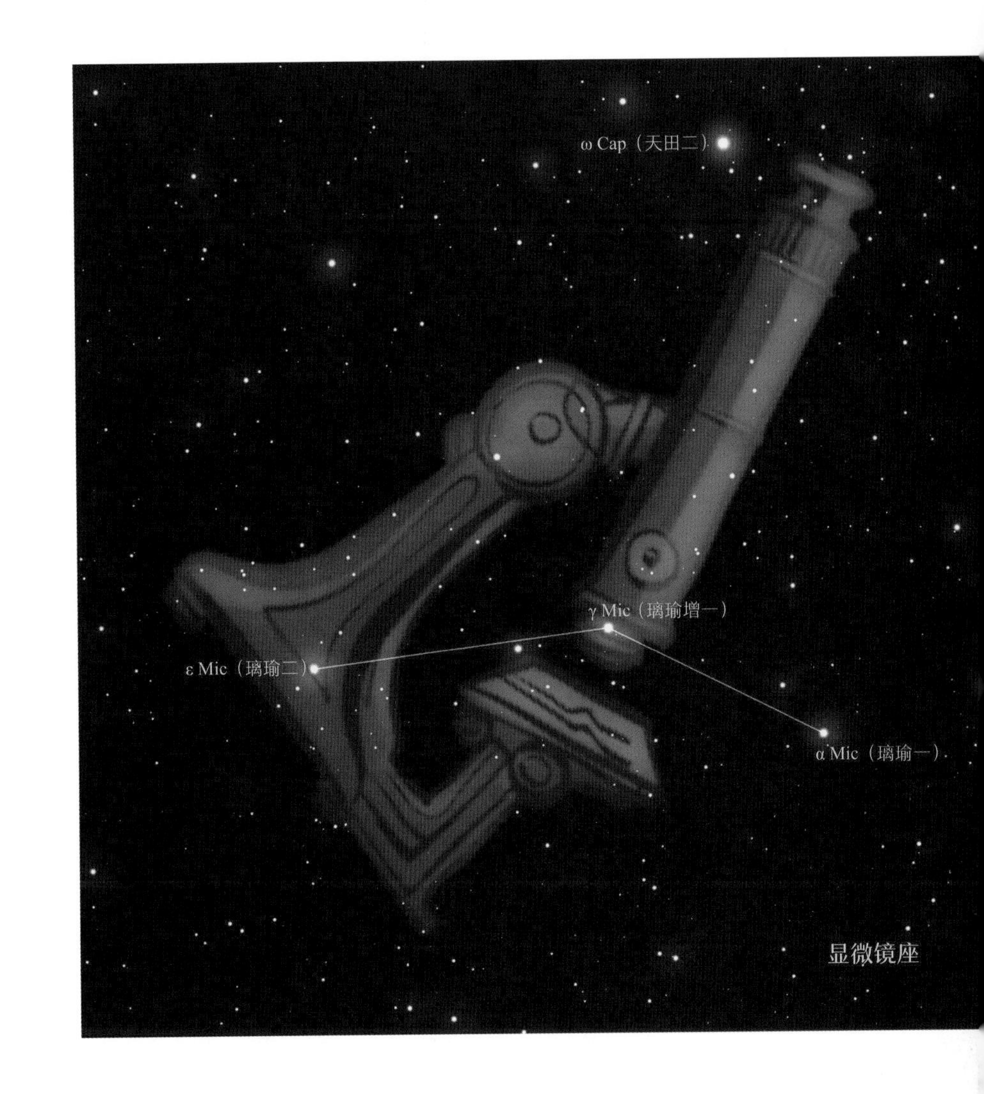

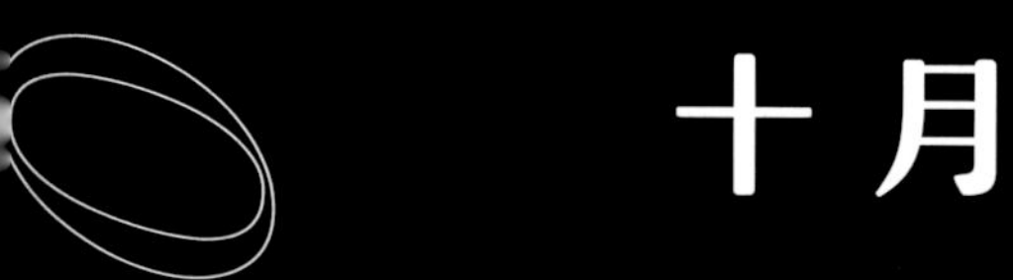

十月

OCTOBER

观测时间（正南）：

10月1日 22:30 / 10月15日 21:30 / 10月30日 22:30

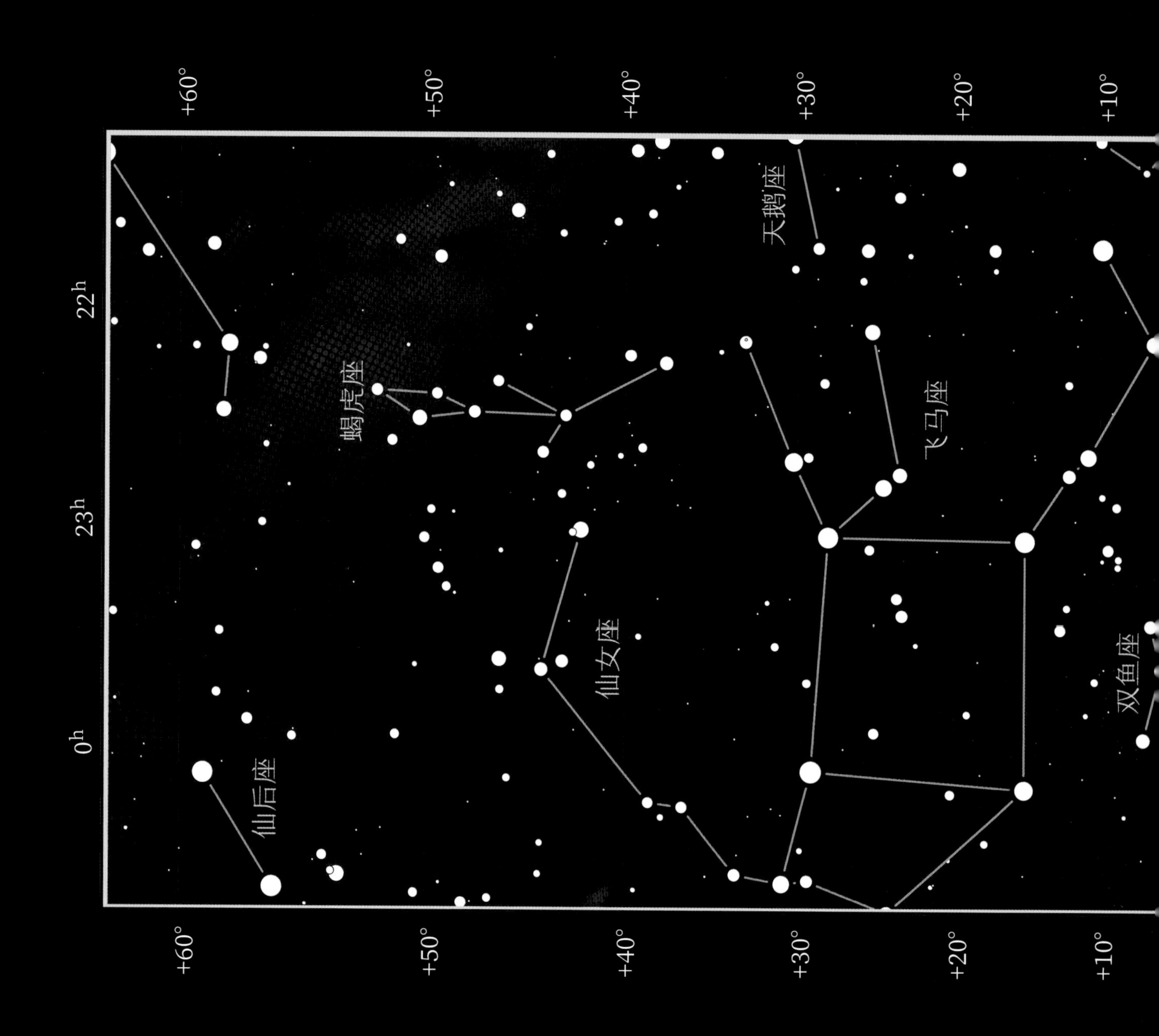

仲秋夜凉如水。暮色降临后，南方夜空中有四颗亮星组成一个大四边形，那就是飞马座的躯干。飞马座是秋季夜空中最显眼的星座。我们就从它开始说起。

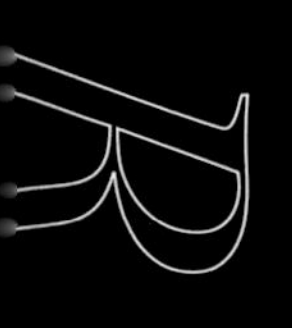

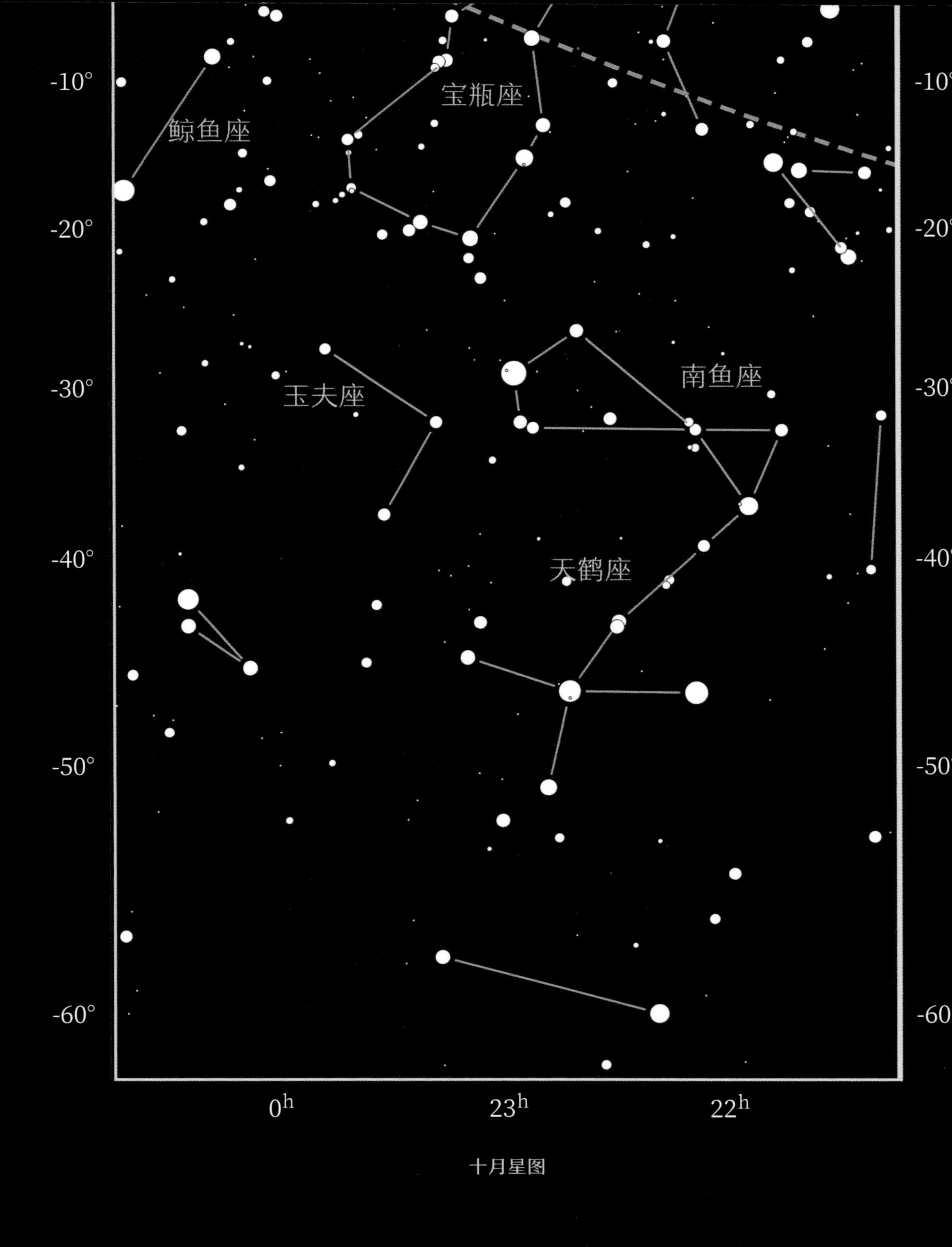

鲸鱼座
宝瓶座
玉夫座
南鱼座
天鹤座
-10°
-20°
-30°
-40°
-50°
-60°
0h
23h
22h
十月星图

飞马座 (*Pegasus*)

飞马座是仲秋夜空中最显眼的星座。四颗亮星构成的大四边形组成了它的躯干，位于四边形东北角最亮的飞马座δ其实是和仙女座共用的一颗星。它的英文名“Alpheratz”来自阿拉伯语，意思是“马的肚脐”。而在仙女座中它对应受难公主的头部，于是现代的星座系统将它划归仙女座。大四边形南部几颗向海豚座延伸的亮星构成飞马的头部，西北角几颗指向天津四的小星是它迈开的前腿。所以这匹神驹只在天空中显露出前半身，正大头朝下地绕着北极飞奔。在希腊神话中，飞马座是大英雄珀尔修斯（即英仙座）杀死蛇发女妖美杜莎（Medusa）之后，从美杜莎的身体里跳出来的神兽。出生后，它飞到文艺女神缪斯（Muses）所住的赫利孔山，落地之处涌出灵泉（Hippocrene）。据说有幸啜饮泉水之人会文思泉涌，灵感不竭。

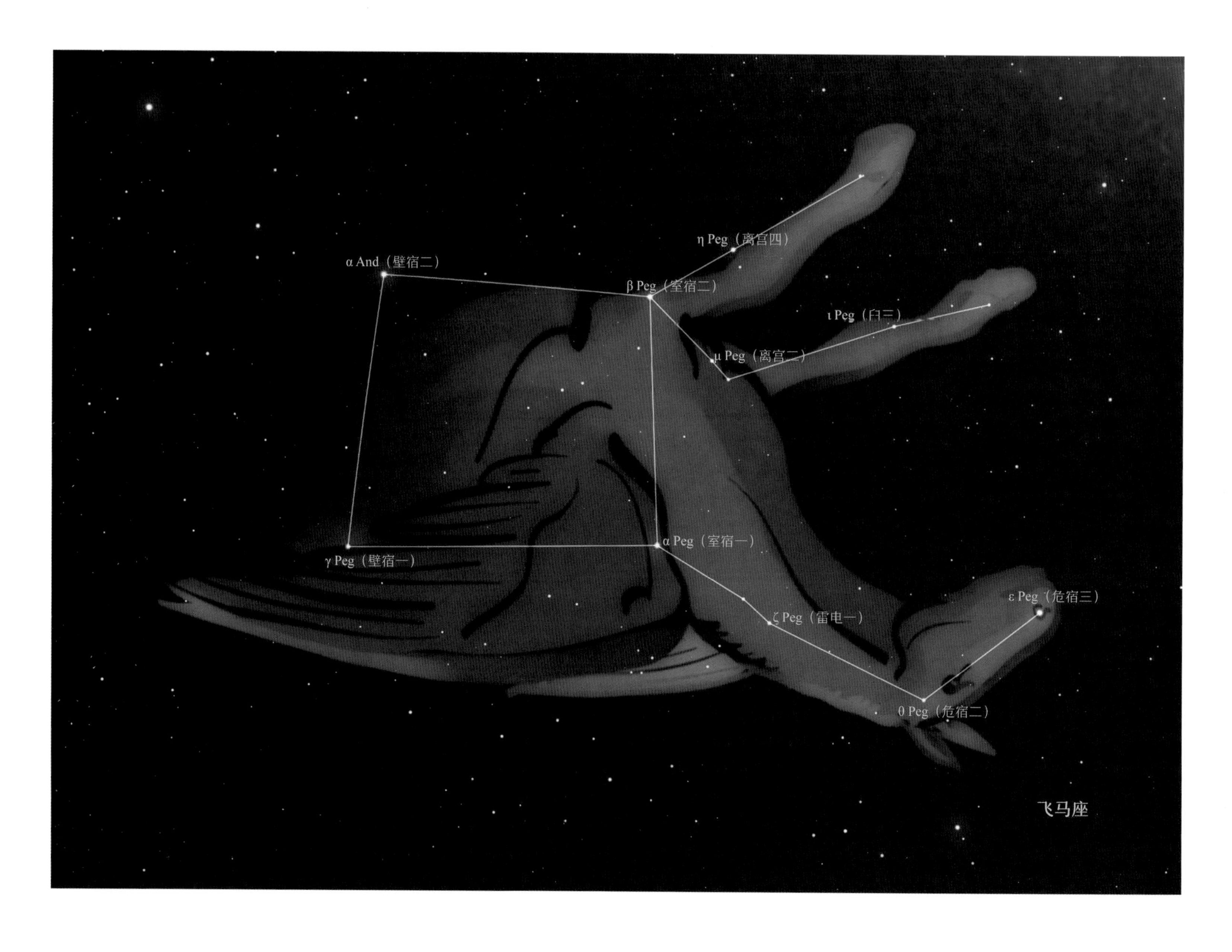

飞马座

《飞马与仙女宁芙》，选自《神话时代》，
托马斯 · 布尔芬奇绘

在中国二十八宿中，飞马座外形方正，对应室、壁二宿，被视为皇帝的离宫别苑。此处以仙后座的阁道与天子所在的紫微垣相连。这样，天子就能从大内直抵行宫。

一般情况下，一个星座中最亮的星会被标为 α，其余的星按亮度用希腊和罗马字母顺次编号。这是德国天文学家拜尔在他 1603 年出版的《测天图》一书中所采用的规则，如今被称为拜尔命名法。在那个时代，天文学家只能凭感觉大致估计恒星的亮度，对于同一个星座中亮度相近的恒星就有些为难了。飞马座中最亮的恒星是大四边形左上角的那颗，在《测天图》中被标为飞马座 δ；第二亮的是代表飞马鼻子的危宿三，被标为 ε；而四边形右下角的飞马座 α 的亮度只能排到第四，连右上角的 β 星都要比它亮上一点。不过，它们之间的亮度相差不到 1 个星等，要用肉眼正确排序确实不大容易。

在飞马座 α 和 β 星之间有一颗 5.5 等的暗星，叫作飞马座 51。这是一颗类似太阳的恒星，质量比太阳稍大，年龄也要老 20 亿年。1995 年，天文学家在它周围找到了一颗行星。这个行星被称为飞马座 51b。虽然它不像地球，而是一颗类似木星的气态行星，但这是人类第一次在主序星周围找到系外行星（太阳系外的行星），明确证实现有的技术足以探测到恒星周围的小天体。这一发现大大推动了系外行星领域的研究。今天，天文学家们已经发现了数千颗系外行星，其中不乏类似地球的天体。于是，人类在 1930 年发现冥王星之后，又有了新的远征目标。

飞马座 51b 行星系统的艺术假想图。飞马座 51b（左）围绕着飞马座北部的一颗距离地球约 50 光年的恒星（右）运行

在飞马座这样的远离银心的大星座中，可以看到许多有意思的星系，其中最特别的是斯蒂芬五重星系（Stephan’s Quintet）。这是法国天文学家爱德华 · 斯蒂芬（Édouard Stephan，1837—1923）在 1877 年发现的一个致密星系群。在距离仙女座大星系不远的地方，一块很小的天区内聚集着 5 个形态各异的星系。其中处于中心但仍保持规则形状的旋涡星系（NGC 7320）实际上离其他几个星系很远，它只是碰巧投影在这个方向，而另外 4 个星系正在

经历一场剧烈的并合。位于中心的两个星系已经撞在一起，它们的旋臂正在瓦解，被甩出的气体和尘埃在不远处形成了大量的年轻恒星。位于一侧的旋涡星系 NGC 7319 即将加入这场混乱，它的旋臂在强大引力的作用下早已变形。相对完整致密的椭圆星系 NGC 7317（左）正从不远处赶来。它们需要亿万年的时间才能最终融为一体，眼前的情景不过是其漫长岁月中倏然而逝的一个片段。而我们正通过这样的画面中看到它的过往和宿命。阿尔伯特·爱因斯坦（Albert Einstein）曾说过：“这个世界最难以理解的地方就是它居然是可以理解的。”这无疑是人类心智的骄傲。

斯蒂芬五重星系，由哈勃空间望远镜拍摄。
其中蓝色的 NGC 7320（左上）与其他几个星系并没有关联，只是碰巧出现在同一个方向上

哈勃空间望远镜拍摄的 HE0435-1223 爱因斯坦十字照片，
前景星系的引力为背后的类星体制造出十字形的多重像

关于这一点，在飞马座中还有另一个案例。1985 年，美国天文学家约翰·修兹劳（John Huchra，1948—2010）在飞马座中一个不起眼的 15 等星系（PGC 69457）中发现了距太阳 80 亿光年之遥的类星体发出的谱线。后来高分辨率的望远镜在星系核的周围发现有四个星点呈十字形分布。这是一例罕见的被称为“爱因斯坦十字”（Einstein Cross）的引力透镜事件。根据爱因斯坦的广义相对论，引力场会导致时空的弯曲，连光线都会因此偏折。如果位置合适，大质量的天体会像凸透镜一样将遥远天体的星光汇聚成像，这个效应被称为“引力透镜”。

在这个事例中，一颗类星体刚好位于一个距我们 4 亿光年的前景星系核心的后方。它的光线经过星系后变成四个像，每个像都比源天体本身更亮。虽然源天体被明亮的星系核心遮挡，无法直接看到，但我们可以通过这些像来对它进行研究，一窥早期宇宙的面貌。

1936 年，预言此类现象的爱因斯坦认为我们没有希望真的在夜空中看到这类系统。如今，我们已经发现了成百上千的引力透镜系统，远远超出他的设想。宇宙浩渺无垠，就算是极小概率发生的事件也会在某个角落不经意地上演。但要在深邃的星空中捕捉到这些奇迹，需要有披沙沥金的耐心和毅力。

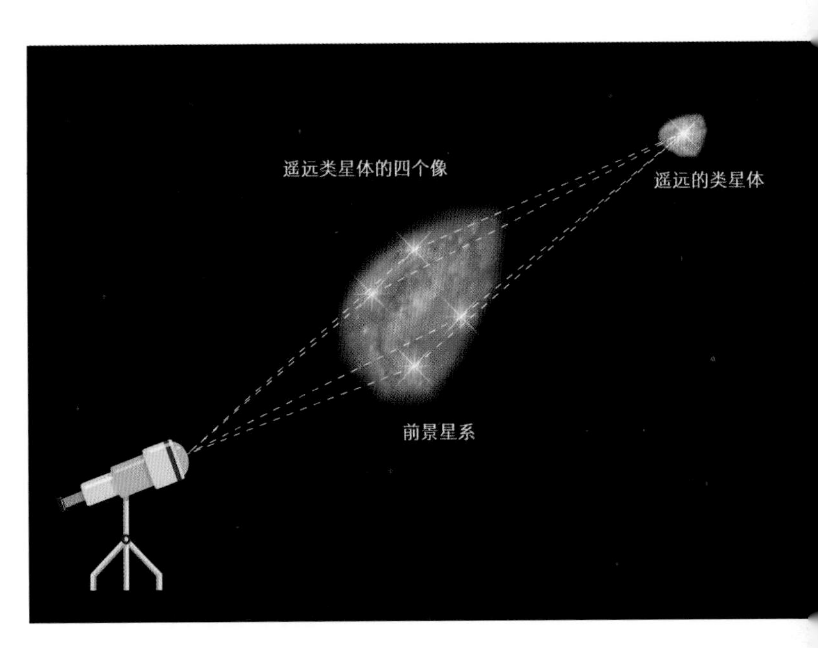

爱因斯坦十字引力透镜事件。
遥远类星体的光在前方星系的引力影响下形成十字形的四重像

蝎虎座 (*Lacerta*)

飞马座的上方是蝎虎座。这是波兰天文学家赫维留于17世纪为了填补星座的间隙而加入的一个小星座，它的名字来自拉丁语中的“蜥蜴”一词。蝎虎这个译名虽然今天听起来有些生僻，但却是地道的中文，宋代文豪苏轼就曾写下过“窗间守宫称蝎虎”的诗句。

蝎虎座是一个小星座，其中没有明亮的星团或者恒星，最著名的天体是15等左右的蝎虎座BL。一开始人们发现它有奇怪的亮度变化，以为是一颗特殊的变星，因此用为变星设计的双大写字母编号为它命名。后来天文学家发现蝎虎座BL离我们有9亿光年之遥，普通恒星根本无法维持如此高的亮度，这才知道它是一个活动星系核。它本是遥远星系的明亮核心，因为距离我们遥远，所以看起来就像一颗普通的恒星。中心的大质量黑洞在吞噬周围物质时，有时会向外射出猛烈的喷流。喷流刚好指向我们时，就会出现明显的亮度变化。蝎虎座BL是同类天体中最早被发现的，后来发现的因此都被称为蝎虎座BL型天体。每当我们看到它的亮度突然增加，就知道远处的黑洞又在“进食”了。

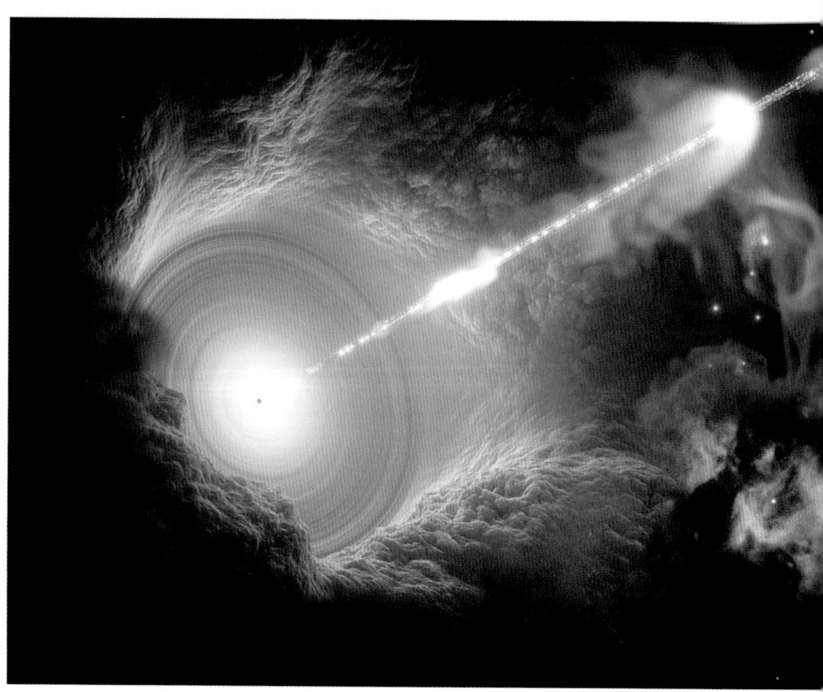
活动星系核的艺术假想图

当然，能够引起星光不规则变化的不仅只有黑洞，恒星依靠自身的力量也可以。蝎虎座中的另一颗变星蝎虎座 EV 是一颗 16 光年之外的红矮星。它是这个方向上离地球最近的恒星，比太阳年轻许多。但因为质量偏小（只有太阳质量的三分之一），表面温度较低，在地球上看只是一颗 10 等的小星。这种如野花般遍布星空的小质量恒星原本平淡无奇，可这一颗偶尔会像太阳一样发生强烈的耀斑爆发，但能量要高出数千倍。如果当时刚好有人凝望这片夜空，他就有机会以肉眼直接看到这颗恒星。这类恒星被称为耀星（flare star），它们虽然质量不大，但足够年轻，自转速度很快，因而能产生强大的磁场。这样，当磁力线断裂产生耀斑时，就可能出现高密度的能量释放。当然，这些遥远的星际风暴到达我们这里时看起来不过是闪烁的星光。

在飞马座大四边形的南方，有几颗星围成一圈，这个圈被欧洲人称作“双鱼座小环”（Circlet of Pisces），代表双鱼座中西边的一条鱼。这部分在中国古代星官系统中对应霹雳和云雨。

耀星蝎虎座 EV 的艺术假想图

宝瓶座 *(Aquarius)*

双鱼座小环的西南边是黄道十二宫中的宝瓶座。虽然它没有飞马座那么显眼，却是太阳的必经之路。在古希腊神话中，宝瓶座是为众神斟酒的美少年。而在中国，它对应护卫天庭的羽林军和壁垒阵。

宝瓶座 ω 星附近有颗特殊的变星——宝瓶座 R。这是 19 世纪的德国天文学家弗里德里希·威廉·阿格兰德（Friedrich Wilhelm Argelander，1799—1875）整理的宝瓶座中第一颗没有被赋予拜尔星名的变星，阿格兰德因此从拜尔没有用到的字母 R 开始编号。起初，人们发现这颗星的亮度大致以一年为周期在 5—12 等之间变化，认为它是一颗普通变星，后来经过长期的观察发现其实没这么简单——它是一个系统，包含两个成员：一颗低温的巨大红巨星和一颗高温但致密的白矮星。红巨星贡献了绝大部分可见光波段的亮度，之前看到的周年亮度变化就是它造成的；而白矮星的存在解释了一些不规则的亮度变化。这两颗星离得非常近，红巨星外部稀薄的大气正在被白矮星源源不断地抽走。这类天体就是共生双星。位于 700 光年之外的宝瓶座 R 是这类系统中离我们最近的一对。

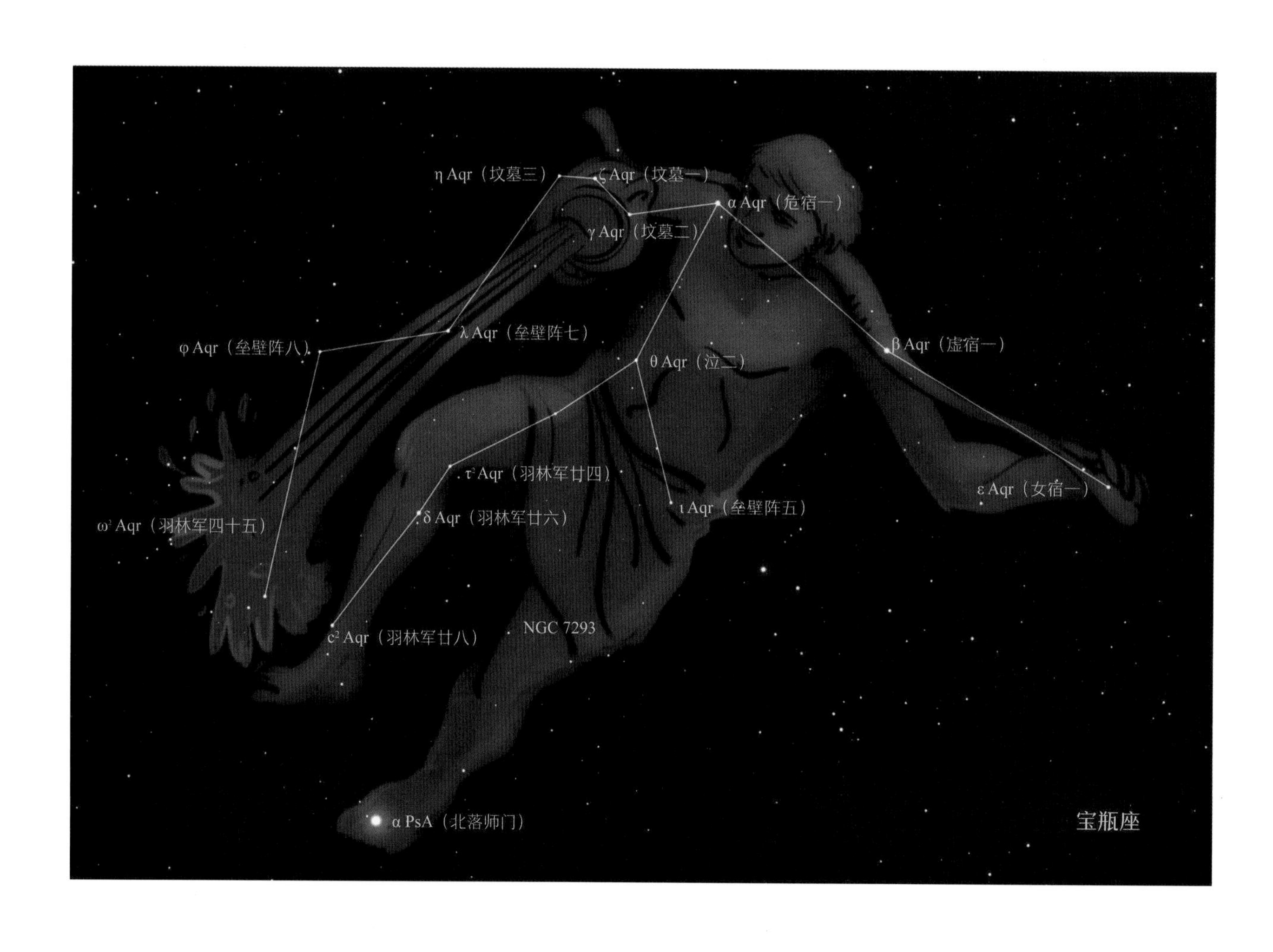

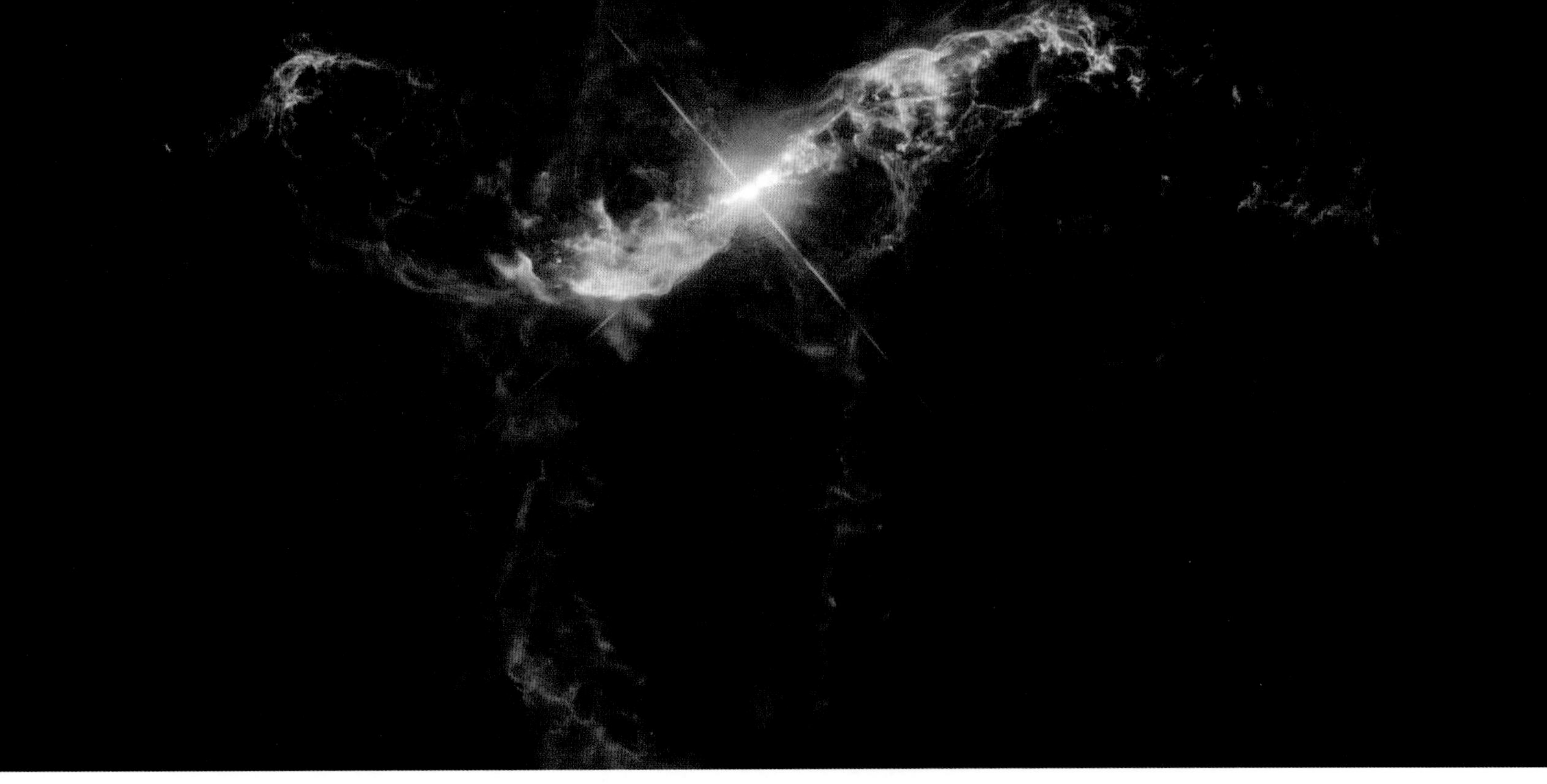

变星宝瓶座 R，由哈勃空间望远镜拍摄

被白矮星吸取的物质在下落过程中聚集升温，一旦达到临界点便会发生核爆。于是我们就会看到天空中多了一颗新星。两个天体的纠缠过程长达万亿年，这样的事会反复发生。至今我们还能在宝瓶座 R 周围看到以前爆发留下的喷出物遗迹。如果落入白矮星表面的物质导致它的质量超出自身极限，就会发生毁灭性的猛烈爆发，成为一颗超新星，在耀眼的光芒中粉身碎骨。而作为伴星的红巨星，由于突然失去引力的束缚，就会像脱手的链球一样高速飞出，消失于茫茫星际。

宝瓶座中还有一个迷人的行星状星云，即被天文爱好者称为“上帝之眼”的螺旋星云 NGC 7293。它是距离地球最近的行星状星云，只有 655 光年（与之外观相似的天琴座指环星云远在 2000 光年之外），因此它的亮度达到 7.6 等，大小也接近满月的一半，对于天文爱好者来说是个不容错过的观测目标。之所以将这类天体称为行星状星云，只是因为它们在早期望远镜中看起来和行星差不多，都有着勉强可以分辨的视面，而不像其他星星那样总是一个遥不可及的光点。

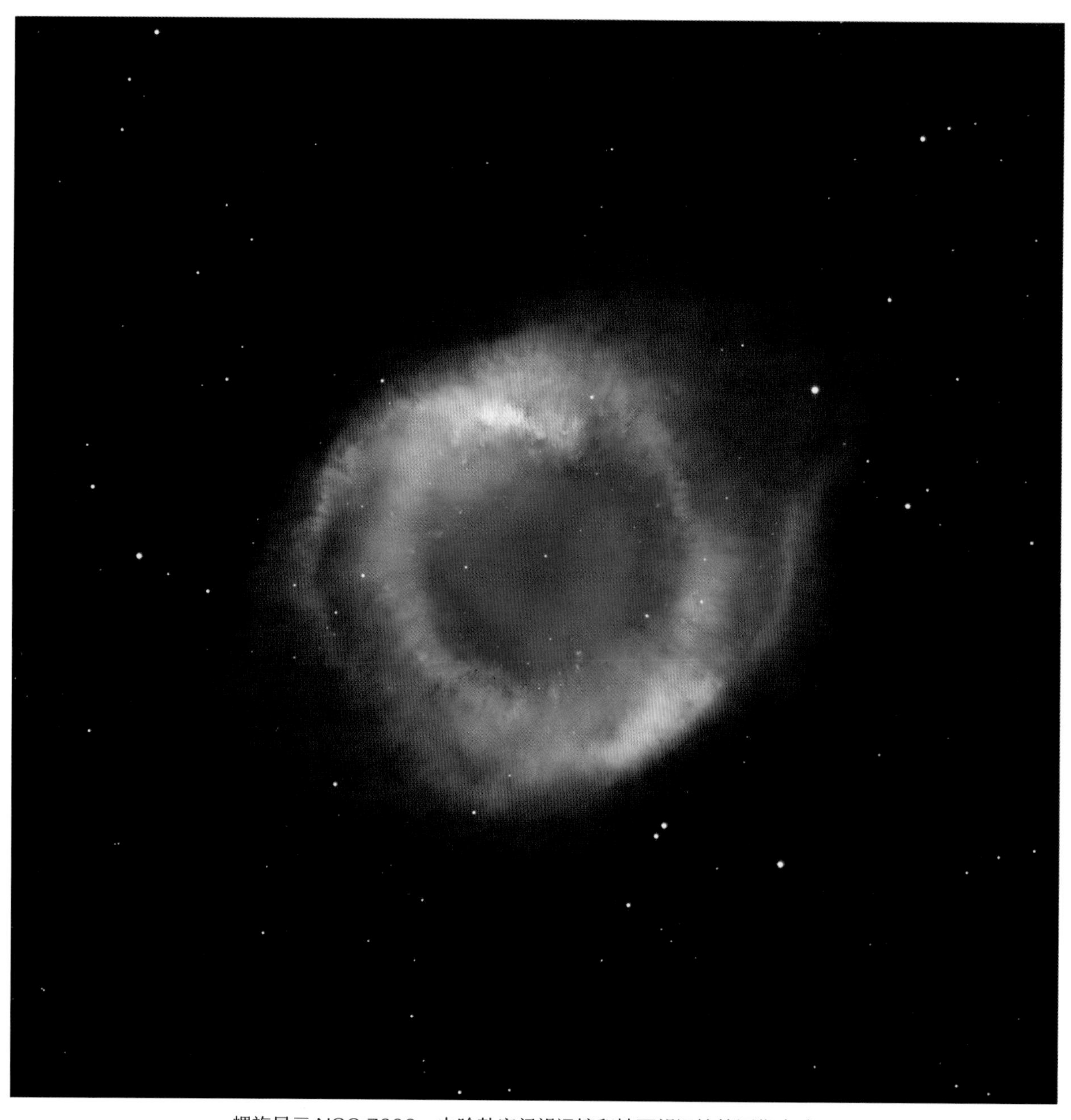

螺旋星云 NGC 7293，由哈勃空间望远镜和地面望远镜的图像合成

螺旋星云出现于约 1 万年前，当时的人类还在拿着石矛和磁石弓箭狩猎猛犸象。宝瓶座方向的一颗类似太阳的中小质量恒星耗尽了内部燃料，开始冷却坍缩，外层大气在回落时被弹回星际空间。那些向外膨胀的气体壳层吹散了周围星际空间中的气体和尘埃，只留下致密的分子云团，形成类似虹膜的放射状结构。其中每一缕放射条纹的头部都是太阳系大小的分子云，质量与地球相当，它们都指向同一点——星云中心一颗 13.5 等的暗星。在那里，曾经炽热的恒星核心如今就地化为一颗白矮星，裸露在星际空间中，映照着周遭的云气，并看着它们缓缓散去。

南鱼座(*Piscis Austrinus*)

宝瓶座的南方是南鱼座。这是一个古老的星座，古巴比伦人和古埃及人都认为它是一条大鱼，因为拯救了落水的女神而被星空铭记。南鱼座拥有这个天区最亮的一颗星——北落师门，它的英文名“Fomalhaut”来自阿拉伯语中的“鱼嘴”一词。这是一颗1等亮星，在拜尔命名法中被称为南鱼座α，在弗拉姆斯蒂德命名法中被标记为南鱼座24。它与狮子座的轩辕十四、天蝎座的心宿二，以及金牛座的毕宿五一起大致沿黄道均匀分布，因此在古波斯被视为守护四方的王星之一。在古代中国，这颗星也有类似的地位。在春分日的傍晚，它位于北方。这片天区亮星寥落，唯有此星独明，故而《史记》中称之为“北落”。又因为它在星官羽林军的南部，远离北极天宫，仿佛是军营入口，于是又称“师门”。后世将两意并举，便有了“北落师门”这样特别的名字。不过，羽林军是汉武帝创设的，《史记》成书也在同一时期，其中只记载了“北落”和“羽林天军”的名字，可见“北落师门”的称呼是后来衍生出的。

物理上，北落师门是一颗年轻的主序恒星，质量约为太阳的2倍，离我们又很近，只有25光年，所以显得十分明亮。2008年，天文学家们在对它的光学观测中直接看到了它周围的尘埃碎屑盘和一颗年轻的行星。这是第一颗在光学波段被直接观测到的系外行星，被编号为北落师门b。2015年，国际天文学联合会在经过全球提名和投票之后宣布将它正式命名为大衮（Dagon）。这个词是古代腓尼基人所崇拜的神祇的名字，人身鱼尾，用在南鱼座的行星上还真是很合适。

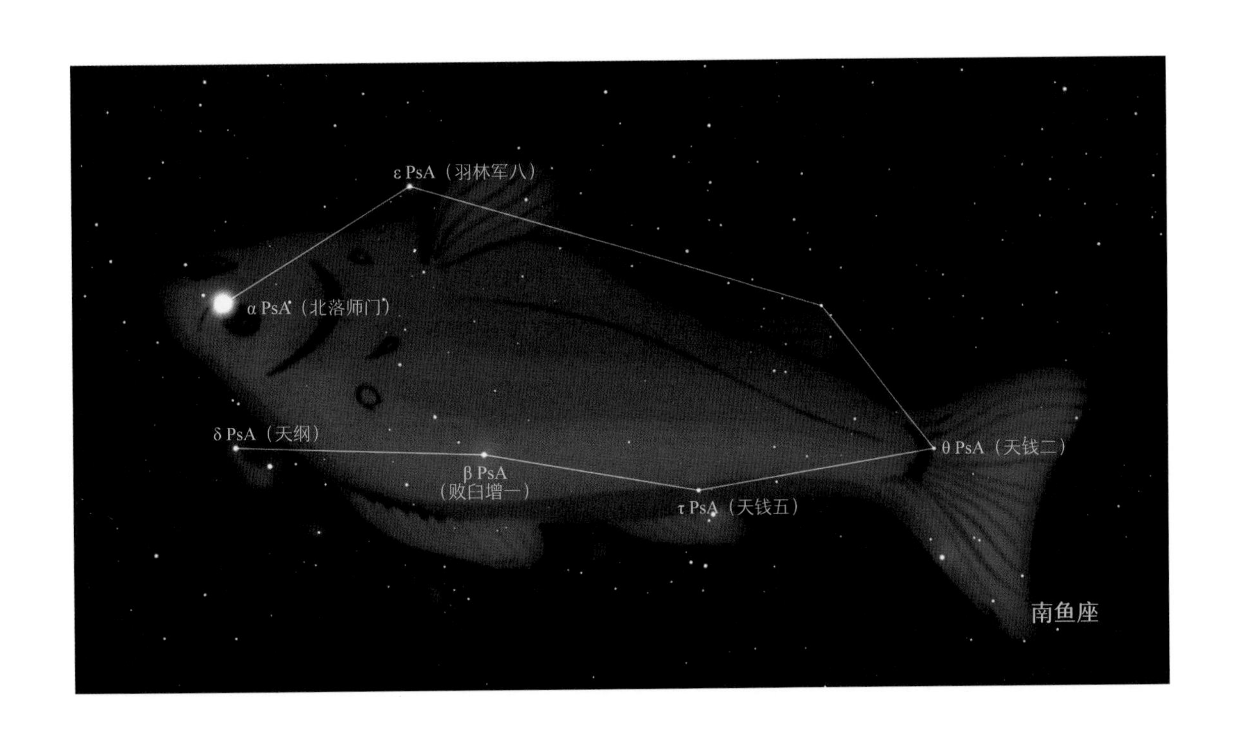

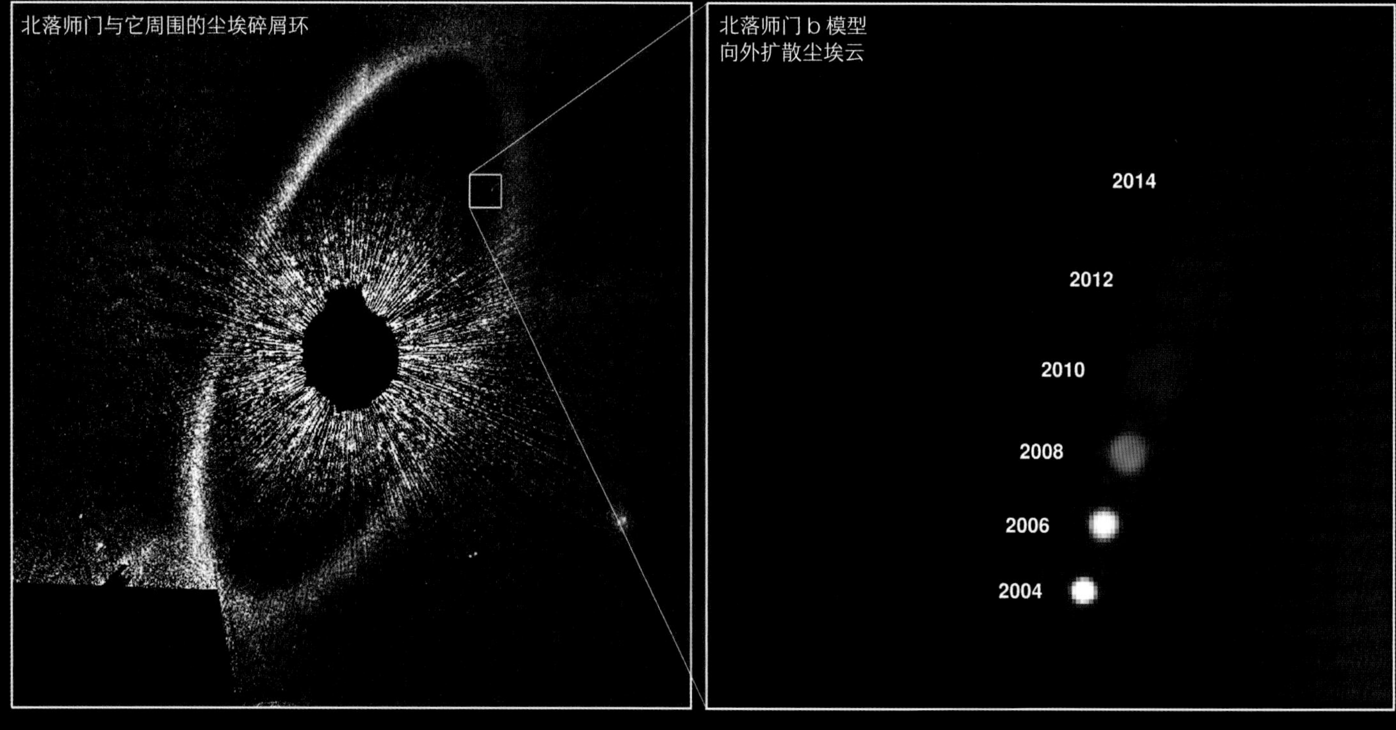

北落师门行星候选体的序列图像。
左图中央的黑影来自遮蔽主星星光的星冕仪，即便如此，主星强烈的星光仍然在周围产生了大量放射性的光芒

虽然有了名字，但这颗行星并没有完全定型，它在碎屑盘中运行时仍会不断地受到大大小小流星体的撞击。只有它完全清除自己轨道附近的障碍物，才能够成为一颗合格的行星（太阳系的冥王星就是因为不符合这一标准而被降级为矮行星的）。但如果不幸撞上过大的流星体，它也可能因此解体。天文学家们在 2020 年 4 月宣称，自 2014 年以来就再也没有找到过北落师门 b 的踪影了。有研究者认为它根本就不是一个成形的天体，只是两个小星体碰撞发出的短暂闪光。

无论是哪一种情况，北落师门 b 都增进了我们对行星形成过程的理解，正如我们没有办法知道自己如何出生，但可以通过观察其他婴儿的降生来理解这件事。同样，我们不知道太阳系如何演化，地球如何诞生，却可以去类似的行星系统中找寻线索。在大衮星的身上，我们可以看到木星童年的影子。不过对于星际移民来说，北落师门并不理想。它的质量比太阳大，预计寿命只有太阳的五分之一，再过十几亿年就会走到生命终点。到那时，更有可能是太阳系成为北落师门文明的避难所。当然，前提是我们两方中至少有一个文明具备星际航行的能力和意愿。

天鹤座（*Grus*）

如果你在北半球40°以南地区，可以在南鱼座南方看到天鹤座。这里的几颗亮星曾经是南鱼座的尾巴。16世纪末，荷兰冒险家在开辟亚洲的香料贸易路线时，为方便海上导航而把它从南鱼座中分割出来。

这里的恒星在我国大部分地区都很难观测到，但有一颗星不得不说，就是位于天鹤座α西侧的一颗8等暗星，叫作Gliese 832。威廉·格利泽（Wilhelm Gliese，1915—1993）是一位德国天文学家，编制了一个专门收录太阳附近恒星的星表，这颗红矮星就是其中的第832颗。它到太阳的距离比北落师门还近，只有16光年。距离越近就意味着地球上的观察者越有可能看到更多的细节。2014年，天文学家发现Gliese 832有一颗类似地球的行星。由于此前已在它周围发现过一颗类似木星的行星，并将其命名为Gliese 832b，它的第二颗系外行星就顺次叫作Gliese 832c。这颗行星并不是已知的系外行星中最接近地球的一个，但却是最像地球的一个。它的质量相当于5个地球，可以维持厚重的大气，到主星的距离也刚好适合液态水的存在。而且Gliese 832不像北落师门那么大，质量只有太阳的一半，预计寿命可以达到太阳的五倍。虽然它现在已经燃烧了将近100亿年，但还可以继续燃烧400亿年。当我们的太阳在50亿年后走到生命尽头时，这样一颗红矮星也许能够更为长久地为我们提供宇宙一隅的小小家园。

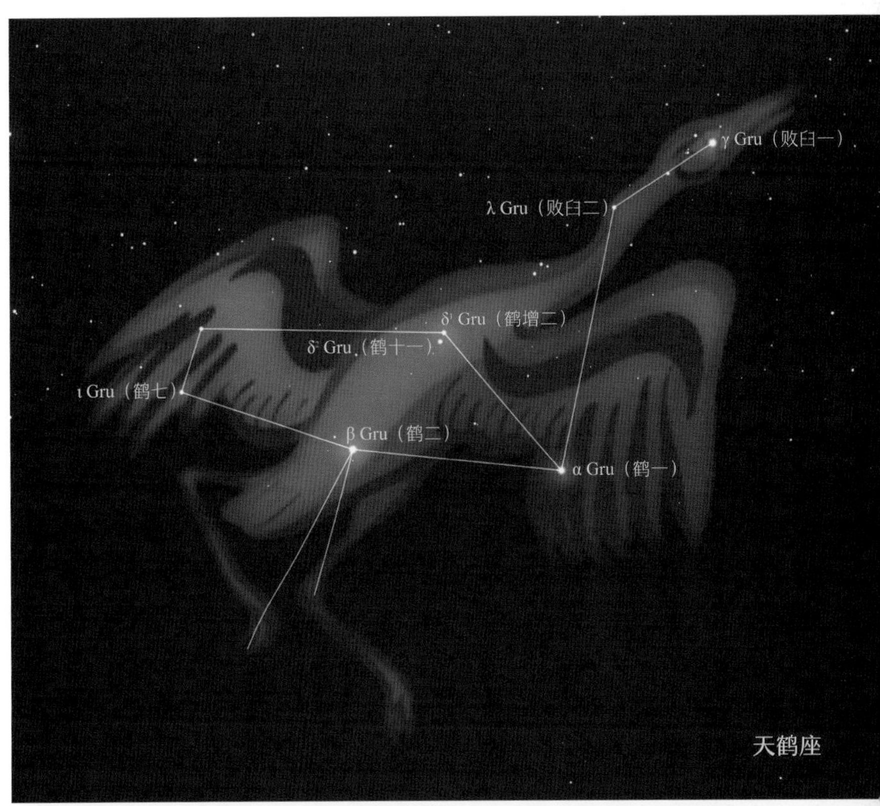

天鹤座

Gliese 832的艺术假想图

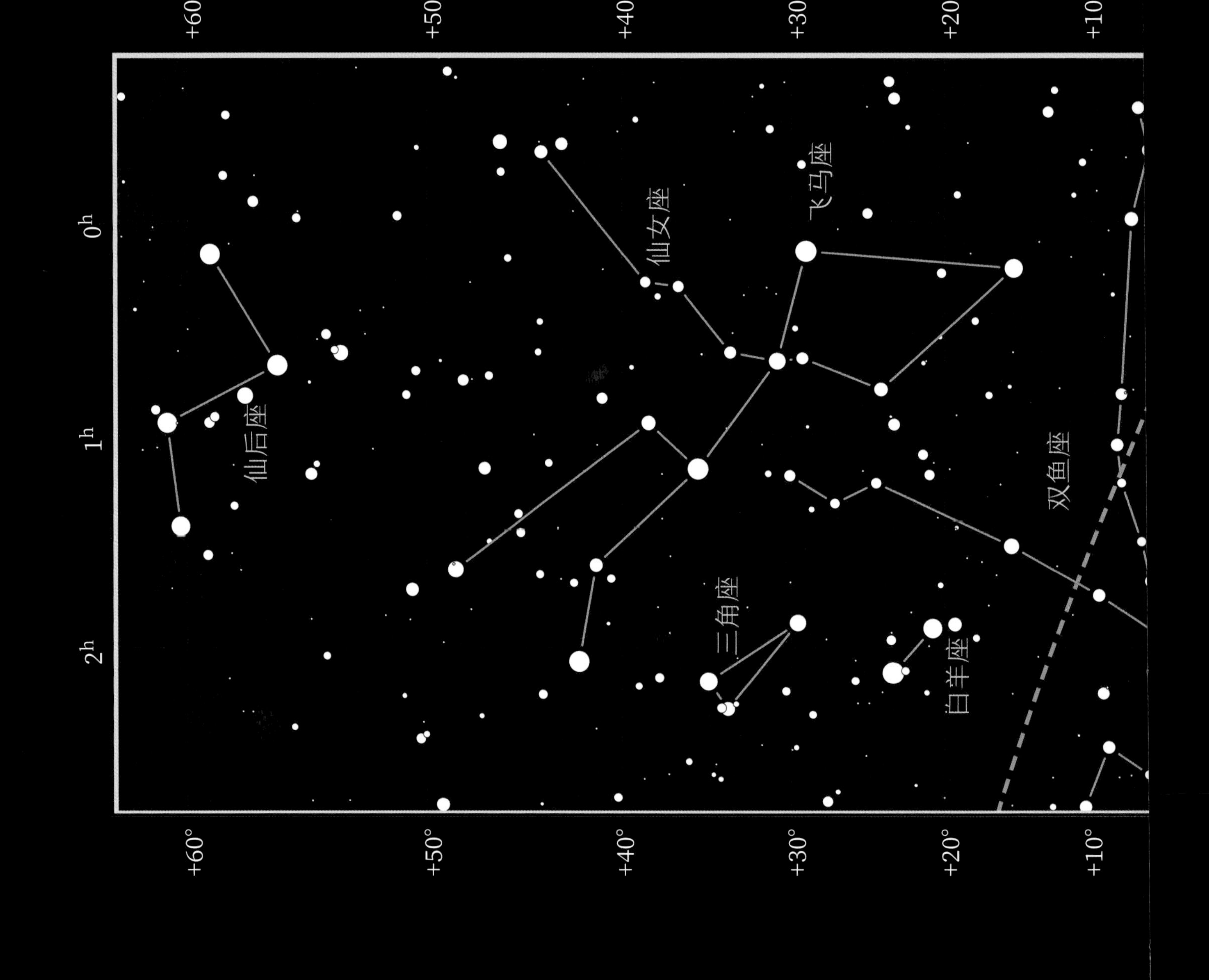

深秋的夜几乎和冬天一样冷，需要穿上厚厚的衣服才能安心在室外驻足。此时你抬头看不到天蝎座，它随太阳西沉，已在地平线以下，冬天的夜空标志之一——猎户座则还未升起。

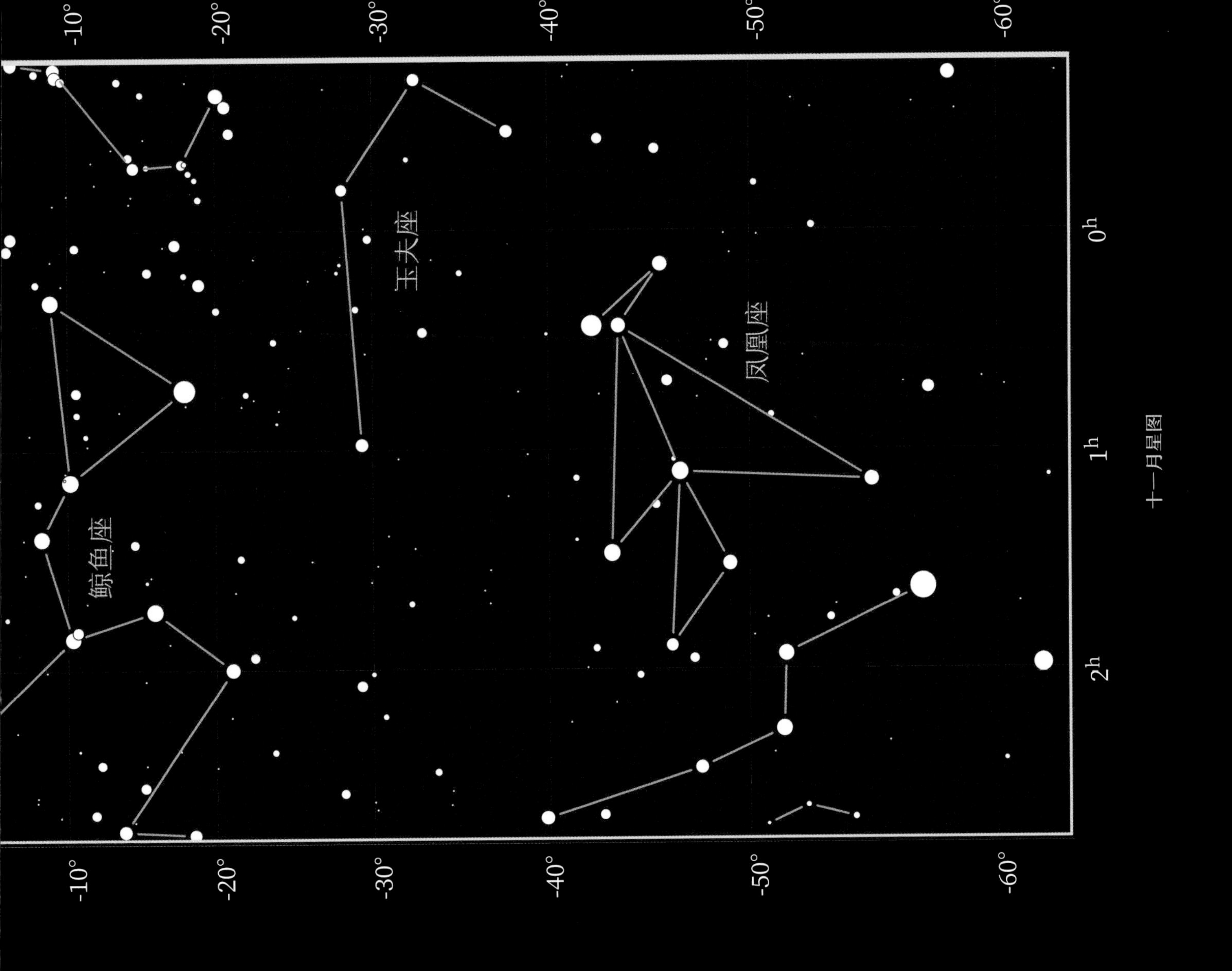

十一月星图

十一月的天空朝向银河系外，虽然缺乏亮星，但有众多美丽的深空天体，其中就包括我们的肉眼能直接看到的最远天体——仙女座大星系 M31。

仙女座大星系

(Andromeda Galaxy)

星空摄影师拍摄的仙女座大星系照片

天气晴朗时，我们可以在 W 型的仙后座与飞马座α星之间看到一个比满月还大的云雾状天体，那就是仙女座大星系 M31（简称：仙女星系）。曾经，我们的先人以为自己所在的中原是世界的中心，于是自称中国。后来，人们发现海洋并不是世界的边界，地球也不是宇宙的中心，银河中每一个遥不可及的光点都是如太阳一般辉煌灿烂的能量之源。世人一度以为这些就是宇宙的全部，仙女座中这个奇异的天体只是广袤银河系中的一朵云雾，或者一团尘埃。在很长一段时间里，它都被称为仙女座大星云。直到 1921 年，美国天文学家哈勃发现这个天体远在 250 万光年之外，而银河系中离地球最遥远的恒星也不过只有十几万光年。人们这才逐渐意识到，仙女座星云是个更加遥远，也更为庞大的世界。它和银河系一样，如岛屿般漂浮在无尽的虚空之中。仙女星系之后，越来越多的河外星云被确认，一个浩渺的星辰大海呈现在人类面前。

由于距离遥远而光速有限，我们看到的仙女星系是它 250 万年前的模样。反之亦然。如果那里也有某个星球演化出文明，其上的生命体此刻恰巧也在观察我们的话，会看到人类的远祖刚刚脱离猿人的浑噩懵懂，开始打造工具，生火捕猎……即便如此，仙女星系仍是银河系在宇宙中最亲近的伙伴。它是离我们最近的大星系，和银河系之间有直接的引力作用，正带着自己的伴星系以 110 km/s 的速度飞来，预计将在 45 亿年之后与银河系正面相撞，然后融为一体。届时，生命尽头的太阳已化身为血色的红巨星，将地球的白昼变为炽热的炼狱。而地球夜空中所有的星座和神话都将消亡，连银河也变得扭曲破碎，众多年轻的星云和星团自宇宙尘埃中诞生，仙女星系巨大的星系盘仿佛一条泛滥的银河冲刷着夜空。在这浩大的并合过程中，数万亿颗恒星的位置都将重新排布。它们沉默地奔跑，逃逸，拖曳，坠落，找寻一个平衡的位置、一条稳定的轨道。那是银河系的末日，也是新星系的诞辰。尘埃落定之后，众星归位，地球已被太阳吞噬，并化作星尘抛散回星际空间之中。太阳也早已熄灭，只留下一颗白矮星残骸在巨大的新星系中不起眼地闪烁着。

所以，遥远的仙女星系是所有银河系文明的达摩克利斯之剑，催促我们早期启程，寻找新的家园。正如俄罗斯“火箭之父”康斯坦丁·齐奥尔科夫斯基（Konstantin Eduardovich，1857—1935）所说：“地球是人类的摇篮，但人不能永远生活在摇篮里。”

这句话同样适用于我们的家园星象——银河系。

仙女座

(Andromeda)

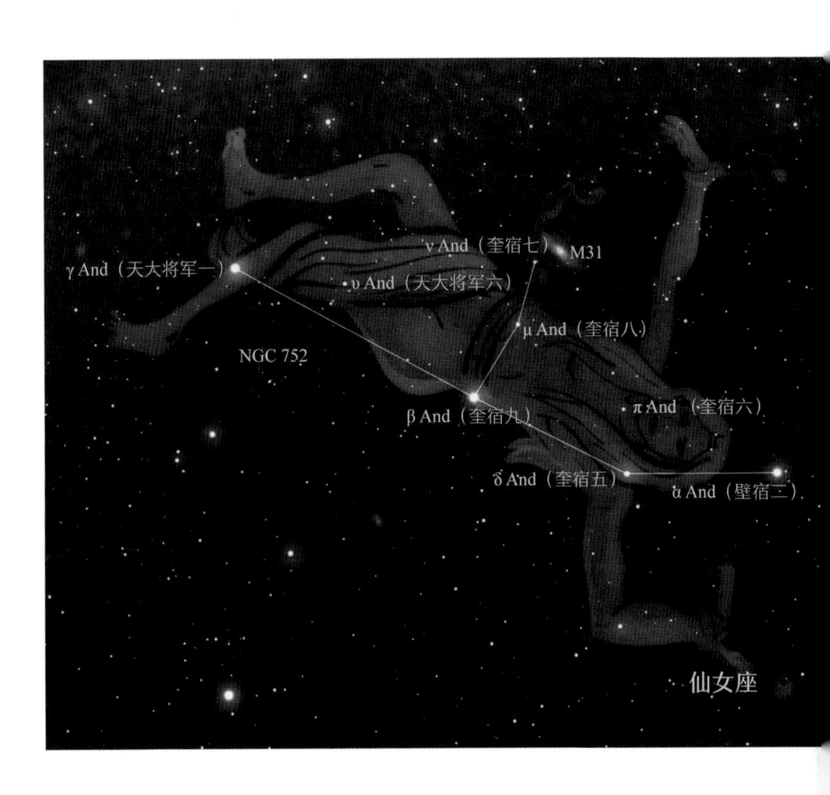

仙女星系所在的仙女座是个古老的星座。她本是埃塞俄比亚的公主。她的母亲（仙后座）夸耀她的美丽，激怒了海神，于是海神派了一只海怪（鲸鱼座）来蹂躏她父亲（仙王座）的王国。国王和王后只得将公主献祭给海怪来换取国家安宁。就在公主即将被海怪吞噬的危急时刻，刚刚杀死女妖美杜莎的英雄珀尔修斯（英仙座）碰巧路过。大英雄杀死了海怪，拯救了美丽的公主，并继承了王国。古希腊人想必十分喜欢这个故事，把主要人物都升上夜空变为了星座，天幕成了剧场，每个晴朗的秋夜便能重温其中的精彩片段。仙女座的形象就是公主被绑在海边献祭时的情景。

《仙女座神话》，詹·基努戈绘，
现藏于荷兰莫瑞泰斯皇家美术馆

在古代中国的星官系统中，这里正好是玄武和白虎的分界点。仙女的头部是壁宿的一部分，而身体属于奎宿，对应白虎的后胯。

飞马座大四边形东北角的那颗亮星便是仙女的头部——仙女座 α。这颗星东侧的仙女座 δ 是仙女的脖子和肩膀，她的双臂在两侧展开，分别被铁链拴在飞马座 γ 和仙女座 ο 星上，面朝妈妈——仙后座。在仙女座 δ 东边不远处，有一颗和 α 亮度相当的明星，是代表仙女腰胯的 β 星。从这颗星往仙后座方向 5° 的位置，就可以找到仙女座大星系。虽然用肉眼就能直接看到，但它在一般的望远镜中看起来也只是一团朦胧的云雾，只有用相机进行长时间的曝光，才能呈现出丰富的细节。

仙女座大星系核心附近（22' 处）有一个明亮的点源，但并非近处的恒星或者星团，而是一个与仙女星系共舞的矮星系——M32。“矮”是说它比仙女星系要小许多，未来会被后者吞噬。这个看起来像是球状星团的天体是人类发现的第一个椭圆星系。不同于银河系或者仙女星系这样的旋涡星系，椭圆星系最大的特征就是椭球状的外形，其中没有明显的尘埃盘或者旋臂，只有亿万颗年老的成员恒星围着中央黑洞无休止地绕转，形成一个明亮的星系晕。虽然 M32 正在和仙女星系发生并合，但因为缺乏特征，我们看不出它的形态有什么明显变化。

在 M32 对侧稍远的地方可以找到仙女星系的另一个伴星系——矮椭球星系 M110。虽然它也没有旋臂，而且几乎不含尘埃，但和 M32 不太一样，M110 的星系晕中包含球状星团，还有一些较为年轻的恒星，说明它在落入仙女星系的势力范围之前是包含尘埃和气体的。但在高速下落过程中，这些低密度的物质大部分被剥离，只剩下内部的恒星晕义无反顾地伴随它一起前往仙女星系的最深处。

仙女星系作为本星系群中最大的星系，拥有的伴星系不止 M32 和 M110 这两个。这些伴星系被仙女星系拽着一起朝我们飞来。所有这些大大小小的星系最终会合成一体，成为一个新的椭圆星系，也不再有旋臂或尘埃盘。

当然，对于仙女座这样一个巨大的星座来说，其中值得关注的目标不止 M31。在和仙女座 γ 和 v 星南边成等边三角形的位置处有个明亮的疏散星团 NGC 752，在天气好时甚至可以用肉眼勉强看到。在 γ 星东侧约 4° 的位置处还有一个 10 等的侧向旋涡星系 NGC 891。NGC 752 距离我们约 3000 万光年。由于侧对我们，盘面的尘埃带十分明显。在高分辨率的图像中可以清晰看到，那些尘埃像飞扬的灰土一般从星系盘面升腾，向星系晕中扩散。这说明星系内部有活跃的恒星活动。刚诞生的年轻恒星会吹出猛烈的星风，而死亡阶段的年老恒星则释放出强大的冲击波。这些能量是星系中元素和物质循环的动力源泉，每一个星体都从中获益。

侧向的旋涡星系 NGC 891。
它的尘埃正被盘面上的星风吹起，
以细丝状向空间逃逸

双鱼座 *(Pisces)*

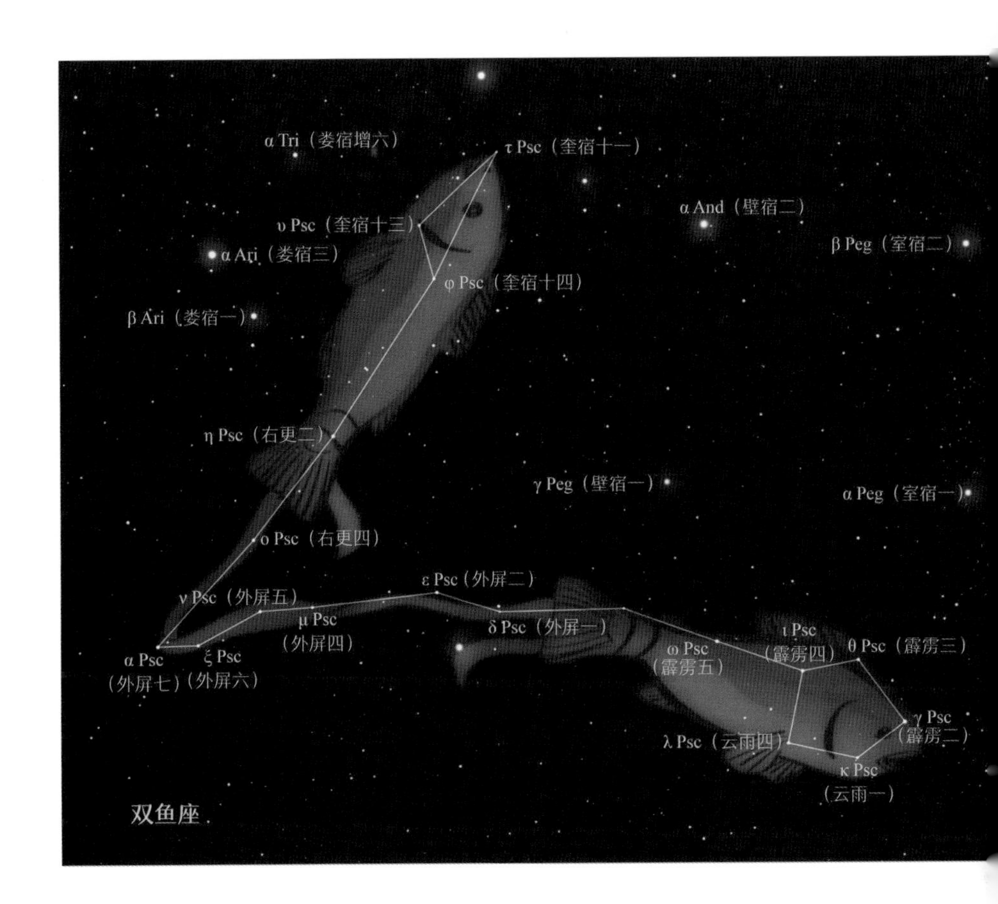

仙女座南侧是黄道十二宫中的双鱼座。这是一个暗淡的星座，也是十二宫中的最后一个。公元前 1000 年左右，作为一年之始的春分点（春分日太阳所在位置）位于白羊座。但是由于地球自转轴的摆动（岁差），今天的春分点已经移动到双鱼座内。所以严格来讲，黄道十二宫应该从双鱼座开始算起。黄道十二宫的起点在哪里，对于人们的日常生活并没有什么影响，但对于关心星座运势的人来说就不一样了。

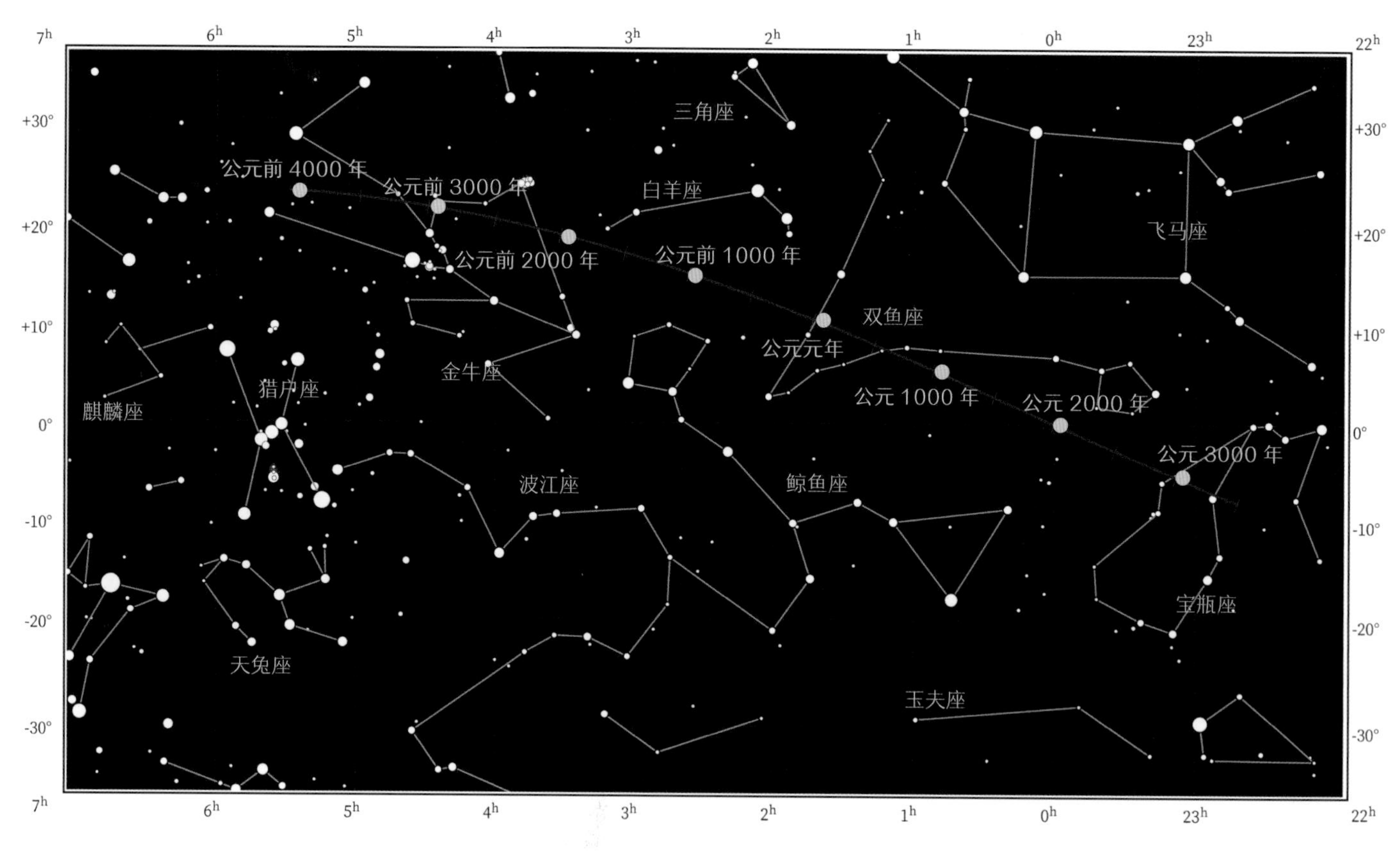

公元前 4000 年到公元 3000 年的春分点移动示意图。
图中的黄色圆点为各时期春分点的位置

中世纪时，欧洲的占星师认为一个人出生时太阳所在的星空位置会影响他的性格乃至命运。而春分点的移动意味着出生日期和星座之间的对应关系在持续变化。例如：生日在 2 月 20 日至 3 月 20 日之间的人被认为是双鱼座。事实上，在最近的 500 年里，太阳在 2 月 10 日到 3 月 10 日之间都位于宝瓶座，要到 3 月 10 日到 4 月 10 日之间才移动到双鱼座。500 年前就已过时的天文知识至今仍出现在现代人的日常生活中，可以说是占星术的成功。但它是否真有用处，就不得而知了。当然，星空辽远、神秘又美丽，总能激起人们的无穷想象，被人们寄予希望。对于要包装自己超能力的占星术士来说，星空实在是再好不过的道具了。

双鱼座不算明亮，它的最亮星——外屏七也只有 4 等。双鱼座最明显的特征是位于飞马大四边形正南方的小环（Circlet），五六颗 4 等星围成一个不太规则的小小圆环。它和位于仙女座 β 星南侧几颗排成三角形的星星一起被古巴比伦人当成是拴在一起的两条鱼。古罗马人认为它们是美神维纳斯和爱神丘比特为逃离怪兽而临时变化的形象。

在双鱼座 δ 星不远处有一颗 12 等的暗星，它是离地球最近的独身白矮星，因为是由荷兰天文学家阿德里安・范・玛宁（Adriaan van Maanen，1884—1946）在 1917 年首次发现，而被称为范玛宁星。这是人类发现的第一颗不在双星系统中的白矮星，也是离我们最近的一颗。范玛宁星到地球的距离只有 14 光年。作为一颗大质量恒星的余烬，范玛宁星也曾经辉煌过，但因燃烧得太快，早在 30

亿年前就寿终正寝。如今，超过一半太阳质量的物质被压缩在地球大小的空间内，就好像把一只成年公牛变成蜜蜂大小，但质量未减。强大的压力把所有的基本原子都变小了。原子核外的电子不得不挤在一起，进入一个被称为“简并”的状态，简并电子之间的斥力阻止了星体进一步坍缩。因此，尽管星体内部压力很大，温度也不低，但已无法进行核反应，也没有其他的能量来源，只能静静地冷却暗淡。40亿年后，当太阳耗尽燃料，也会有与范玛宁星同样的命运。

如果坍缩的物质再多一点，超过1.4倍太阳质量，电子之间的简并压也无法与强大的引力抗衡。在这种情况下，所有的电子都会被拉入原子核内，与质子相结合变成中子。如果中子间的斥力能够支持星体自身的质量，它就会以中子星的形态稳定存在。如果连中子简并压都不够强大，星体物质就会一直坍缩到一个我们尚不了解的存在状态中，那就是黑洞。

双鱼座η星东侧1.5°处有一个巨大的旋涡星系M74，它的盘面正好朝向我们，展示出3200万光年之外的宏大旋臂。这使得M74成为一个难以观测的目标。它的亮度为10等，在双筒望远镜的观测能力之内。但遥远的星光分散在整个盘面，因缺乏足够的明暗对比而显得模糊不清。因此M74也被称作“幻影星系”（Phantom galaxy）。只有借助相机长时间曝光，我们才能看到它近乎完美的壮丽旋臂。不透明的尘埃带勾勒出旋臂对称的轮廓，明亮的星团和恒星形成区仿佛枝条上的花朵一般点缀其间，历经上亿年的时间绽放凋谢。

巨大的旋涡星系M74，黑色的尘埃云之间点缀着粉红色的恒星形成区

鲸鱼座（*Cetus*）

双鱼座南方是鲸鱼座。虽然汉语中把这个星座译为鲸鱼，但它的本意其实是海怪，就是被海神派去迫害埃塞俄比亚公主（仙女座）的那只。当然，在尚无远洋航行能力的古希腊人眼中，鲸鱼和海怪之间并没有什么差别。

在双鱼座正南方鲸鱼尾部的土司空（Deneb Kaitos，鲸鱼座β）是星座中的最亮星。虽然它只有2等，但在这片空旷的天区已足够显眼，可以和北落师门相提并论。但和鼎鼎大名的北落师门不同，土司空的名字得来有些周折。司空是西周时掌管水利土建工程的官职。这类工程多在冬季农闲枯水时节开展，因此《周礼》中专门有一篇是“冬官司空”。《史记》中说鲸鱼座尾巴这个区域的几颗星对应司空，《汉书》中却说它们是负责刑罚的司寇。“土司空”这个星官名第一次出现是在《晋书》中，仅说它在长蛇座附近，只字未提鲸鱼座的这颗。《隋书》中把这个星名改到鲸鱼座。至此，鲸鱼座β才算有了独立的名字，不用和周围的小星排座次了。土司空不仅中文名奇怪，物理性质也不一般。在光学波段，它看起来像是一颗中老年的巨星。而在X射线波段，它的辐射比壮年恒星还要强烈。天文学至今都还没搞清楚土司空是如何做到这一点的。不过天上的星星那么多，它的谜题并不是其中最要紧的一个。

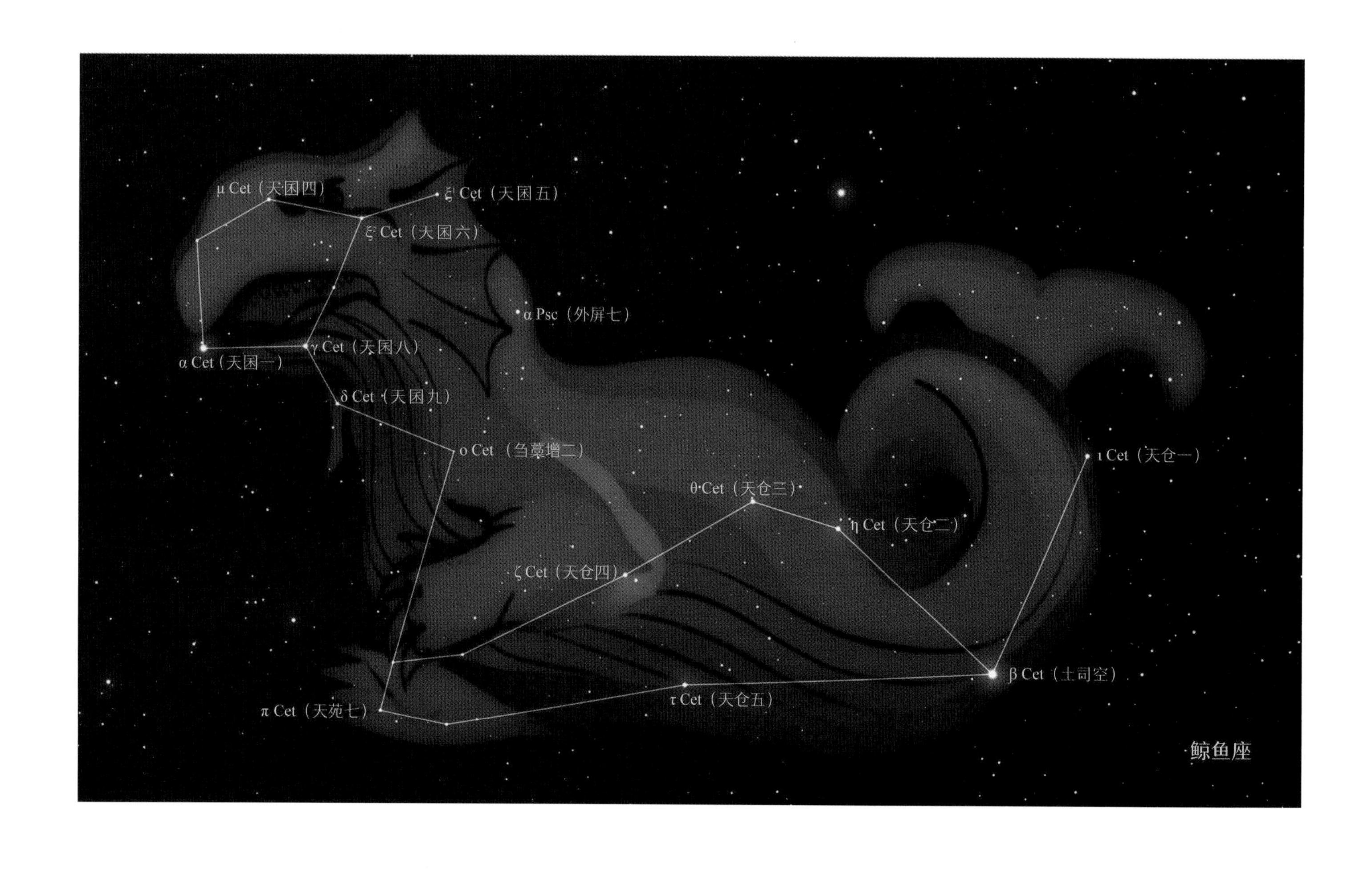

NASA 钱德拉 X 射线天文台观测到的土司空

相比之下，鲸鱼座中的另一颗 2 等星就知名多了，它就是天空中最明亮的变星——刍（蒭）藁增二（Mira，鲸鱼座 o）。它位于鲸鱼背部，离双鱼座 α 星不远。其对应的中国星官是刍藁（《史记》中称为廥积，是储存草料的仓库），代表牛马的饲料。它的英文名是“Mira”（拉丁语中“神奇”的意思），有时也被直译为“米拉”。刍藁增二是一颗距离我们 400 光年的红巨星，亮度大致以 332 天为周期在 2—10 等之间变化。也就是说每年都会有相当长的一段时间，这颗 2 等星无法被人用肉眼看到。由于缺乏可靠的亮度测量方法和长期记录，这颗变星直到 1596 年才由一位德国天文学家明确记录下来。而我国直到 1752 年才在主持钦天监事务的德国传教士戴进贤（Ignatius Kgler）主编的《仪象考成》一书中将这颗星增补进星官，因此称之为“增二”。

刍藁增二的紫外（上）和可见光（下）图像。
在美国 GALEX 星系演化探测器拍摄的紫外图像中可以看到类似彗尾的结构

刍藁增二在很久前就耗尽了内部的氢燃料，过渡到以氦聚变为能量来源的巨星阶段。现在核心的氦也耗尽了，依靠上层大气中残存的氢和氦维持活动，大气中的氢聚变提供了新的氦燃料。当氦元素积累到临界值时，就会突然开始聚变，使得星体膨胀，亮度增加。当这部分氦元素消耗殆尽时，恒星大气又会回落，亮度也因此降低。如此循环往复，直到耗尽厚重的气体外壳，这个过程被称为“热脉动”。刍藁增二的每一次增亮都意味着一层氦元素被点亮，气体壳层也会因此变薄一些。最后，当它连大气外层的氢和氦也消耗殆尽时，整个燃烧过程就停止了。失去热压力支撑的残余物质会高速向核心坠落，再被致密的核心反弹抛出，成为星云。像刍藁增二这样的变星在天空中还有很多，而它是其中最早被发现的，也是最为明亮的一颗，因此这类变星被统称为刍藁变星。

此外，刍藁增二还是一个双星系统，它有一颗质量接近太阳的白矮星伴星。它们之间的距离大致相当于太阳到冥王星的距离，需要 400 年才会相互绕转一圈。但即使相隔这样遥远的距离，这颗伴星仍在撕扯并蚕食巨星的外层大气。如果伴星获得足够多的物质注入，可能会重启内部的核反应而作为超新星再度闪耀。但那将是很久很久以后的事情了。

玉夫座

(Sculptor)

鲸鱼座的南方是玉夫座。这是法国天文学家拉卡伊所设立的南天星座，代表雕刻家的工作室。这片区域中亮星很少，也没有什么星团和星云。不过由于它位于银河系自转轴的南极方向（南银极），恒星稀少，所以是我们观察河外星系的绝佳窗口。其中包含众多邻近星系，如南天雪茄星系（NGC 55）、玉夫星系（NGC 253）、大鱿鱼星系（NGC 134）等。

其中值得一提的是车轮星系（Cartwheel Galaxy）。这是一个位于5000万光年之外的透镜状星系，在原本应该是旋臂的位置呈现出不同寻常的车轮辐条般的结构。这可能是因为一侧的伴星系刚刚从它的星系盘面垂直穿过，中心处增大的引力加速了气体旋转下落的过程，产生辐条状的结构，而向外扩散的冲击波在几乎相同的半径处造成了轮状的恒星形成区，于是构成了这样一个奇妙的星系形态。

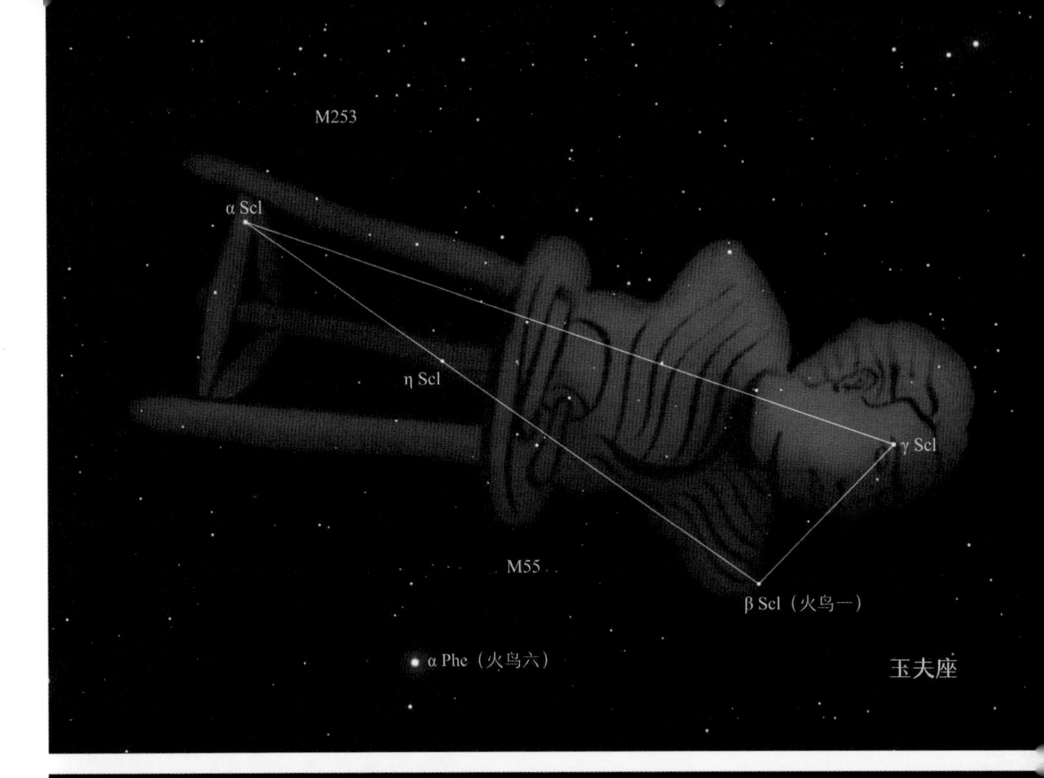

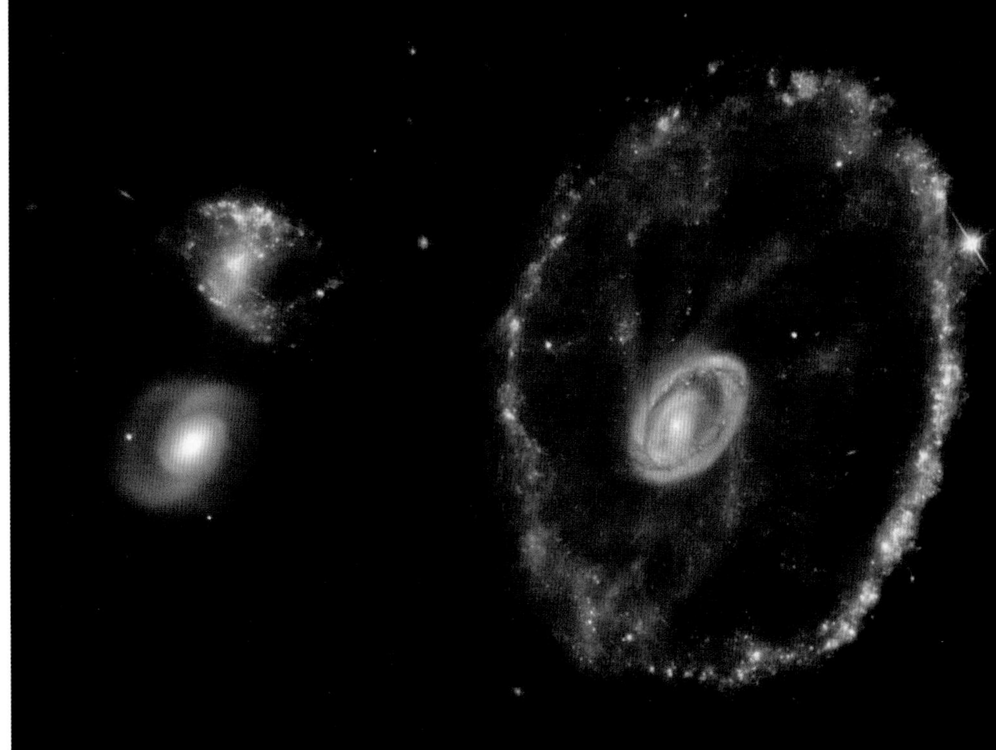

车轮星系，由哈勃空间望远镜拍摄

对于爱好者来说，有密集的观赏目标无疑是件好事，却为天文学家带来了困扰。我们通常认为银河系周围的星系大致是均匀分布的，近来的研究却发现并非如此。尤其是在银河的两极附近，星系密度明显高于其他方向，即使考虑了银河盘面对观测的干扰之后结论仍是如此。这种现象并不寻常，我们观测其他星系时很少看到类似的情况。究竟是偶然，还是银河系周围环境演化的结果，还不得而知。

冬季星空

WINTER

2020 年内蒙乌兰布统大草原上的双子座流星雨之夜。
拂晓.718 拍摄

冬天室外虽寒冷，但这个季节的星空却是全年最璀璨的。让我们穿戴好厚厚的衣物，一起去看星星吧。全天亮星最多的猎户座很好辨认，你看南方天空中三颗亮星斜着连成一线，那就是猎户的腰带。猎人肩上那颗红色的星星是参宿四，加上大犬座的天狼星和小犬座的南河三就构成了冬季夜空的标志“冬季大三角”（Winter Triangle）。再加上金牛座的毕宿五、御夫座的五车二和双子座的北河三，我们就得到了“冬季六边形”（Winter Hexagon），冬季最精彩的星座都在这个六边形之中。

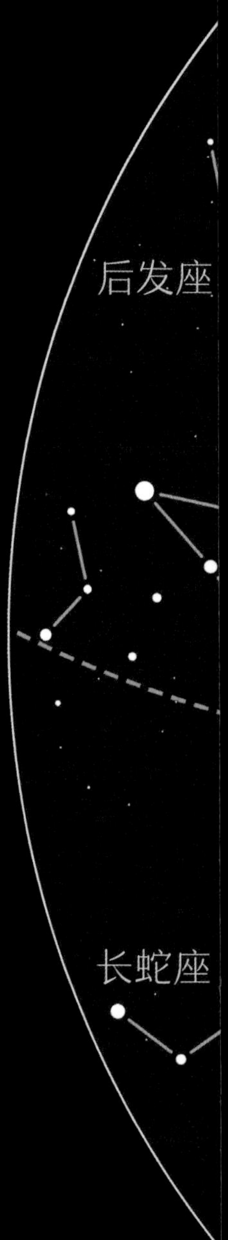

后发座

冬季星图

Winter Star Chart

长蛇座

十二月看点：英仙座、三角座、白羊座、波江座、天炉座、时钟座

一月看点：猎户座、金牛座、御夫座、天兔座、天鸽座、雕具座

二月看点：冬季六边形、大犬座、小犬座、麒麟座、双子座、天猫座、船尾座

天龙座
小熊座
仙王座
蝎虎座
大熊座
犬座
仙后座
仙女座
鹿豹座
小狮座
天猫座
英仙座
三角座
御夫座
子座
双鱼座
白羊座
蟹座
金牛座
双子座
小犬座
鲸鱼座
麒麟座
猎户座
波江座
天炉座
大犬座
天兔座
天鸽座

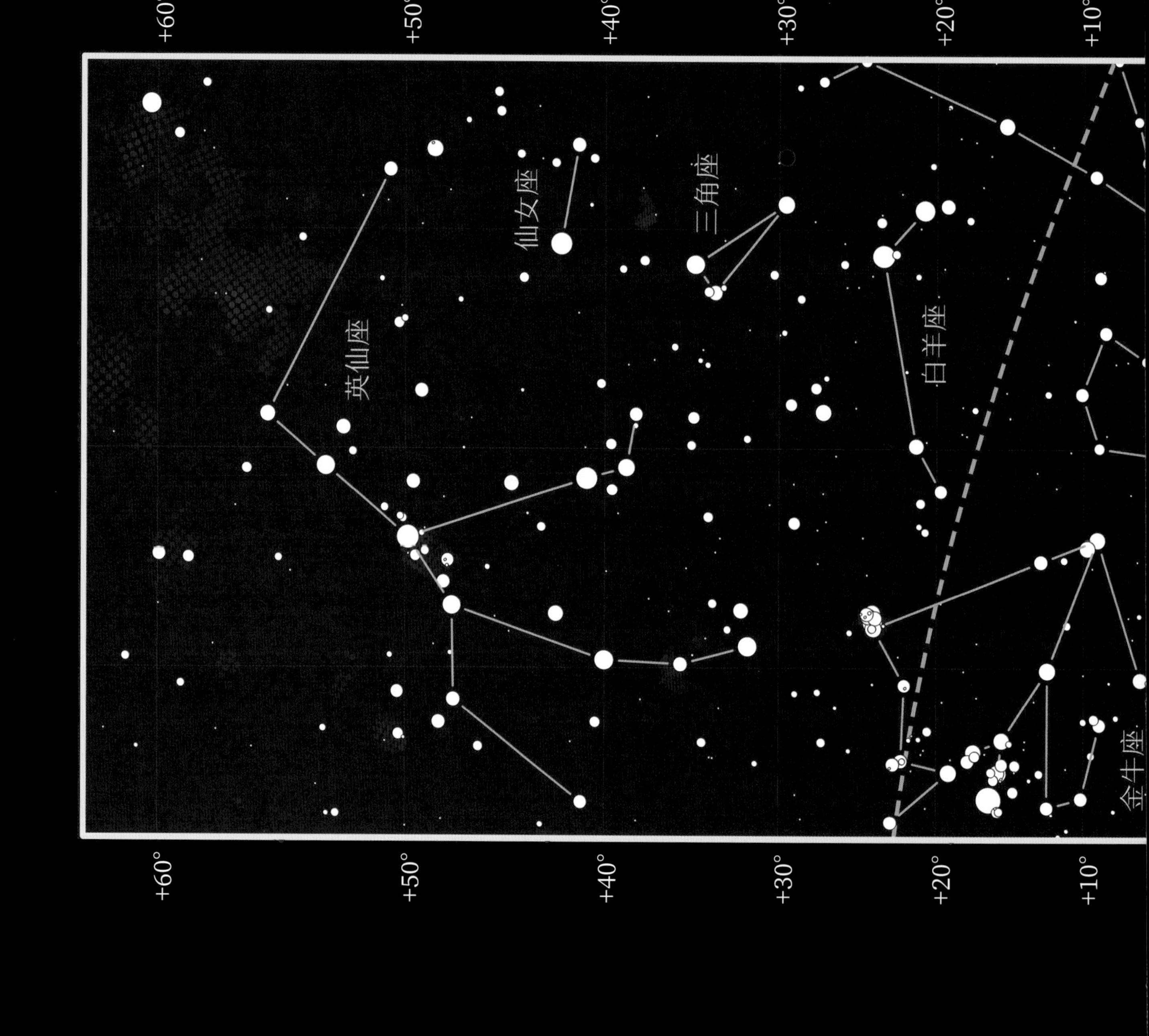

入冬之后，白昼一日短复一日，星空也提前显现。我们不妨在回家的路上稍作停留，认识一下冬季的星座。

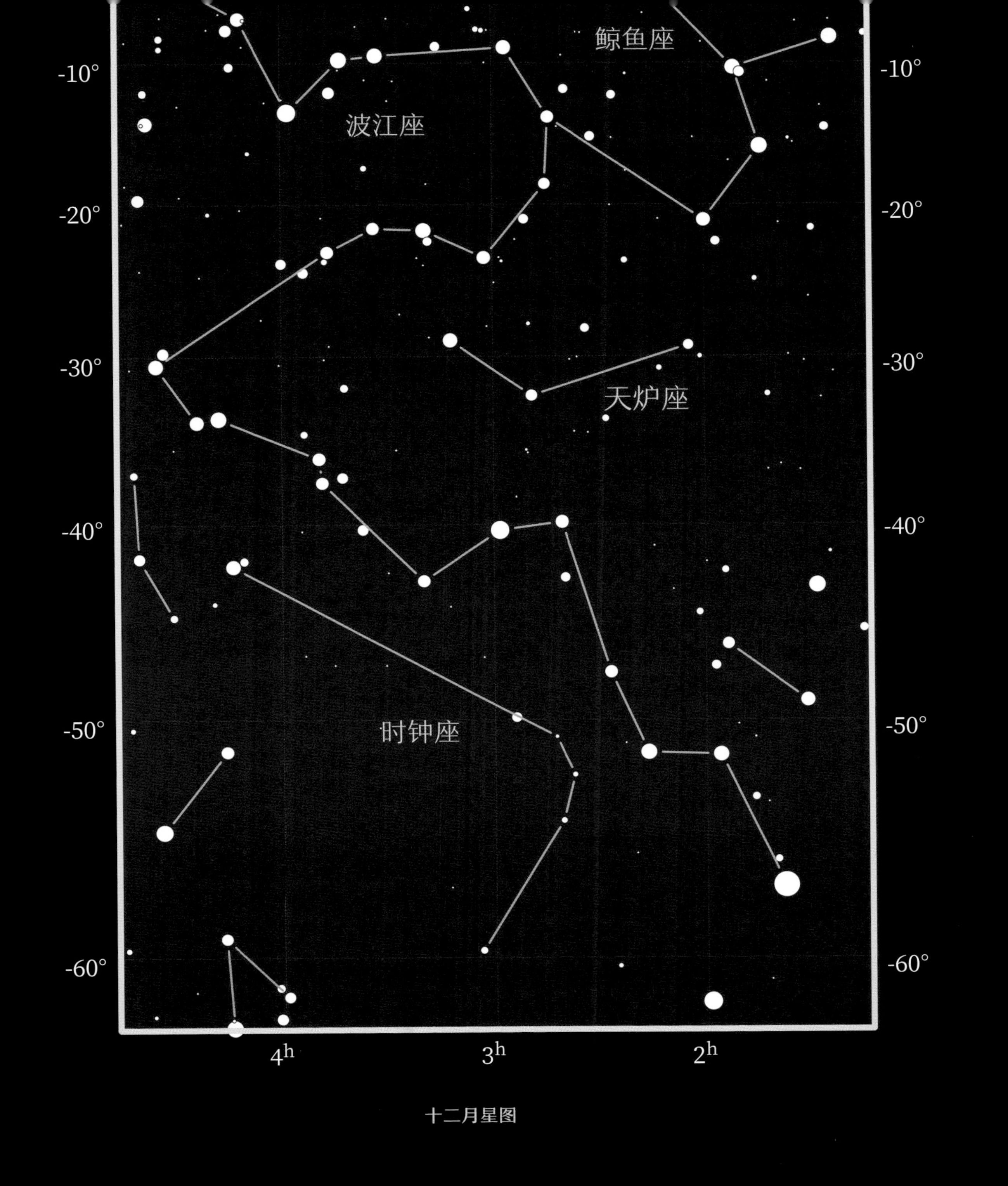

十二月星图

英仙座 (*Perseus*)

仙女座东侧偏北是拯救她的英雄珀尔修斯——英仙座。珀尔修斯本是天神宙斯和古希腊阿耳戈斯公主达那厄（Danaë）的孩子，但因有人预言他会杀死祖父，而被阿耳戈斯国王流放。在宙斯的帮助下，母子俩流落到一座海岛。岛主看上了珀尔修斯的母亲，于是指派给他一项不可能完成的任务——杀死蛇发女妖美杜莎。任何见过女妖面容的人都会变成石头，珀尔修斯当然也不例外。在雅典娜（Athena）与赫耳墨斯（Hermes）等手足的帮助下，他有惊无险地完成了任务。返回途中，他看到了被绑在海边的埃塞俄比亚公主安德罗米达（仙女座），便顺手杀死海怪并迎娶了公主。珀尔修斯带着公主返回母亲身边，将居心不良的岛主变为石头，然后带着家人启程返回阿耳戈斯。就在快要抵达故乡阖家团聚的时候，他参加了一个田径比赛，掷出的铁饼正好落在了出城躲避预言的祖父头上。最终，珀尔修斯和阿耳戈斯国王都没有摆脱自己的宿命。珀尔修斯悲痛不已，放弃阿耳戈斯的王位，前往梯林斯建立自己的王国。他和安德罗米达感情和睦、子女众多。希腊神话中的另一位大英雄赫拉克勒斯（武仙座）就是他们的四世孙。

珀尔修斯通常被刻画为一个手持利刃并高擎女妖头颅的英俊少年形象，在星空中也是如此。英仙座中最亮的 α 星是他的头颈，靠近北极的 γ 和 η 星是他高举的手臂，南侧的 2 等星 β 则是他手中的女妖头颅。这颗星的亮度以 3 天为周期在 2−3 等之间变化，在亮星中绝无仅有。西方人对这个现象感到十分困惑，便称之为“恶魔星”（Demon Star）。而在中国的星官系统中，它是天上陵墓（大陵）中的第五颗星，因此被称为大陵五。

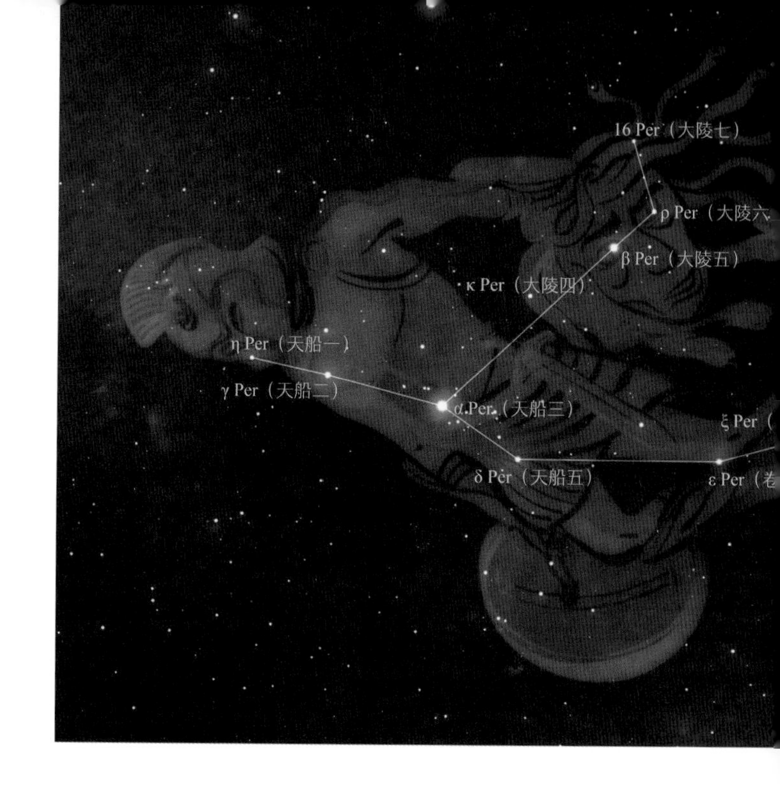

大陵五的亮度变化并不像刍藁增二那样是自身原因，而是因离它很近的伴星大陵五 B 而起。大陵五 B 较暗，围绕主星大陵五 A 转动的轨道刚好横穿我们的视线。当这颗伴星运行到大陵五 A 的前方时，会遮挡住部分星光。我们看到的大陵五亮度便相应下降，就像一个遥远的日食。这类变星因此被称为“食变星”，大陵五是其中最著名的一颗。

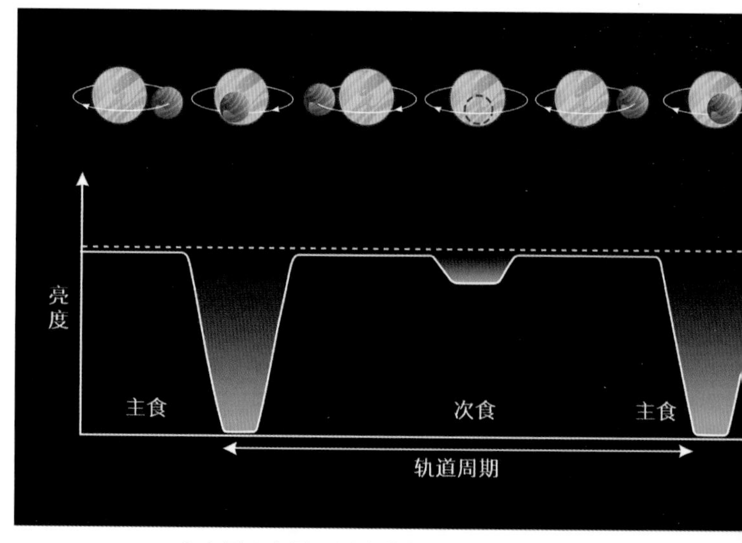

食变星示意图。图中黄色球体为主星，蓝色为伴星

星空摄影师拍摄的英仙座双星团 NGC 869 和 NGC 884

不仅如此，大陵五还有更奇异的特征。在这个双星系统中，主星大陵五 A 是质量较大的那一个，伴星 B 质量较小。一般来说，大质量的恒星燃烧得更快，会早早步入晚年。而在大陵五这个系统中，大质量的主星看上去仍是年富力强，伴星却已日薄西山。这样的反常现象是源于大陵五两颗星之间的距离实在太近，大质量恒星的外层大气膨胀到一定程度被低质量恒星吸走，于是大质量主星的演化停滞，小质量伴星由于源源不断地获取物质，演化速度反倒超过主星。宇宙太大，总会出现这样看起来似乎与现有的物理理论不符的现象。我们探索星空，解答这些意料之外的谜题，就能更好地修正现有理论，逼近真理。

英仙座靠近银河，因此包含了不少星云和星团。它东侧的一部分被我国古人想象成漂浮在银河上的天船。

在英仙座 η 星和仙后座 δ 星中间，宝剑剑柄的位置处可以找到著名的英仙座双星团（NGC 869 和 NGC 884）。它们在双筒望远镜中是一个璀璨夺目的目标，数百颗恒星在 1° 的视场内聚集成两个集团。这是一对相对年轻的疏散星团，大约形成于 1280 万年前，那时喜马拉雅山还没有隆起，大熊猫和狗熊还是一家，人类和黑猩猩也还没有差别。而在 7600 光年之外的一片巨分子云中，英仙座双星团诞生。1000 万年的时光对于太阳这样中等质量的恒星来说只够度过短暂的婴儿时期；但对于心宿二这样的大质量恒星来说，足以走完生命的全部历程。所以双星团中不同质量的恒星呈现出不同的形态，既有蓝白色的明亮巨星，也有橙红色的晚期恒星，而它们的年龄和成分其实都是一样的。这为我们研究质量对恒星演化过程的影响提供了难得的样本。

英仙星系团 (*Perseus Cluster*)

英仙星系团的多波段合成图像，红色为射电辐射，白色为光学图像

在大陵五东侧约 5° 的地方有一个其貌不扬的星系 NGC 1275。它没有优美的旋臂、神秘的暗带，或者奇特的形状，对于大部分天文摄影爱好者来说是个无趣的目标。但对于天文学家来说，它非常重要。因为 NGC 1275 位于一个大质量星系团——英仙星系团的中心。这个星系团虽然远在 2 亿光年之外，但它的上千个成员几乎覆盖英仙座的半个身体（约 15°）。星系团的强大引力不仅在

宏大的尺度上牵引住众多星系，还让大量的气体和尘埃掉落到中心星系 NGC 1275 内，在那里哺育了一个重达数十亿太阳质量的超大黑洞。星系核心处剧烈的活动让这个星系在射电和 X 射线波段都非常明亮。中央黑洞在吞噬物质的同时，也在向外抛出物质，辐射能量，扮演着星系能源核心和物质搅拌机的角色。当然，这一切活动都是在黑洞边界之外完成的。无论是物质还是能量，一旦越过视界，都将永远地消失在黑洞之中。

英仙座星系团中央星系 NGC 1275 的多波段合成图像。蓝色为 X 射线，黄白色为可见光，红色为射电图像

三角座

(*Triangulum*)

在英仙座和仙女座交界的南侧，三颗 3 等星构成了一个瘦长的三角形，这就是三角座。三角座虽然是个小星座，却有着悠久的历史。古巴比伦人把它和仙女座 γ 星连在一起，想象成耕地的犁；古希腊人则按形状把它当作大写字母 Δ；也有说法认为它代表尼罗河三角洲，或者西西里；而在中国古代星官中，三角座 β 和 γ 星与仙女座的 γ 星等一起组合成一副弓箭的形状，代表守卫北天极的“天大将军”。

在三角座α星西侧约5°的地方（仙女座β和白羊座α星中间）有一个著名的旋涡星系——三角座星系M33。它的视星等达到5.7等。也就是说，在天气非常好的时候不需要借助望远镜就能看到。M33到银河系的距离和仙女座大星系差不多，但质量只有后者的二十分之一，看起来要暗淡一些。它目前已经被仙女座大星系的引力控制，虽然旋臂还没有明显变形，但已有部分恒星被后者撕扯下来，在广袤的空间中形成连绵的星流。25亿年后，它会彻底并入仙女座大星系。

三角座星系 M33，由位于智利的甚大巡天望远镜（VST）拍摄

白羊座(*Aries*)

在三角座的南方是闻名遐迩却不易辨认的白羊座。这是源自巴比伦的古老星座，古希腊人将它视为一只长着金羊毛而且会飞的神羊。希腊神话中同伊阿宋（Jason）一道乘快船“阿尔戈号”（南船座）历险的英雄们就是以猎取它的皮为目标集结的。白羊座中α星最亮，有2等，代表羊头；南侧的β和γ星稍暗，这三颗星构成了二十八宿中的娄宿。在公元前200年左右，白羊座β和γ星是离春分点最近的亮星，在阿拉伯语中被称为“两个标记”（Sheratan）。当太阳运动到这里时，昼夜等长，寒冬已尽，新春伊始，万象更新。白羊座因此成为黄道十二宫的第一个星座。在印度的二十七宿（月站）系统中，娄宿也排在第一位。我国古人习惯用晚上的星象来标记季节，所以用与娄宿相对的角宿（当时秋分点所在处）作为二十八宿的起点。而今天的春分点已经逐渐移动到双鱼座和宝瓶座之间。

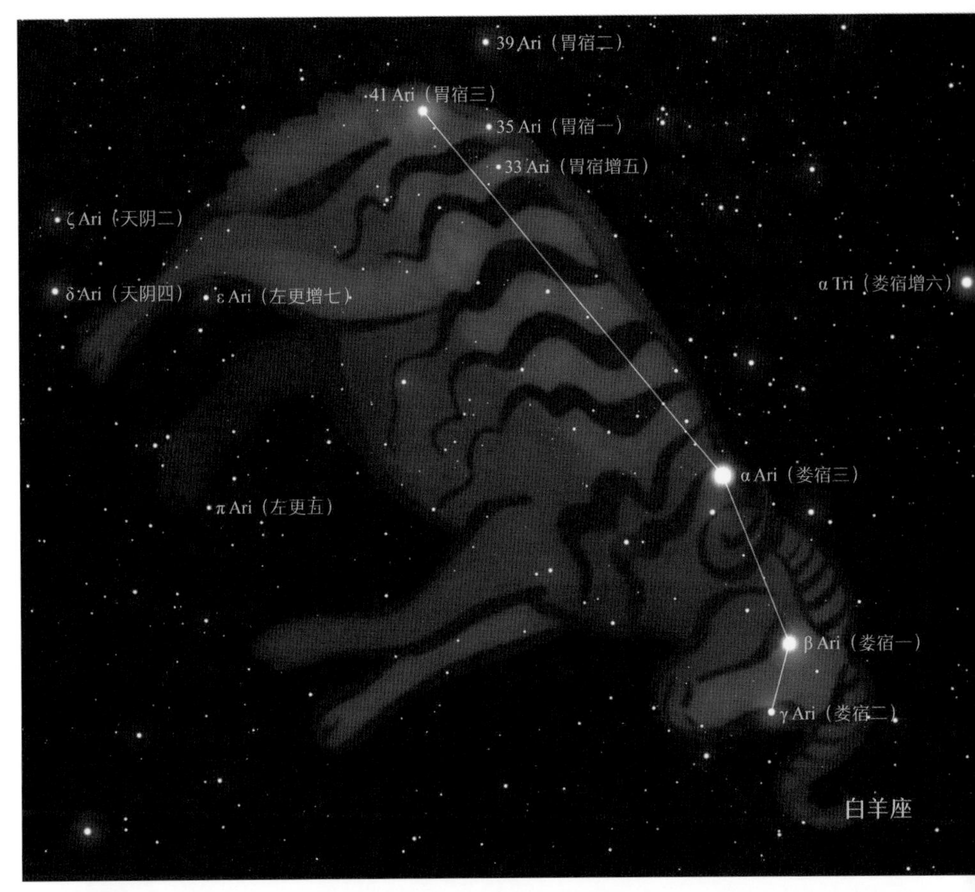

《伊阿宋获得金羊毛》，选自朱利奥·费拉里奥（1747—1867）所著的《古代与现代习俗》（约于1823—1838年出版）。现藏于美国国会图书馆

白羊座背部的 41 号星的亮度为 3.6 等，比 γ 星还亮，但并没有获得以希腊字母编号的拜尔星名。这是因为它没有参与构成金毛羊的形象，而是连同周围几颗小星一度被赋予了独立的形象。天文学家们先后将它想象为蜜蜂、黄蜂、百合花，甚至苍蝇。17 世纪末，天文学家赫维留的选择占了上风，这里被约定为北蝇座（Musca Borealis），与南天的苍蝇座相呼应。1922 年，国际天文学联合会在统一了全天星座的名称和边界时，将它并入白羊座之中，北蝇座从此自星空消失。

在中国古代，这里是二十八宿中的胃宿，白羊座 41 号星又被称为胃宿三。《史记》中说这里是天上的粮仓。胃宿南侧的几个星官都是各式仓库，如天廪（金牛座腰身）、天囷（鲸鱼座头部），以及对应草料的刍蒿（鲸鱼座前肢）。按占星师的说法，如果这些星星明亮，则对应的仓廪殷实；如果星光暗淡，就说明储备不足。这样，天文官就可以假托天意来介入国家经济议题。

在鲸鱼座脖子的 δ 星东侧 0.7° 处，有一个深空天体 M77 值得一看，它是距离我们 4700 万光年的一个巨大的棒旋星系。所谓“棒旋”，是说它不仅有旋臂，核心处的恒星还聚集成棒状结构。其实大部分旋涡星系都是有棒的，我们所在的银河系就是一个棒旋星系。棒状结构是旋涡星系在演化过程中自发出现的。

棒旋星系 M77，由位于智利的甚大望远镜拍摄

波江座

(Eridanus)

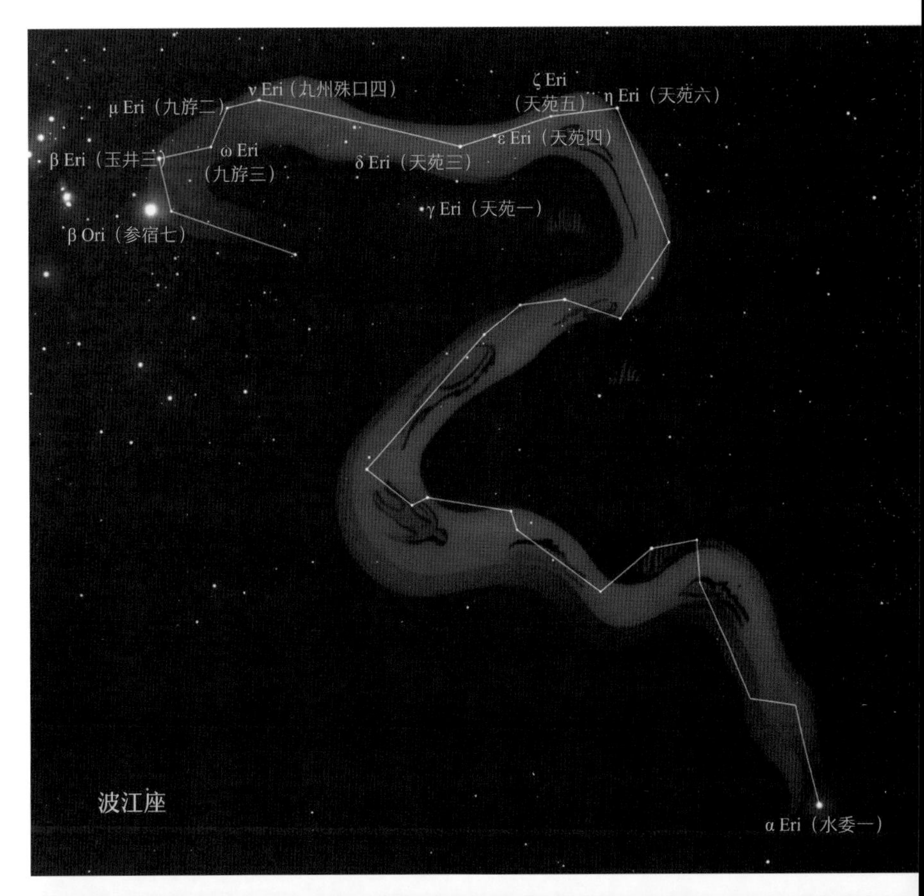

在鲸鱼座东侧、金牛座的正下方，是巨大的波江座。这片天空中最明亮的一系列 3—4 等的恒星曲折相连，仿佛一条蜿蜒的河流。古埃及的天文学家说它代表埃及的母亲河——尼罗河，古罗马的作家说它代表意大利的母亲河——波河。在中国的星官体系中，银河才是天界唯一的河流，波江座被视为天上的苑囿（天苑）。众星围成的空间内星子寥寥，如猎场般开阔。

如果你住在北纬 30° 以南的地区，将有机会看到位于波江座尽头的亮星水委一。它的英文名“Achernar”来自阿拉伯语，意思是“河流的尽头”。由于岁差的关系，在古代它的位置要靠南许多，不可能被古希腊或者古埃及的观测者看到，所以尽管亮度能排入全天前十，但很晚才为北半球的人们所知。在托勒玫眼中，波江座的尽头是今天的 θ 星。直到 17 世纪初，水委一才由德国天文学家拜尔根据荷兰航海家的记录加到星图中，并赋予了希腊字母 α。中国古代的观测者也没有见过它，直到明代崇祯年间（1634 年），徐光启修订历书时才参考西方星表加入了星官水委，波江座 α 从此有了中文名——水委一。

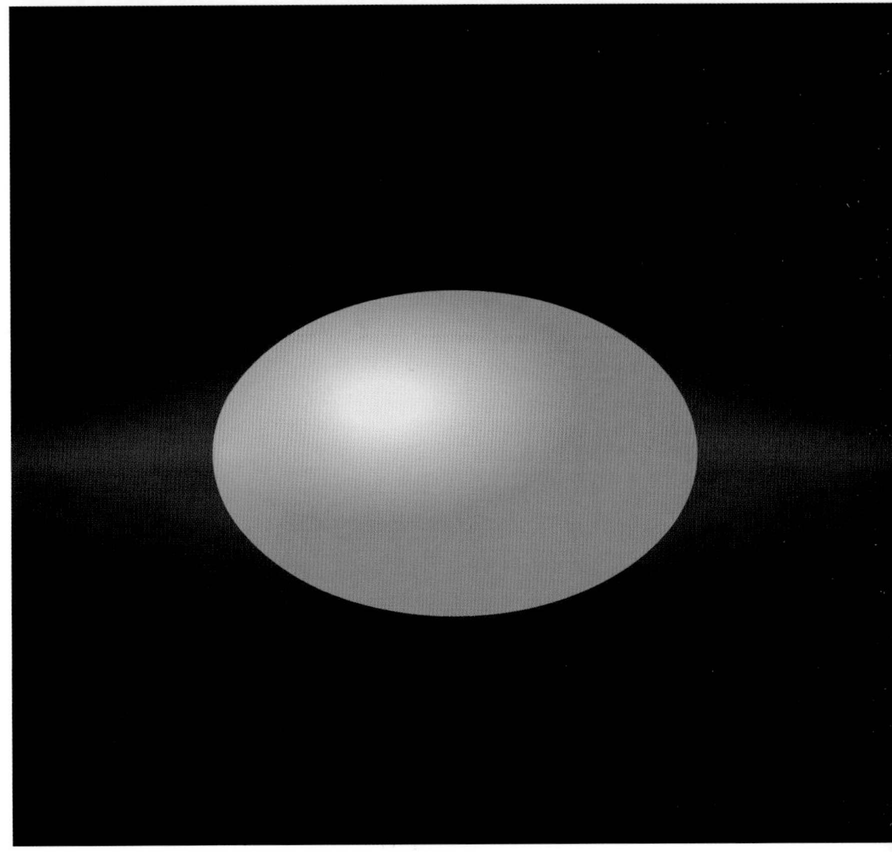

水委一的形状示意图

物理上，水委一是一颗正值壮年的大质量恒星，诞生于3700万年前。那时的南极洲刚和澳大利亚大陆分离不久，还与南美洲相连，地表有着动物和植被。曾有机会目睹这颗明亮恒星诞生的物种如今都被掩埋在南极洲厚达数千米的冰层之下。这颗距离我们139光年的明星不知道地球上的这些沧桑。它径自以很高的速度旋转着，表面物质的运动速度超过200km/s，而太阳的表面速度还不到2km/s。水委一因高速自转呈现出橄榄球般的椭圆外形。它的外部还有一圈光环一样围绕它高速旋转的物质盘（星周盘），在离心力的支撑下没有落入恒星熔炉之中。那里也许有机会形成新的行星。但水委一的质量太大，燃料消耗得很快。无论周围的物质碎片是否来得及形成行星，它的时代都将在4000万年后终结。

要寻找系外行星，波江座中有一个更好的目标——波江座ε（天苑四）。这颗4等星距离太阳只有10光年。质量略小于太阳，意味着它会比太阳更长寿。而且它现在还非常年轻，只有不到10亿岁。如果它周围存在合适的行星，将会是星际移民的绝佳目标。到目前为止，天文学家们看到了一些迹象，但我们目前的设备还不足以得到确定性的结论。不过不用着急，太阳在它这么大的时候，地球上还没有出现生命呢。

天炉座（*Fornax*）

在鲸鱼座南方，波江座没有覆盖的空旷位置，法国天文学家拉卡伊设置了天炉座，代表化学家用的小型熔炉。其中只有一颗恒星亮于4等。像其他空旷的天区一样，天文学家们利用专业设备在这个方向发现了许多遥远的星系。但对于爱好者来说，没有什么适合观测的目标。

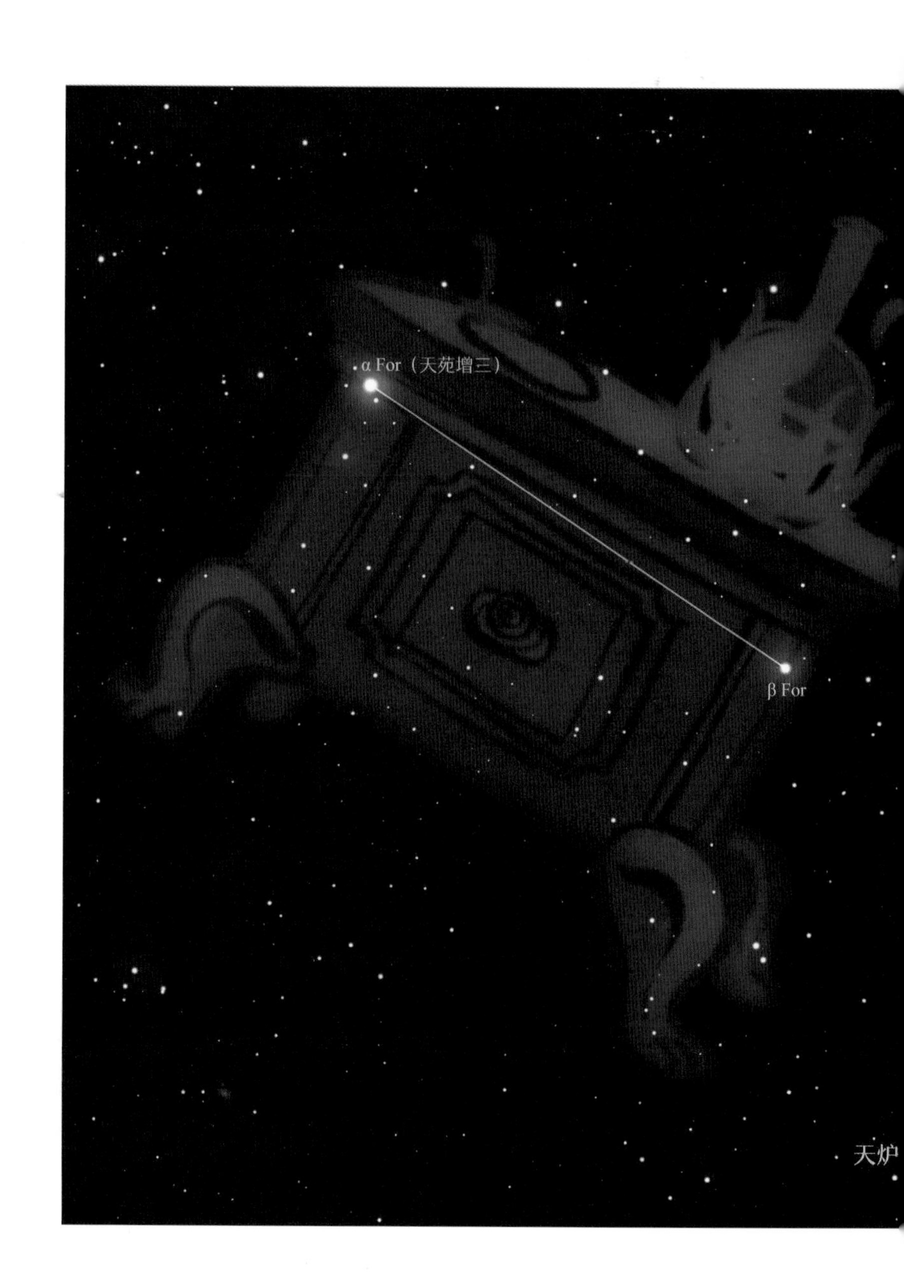

时钟座 (*Horologium*)

位于波江座南侧的时钟座也是如此。拉卡伊用它来向摆钟的发明者、荷兰天文学家克里斯蒂安·惠更斯（Christiaan Huygens，1629—1695）致敬。其中缺乏亮星，也没有明亮的深空天体，而且因为纬度偏南，北半球的望远镜都难以观测。可以说，这个星座的存在，只是为了给这片空旷的天区取一个代号而已。

1月1日 22:30 / 1月15日 21:30 / 1月30日 20:30

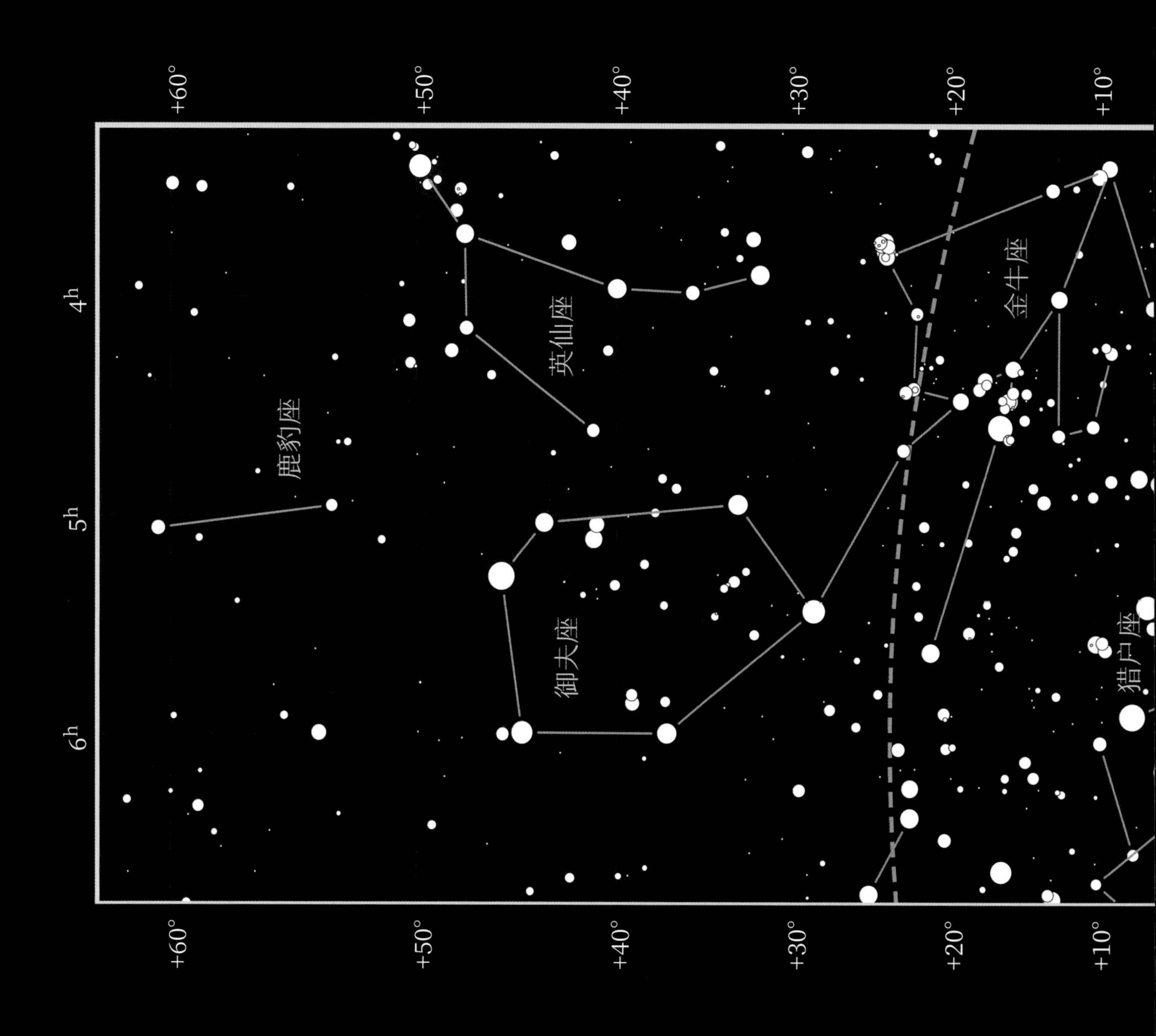

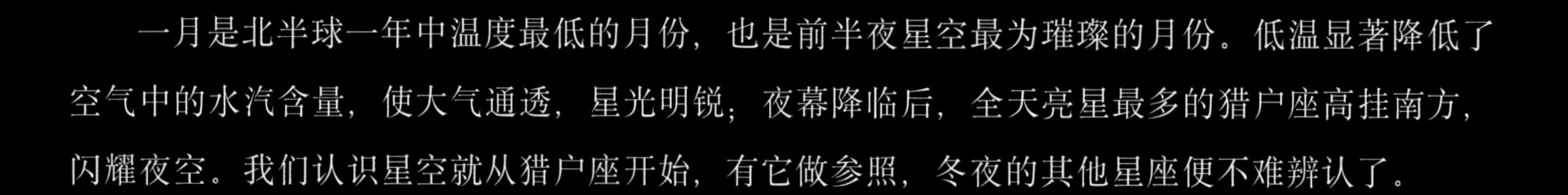

一月是北半球一年中温度最低的月份，也是前半夜星空最为璀璨的月份。低温显著降低了空气中的水汽含量，使大气通透，星光明锐；夜幕降临后，全天亮星最多的猎户座高挂南方，闪耀夜空。我们认识星空就从猎户座开始，有它做参照，冬夜的其他星座便不难辨认了。

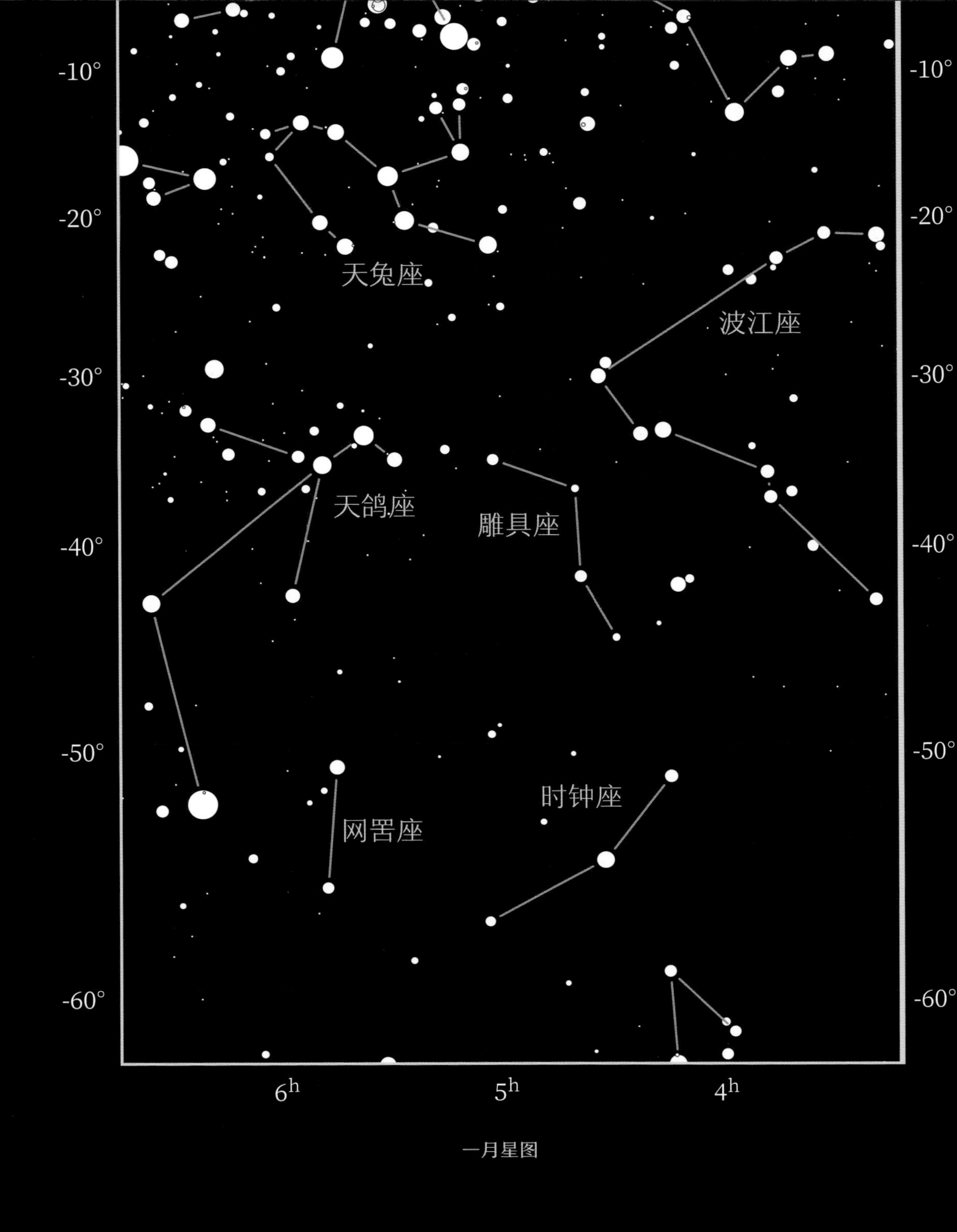

一月星图

猎户座 (*Orion*)

猎户座包含七颗 2.5 等以上的亮星，其中最明显的是三颗亮度相近且连成一线的大星，它们组成猎户的腰带。腰带周围四颗亮星组成的不规则四边形是猎户的躯干。猎户右手（东侧）高举木棍，西侧一列小星连成弧形，仿佛狮皮盾牌，挡住迎面冲来的金牛座。腰带三星下方还有三颗小星排成纵列，好像悬挂在腰间的短剑。这是古希腊人眼中的猎户座形象。在古希腊神话中，有一个名叫俄里翁（Orion）的非凡猎人，意外被毒蝎蜇死，毒死他的蝎子就是夏日夜空中出现的天蝎座。因为生死仇怨，两个星座永不相遇。中国古人当然也注意到了这一现象，唐代诗人杜甫就把它们写入了“人生不相见，动如参与商”的诗句中。参与商指的是二十八宿中的参宿和商宿，大致对应西方的猎户座和天蝎座。

“参”即是“三”，原指猎户腰带上排成一行的三颗亮星。后来指代的范围扩大，周围四颗亮星也被算进来，变得和西方的猎户座范围相近。猎户头部的三颗小星被称为觜宿，代表白虎的头部。猎户腰带下方代表短剑的三颗小星被称为“伐”（或者“罚”）。古人认为当这几颗星变亮或者抖动时，就会有战事。这当然是无稽之谈。因为这三颗星中的第二颗并不是星，而是星云——猎户座大星云（Orion Nebula，它在梅西叶星云星团表中的编号为 42，因此常被简称为 M42）。即使在天气很好的时候，它也呈现为云雾状。这为占星术士提供了足够的解释空间，让他们可以根据实际需要来发挥。

M42 是距太阳最近（约 1300 光年）的一个恒星形成区，一团巨大的尘埃云刚在几十万年前孕育了一群新生恒星。在望远镜中可以看到，星云中心有四颗小星聚在一起，组成一个四边形，被称为“猎户四边形”（Trapezium）。这几颗年轻恒星的强烈星风正在将包裹它们的尘埃气体吹散，周遭暗云复杂的结构得以显露。猎户腰带及宝剑附近的许多恒星都是在同一时期从这一片区域诞生的，它们一起组成了一个年轻的星团，最终则会在围绕银河系转动的漫长旅途中逐渐分崩离析。需要注意的是，猎户座大星云虽然在照片中色彩绚烂，但用望远镜直接观察却看不到颜色。因为它的星光太过微弱，人眼在夜晚对色彩又不够敏感，只有借助长时间曝光的照片才能一饱眼福。

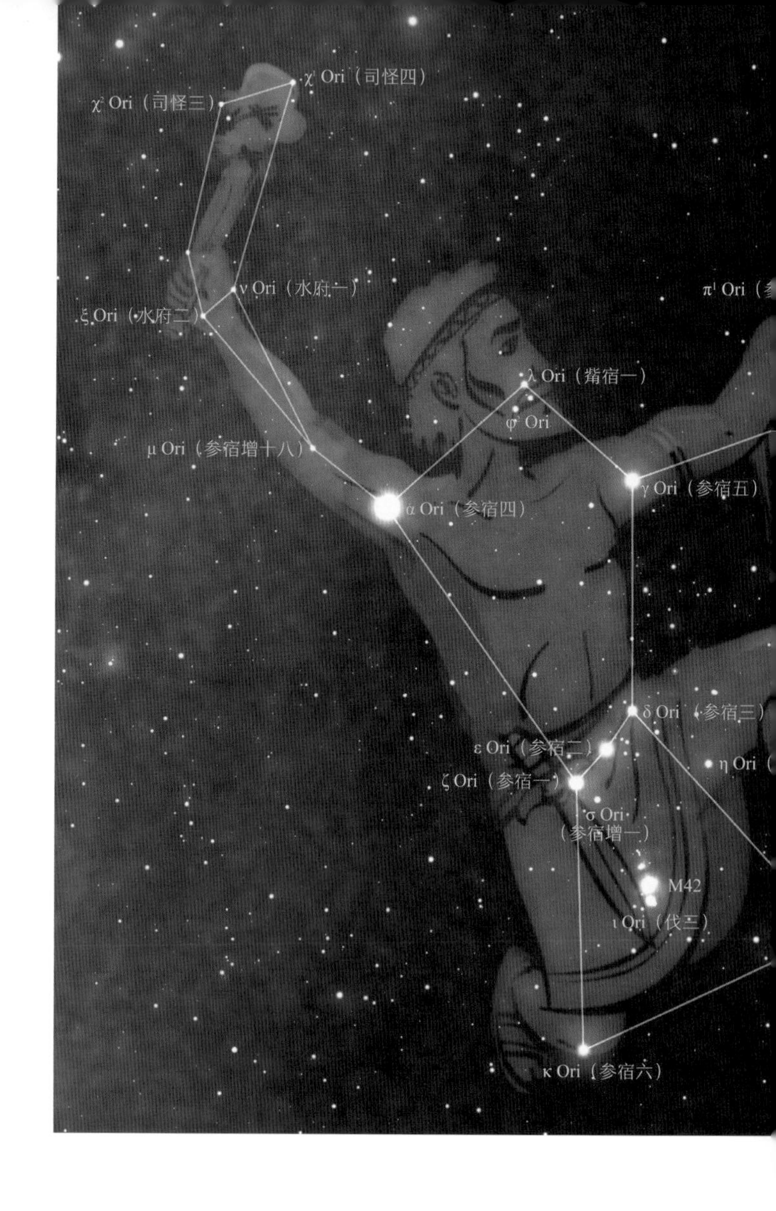

猎户座大星云，由哈勃空间望远镜拍摄

对于目视观测者来说，0.5 等的参宿四（Betelgeuse）微微泛红，在一群蓝白色的恒星间格外显眼。这颗恒星被称为“巨人之肩”，质量几乎是太阳的 20 倍，燃烧的速度非常快。虽然年龄只有 800 万年，但如今已垂垂老矣。其核心处的氢燃料已燃烧殆尽，正以氦聚变勉力维持。参宿四的外层气体受热膨胀，导致表面温度降低，总亮度却在增加，我们才得以看到它不一样的色彩。这类恒星被称为红超巨星。

参宿四的体积很大，到太阳的距离又不算太远，只有 640 光年，因此成为太阳以外第一颗被测出大小的恒星。早在 1920 年，天文学家就直接看到了它的盘面。若参宿四在太阳的位置，它的半径将包覆火星轨道之外的整个小行星带。如今，它已处在恒星演化的最后阶段，大概会保持现在的状态 10 万年。一旦核心处的燃料短缺，参宿四的外层大气就会开始冷却并向内收缩，为核心带去新的燃料。这样反复多次之后，核反应产生的元素也越来越重。当核心处只剩下无法继续反应的铁元素时，恒星的辉煌之路便走到了尽头。外层大气在核心引力的作用下向内坍缩，而核心处已无法产生足够的辐射来平衡这种坠落，整个星体的质量都会集中到核心处，压碎那里的原子，使它们变成紧密堆积的中子。从外层坠落的物质被这坚实致密的核心反弹，坍塌就会转而成为一场猛烈的爆炸。除核心之外的整个星体都将在这场爆发中粉身碎骨，并发出超过整个星系的耀眼光芒。这，就是超新星爆发。

如今的参宿四正在接近这个终点。在地球上看，它的亮度会有几次明暗交替的反复，之后它会突然增亮，甚至达到白天可见的程度，然后永远地消失。但我们并不知道那个历史性的时刻何时到来。不过，2019 年 10 月，天文学家们忽然发现参宿四的亮度开始下降！到 2020 年 2 月，它已经降低了 1 个星等，也就是 2.5 倍。在现代天文学家对它的观测记录中，从未出现过如此大的亮度波动。人们因此开始怀疑参宿四可能要爆发了。但在 2020 年 3 月，它的亮度又慢慢恢复了。真是虚惊一场！当然，天文学家们如今仍在定期监测它的亮度变化。参宿四的爆发也许在明年，也许是十年之后，也可能还要几万年。

位于猎户座西南角的参宿七（Rigel）是一颗典型的蓝白色超巨星。距离我们约 860 光年，亮度是太阳的 10 万倍。在距它 2.5° 的波江座天区，有一片被称作“女巫头”的暗星云（Witch Head Nebula, IC 2118）。这个星云本是某颗死亡恒星的残骸，早已冰冷沉寂，在参宿七强烈星光的照耀下才得以从黑暗的背景中浮现。

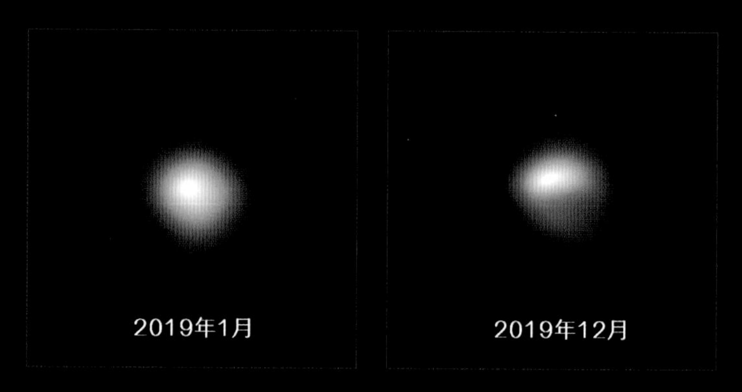

欧洲南方天文台甚大望远镜在 2019 年记录到的参宿四亮度变化

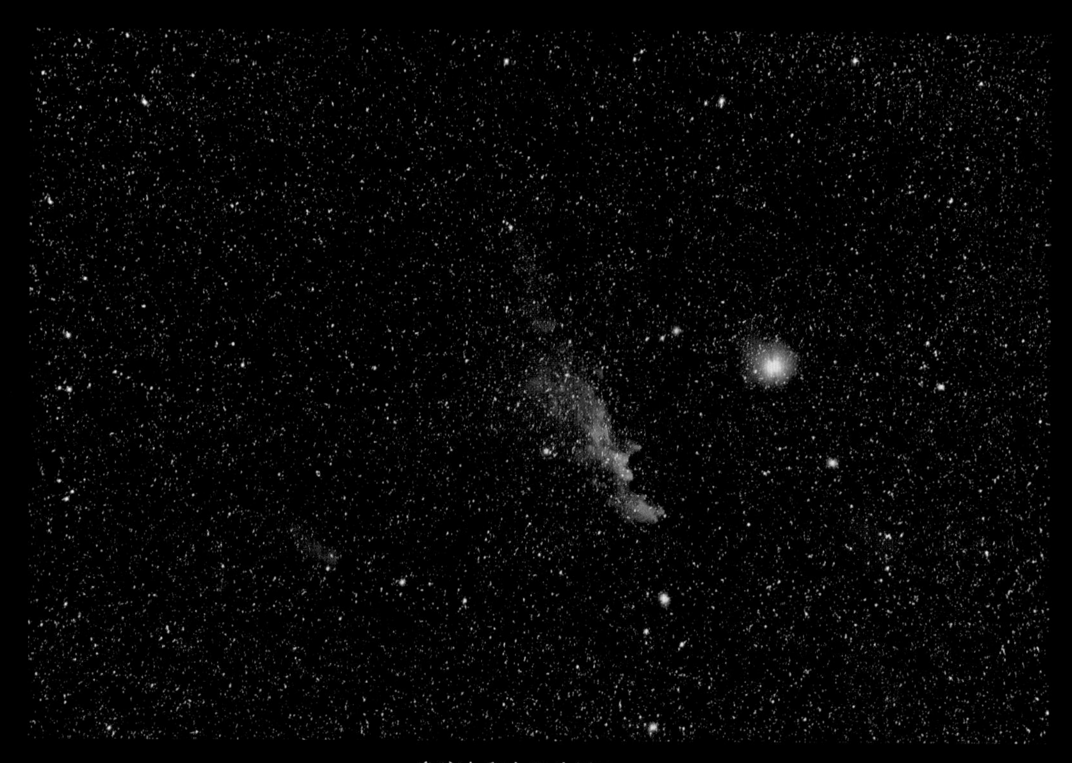

参宿七和女巫头星云

参宿七是个双星系统，有一颗 6.7 等的伴星，它们相距 9.5"，用口径 15 厘米以上的望远镜就可以看到它们是两颗恒星。不过这颗伴星自 1822 年被发现以来，没有呈现出可见的相对位置变化。如果它们真的彼此吸引的话，公转周期应该超过 1.8 万年。到 20 世纪，人们发现伴星其实是由两颗离得很近的恒星组成。两个等大的成员星相距仅有 0.1"，以 63 年为周期相互绕转。于是这颗伴星被拆分成参宿七 B 和参宿七 C，明亮的主星则是参宿七 A。根据这些恒星的光谱，我们又发现了更多无法直接看见的伴星。参宿七 A 有一颗公转周期为 22 天的伴星，而参宿七 B 似乎又是由两颗以 9.9 天为周期绕转的恒星组成。因此，参宿七这个明亮的蓝白色光点中至少包含了 5 颗恒星：光谱双星参宿七 A，光谱双星参宿七 B，以及参宿七 C。日后，待我们有了更先进的技术，还会发现更多更小的伴星和行星，也许其中就包含我们未来的家园。

猎户座中另一个著名的观测目标是位于猎户座 ζ 星附近的马头星云（Horsehead Nebula）。这个有着马头形状的星云本身并不发光，只是在身后一片发光氢云的衬托下才显露出剪影。这类星云被称为暗星云，由大量气体和尘埃分子组成，完全遮住了背景的星光。如果它的质量足够大，密度足够高，就有机会像猎户座大星云那样孕育出新的恒星。

参宿七系统

马头星云

如果用专业相机拍摄猎户座，进行更长时间的曝光，环绕猎户躯干的巴纳德环（Barnard's Loop）就能显现在照片上。这个美丽的星云是大约两三百万年前一颗大质量恒星爆发的遗迹，被抛入星际的气体壳层在周围明亮恒星的照射下发出幽暗的红光。它爆发时人类还处于旧石器时代，再次被发现时已是1895年。无论我们是否知道巴纳德环的存在，它都在慢慢暗淡，消散，将恒星内合成的重元素散播到星际空间中，再随着星云的凝聚坍缩进入下一代恒星体内。

星空摄影师拍摄的猎户座与巴纳德环，后者为照片中弥散着红色云气的半圆结构，环中排成一列的三颗蓝色亮星就是猎户座的腰带

金牛座（*Taurus*）

金牛座在猎户座右上方，橙红色的亮星毕宿五以及精巧的昴星团都是不会被错过的标记。属于毕星团的一群亮星组成V形，构成金牛的头部，小巧的昴星团是它弓起的背部，五车五和金牛座ζ星（天关）勾勒出两只长长的犄角。在古埃及人眼里，它是献祭的牺牲。在希腊人眼中，它是宙斯诱拐公主欧罗巴（Europa）时化成的白牛。在古代中国，人们把V形的毕星团看作田猎的叉网，这种工具叫作“毕”，所以称之为毕宿。

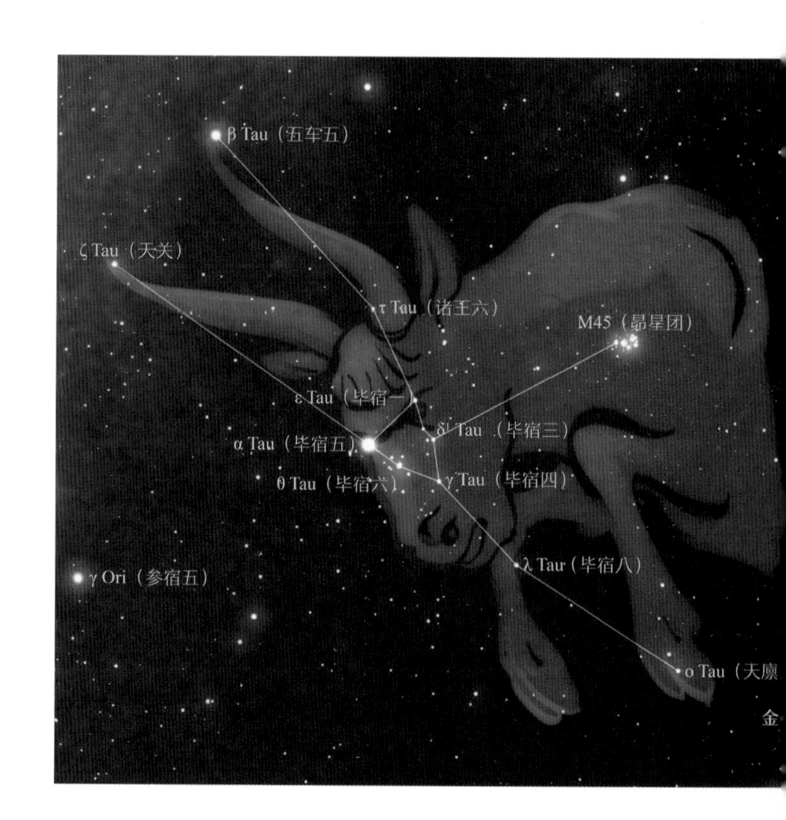

在许多文化中，毕星团都和雨水有关。在希腊神话中，许阿得斯（Hyades）是泰坦巨人阿特拉斯的女儿们，在她们的兄弟许阿斯（Hyas）狩猎意外身故后，伤心过度而死。她们的泪水便形成了每年四月雨季的雨水。在英国民间，毕星团也被称为“四月雨者”（April Rainer）。有意思的是，《诗经》中也说“月离于毕，俾滂沱矣”，将毕宿和雨季联系在一起。

星空当然不会影响地球上的气候。实际是每年四月，太阳在运行到金牛座方向时，毕星团便在日光掩映下消隐，从夜空中缺席。而四月的北半球，雨水开始增多，人们就将两个本不相干的现象联系在了一起。《诗经》中的“离”，是说月亮每月遍历二十八宿，唯独这个月新月和老月的月牙始终背向毕宿。于是每当月亮游离于毕宿之外，便是淫雨霏霏的四月了。其实，雨季的到来只和太阳的位置有关，但在历法尚不成熟的年代，借助星空来判断时节无疑是一个有效的手段。

毕星团（Hyades）是离我们最近的疏散星团。和致密的球状星团相比，疏散星团成员较少，空间分布也较为分散，没有规则的形状。毕星团就是其中的典型，包括约 300 个亮于 18 等的成员星，V 形图案附近的大部分恒星都是它的成员。毕星团距离太阳只有 150 光年，占据了很大一片天空。不过，金牛座中最亮的毕宿五并不属于这个星团，它离太阳要近得多，只有 65 光年。

《宙斯化身白牛拐走欧罗巴》，提香 · 韦切利奥绘，现藏于伊莎贝拉嘉纳艺术博物馆

星空摄影师拍摄的毕星团

红色的毕宿五是红超巨星，通常被认为是公牛发红的眼睛。它的英文名“Aldebaran”来自阿拉伯语，是“追随者”的意思，因为它总是跟着昴星团东升西落。如今毕宿五已经耗尽了内部的氢燃料，进入氦聚变阶段，体积膨胀为太阳的40倍，表面温度下降到不足4000开尔文。它的现在，就是几十亿年后的太阳。在接下来的几亿年里，毕宿五都将处于这个阶段，直到失去大部分外部气体，成为一个在小望远镜中看起来像行星的星云（行星状星云），中心只剩下一颗渐渐熄灭的白矮星。

值得一提的是，美国国家航空航天局于1972年发射的人类第一个太阳系外探测器——先驱者10号正携带着刻有地球坐标和人类信息的金属板向毕宿五飞去。飞行了40多年后，先驱者10号已经到达100倍日地距离处，但还没有离开太阳系。目前它仍在以12km/s的速度继续着漫长的旅程。如果不出意外的话，200万年后，先驱者10号就会到达毕宿五。

先驱者10号回望太阳系的艺术假想图

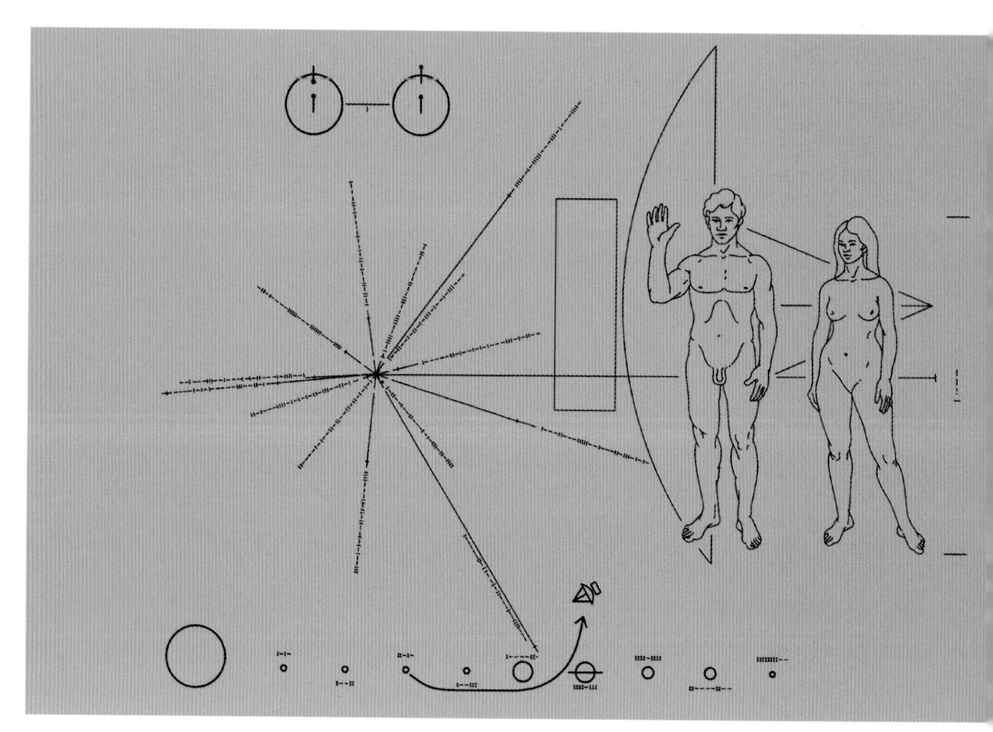

先驱者10号携带的镀金铝板。
其中包括氢原子、人类两性画像、探测器轮廓、太阳系图示等信息

昴星团（Pleiades，M45）其实和毕星团一样大，不过因为它到我们的距离比后者远了三倍，因此看起来就只有后者的三分之一。这个小巧精致的明亮星团在北半球的冬季夜空中十分显眼。在希腊神话中，昴星团是七姐妹，但有时看起来会少一个，因为容易辨认的只有六颗5等以上的亮星。中国古代一度根据它的位置来确定季节。上古文献《尚书》中有“日短星昴，以正仲冬”的记载，意思是说在白天最短的时候观察昴宿在夜空中的位置，就能知道是否冬至到了。我们现在可以推算出，在公元前2300年前后，春分日太阳所在的位置（称作春分点）是在昴星团附近。冬至日，太阳会运行到昴星团西侧90°的位置上。因此在白天最短的冬至，昴星团会在太阳落山后出现在正南方夜空。后来由于地球自转轴的漂移，春分点渐渐向白羊座方向移动，这个方法就不准了，昴宿也因此失去了特殊的地位。物理上，昴星团是一个年轻的星团，形成于约1亿年前的白垩纪中期，大约再过2.5亿年就会被银河系的引力拆散，汇入亿万恒星的背景当中，泯然于众星。

昴星团（也被称为“七姐妹星团”）是个肉眼可见的美丽星团。众多的成员恒星照亮了它们前方的气体尘埃云，李天拍摄

在金牛座ζ星旁边还有一个著名的超新星遗迹——蟹状星云（Crab Nebula), 它是梅西叶星云星团表中的第一个成员，因此简称 M1。早期的观测者觉得它周围的细丝状结构看起来像只螃蟹，于是把它叫作蟹状星云。19 世纪，照相术发明之后，天文学家终于能够准确地记录它的形状。1921 年，美国天文学家邓肯在比对不同时期的蟹状星云照片时，偶然地发现其中的物质仍在向外膨胀。由蟹状星云的尺寸可以估算出，制造它的超新星爆发事件大约发生在 900 年前。超新星爆发时释放的能量相当大，最大亮度甚至可以超过整个星系。如果这个时间推算正确的话，应该有人见过这次爆发。《宋史·天文志》中正好有一则关于客星（客星是古代中国对天空中临时出现的星体的统称）的记录:“至和元年五月己丑，出天关东南可数寸，岁余稍没。”意思是说 1054 年 7 月 4 日，一颗新的星体在天关（金牛ζ星）东南方不远处出现，一年多后才消失。同时期的其他典籍中也有类似的记载。中国的这些史料为这次超新星爆发事件提供了重要的时间节点和亮度变化信息。这颗超新星因此被称为 1054 超新星。要知道，人类对天象的持续记录还不到 3000 年，这类爆发记录和星云遗迹能够对应起来的事例屈指可数。蟹状星云也因此成为重要的科学目标。

在照片中，蟹状星云呈现出复杂的丝状结构，其实这些都是它从前大气的残余。蟹状星云的中心是那次超新星爆发后留下的一颗直径 30 千米的脉冲星。这是一种高速旋转的中子星，因稳定地向外发出脉冲般的电磁辐射而得名。蟹状星云中的这颗每秒自转 30 次，维持并塑造着整个星云的形态。这颗星在光学波段被浓厚的星云遮掩，但在紫外和 X 射线等高能波段，它的辐射则可轻易地穿透周围的气体和尘埃，向我们传递来自中心的消息。虽然 M1 只是一颗死去恒星的残骸，但我们仍在持续监测它的活动，就像 1000 年前的宋代史官一样。未来的观测者会利用今天的数据发现更多的秘密。

蟹状星云的多波段合成照片。红色来自射电，黄色来自红外，绿色是可见光，蓝色代表紫外，紫色来自 X 射线

御夫座 (*Auriga*)

在金牛座的上方，接近北极的地方，有五颗亮星构成一个凸五边形，这就是御夫座，代表着发明双轮马车的雅典国王埃里赫索纽斯（Erichthonius）。御夫座在中国古代的星官体系中恰好也代表舆车，即“五车”。而在另一个版本的希腊神话中，御夫座代表身为众神信使的赫耳墨斯的儿子弥尔提洛斯（Myrtilus），为古希腊国王俄诺玛俄斯（Oenomaus）驾车。俄诺玛俄斯有个美丽的女儿，但有预言说他会被女婿杀死，于是他与每一个前来追求他女儿的人比赛驾车。追求者只有赢了俄诺玛俄斯才能得到公主，输了则会被杀死。许多人都败在弥尔提洛斯精湛的车技之下。后来宙斯的孙子珀罗普斯（Pelops）也来求婚。公主对珀罗普斯一见钟情，于是去央求弥尔提洛斯故意输掉比赛。弥尔提洛斯也暗恋公主，便在车轮上动了手脚。比赛至关键时刻，国王的车轴断裂，国王被甩出车外身亡，弥尔提洛斯幸存。珀罗普斯赢得了公主和王位，却违背诺言将弥尔提洛斯丢下悬崖。为了纪念这次比赛，珀罗普斯举办了一场盛大的赛会，这就是古希腊奥林匹克运动会的开端。

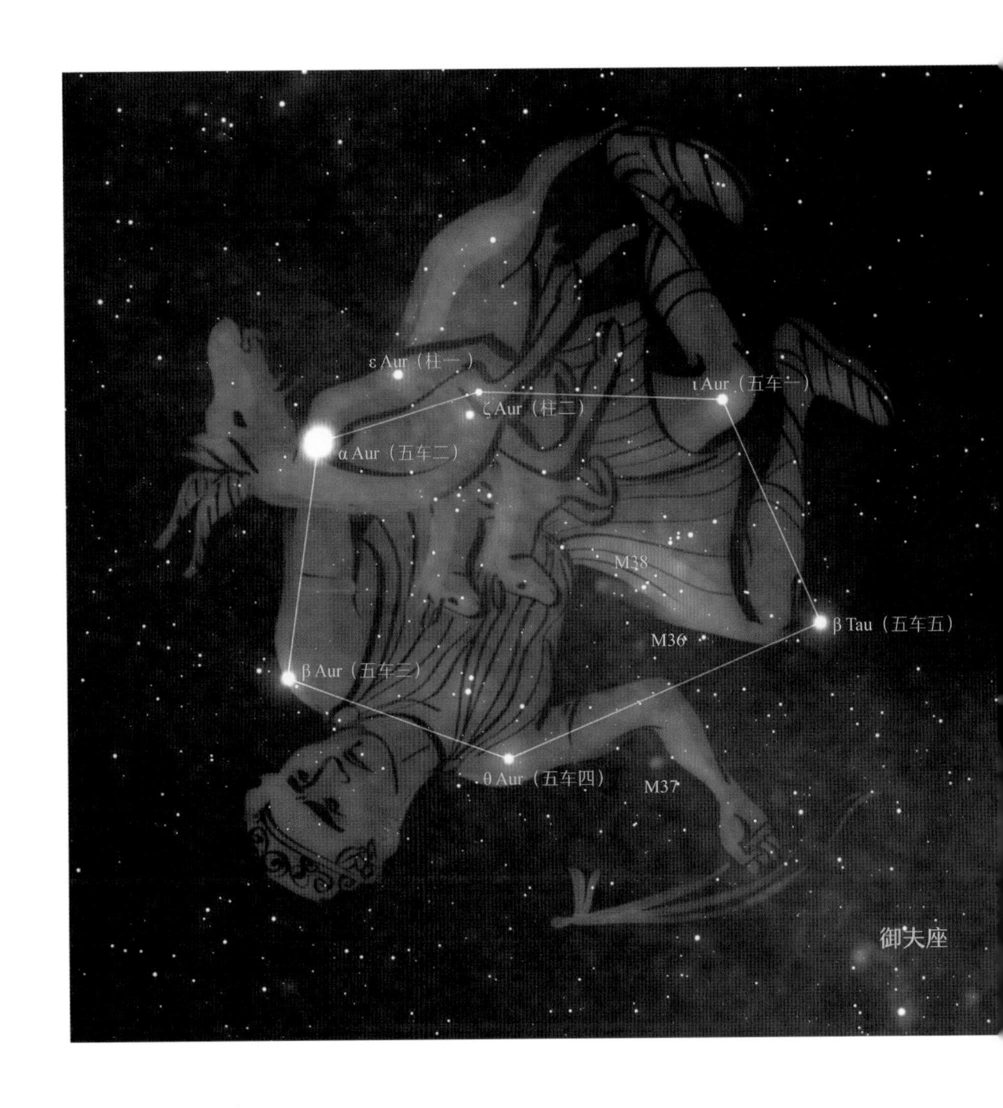

《珀罗普斯赢得公主和王位》，选自《英语文学与艺术中的经典神话》，查尔斯·米尔斯·盖里绘

御夫座位于银盘上，不过刚好是在银河中心的反方向，是银河最暗淡的一部分。在御夫座中能看到三个相距不远的疏散星团：M36、M37 和 M38，沿着银道面依次排开。它们到太阳系的距离都在 4000 光年左右，这并非偶然，而是因为它们都属于双鱼座旋臂。银河系汇集了亿万颗恒星和大量的尘埃气体，但这些恒星和尘埃气体并非都以相同的速度转动。转得快的物质一旦接近转得慢的物质，就会造成质量堆积，诱发尘埃云坍缩，形成新的恒星和星团，如海水卷起浪花。我们看到的旋臂也就产生了。两三百万年前，御夫座的这三个疏散星团就是如此在双鱼座旋臂上诞生的。在围绕银河系转动的过程中，它们会逐渐解体，融入灿烂的星河。

御夫座最亮星五车二（Capella）是北天第三亮的恒星，仅次于织女星和大角星。它到我们的距离只有 42 光年，与毕星团朝同一个方向运动，可能有着相同的起源。不过，在御夫座中还有一颗不那么合群的星——御夫座 AE。这种大写英文字母的编号表示变星。这颗 6 等星的亮度变化并非因它自身在变化，而是它正以 100km/s 的速度在星云中高速穿行，薄厚不均的星云会不时地遮挡部分星光。根据年龄和速度来推算，御夫座 AE 大约在 250 万年前诞生于猎户座大星云中，可能是在和其他大质量恒星交会时被抛出，就像脱手的链球一样径直飞走。那时人类的祖先还没有学会直立行走，这颗星就开始了它在星际空间中的流浪。如今，它正好路过一片星云，明亮的星光照亮了周围的星云物质，仿佛一颗正在燃烧的宝珠，这里也因此被称为“燃烧之星星云”（Flaming Star Nebula）。不过，这里不是御夫座 AE 的归属，它只是过客，大约在 1500 年之后，就会飞出这片区域，恢复它本来的亮度 5 等，继续未知的征程。

星空摄影师拍摄的疏散星团 M36、M37、M38

美国国家科学基金会在基特峰上的 0.9 米望远镜与美国国家天文台的 mosaic CCD 相机拍摄的御夫座 AE 与其周围的星云状物质的假彩色图像（本图未严格按照光谱渲染）

天兔座 (*Lepus*)

猎户座的下方是天兔座，这是一个古希腊时代就存在的古老星座。它是一只野兔，可能是作为猎户和猎犬的猎物而被升上天空的。同猎户座相比，天兔座暗淡很多，其中最亮星也只有2.6等。最亮的四颗星组成的四边形在中国古代被视为天厕，用来解决星官们的需求。中国古人还贴心地在它的西侧设立了一块屏风（天兔座μ及ε），可以说是相当周到了。而在阿拉伯人眼中，猎户座在寒冷的冬季闪耀天空，象征着冰雪女王Jawza。她下方的这四颗星（即天厕）便是女王的宝座（Throne of Jawza）。

在天兔座和波江座交界的地方，有一颗被称为“欣德深红星”（Hind' s Crimson Star）的变星——天兔座R，亮度以400天为周期在6—11等之间变化。1845年，英国天文学家约翰·罗素·欣德（John Russell Hind，1823—1895）发现它的深红色异乎寻常。通过光谱研究发现，这颗星的大气中含有大量碳元素，吸收了辐射中的蓝光成分，因而呈现出明显的红色。这类恒星被称为碳星，具体成因还没有定论。天兔座R是同类中相对容易观测的一颗，你不妨用自己的望远镜试试看。

天兔座

在天兔座 α 和 β 星连线延长一倍的距离处还有一个球状星团 M79，距离我们 4.1 万光年，距离银心 6 万光年。这个遥远的天体不是在银河系内形成的，而是来自大犬座矮星系（Canis Major Dwarf Galaxy）。银河系巨大的引力场已经将这个包含数十亿颗恒星的矮星系拉长、撕裂，形成横跨夜空的巨大星流。但因距离遥远，暗淡的星流在星空中并不明显。矮星系的核心又刚好处在大犬座方向的银盘后面。因此直到 2003 年，这个星系才被天文学家发现，并取代大麦哲伦云成为距离银河系最近的星系。M79 作为大犬座矮星系掉落在轨道上的一块明亮碎片，早在 1780 年就被记录下来，而直到今天我们才知道它的来历。如此的星系合并本是宇宙中最美丽壮观的景象，我们身在其中却浑然不觉，不也是庄子眼中不知晦朔的朝菌吗？（《庄子·逍遥游》：“朝菌不知晦朔，蟪蛄不知春秋。”）

球状星团 M79，由哈勃空间望远镜拍摄

天鸽座（Columba）

天兔座的南边是天鸽座。它是由16世纪的荷兰学者皮特鲁斯·普兰修斯（Petrus Plancius，1552—1622）根据海员提供的数据创立的。普兰修斯用这个紧挨着南船座的天区来纪念《圣经》中为诺亚衔回橄榄枝带来洪水退却消息的鸽子，还顺便把南船座解释为诺亚方舟。不过学界没有接受后面的释名。天鸽座中没有亮星，也没有明亮的深空天体，却有一颗从猎户座大星云中飞出的逃逸星——天鸽座μ。它和御夫座AE星的运动方向刚好相反，正朝南高速地远离猎户座。天鸽座μ和御夫座AE星可能都是在同一次交会事件中被甩出的，经过了250万年的高速旅行之后，各自到达了今天的位置。在古代中国，天鸽座μ被认为是从天兔座的天厕中掉落的屎星。它是一颗5等星，并不会常被观测到，一旦出现在人们视野中，又亮得发黄，那说明天气极好，难怪司马迁在《史记》中写道："矢（通'屎'）黄则吉。"

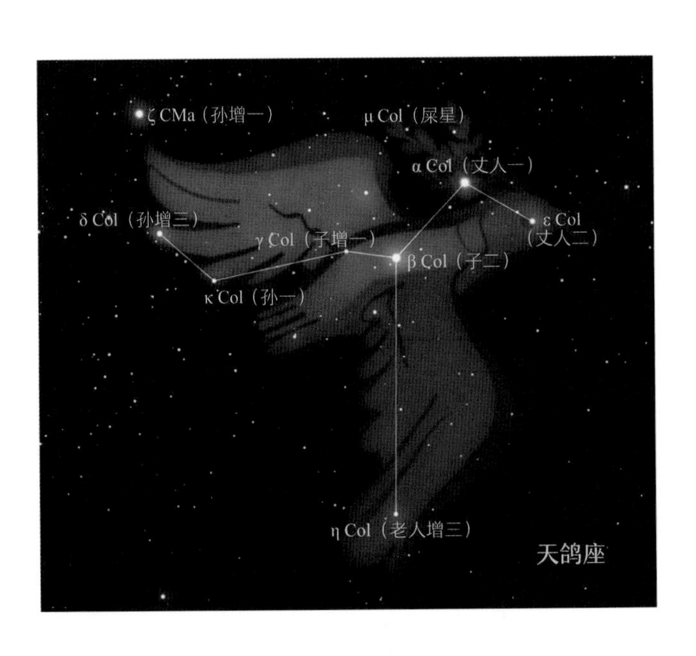

雕具座（Caelum）

在天鸽座西侧，还有个暗淡的小星座雕具座，这是18世纪的法国天文学家拉卡伊为了填补古代星座之间的空隙而加入的。其中没有亮于4等的恒星，也没有著名的深空天体，即使看不到也没什么遗憾。

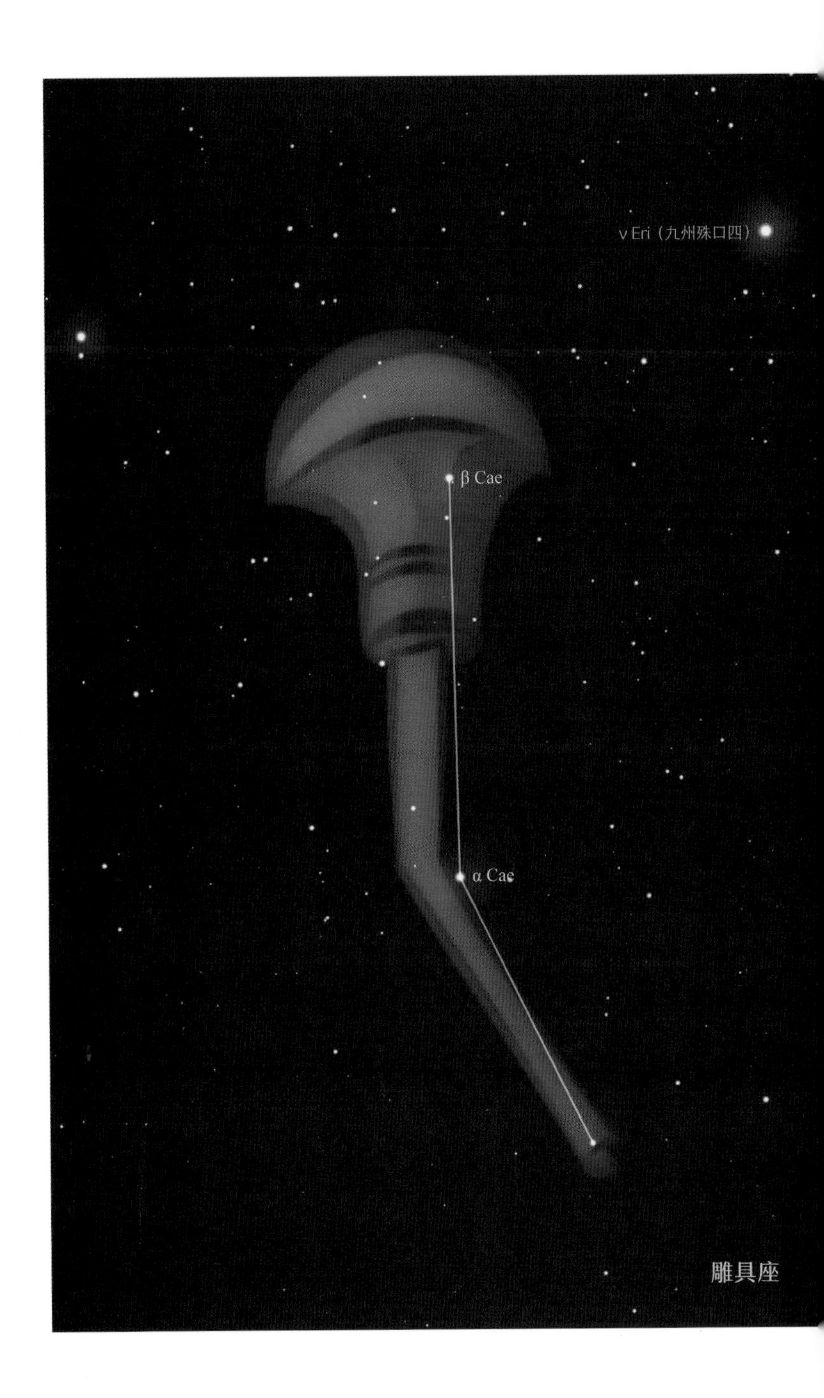

FEBRUAR

二月

观测时间（正南）：

2月1日 22:30 / *2月15日 21:30* / *2月28日 20:30*

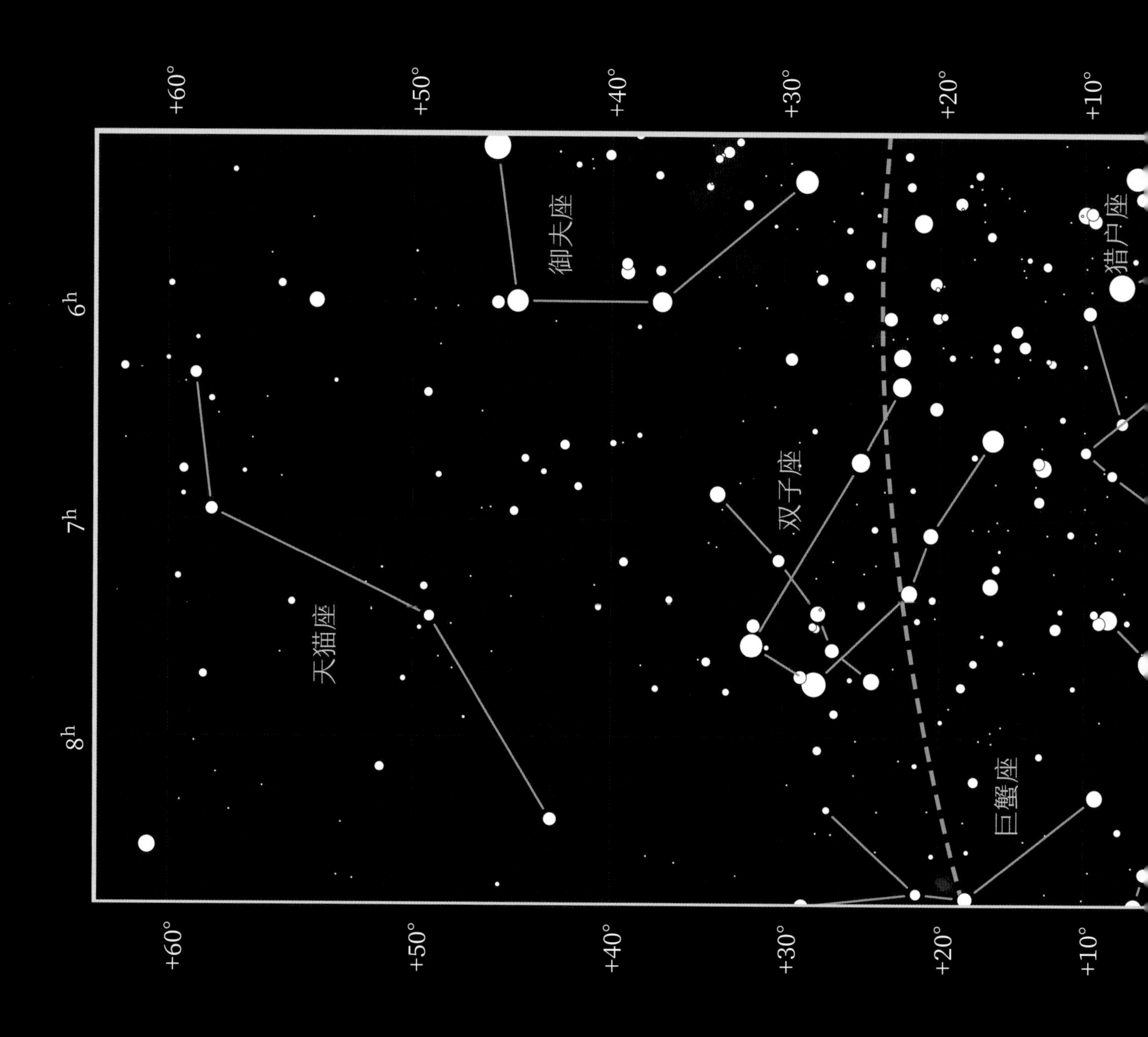

到了二月中旬，夜幕降临时，金牛座和猎户座已开始向西方倾斜，明亮的大犬座和双子座位于南方天正中。你会看到几颗最亮星构成一个巨大的等边三角形，这就是著名的“冬季大三角”：大犬座天狼星、猎户座参宿四和小犬座南河三。如果再算上北方的三颗亮星：金牛座的

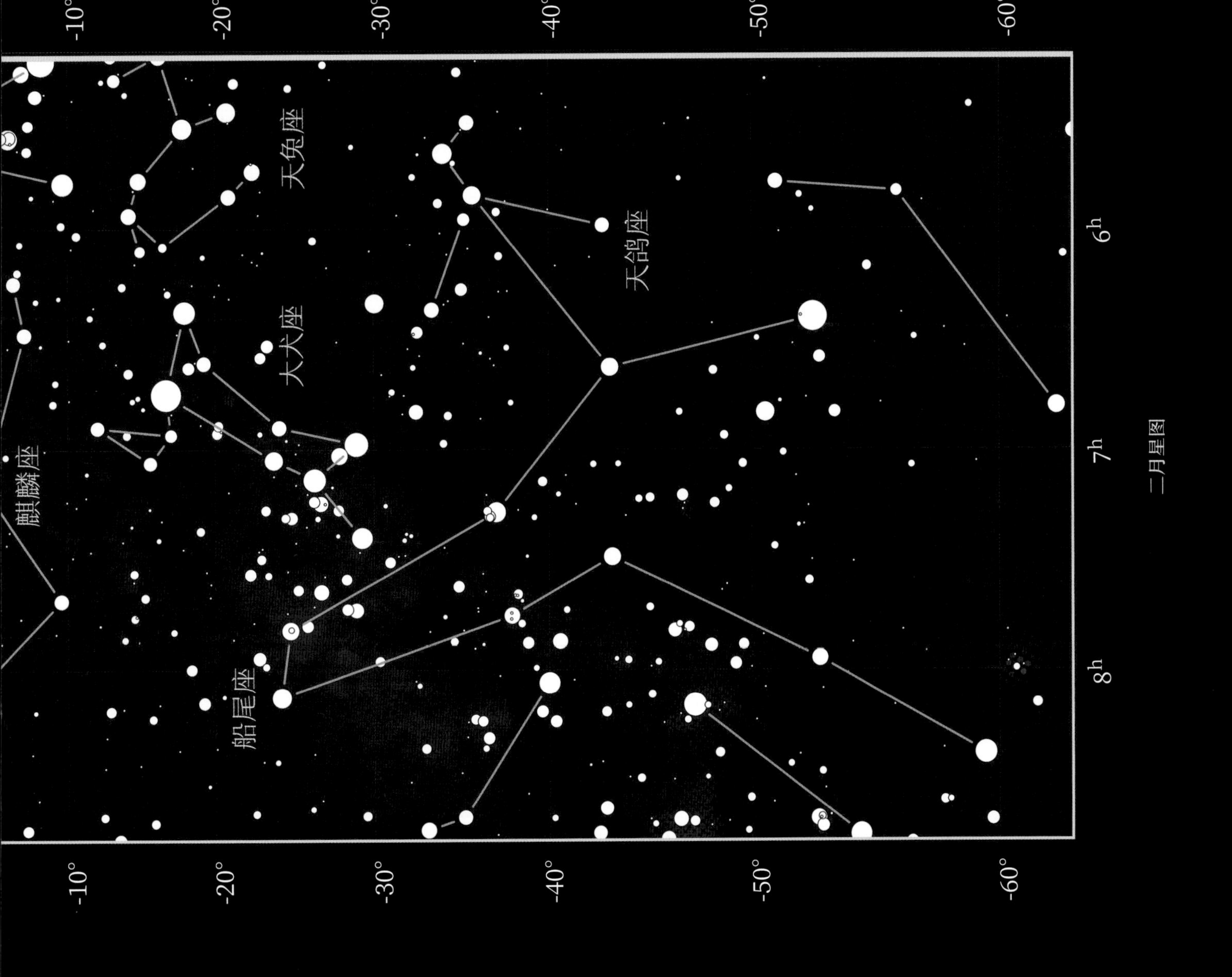

毕宿五、御夫座的五车二和双子座的北河三，就得到了“冬季六边形”。冬季最精彩的星座就都在这个六边形中了。让我们从最亮的天狼星开始吧。

天狼星和大犬座

(Sirius & Canis Major)

天狼星系统的艺术假想图

天狼星是毫无争议的全天最亮恒星，它比第二亮星——船底座老人星要亮两倍。不仅是因为它正值壮年，光度在邻近恒星中排第一；更重要的是它离地球很近，只有8.6光年，在所有肉眼可见的恒星中排第二，仅次于比邻星（南门二，距地球4.3光年）。比天狼星离地球近的恒星没它亮，比它亮的没它近，天狼星因此成为我们研究恒星的首选。1868年，英国天文学家威廉·哈金斯（William Huggins，1824—1910）利用天狼星首次测出了恒星在视线方向上的运动视向运动速度。天狼星现在以5.5km/s的速度正缓缓地向着太阳运动。如无意外在接下来的几十万年里，它都将牢牢占据地球夜空最亮恒星的宝座。

在古埃及，天狼星的地位非常重要。随着春天来临，太阳渐渐接近天狼星所在天区。这颗亮星会与太阳同升同落，夜晚沉入地平线下，不为人所见。暌违70天后，太阳在星空中的位置东移，天狼星又会在晨光中再度现身于东方地平，这个现象被称为偕日升（heliacal rising）。天狼星再度出现在夜空，尼罗河每年一度的汛期也开始了。洪水溢出河床，淹没岸边土地，带来大量适合耕种的肥沃淤泥。凭借这丰厚的自然馈赠，尼罗河两岸的人民创造出了5000年的古埃及文明。他们根据天狼星来制定历法，将它重新出现的时间（阳历二月）定为新年，并赋予其神格，认为它是女神索普德特（Sopdet），对它顶礼膜拜。

1844年，德国天文学家和数学家弗里德里希·威廉·贝塞尔（Friedrich Wilhelm Bessel，1784—1846）在分析恒星位置数据时，发现天狼星在天空中的位置呈周期性的摆动。这说明它在星际空间中不是踽踽独行，很可能是和一个未知的伴星在相互绕转。根据摆动的轨迹可以推算出，绕转周期约为50年。1862年，美国天文学家艾尔文·格雷厄姆·克拉克（Alvan Graham Clark，1832—1897）终于在理论预言的轨道上找到了这颗伴星。为了与主星相区别，伴星被称为天狼星B（主星就成了天狼星A）。天狼星B是一颗8.5等的白矮星，只有地球大小，质量却和太阳相当，因此有足够强大的引力让天狼星A产生较大幅度的摆动。其实，天狼星B曾经是这个系统中更大更亮的那一颗，不过燃烧得太快，在一亿年前的白垩纪中

天狼星及其伴星（左下角），由哈勃空间望远镜拍摄

期就已经耗尽了燃料，并以行星状星云的形式结束了生命。如今连它抛出的气体都已经烟消云散，只有逐渐冰冷的核心仍留在原地，静静地陪着它的伙伴走向相同的结局。

对于今天的观测者来说，要看到这颗暗淡的伴星并不困难。天狼星 B 与主星之间的张角在 3"～11" 之间变化。2019 年刚好是两星之间的距离最大的时候，因此近十年都是观测的良好时机。不过，因为两颗星亮度差别太大，只有在天气很好的时候，天狼星 B 才不会隐没在主星明亮的光辉之中。

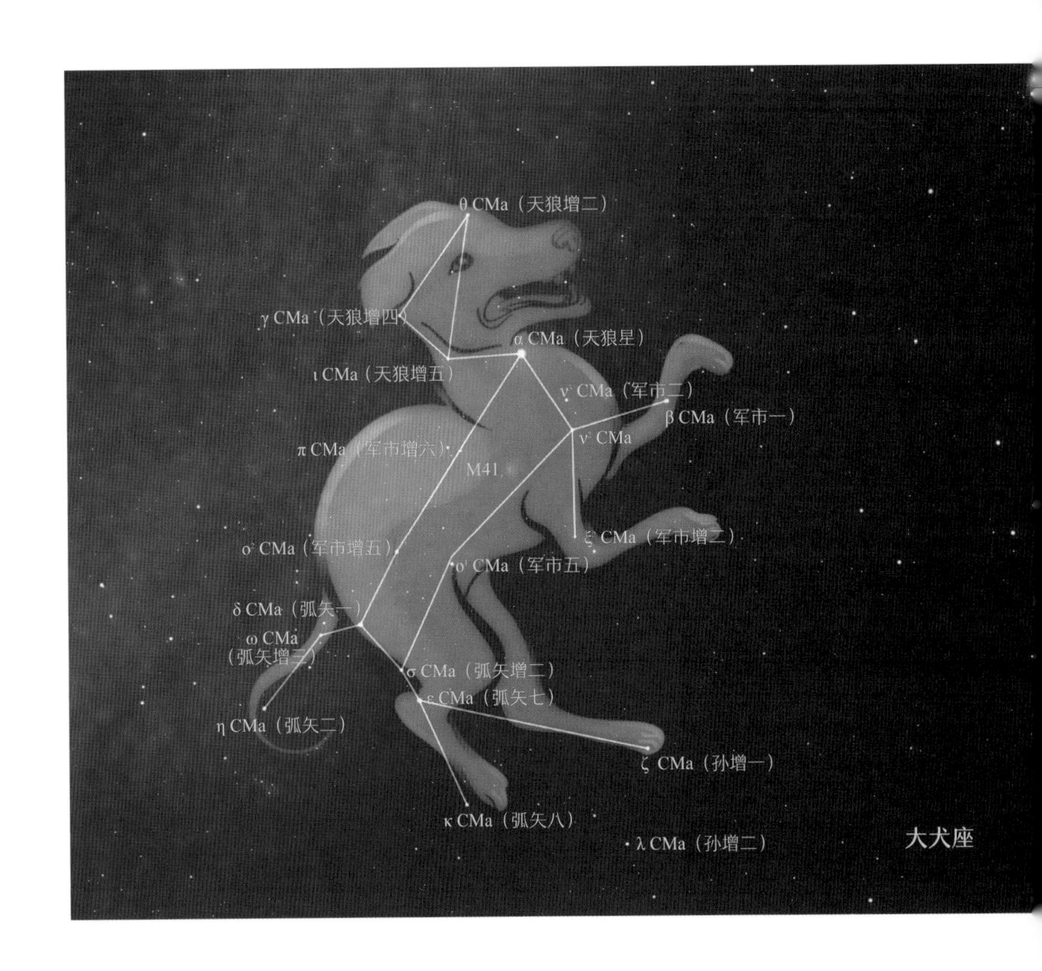

天狼星所在的大犬座是猎户忠实的猎犬，总是紧随猎户座的脚步东升西落，因此在西方被称为“犬星”（Dog Star）。不过在古代中国，天狼星却是个独立的存在，不属于任何星官。《史记·天官书》中说 [参宿]“其东有大星曰狼。狼角变色，多盗贼”。其中的狼角指的便是天狼星的星芒。如果连全天最亮的天狼都变得晦暗不明，那一定是个月黑风高之夜，有盗贼出没也在情理之中。大犬座在中国对应两个星官，天狼星南侧是军市，东侧则是弧矢的一部分。公元前 1000 年，古巴比伦人则将大犬座的一部分想象为弓箭，天狼星是指向猎户座的锋矢，与中国古人的想象有相通之处。为何如此巧合？中间辗转流传的经过已经无从考证，但也可证明，尽管交通不便、信息传递困难，不同古文明之间仍然在交流乃至相互影响，而且从没未中断。

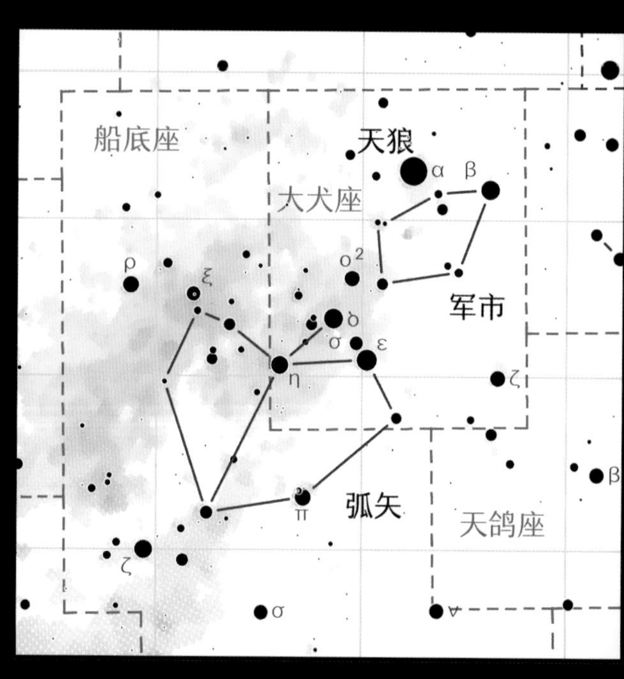

中国古星图上的军市和弧矢

大犬座的面积不大，其中没有特别著名的深空天体，不过身处银河系盘面上，还是包含一些疏散星团。其中最明显的就是位于天狼星南方 4° 左右的 M41。这个星团的视亮度约为 5 等，包含上百颗成员星，涵盖了白矮星、红巨星和主序星等各个演化阶段的恒星。它们都形成于 1.9 亿年前的侏罗纪早期，由于初始质量不同，演化速度和寿命也各不相同。M41 的未来在原始恒星云坍缩的那一刻就已注定，它最终会解体，所有成员都会分散到银河系中。宿命无法逃脱，但恒星发出的光和热仍有滋养生命、哺育文明的可能。

疏散星团 M41

天狼星东北方向 8° 左右处还有另一个独特的天体——被形容为“雷神头盔”（Thor’s Helmet）的星云 NGC 2359。它亮度很暗，只有 11.5 等，是一团由中心大质量恒星的强大星风吹拂塑造并照亮的氢云，跨度达到 30 光年，延展的形状有点像北欧神话中雷神索尔所戴的头盔。NGC 2359 中心恒星的质量是太阳的 16 倍，亮度却是太阳的 28 万倍！现在正是它生命的最后阶段，强烈的星风导致自身质量高速流失，喷出的物质流与星际介质相互作用，形成复杂且壮观的结构。这类恒星被称作沃尔夫-拉叶型星（Wolf-Rayet Star）。在不久的将来，它会以超新星爆发的方式结束自己的生命。不过不用担心，NGC 2359 离地球有 1.2 万光年之遥，届时大多数人根本不会意识到夜空中又多了一颗星星。

雷神头盔 NGC 2359。这个星云的复杂形态是由其中心恒星的剧烈星风塑造的

小犬座 (*Canis Minor*)

位于冬季大三角东北方的是小犬座的南河三（Procyon），它与一旁的南河二（Gomeisa）组成了猎户的另一只猎犬——小犬座。在阿拉伯人眼中，它们是女人惺忪的睡眼。南河三是一颗正在从主序星转变为巨星的中等质量恒星，内部的氢几乎耗尽，即将成为用氦聚变的巨星，因此光度不高，多亏离我们很近（只有 11 光年）才得以跻身亮星之列。南河三与天狼星一样，也是由贝塞尔首先根据位置数据发现是双星系统。它的伴星也是一颗白矮星，比天狼星 B 更暗，离主星也更近，因此直到 1896 年才被观测到。从表面的冷却程度来看，南河三的生命早在 11 亿年前的元古宙，地球上刚刚出现早期生命时就结束了，一直暗淡至今。

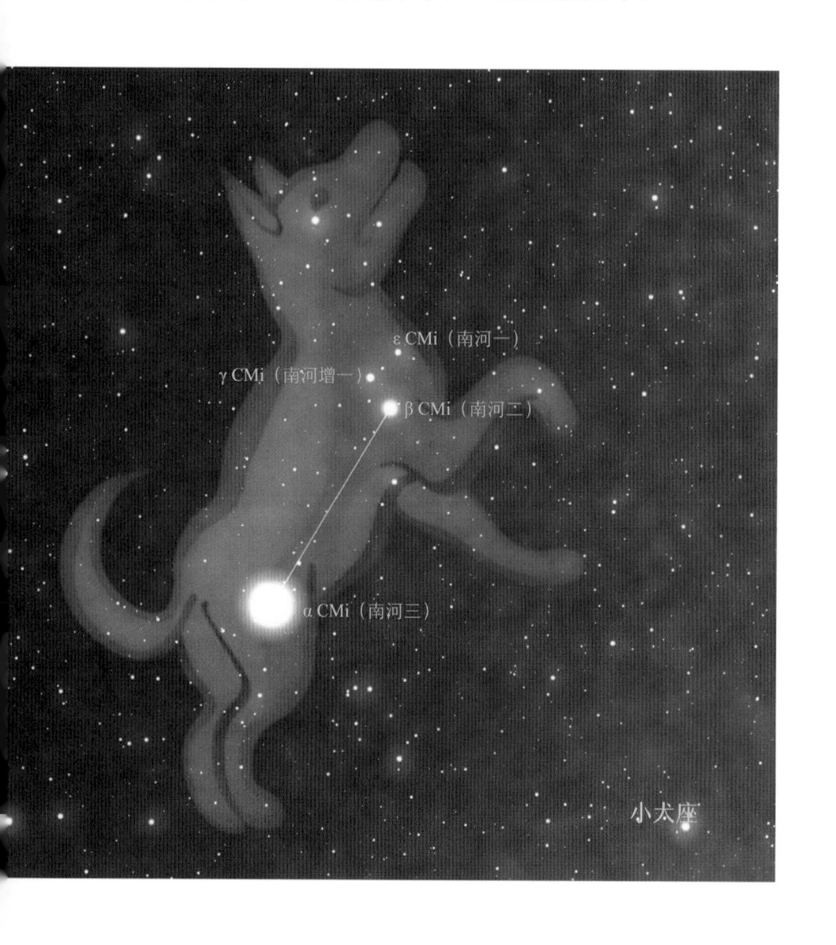

麒麟座 (*Monoceros*)

大犬座和小犬座之间的空白天区是麒麟座，其中没什么亮星，古希腊和古中国的观测者都没有在这里设立星官。

17 世纪，荷兰制图师普兰修斯为了填补大星座之间的空隙而设立了这个星座。麒麟座的形象其实是独角兽，在 19 世纪末被介绍到中国时被译为麒麟。麒麟座中虽然没有亮星。但它刚好位于银河的盘面（银盘）的方向上，密集的分子云中诞生了许多有趣的天体。

玫瑰星云（Rosette Nebula）就是其中最著名的一个。它同猎户座大星云一样，是一个巨大的恒星形成区，距离我们 5000 光年。其中心的一个年轻的疏散星团（NGC 2244）刚刚成型，大质量恒星

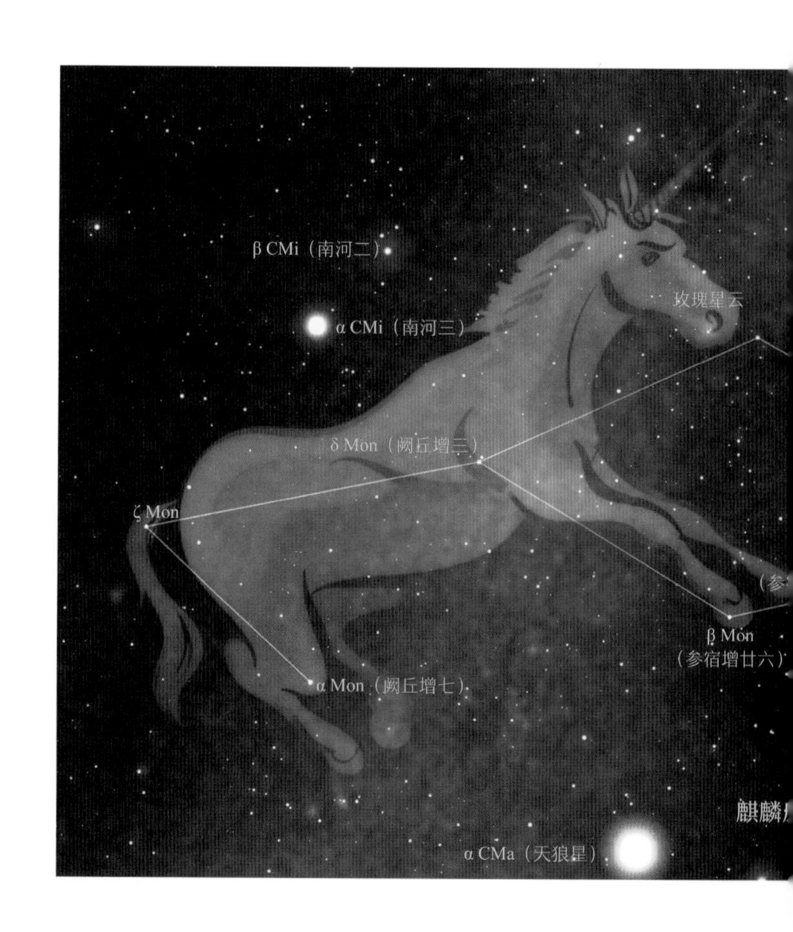

的强烈星风吹出一个空泡，并将周围尚未凝聚的分子云电离，让它们像霓虹灯一样发出美丽的辉光，其中最主要的辐射就是电离氢发出的红色 Hα 谱线。于是整个星云就像玫瑰一样在太空中绽放。

在麒麟座中靠近双子座的地方还有另一个恒星形成区 NGC 2264。那里是一个热闹的场所：一大片分子云被年轻恒星照亮，还有众多年轻的星团、原恒星（恒星即将成型前的状态），以及散布其间的暗星云和亮星云。NGC 2264 中的天体参差多样，复杂的形态和细节激发了观星爱好者展开丰富的联想，将它们命名为圣诞树星团（Christmas Tree Cluster）、锥状星云 (Cone Nebula)、雪花星团（Snowflake Cluster）、狐皮星云（Fox Fur Nebula）等。在接下来的几百万年里，随着更多恒星的诞生，这片分子云的形态还会有显著的变化。

对于只有 1 万年文明史的人类来说，恒星演化的时段确实很漫长。不过，宇宙中总会有些意想不到的事情发生。2002 年初，麒麟座中一颗不知名的恒星（视星等为 15 等）突然亮了起来。它被命名为麒麟座 V838，表示它是麒麟座内的第 838 颗变星。一个月后，它的亮度甚至达到了 6 等，直接跻身于银河系内最亮的恒星之列。哈勃空间望远镜拍摄到了它的光脉冲星光在向外传播时逐渐照亮周围云层的过程，这个过程被称作“回光”（Light Echo）。一系列图像看起来像是

玫瑰星云。它中心的大部分恒星都诞生于这片巨大的分子云

NGC 2264（上）和圣诞树星团（下），
由欧洲南方天文台拉西亚天文台的 2.2 米望远镜拍摄

球形的壳层在高速膨胀，但其实是明亮星光在不同半径处的反光。天文学家们起初以为这是一起普通的新星爆发事件，是白矮星从伴星处获得物质而产生的表面喷发现象，在银河系中并不罕见。不过，在此后的几个月里，麒麟座 V838 多次变亮，和此前记录的新星全然不同，因此引发了学界持续多年的争论。由于这样的事件过于罕见，直到今天我们仍无法确定它爆发的原因，只能对它进行持续的监测，期待某一天会有新的发现。

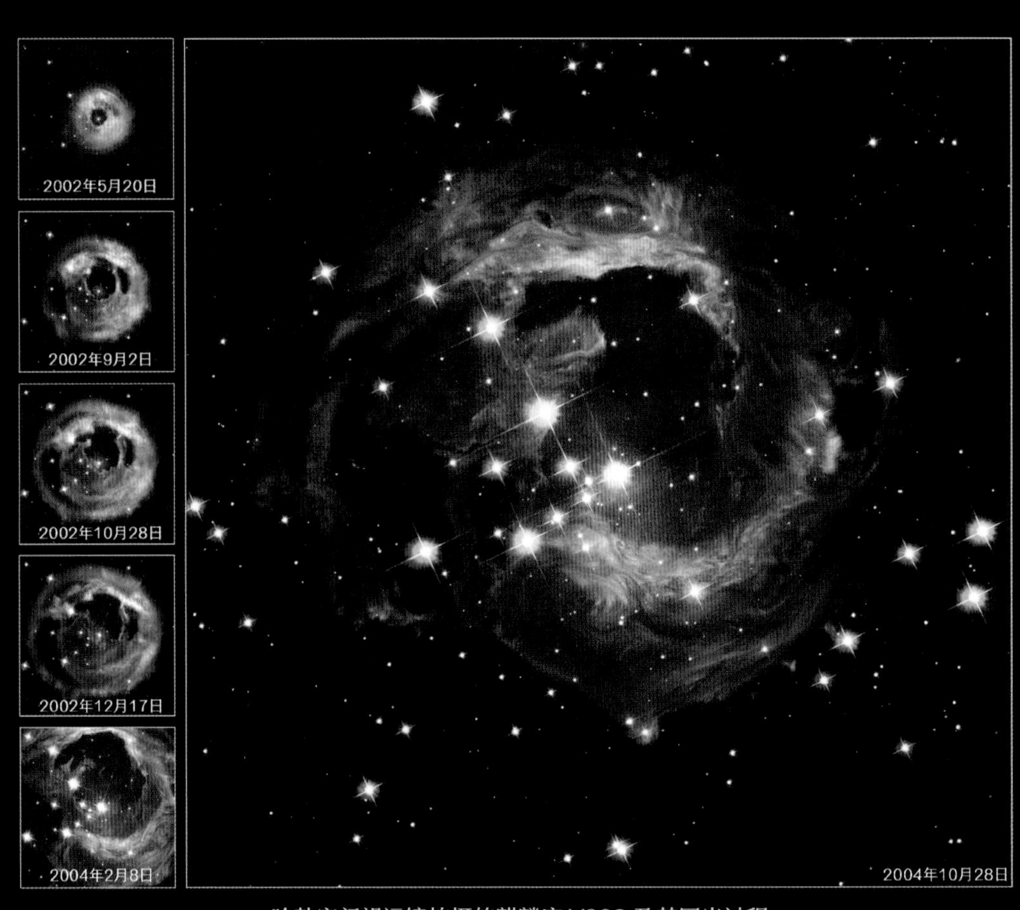

哈勃空间望远镜拍摄的麒麟座 V838 及其回光过程

双子座（*Gemini*）

在小犬座上方，挨着猎户座和御夫座的是双子座。这里对应的中国古星官是北河，与小犬座所属的南河相对。它们之间并非银河，而是日月五星运行的通路——黄道。在希腊神话中，明亮的北河二（Castor）与北河三（Pollux）是两兄弟卡斯托尔（Castor）和波吕克斯（Pollux）依偎的头部。它们的身体构成一个矩形，两双腿并排指向猎户座，浸在淡淡的冬季银河里。这对孪生子同母异父，母亲是斯巴达王后勒达。卡斯托尔的父亲是斯巴达国王廷达瑞俄斯（Tyndareus），而波吕克斯是由化身为天鹅的宙斯与勒达所生，是拥有不死之躯的神之子（两兄弟还有一个著名的妹妹，就是引起特洛伊战争的美女海伦）。他们兄弟两人感情深厚。在一次冲突当中，卡斯托尔不幸被杀。波吕克斯不胜悲痛，便央求宙斯，希望以自己的不死之身换回兄弟。于是宙斯将他们升上天空，成为双子座。

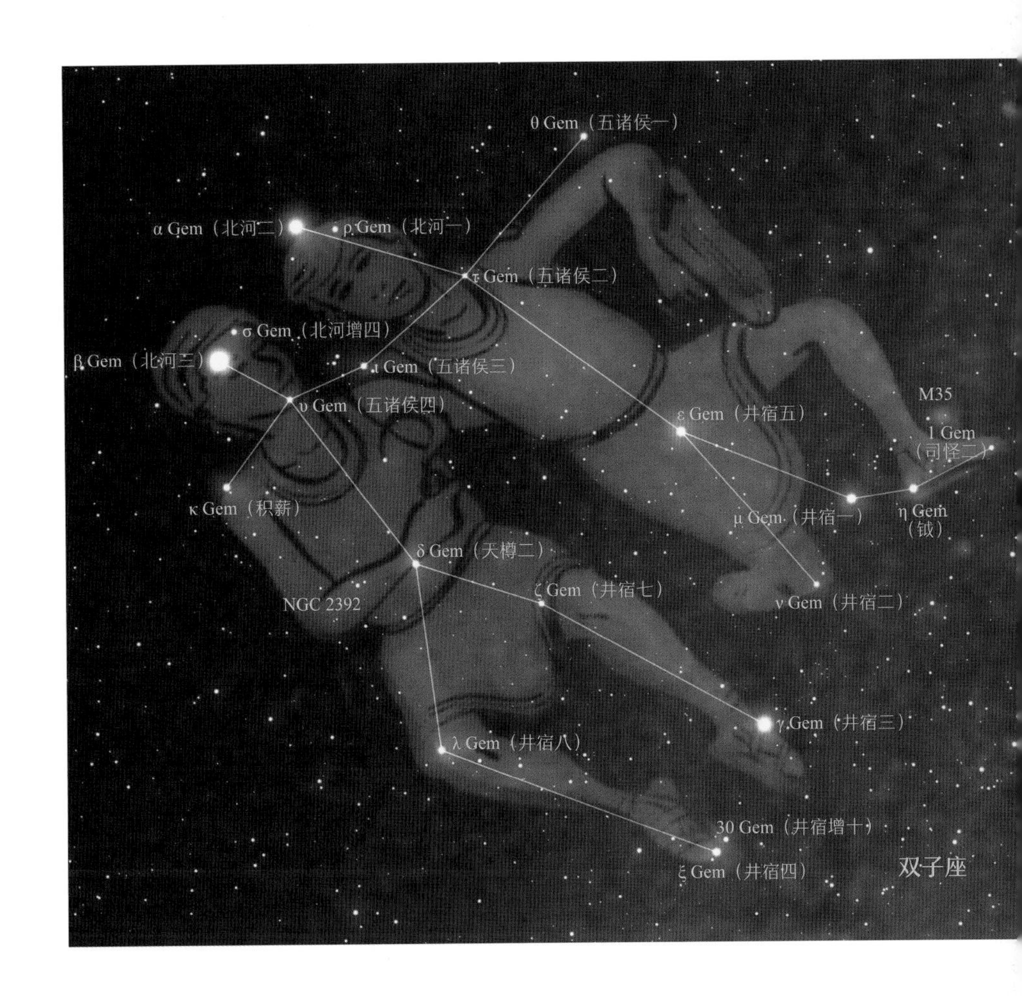

《卡斯托尔和波吕克斯》，选自《英语文学与艺术中的经典神话》，查尔斯·米尔斯·盖里绘

这个神话已有2000多年的历史。在今日的星空中，我们仍能找到它的起源的线索：北河二看上去是白色略偏蓝，而北河三则带一点黄色。也许这对双生子迥异的出身就来自这细微的差别。现代研究发现，北河二是一个由三对双星组成的聚星系统，其中最亮的一颗是2.7倍太阳质量的主序星，正值壮年。最主要的两个双星系统（1.9等的北河二A和3等的北河二B）绕转周期为445年，目前的角距为6"，其中每一颗又是分光双星。另一组围绕它们转动的矮双星（北河二C，或者叫双子座YY）则暗得多，只有10等。而北河三是离太阳最近的巨星，距离地球约34光年，因表面温度较低而呈现出温暖的色调。2006年，天文学家结合近25年的观测数据，确认北河三有一颗2.3倍木星质量的行星。这颗行星以590天的周期公转，但质量太大，不会有坚实的陆地，显然是一颗气态行星。这颗行星的存在无疑大大增加了双子座中存在小型岩质行星的可能，北河三附近很可能还有更多的行星。但无论这颗行星上是否存在生命，留给它和身边行星世界的时间已经不多了。北河三将在百万年后开始膨胀，吞噬掉周遭的星体，最后以超新星爆发的形式将它积聚的物质归还到星际空间中。

因为靠近银河，双子座中也有一个较为明亮的疏散星团M35。这个星团约满月大小，距离地球约有3870光年，实际所占的空间尺度约20光年，也就是说在一个半径为10光年的范围内聚集了成百上千颗恒星。要知道，在太阳附近10光年的范围内恒星还不到10颗。如果M35有行星的话，行星的夜空应该会被众多近邻恒星点缀得十分璀璨。在M35旁边还有另一个疏散星团NGC 2158。这个星团看上去要致密得多，因此一度被当成是球状星团，实际上它到地球的距离是M35的三倍多。

黄白色的北河三，湖南省天文协会拍摄

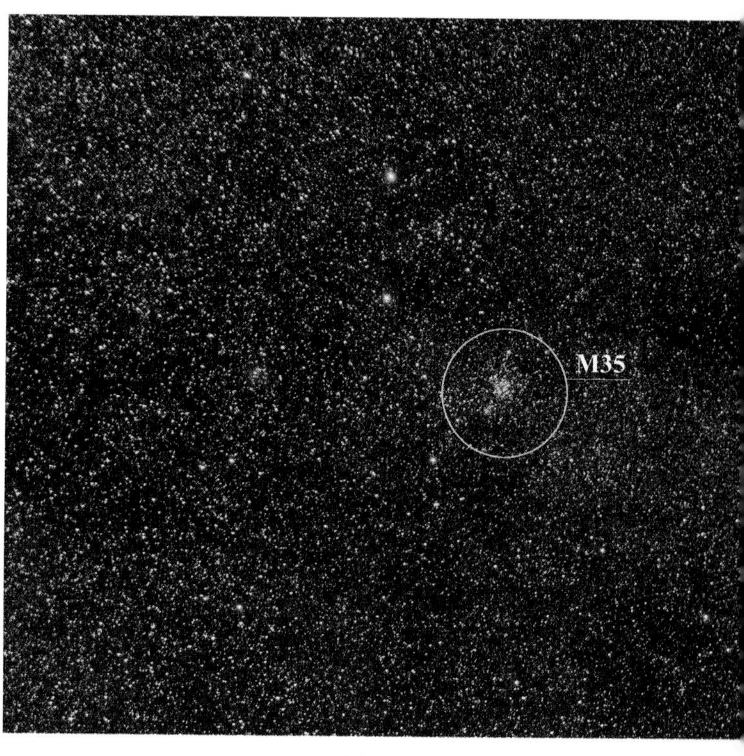

疏散星团M35

双子座中还有一个可用双筒望远镜观察到的有趣星云——爱斯基摩星云（Eskimo Nebula，NGC 2392），也称鬼脸星云（Clown Face Nebula）。通过小望远镜望去，它就像是一个包裹严实的爱斯基摩人的脸。这是一颗濒死恒星最后的辉煌。当恒星耗尽了可用的氢燃料之后，核心释放的能量不足以支撑外部的气体，于是开始收缩，温度上升，外部的气体在这一过程中会被高速的星风抛向太空。爱斯基摩星云外部蓬松的结构就是先期被抛出的外部气体壳层。中心恒星因为温度升高而膨胀，又因为燃料耗尽而降温坍缩，在反复的收缩与膨胀过程中形成不同速度的星风与物质流，交织形成网状结构，构成了星云中心的图案。最终，残余的星体将彻底崩溃，只留下一个高温致密的核心——白矮星。

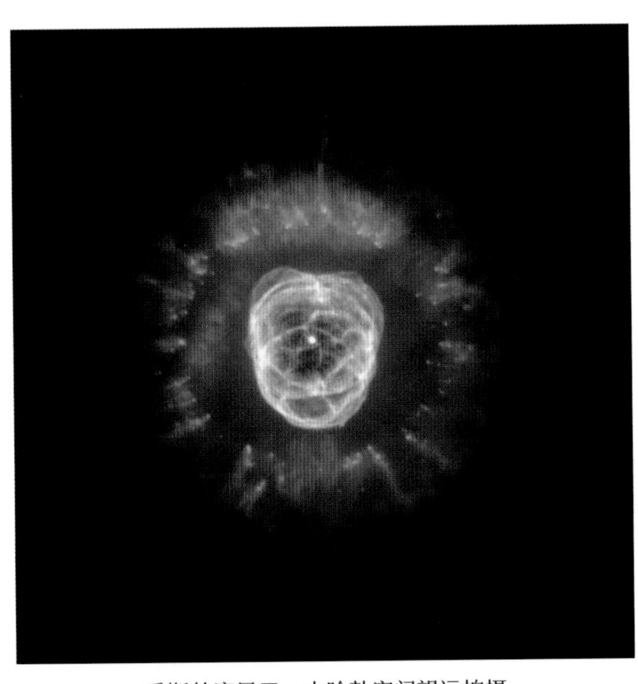

爱斯基摩星云，由哈勃空间望远拍摄

天猫座（*Lynx*）

位于双子座北方的天猫座是17世纪才设立的。波兰天文学家赫维留为了在星图上填补御夫座和大犬座之间的空隙而设立了这个星座。他的遗作《天文绪论》中提到，这个暗弱的星座需要有山猫般敏锐的眼睛才能看到。如果非要给这个天区找个对应形象的话，一只伸懒腰的山猫还是挺合适的。在中国古代，这个区域也没有什么星官。不过这里有着银河系中距离银心最远的球状星团之一——被称为“星际流浪者”的NGC 2419。它距离银心有30万光年之遥，离太阳系也有27万光年，几乎就在银河系的边缘，以至于曾被当成一颗恒星。NGC 2419要花30亿年才能绕银河系公转一圈。考虑到宇宙的年龄仅为137亿年，这个星团有望陪着银河系走到时间的尽头。

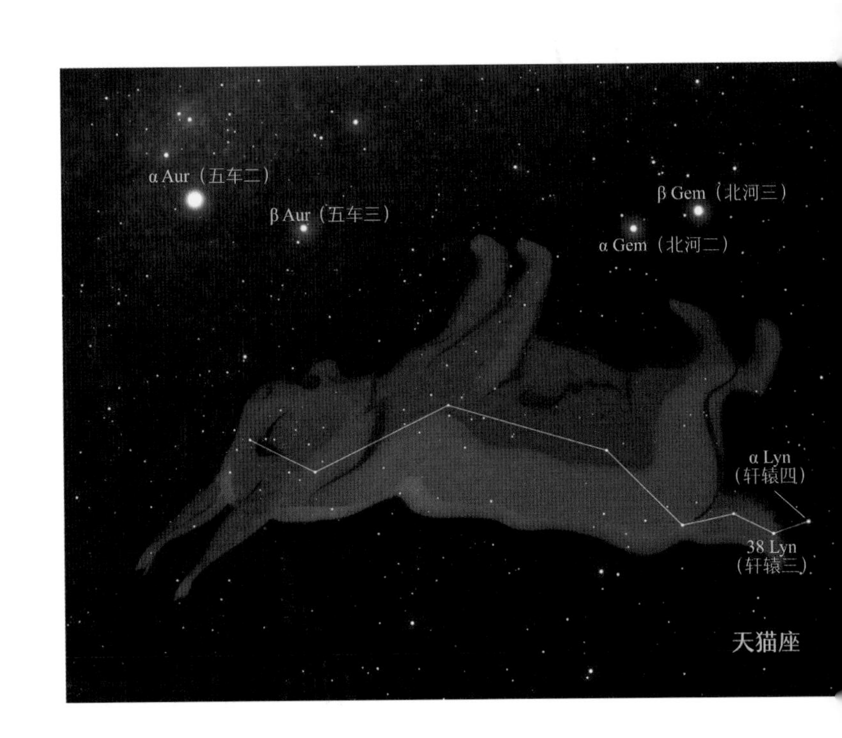

船尾座（*Puppis*）

大犬座的下方是船尾座，它是著名古希腊南天星座南船座的尾部。南船座代表古希腊英雄伊阿宋为夺取金羊毛而打造的英雄之船阿尔戈号。在今天的观星者看来，船头朝南方，尾部上扬，似乎是在缓缓下沉。这是因地球自转轴变化（岁差）而引起的偏差。在2000年前的古希腊人眼中，这艘出现在南方低空的宝船总是平稳地航行在海面上。18世纪，这个庞大的星座被拆分成三个部分：船帆座、船尾座和船底座。

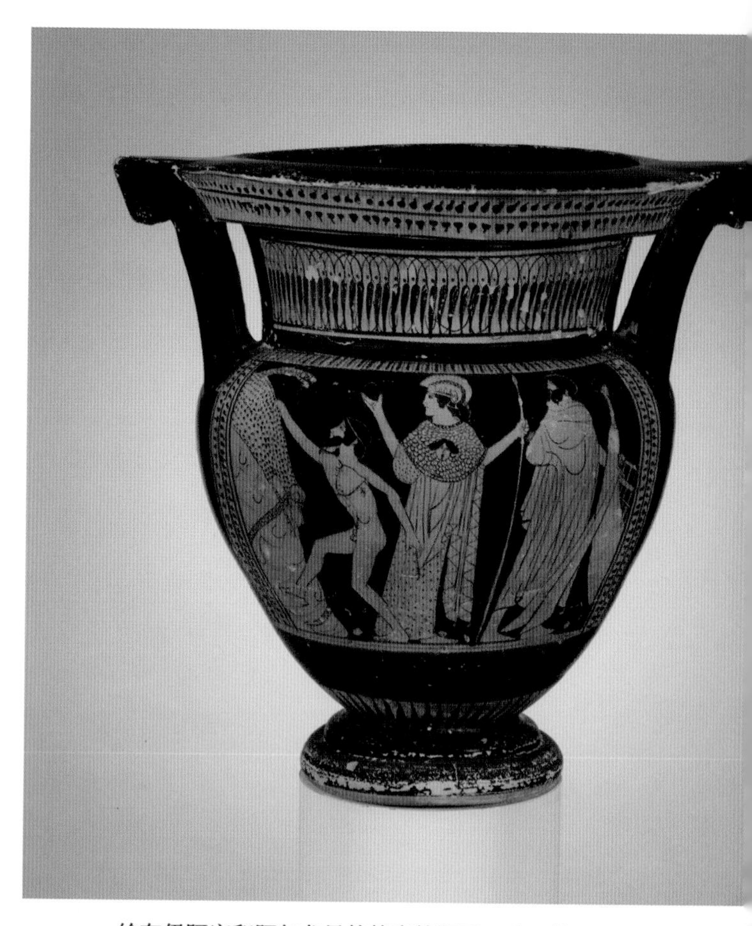

绘有伊阿宋和阿尔戈号的故事的瓶画，公元前470—前460年
现藏于纽约大都会博物馆

船尾座在古希腊人眼中是大帆船的艉楼，不过在古巴比伦和古代中国，它被视为一张弓，以天狼为锋矢，蓄势待发。船尾座跨越银河，望远镜中的星点密度明显增大，因为包含许多疏散星团和恒星形成区。梅西叶星表中收录的就有3个，分别是M46、M47和M93。其中疏散星团M46和M47是一组很好的观测目标，非常有趣。M46的视星等为约6等，数百颗成员恒星挤在不到半度的空间内，使它成为一个相对致密的疏散星团，用小望远镜就能看到。M46的视场与一个行星状星云NGC 2438刚好重合。但星云到地球的距离要近一些，约3000光年，星等接近11等，张角约1'，不容易观测。离M46不到1°的地方显得松散而明亮，这是疏散

星团 M47。后者更年轻，离地球也更近，因此看上去不是那么致密。这两个年轻星团在双筒望远镜中可以同时看到。M46 闪烁的成员之间还隐藏着一个 11 等的行星状星云 NGC 2438。这个星云只是偶然出现在 M46 前方。现在的它是一颗恒星接近死亡时的样子，在年轻星团的映衬下，就好像一位站在幼儿园门口的老人，正平静地面对自己的命运。

位于船尾座 o 星附近的疏散星团 M93 也不难观测。它看上去像一个箭头，或者说是一个缩小版的毕星团。M93 到地球的距离是毕星团的几十倍，有 3600 光年，因此看起来小了很多。它的尖端有两颗橙色巨星，也是这个星团中的成员，不过因为质量太大而早早地走到了生命尽头。

疏散星团 M93

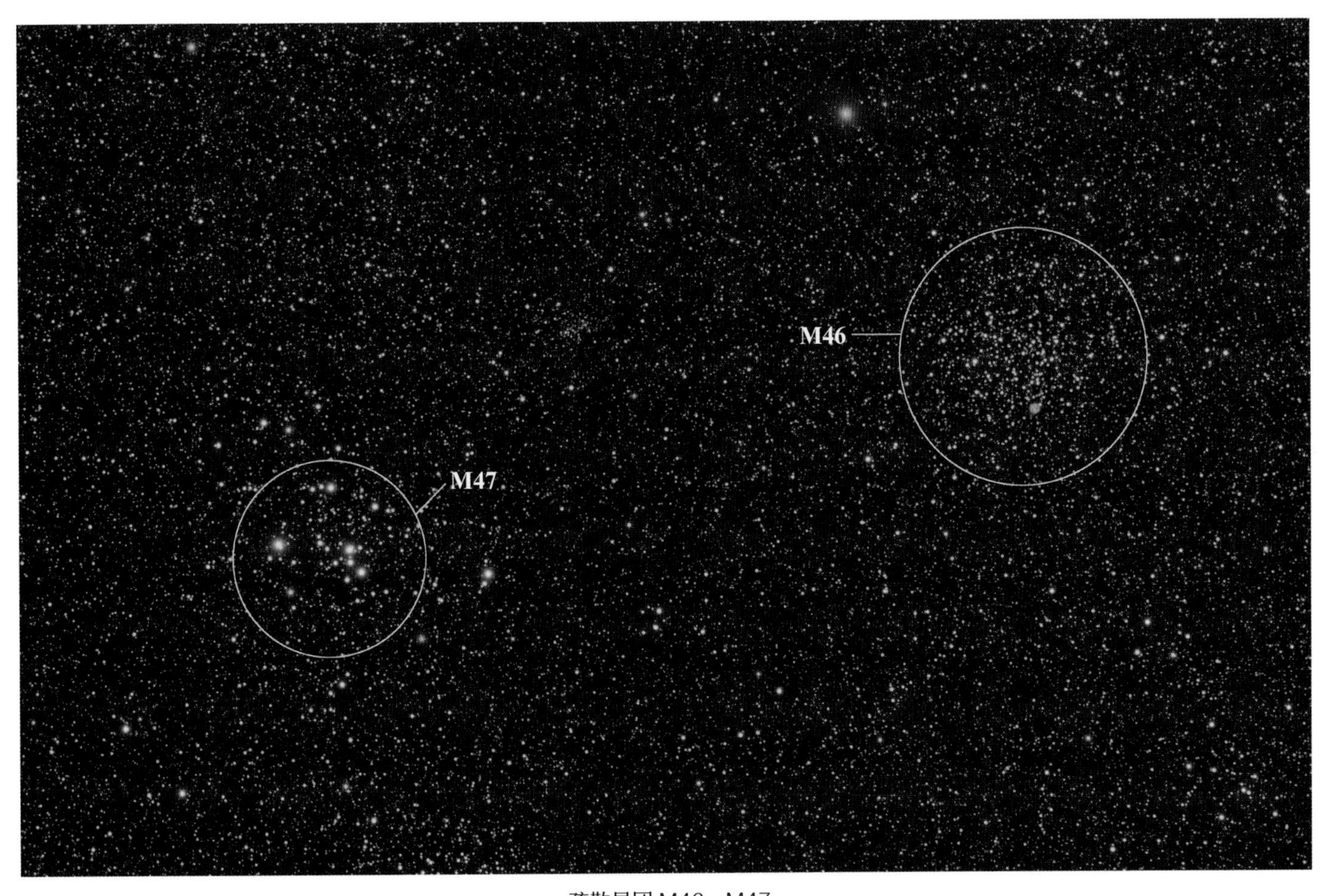

疏散星团 M46、M47

如果你所在的地方纬度够低（北纬35°以南），观测时间也合适（天狼星在正南方）的话，还有机会在船尾座的南方看到全天第二亮星——老人星（Canopus）。虽然《史记》中称之为“南极老人”，但其实它是一颗正值壮年的大质量恒星，质量是太阳的8倍，光度达到太阳的10000倍。光度只有太阳25倍的天狼星其实能被老人星轻松碾压，可惜老人星远在300光年之外，只好屈居全天亮星的亚军。

对于古希腊人和古罗马人来说，老人星常年在地平线以下，并不可见，因此少见（或不见）它的故事或记录。但在中国文化中，老人星的地位十分重要。它在所有亮星中位置最南，很早便被附会为南极仙翁。而南极仙翁是长寿之神，老人星便因此有了益寿延年的属性，成为寿星。它与木星对应的“福星”，大熊座文昌六对应的“禄星”并称三星。

二月的夜晚还是太冷了，我们不要在外面久留。你看，那春天的星座就要升起来了。

广东第一峰（清远市石坑崆）上看到的天狼星（图像上方的亮星）和它下方的老人星。袁凤芳拍摄

北天极

NORTH CELESTIAL POLE

芬兰拉普兰的壮丽极光，右侧的北斗七星清晰可见。
余恒拍摄

NORTH CELESTIAL POLE

北天极

观测时间（北方）:

北纬 40°以上地区全年可见

斗转星移，日升月沉。对于位于北半球的观察者来说，北天极附近的一部分恒星总是在地平线以上转动。它们会在日光中消隐，却不会被大地遮挡。这个一年四季整夜可见的范围被称为恒显圈。各地的恒显圈大小就是当地的地理纬度值。例如北京大体位于北纬 40°，北极星就会出现在距地面 40° 的高度上，距它 40° 以内的天体总是高于地面，全年可见。我们接下来要介绍的就是这些距北天极 40° 以内的星座。

+10°
+10°
+20°
20^h
+30°
18^h
+30°
16^h
+20°
+10°

+20°
22h
+30°
0h
+30°
2h
+20°
+10°
+10°
+20°
4h
+30°
6h
+30°
8h
+20°
+10°
9h
+20°
14h
+30°
12h
+30°
10h
+20°
蝎虎座
仙女座
天鹅座
仙后座
英仙座
仙王座
鹿豹座
天龙座
御夫座
小熊座
天猫座
大熊座
牧夫座
猎犬座
小狮座
巨蟹座

北天极星图

北极星和小熊座 (*Polaris & Ursa Minor*)

天极是地球自转轴所指的方向。如果这个方向上刚好有一颗肉眼可见的恒星，那它便幸运地成为极星。漫天繁星都会随着地球自转围绕它转动。不过地球自转轴并不总是指着同一个方向，而是有一个约 2.6 万年的变化周期，北天极的位置也因此一直在星空中缓慢地漂移。天鹅座的天津四是 1.7 万年前的极星，天琴座的织女星曾是 1.4 万年前的极星，4800 年前北天极与天龙座的右枢重合，而今天的北极星小熊座的勾陈一取得这个地位不过是最近 500 年的事情，以至于都来不及获得一个与之地位相称的名字。反倒是周围一些小星名称响亮，体现着不同时代观星者对星空的诠释。中国的天体坐标系统历来以极星作为基准点，追溯古代的天象记录因此变得困难重重。我们就以已知最早的完整天象记录——《史记·天官书》为例来回顾吧。

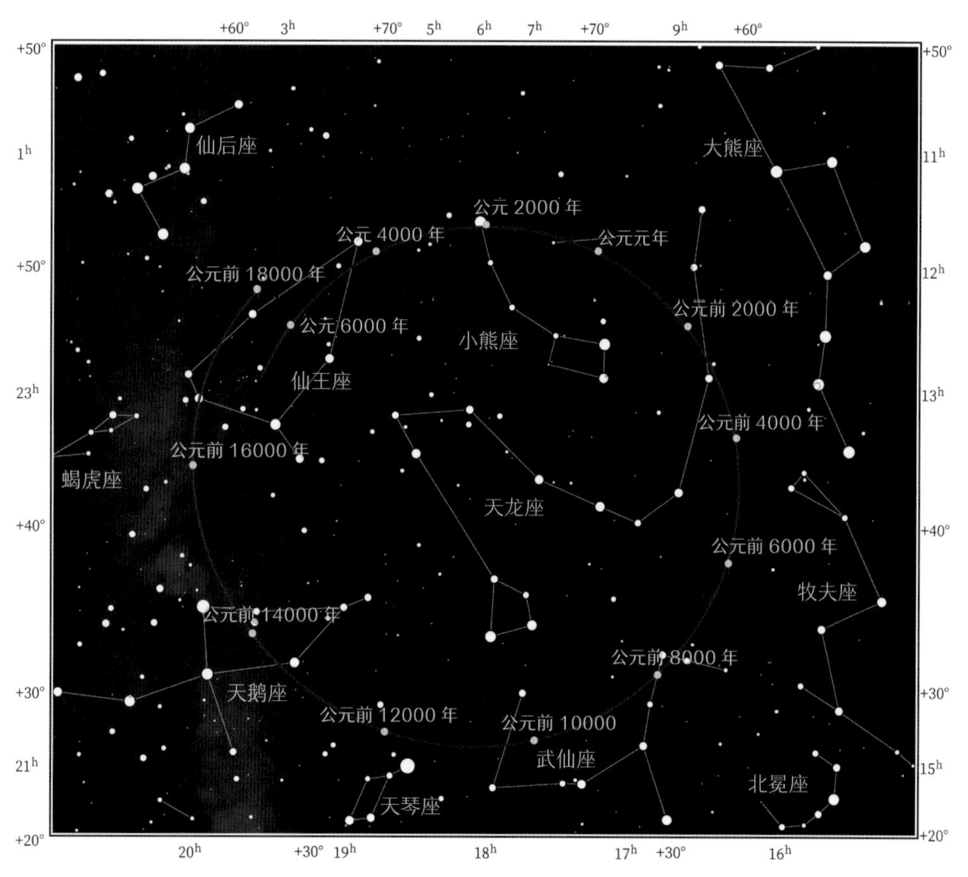

公元前 18000 年到公元 6000 年的北天极变化示意图。
图中的黄色圆点为各时期北天极的位置

中国古人认为“天子受命于天”，将众星拱卫的极星作为天子的象征，天极附近的区域则是天子与近臣所在的皇宫。秦汉时期五行学说盛行，东西南北中五个方位分别对应青、白、红、黑、黄五个正色。北天极位于北方和天顶之间，对应北方的间色——紫色，因此这片区域在《史记》中被称为“紫宫”。天极周围两列小星连缀成行，仿佛宫墙城垣，围成的区域便是后世所称的“紫微垣”。这里多说一句，中国的星官系统中并没有哪颗星叫“紫微”或“紫微星”。只不过因为极星轮转，或明或暗历代不同，倒是紫微垣经久未变，于是民间借用后者的名气杜撰出这么一颗星，用以指代天极。

附路
王良
策
天钩
华盖
天船
奚仲
天厨
紫微左垣
八谷
扶筐
五帝内座
天棓
御女
玉皇大帝
勾陈
上弼
紫微
尚书
太子
北极
少宰
帝
紫微右垣
左枢
内阶
少尉
上辅
右枢
北斗
天枢
上台一
开阳
文昌
上台二
天枪
天璇
摇光
玉衡
天权
天玑
招摇
中台一
太阳守
太尊
中台二
常陈
天牢

紫微垣

对于北天极附近区域，《史记·天官书》中是这样说的："中宫天极星，其一明者，太一常居也；旁三星三公，或曰子属。后句四星，末大星正妃，馀三星后宫之属也。"天极星指的是北极星官的四颗（现在小熊座的γ、β、5和4），它们大致连成一线。其中3等星小熊座β（Kochab）一度是最接近北天极的亮星，因此被称为"帝"，对应天帝"太一"。它是北极星官中的第二颗，因此也称北极二。一旁的北极一（小熊座γ）亮度稍暗，对应太子。而小熊座斗柄的四颗星被视为后宫。其中最亮的勾陈一便是正妃。不过，这番图景对应的是公元前1000年左右时的天象。

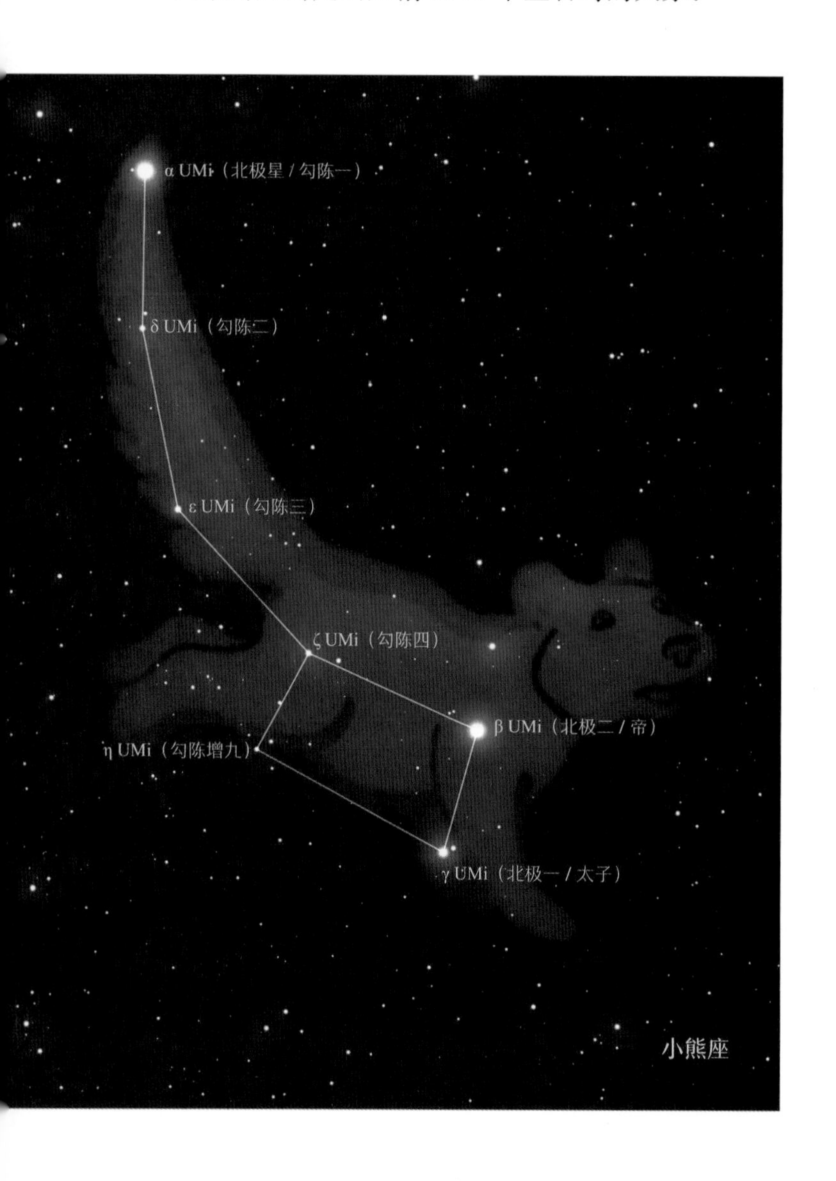

在司马迁撰写《史记》的时代（公元前100年），北天极附近完全没有亮星。帝星远在8°之外。天极微茫难测，也许这就是紫宫后来多被称为紫微的原因。不过帝星正好和真天极一起处于北斗七星的斗口上方。而北斗七星周游极区，终年不坠，象征帝王巡行的车舆威慑天下。于是《史记·天官书》中有"斗为帝车，运于中央，临制四方"的描述。民间对北斗的崇拜也因此逐渐流行起来。

小熊座的最亮星勾陈一自公元1500年起，成了最靠近北天极的亮星。它的英文名"Polaris"来自拉丁语中"极星"一词，就是在中世纪之后才出现的。北天极与勾陈一之间的距离仍在逐渐缩小，并将于2102年达到最近，约27'。在此后的1000年里，它会与天极渐行渐远，人类又将进入一段没有极星的时代。

大熊座（*Ursa Major*）

人类文明的大部分时间里，极星不是太暗就是离北天极太远，实在是名不副实。相比之下，明亮显眼的北斗七星要容易辨认得多，也可靠得多。战国时就有以日落后北斗的指向确定季节的方法：“斗柄东指，天下皆春；斗柄南指，天下皆夏；斗柄西指，天下皆秋；斗柄北指，天下皆冬。”这个方法在历法尚不够准确的上古时期可谓相当简便有效。《史记》中也说“分阴阳，建四时，均五行，移节度，定诸纪，皆系于斗”。北斗七星如此重要，以至于每一颗都有独立的名字。从斗口到斗柄依次是天枢、天璇、天玑、天权、玉衡、开阳、摇光。除了天权是 3.3 等稍微暗一点之外，其他几颗都亮于 2.5 等。斗口四星又被称为魁，斗柄三星叫作“杓（biāo）”。开阳旁边还有一颗 4 等左右的小星，叫作辅。两星相差约 12'，正常人眼的分辨能力在 1' ~ 2'，所以一般不难看到。

北斗七星还被用来定位其他星座和亮星。沿着北斗斗柄的方向向外延伸，能够找到对应东宫苍龙之角的牧夫座大角星，玉衡、开阳两星连线跨过半个天空连接南斗，天玑、天璇两星连线指向参宿（猎户座），《史记·天官书》中“杓携龙角，衡殷南斗，魁枕参首”说的就是这个意思。今天人们最常用的还是以它来定位北极星——将天权、天枢之间的连线延长 5 倍，就可以找到北极星——勾陈一。但在司马迁的时代，勾陈一还不是极星，自然没有单独强调的必要。

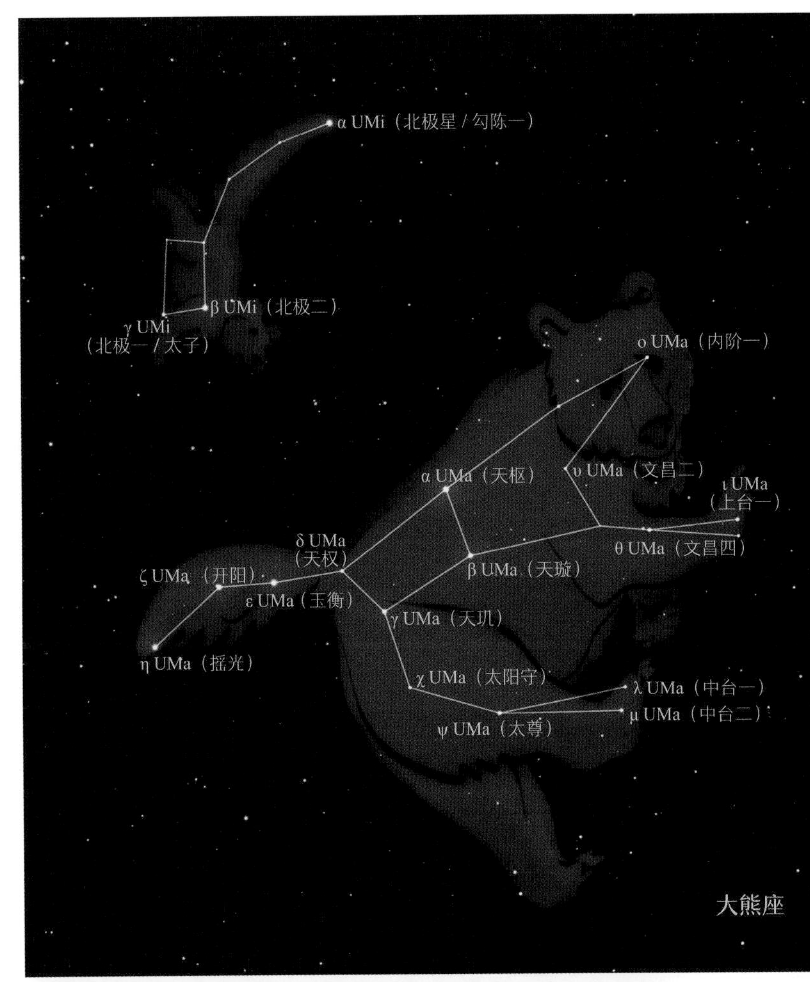

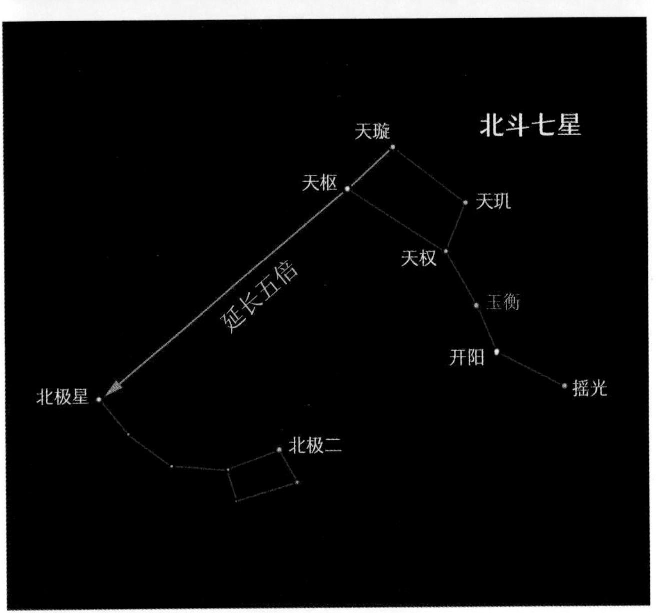

如何找到北极星

其他民族对北斗也有丰富的想象。它在英国是犁（Plough），在北欧是战车（Wagon），在中亚是货车（Wain），现代英语中把它称为“大勺”（Big Dipper）。不过最脍炙人口的还是希腊神话中的故事：大熊原本是美丽的仙女，因为受宙斯引诱而被愤怒的天后赫拉变为母熊。仙女的儿子在打猎时遇见她，正要弯弓放箭之际，被宙斯升上天空变为大熊座和小熊座，从而避免了一出惨剧。在大熊座中，北斗七星只是一小部分。斗柄是她的尾巴，斗口是她的后腰。构成头胸和四肢的成员都不是很亮，却占据了狮子座与北天极之间的大部分天区。

我们总是说，组成星座的恒星之间没有物理联系，只是刚好投影在天空同一个方向。但北斗七星之间确实有所关联。除了天枢和摇光之外，其他五颗星连同辅一起都属于同一个星群——大熊座移动星群（Ursa Major Moving Group）。它们位于距太阳 80 光年左右的同一片区域，同时形成于 3 亿年前，又在以相同的速度朝人马座方向运动。总有一天，它们会被银河系强大的引力瓦解，融入夜空的千亿颗星点当中，再也无法追溯起源。在这漫长的运动过程中，北斗七星的队形也在逐渐变化。一万年前不是斗形，一万年后也会改变形状。也许到那时，我们今天对北斗的种种情愫都会像童年的记忆一样消隐于对更广阔世界的认知当中。

大熊座离银河较远，因此我们在这里有机会透过群星看到银河系之外的天体。波德星系 M81 位于天玑和天枢之间连线一倍的位置上。视星等约 7 等，用小型望远镜就可以找到，但要看清其中的细节就需要较大口径的望远镜了。M81 是一个明亮的旋涡星系，盘面向我们倾斜，有明亮的核球和两条向外延伸的旋臂，在 1774 年由德国天文学家波德发现。它是一个星系群的中心。也就是说，它的质量很大，周围还有一群小星系在围绕它运动，包括附近的雪茄星系（Cigar Galaxy，M82）和 NGC 3077。

波德星系 M81 的多波段合成图像。
蓝色是 GALEX 星系演化探测器拍摄的紫外光，
黄白色是哈勃空间望远镜拍摄的可见光，
红色是斯皮策空间望远镜拍摄的红外线

雪茄星系 M82 就在 M81 不远处，也是个旋涡星系，因为是侧面对着我们，所以看起来呈雪茄状。在受到 M81 的引力影响下，内部气体坍缩，大量恒星在短时间内形成。新恒星的形成速度是银河系的几十到上百倍，这类星系被称为星暴星系。由于是侧对我们，大部分星光被盘面上的尘埃遮挡，在可见光波段并不明显，但在红外波段是全天最明亮的星系。如果使用 Hα 滤镜还可以看到从中心区域喷薄而出的气体尘埃在盘面两侧形成长达几万光年的壮观丝状结构。这都是 M82 在 6 亿年前和波德星系交会之后开始的。它们会在这漫长的相互绕转中逐渐融合，最终形成一个质量更大、气体更少的星系。

雪茄星系 M82 是著名的星暴星系。
在这张由哈勃空间望远镜拍摄的图像中，被强烈星风吹出的火焰状尘埃云十分壮观

天权旁边的夜枭星云（Owl Nebula，M97）是一个行星状星云，爆发于约 8000 年前。那时候人类已进入新石器时代，我国黄河中游地区的人们开始烧制精美的彩陶，仰韶文化出现。北方天空中一颗恒星走到了生命的拐点，在短暂的闪耀之后，抛出的外部气体壳层形成一个球形的轮廓，两个低密度的空洞组成猫头鹰的眼窝。中心恒星最终会变成一颗白矮星。这也是太阳未来的命运。在夜枭星云附近，还有个侧向的棒旋星系 M108。它是大熊座星系团的成员，和银河系同为室女座超星系团的一部分。

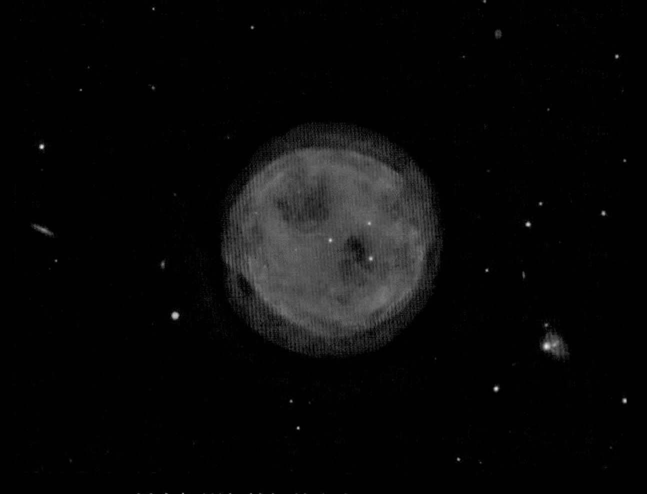

星空摄影师拍摄的夜枭星云 M97 照片

位于摇光北方的风车星系（Pinwheel Galaxy，M101）是一个 7.8 等的旋涡星系，因为正对我们而显得格外壮观。它的直径有 17 万光年，而银河系的直径才 10 万光年。风车星系的旋臂长且舒展，上面的大量年轻恒星将周围分子氢云电离而发光，形成明亮的电离氢区。这些区域如此明亮，以至于威廉·赫歇尔在编制星云星团星表时将它们视为独立的结构。NGC 星表中的多个天体，如 NGC 5447、NGC 5449、NGC 5451、NGC 5453、NGC 5461、NGC 5462 等都是这样的旋臂亮结。

风车星系 M101，由基特峰天文台 4 米口径的梅奥尔望远镜拍摄

如果仔细看，会发现 M101 的形状不太对称。这表明它并不孤单，周围有其他星系在影响它的形状。在距离它几度的地方（图像外）有一个小小的光斑，那是它的小伙伴——矮星系 NGC 5474。这个星系正被 M101 强大的潮汐作用撕扯，核球已经脱离星系盘的中心，偏向 M101 的方向，旋臂结构还有部分残留。它会在接下来的几亿年里完成与 M101 的融合。

在大熊座中，还有另一个有趣的天体——双类星体 QSO 0957+561。1915 年爱因斯坦发表广义相对论，预言引力可以令光线弯曲。如果有非常强大的引力场，甚至会像透镜一样让来自后方的光线聚焦成像。这就是“引力透镜”效应。爱因斯坦本人并没指望在现实世界中看到这个效应，学术界也在很长时间内将其束之高阁。直到他去世的24年后——1979年，天文学家们在大熊座中偶然发现了两颗相距只有6"的类星体，它们有着相似的光学特征和距离。后续研究证明它们是同一个天体。这是人类发现的第一例引力透镜事件。虽然这两个像是同一个源，但它们所走的路径不同，到达地球的时间有14个月的时间差。也就是说，当光源的亮度发生变化时，一个像的变化会比另一个滞后14个月。

这些明亮天体无疑都是重要的研究目标。不过即使是那些看上去没有任何天体的空间也有其独特的价值。我们看到的所有恒星和星云都是银河系的成员，如果要了解银河系之外的宇宙，这些明亮密集的星光反倒成了阻碍。天文学家们需要一些“窗口”来观察“外面”的世界。1995年，天文学家们在远离银河盘面的大熊座选取了一小块几乎不包含任何恒星的天区，利用哈勃空间望远镜进行了长达10天的曝光，希望能够看到宇宙深处的图像，追溯早期宇宙的信息。这就是哈勃深空项目（Hubble Deep Field）。在这10天里，哈勃空间望远镜共在四个不同的波段上拍摄了342张照片，最终的合成图像在1年后公布。人类有史以来第一次看到早期宇宙的模样。在这个只有满月1/12大的视场中我们发现了近3000个星系，甚至包括远在120亿光年之外的遥远天体。它的光走了120年才到达地球，带来的也是120亿年前的信息。这个项目大大推进了我们对早期宇宙的认识，也又一次证明了宇宙的浩淼。在我们目力不及之处，万物径自演化生灭，不住不停。

矮星系 NGC 5474，由哈勃空间望远镜拍摄

双类星体 QSO 0957+561，画面中央的两个明亮的类星体其实是同一个源，它们是引力透镜效应造成的类星体复像

哈勃深场。在这个有限的视场内，
哈勃发现了1500多个处于不同演化阶段的星系

仙后座(*Cassiopeia*)

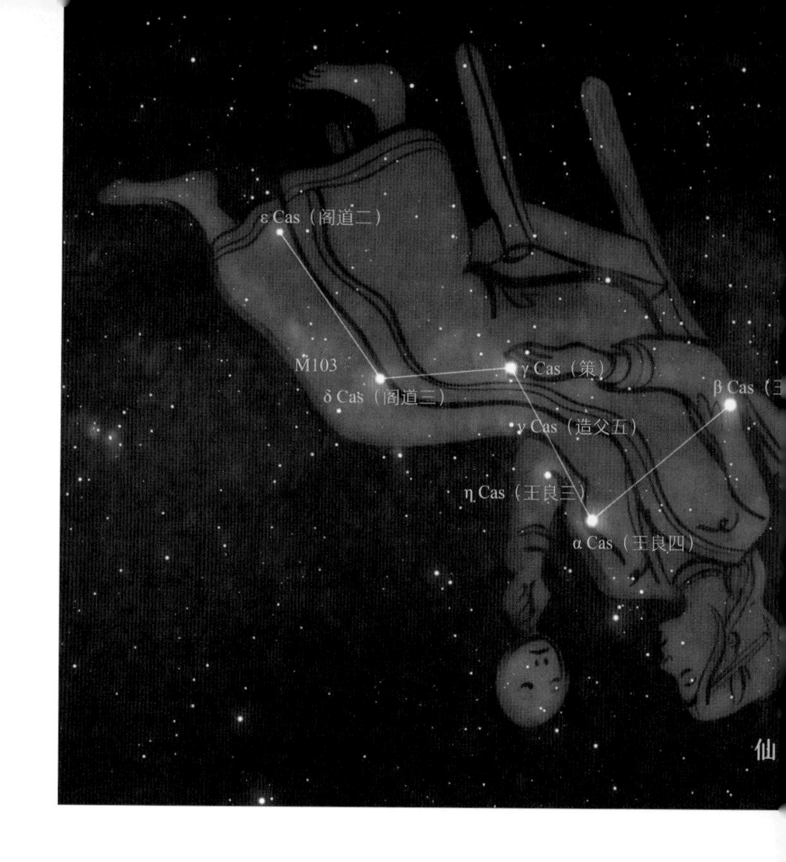

越过北极星，在与北斗相对的位置上可以找到仙后座，几颗亮星组成了一个明显的M或者W形。在古希腊时代，它就代表埃塞俄比亚王后卡西欧佩亚（Cassiopeia）。那时的埃塞俄比亚（古地名为Aethiopia，与现代埃塞俄比亚拼法Ethiopia稍有不同）是位于尼罗河上游的一个富饶的国家。因为希腊神话中一桩英雄救美的佳话，王室全家都在天空中获得了位置。王后因为夸耀自己女儿的美貌而触怒了海神，海神派海怪去侵扰这个王国。为了平息海神的怒气，他们只得将女儿牺牲献祭来换取国家的安宁。这一幕正好被宙斯的儿子珀尔修斯看到。他爱上了美丽的公主，便杀掉海怪，迎娶公主，继承了王国。于是王后成为仙后座，国王称为仙王座，公主变为仙女座，珀尔修斯则是英仙座，甚至连海怪都被升上天空成为鲸鱼座。有人说珀尔修斯的坐骑成了飞马座，那是将他和另一位希腊英雄柏勒洛丰（Bellerophon）的事迹弄混了。飞马是在珀尔修斯杀死蛇发女妖美杜莎时从后者的身躯中飞出，很多年后才由柏勒洛丰驯服，并骑去诛杀了另一只怪兽喀麦拉（Chimera）。

在中国的星官体系中，仙后的一部分是传说中的驾车高手王良，另一部分是连接皇城与行宫的阁道。当紫微垣中的天帝要前往行宫时，就从这里登上王良的马车，沿着阁道跨过银河抵达位于飞马座的营室。

仙后座刚好位于银河之中，因此其中也有一些有趣的星团。在仙后座α和仙后座β两星连线一倍处的位置上就有一个疏散星团M52，用双筒望远镜就可以看到。在仙后座δ旁还可以找到另一个疏散星团M103。不过，仙后座中最有趣的天体是一个超新星遗迹仙后座A。它是天空中除太阳以外最亮的射电源之一，距我们有11 000光年之遥，前身星爆发的闪光大约在300年前到达地球，但目前还没有发现任何文献记载与之相关。直到1947年，人们才用射电望远镜探测到它的活动。如今，这颗恒星已经损失了绝大部分质量，只剩下一个中子星。我们在它周围的抛出物中探测到许多重元素，其含量远高于恒星中心核反应熔炉中的比例，充分说明宇宙中的重元素主要来自超新星爆发。只是这个过程持续时间很短，不容易看到。如今仙后A在1GHz射电波段的亮度已经比1980年降低了20%，按照人类现有的观测能力，我们在一百年内就会找不到它了。但看看我们周围的世界：沙石、土壤、植物、动物、人类自身……构成这一切的元素中，所有比铁重的都来自这样的爆发。早在太阳被点亮、地球诞生之前，这样的过程已经在宇宙中重复了无数次。

超新星遗迹仙后座 A 的多波段合成照片

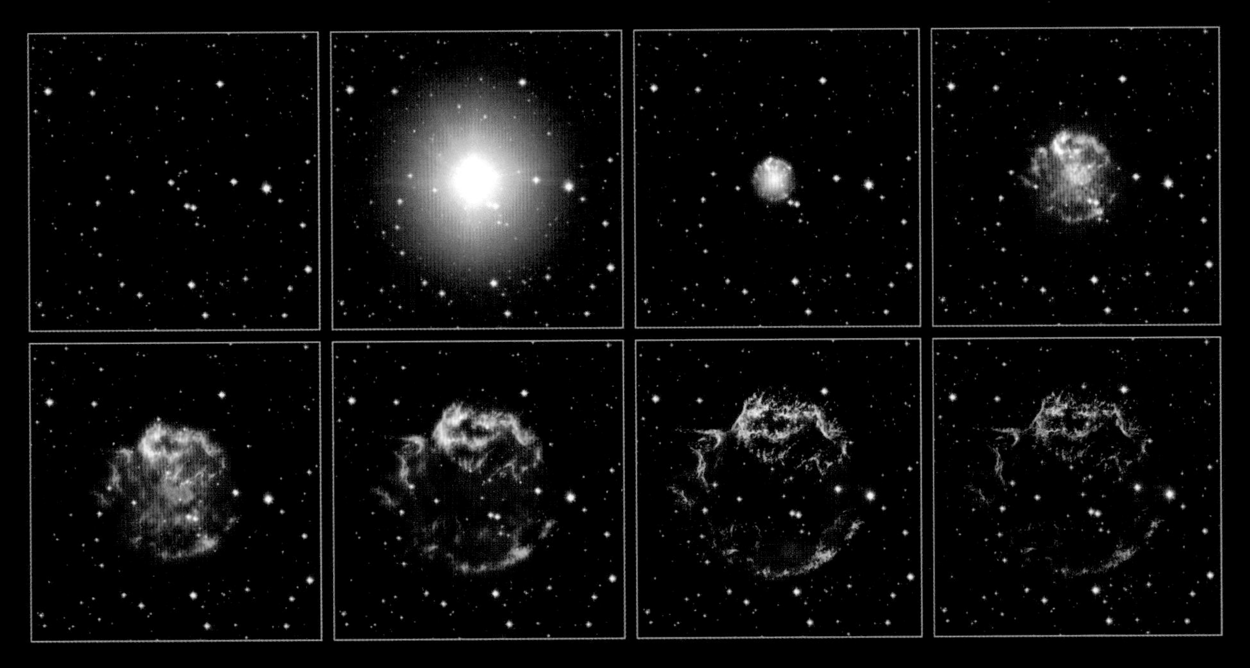

仙后座 A 爆发过程的模拟图

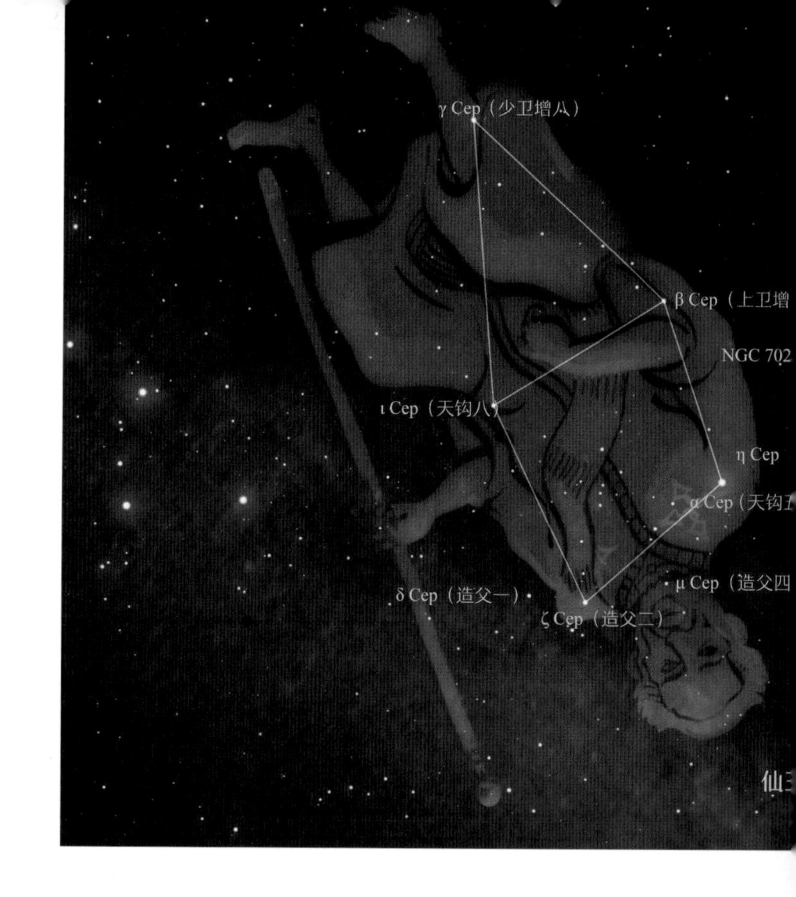

仙王座 (*Cepheus*)

在仙后座和小熊座之间是她的丈夫埃塞俄比亚国王，代表国王的星座和他本人在神话中的地位一样平淡无奇。仙王座没有什么亮星，最亮的天钩五也只有 2.5 等，不过其中的恒星很有特点。

微微闪着红光的 4 等星仙王座 μ（造父四）是一颗红超巨星，是银河系中已知的最大恒星之一。发现天王星并编制 NGC 星表的著名英国天文学家威廉·赫歇尔曾提到它有石榴石般的暗红色，于是它也被称为“石榴石星”。造父四距地球约 2840 光年，目前的质量相当于 19 个太阳。由于它已经到了生命的晚期，耗尽了核心的氢燃料，只靠氦聚变来维持。外层的物质壳已经急剧膨胀，达到了太阳半径的 1500 倍，可以吞噬掉整个木星轨道。当造父四将中心的氦通过核聚变全部转化为铁之后，就无法再产生能量，将会发生猛烈的坍缩。对于这样一个大质量恒星来说，最终很可能会在中心形成黑洞，但那将是百万年以后的事情了。

仙王座中还有另一颗重要的恒星—— 4 等星仙王座 δ，中文名为造父一。这是一颗非常特殊的变星，目视星等为 3.7—4.3 等，变光周期为 5 天 9 小时。1908 年，哈佛大学女天文学家勒梅特（Lemaitre）发现这类变星的光变周期和绝对亮度之间有很好的相关关系。换句话说，光变周期越长，星本身就越亮，因此我们可以通过测量它们的亮度变化周期来得到它们的真实光度，进而知道距离。造父一是这个变星类型中第一颗被确认的，于是这类变星都被称为造父变星。今天我们知道，造父一变化的亮度源自它周期性变化的体积。外层大气受热后就会膨胀，而且透明度变大，透过的光子变多，亮度于是增加；外层大气运动到离中心较远的位置时，接受的辐射减少，于是冷却收缩，透明度又降低，亮度减小。这一过程周而复始，就表现为我们看到的周期性亮度变化。这个过程在恒星生命的一个阶段中稳定存在，对于一定质量的恒星来说，尺寸和光度都是一致的。因此我们可以根据光变周期精确地知道恒星的质量和绝对亮度，进而算出距离。这是天文学中最重要的关系之一。美国天文学家哈勃正是根据这个关系，利用他在仙女座大星系中找到的一颗造父变星定出了仙女座大星系到地球距离，从而证明银河系并不是宇宙的全部。在浩渺的时空之中还有更广阔的疆域有待我们去发现。

仙王座的头部经过银河，其中有一些深空天体，例如位于仙王座一角的巫师星云（Wizard Nebula）。这里是被一群四百万年前诞生的年轻星团照亮的恒星形成区。年轻恒星的强烈星风赋予了它男巫剪影般的外形。再过几百万年，星云就会被全部吹散，只留下中央璀璨的星团。在仙王β星不远处可以找到NGC 7023鸢尾星云（Iris Nebula），这个鸢尾花一般的蓝色星云被一颗明亮恒星照亮。它不像其他星云那样只有无机的元素和尘埃，天文学家在它的光谱中还发现了多环芳香烃的迹象。这种我们经常能在烤肉中闻到的有机物对于生命的形成十分重要，弄清这些有机物的诞生和存在条件将有助于我们揭开地球生命起源之谜。

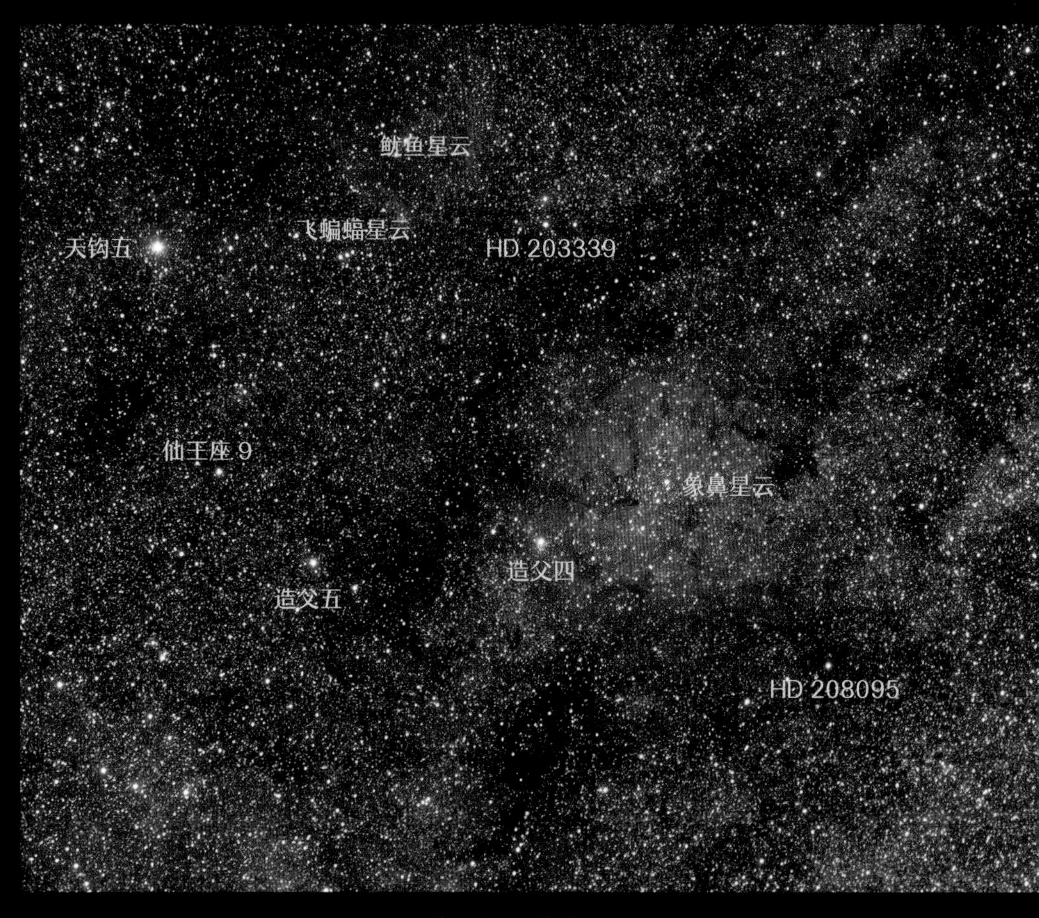

仙王座μ / 造父四

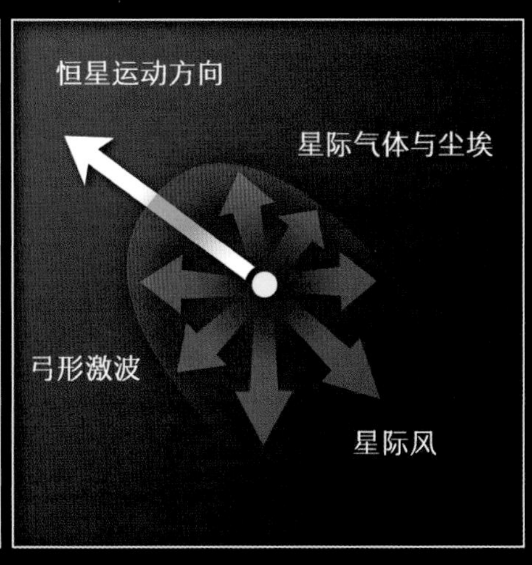

仙王座δ / 造父一周围的弓形激波

星空摄影师拍摄的巫师星云

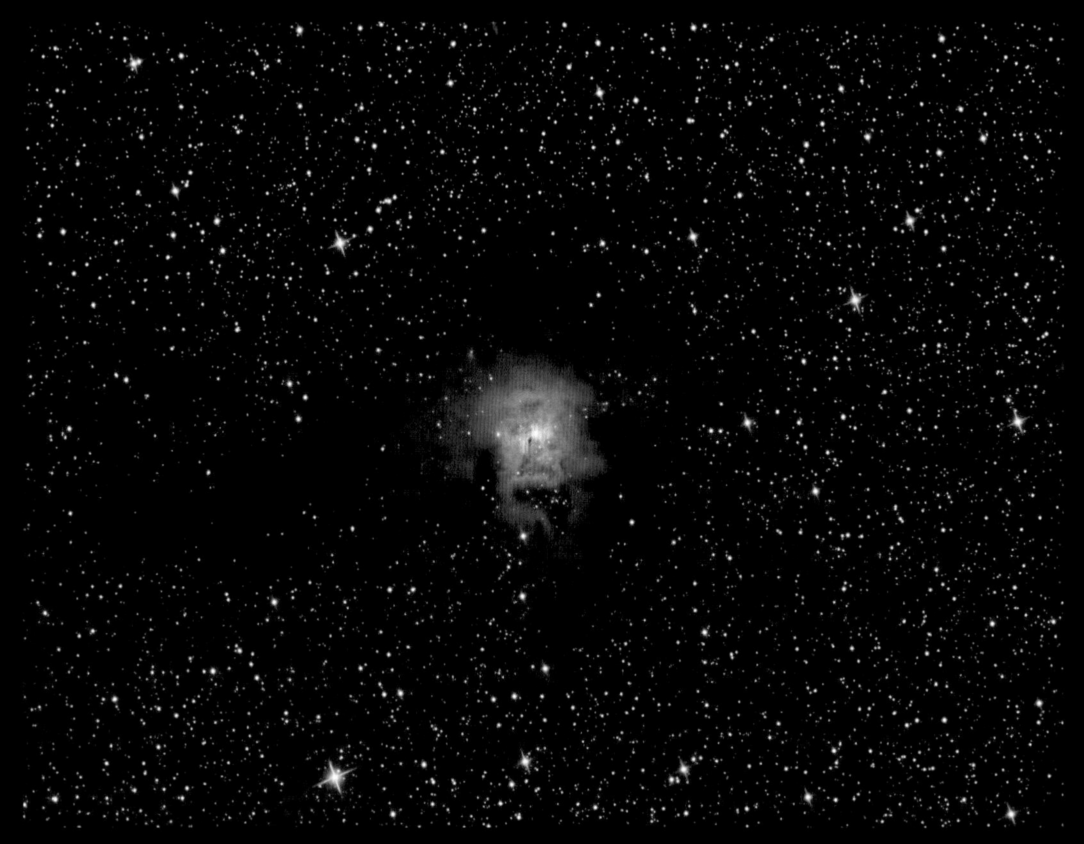

星空摄影师拍摄的 NGC 7023 鸢尾星云

天龙座 *(Draco)*

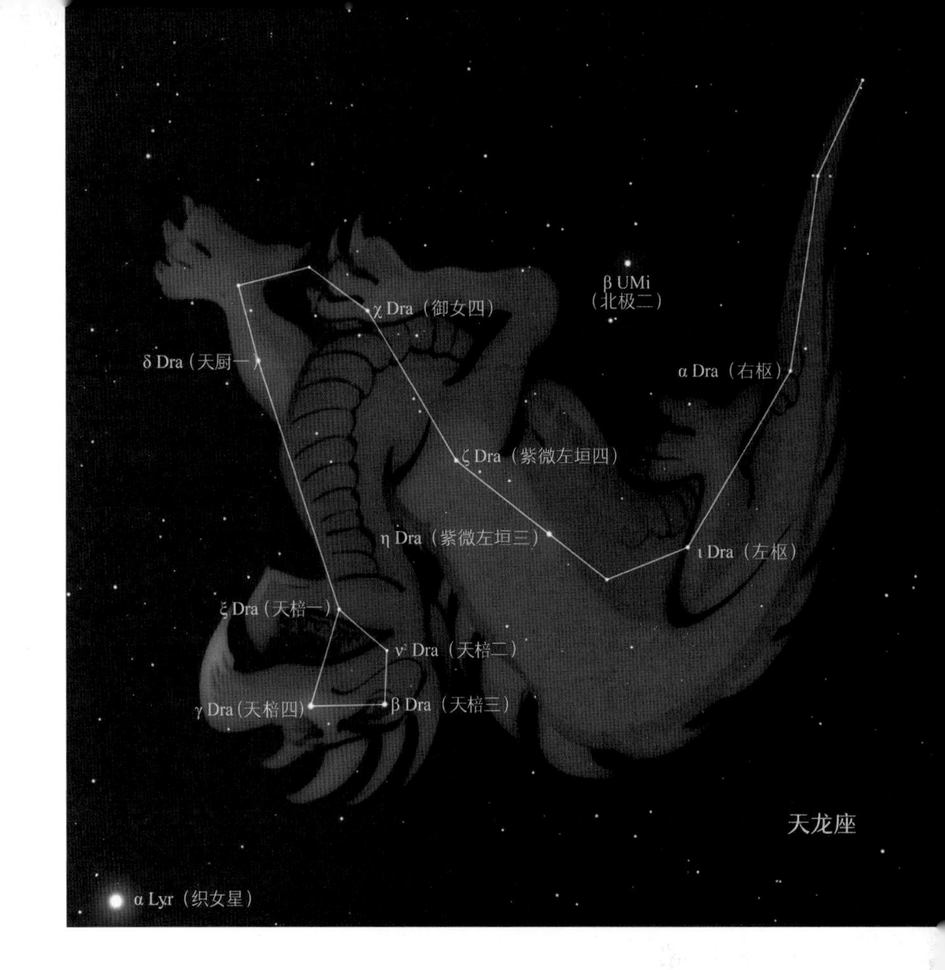

夹在仙王、小熊和大熊座之间的天区是天龙座。在古埃及人眼中，这里是河马女神塔沃里特（Taweret）。她有狮子的头、人类的胸、河马的身体和鳄鱼的背。这些强大的元素让她有足够的力量战胜恶魔，守护生育过程中的女性。在希腊神话中，天龙座是为天后赫拉守卫金苹果的巨龙，被英雄赫拉克勒斯（武仙座）杀死后成为星座。在古代中国，它们被视为天上的厨房（天厨）和守护皇宫的一段城垣。

天龙座没什么亮星，值得一提的是，沿着北斗中天玑与天权的连线可以找到中文名为右枢的天龙座 α 星。它的英文名“Thuban”在阿拉伯语中是蛇的意思。它是公元前 2800 年前后的极星，对应我国三皇五帝所处的上古时代。在天龙座 α 星旁边有两颗小星，分别叫作天一（天乙）和太一（太乙），在公元前 2500 年时比右枢更接近北天极。后来天极渐移渐远，关于它们的神话传说也随之湮灭无闻，只有这两个古老的名字流传至今。

此外天龙座还有一个可以用小型望远镜观看的深空天体，俗称纺锤星系（Spindle Galaxy）的 Messier 102（NGC 5866）。它是梅西叶星云表中最不确定的一个天体。因为当时梅西叶为了及时发表他的成果，未及验证就加入了三个朋友提供的天体，其中 M102 的坐标是错误的。后来人们根据梅西叶对此天体的形态描述和原始手稿记录才把这个天体加入梅西叶星表之中。

在开罗出土的河马女神塔沃里特彩陶塑像，塑造时间约在公元前 4—前 3 世纪晚期，高 14.2 厘米，长 4.2 厘米，高 4.1 厘米，表层的釉面已经脱落，看不出当时的颜色，现藏于美国沃尔特美术馆

纺锤星系 NGC 5866，由哈勃空间望远镜拍摄

鹿豹座

(*Camelopardalis*)

位于仙后、小熊和大熊座之间的暗淡天区是鹿豹座。它在北天极附近是最暗淡的一个，其中只有4颗星亮于5等，因此也是北极天区中最晚被命名的星座，直到1612年才被荷兰天文学家普兰修斯命名。这个星座的形象是一只长颈鹿，它长长的脖子向天极方向伸展。“鹿豹”作为晚清时期长颈鹿诸多译名中的一种，一度十分流行。不过到了民国时期，更加通俗易懂的“长颈鹿”成为主流译法。鹿豹这一说法就渐渐退出了历史舞台，只因为星座名定型较早，才得以留下了一点痕迹。

鹿豹座中没有特别值得注意的天体。但将仙后座W两端的β和ε两星连线向鹿豹座方向延伸一倍，便可以看到多达20颗小星在杂乱的星场中连成一串，在一头还能隐约看到一个疏散星团NGC 1502。它们在双筒望远镜中很明显。这是在20世纪70年代被加拿大天文爱好者甘伯首次注意到的现象，因此被称为甘伯串珠（Kemble’s Cascade）。但是这些星之间并没有真实的关联，它们的相聚只是个美丽的巧合。

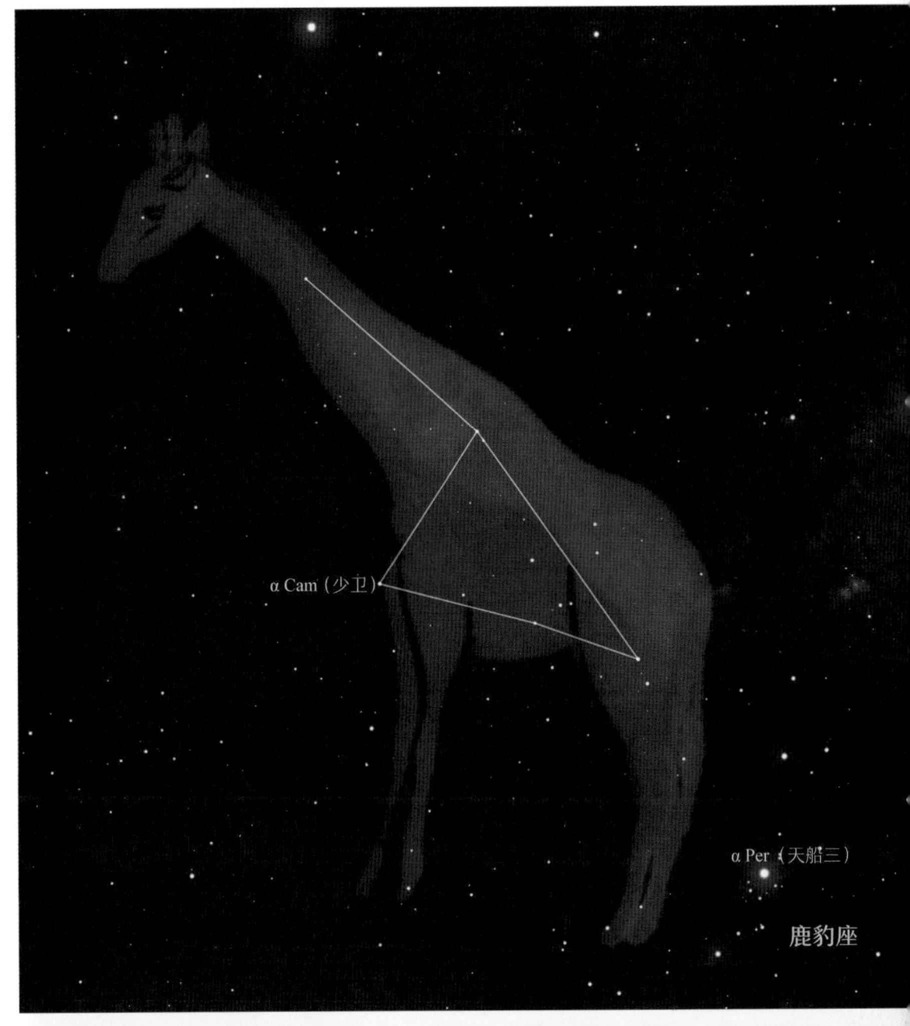

疏散星团NGC 1502与它左侧隐约可辨的甘伯串珠

南天极

SOUTH CELESTIAL POLE

在海南岛可以看见许多永远不会在北方升起的南天星座，如照片正中的南十字座。
戴建峰拍摄

南天极

观测时间（北方）：

南纬40°以上地区全年可见

对于北半球的观测者来说，南天星空是一片陌生的领域。斗转星移，那片天空却从未自地平线上升起。无论东方还是西方，都一直要等到15世纪远洋航海技术成熟之后，才逐渐涉足南半球，将这部分缺失的天区补充完整。明成祖朱棣虽然派郑和七下西洋，远至东非肯尼亚，但郑和始终依靠熟悉的北天星座导航，并没有留下关于南天星空的记录。后来在传教士的帮助下，我们才参考西方的星图把它们加入中国的星官系统中。

-1
-2
16
-3
18
-30
20
-20
-10
-10

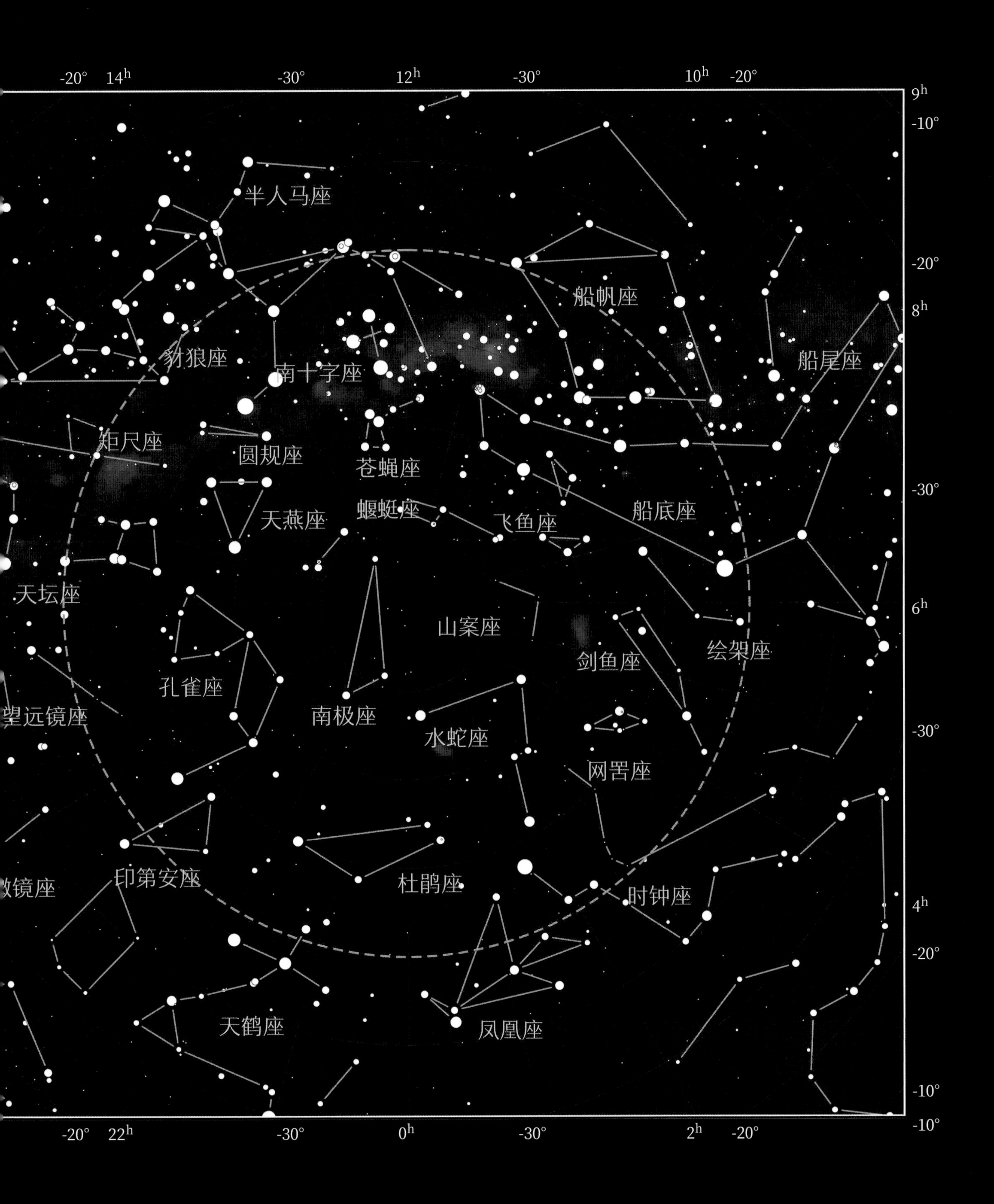

-20°
14h
-30°
12h
-30°
10h
-20°
9h
-10°
-20°
8h
-30°
6h
-30°
4h
-20°
-10°
-10°
-20°
22h
-30°
0h
-30°
2h
-20°
半人马座
船帆座
豺狼座
南十字座
船尾座
矩尺座
圆规座
苍蝇座
天燕座
蝘蜓座
飞鱼座
船底座
天坛座
山案座
剑鱼座
绘架座
孔雀座
望远镜座
南极座
水蛇座
网罟座
印第安座
杜鹃座
时钟座
天鹤座
凤凰座

南天极星图

南天极附近的星座可以分成三组：第一组曾经在北半球可以看到，后来由于地球岁差移动到靠南的天区，不再从北半球的地平线上升起。这部分星座仍与古老的神话传说联系在一起，其中包括：天上的祭坛——天坛座（Ara）、神话生物——半人马座（Centaurus）、南天十字星——南十字座（Crux），以及英雄之船——南船座[（Argo Navis），即今天的船尾座（Puppis）、船帆座（Vela）和船底座（Carina）]。

第二组是由荷兰学者普兰修斯于1597年前后设立的。1595年，他与首次前往亚洲探索香料航路的荷兰商船合作，为他们培训了一位领航员彼得·德克·凯泽（Pieter Dirkszoon Keyser，1540—1596），让他在航行途中对南天星空进行系统的天文测量。凯泽圆满地完成了任务，却在返航途中不幸去世。他的助手弗雷德里克·德·豪特曼（Frederick de Houtman，1571—1627）带领船队返回荷兰，并将这份宝贵的记录交给普兰修斯。对于后者来说，这份记录填补了天球仪上的空白区域。对荷兰商人来说，这个星表为前往香料群岛的漫长航线提供了可靠的指引。这次成功的航行为荷兰东印度公司奠定了商业基础，他们随后开启了长达200年的海上香料贸易。普兰修斯也因此成为荷兰东印度公司的合伙人。他在南天一共设立了12个新星座，分别是天燕座（Apus）、蝘蜓座（Chamaeleon）、剑鱼座（Dorado）、天鹤座（Grus）、水蛇座（Hydrus）、印第安座（Indus）、苍蝇座（Musca）、孔雀座（Pavo）、凤凰座（Phoenix）、南三角座（Triangulum Australe）、杜鹃座（Tucana），以及飞鱼座（Volans）。它们被称为“航海十二星座”。普兰修斯有意选择那些欧洲人不太熟悉的新奇物种，为古老的星图加上流行的异域色彩。带有航海星座的星图就像是来自新世界的邀请，指引人们远渡重洋踏上陌生的土地，探索未知的疆域。

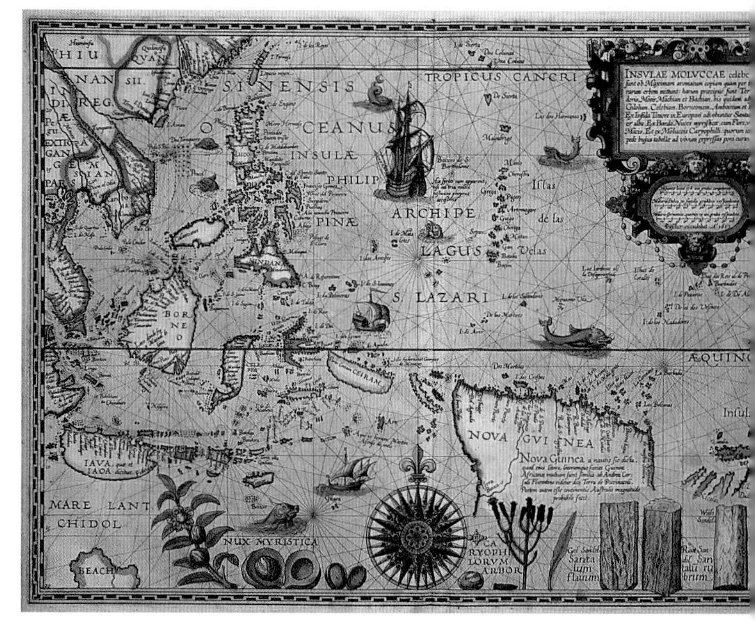

普兰修斯绘制的地图

对于领航员来说，夜空中的上百颗亮星足以为船只导航。但对于天文学家来说，所有的恒星都是潜在的观测目标。我们无法预见哪一颗星的亮度会突然变化，也看不出哪一颗星在悄然移动，只能忠实详尽地记录，寄希望于未来。北半球的星空已被无数人反复测量过。但前往南半球观测需要极大的勇气和决心。繁荣的海上贸易支撑起繁忙的航线和兴盛的港口。到了18世纪，通往南半球的道路终于不再是艰难畏途。

法国天文学家拉卡伊在1763年携带一架小望远镜前往南非好望角观测南天星空，成为有史以来去往纬度最靠南的天文观测者。他花了两年时间获得了1万多颗南天恒星的观测数据，奠定了南天恒星研究的基础。拉卡伊根据自己的观测结果，在明亮的南天星座之间的空白处填充了一批新的形象，它们是：唧筒座（Antlia）、雕具座（Caelum）、圆规座（Circinus）、天炉座（Fornax）、时钟座（Horologium）、山案座（Mensa）、显微镜座（Microscopium）、矩尺座（Norma）、南极座（Octans）、绘架座（Pictor）、罗盘座（Pyxis）、网罟座（Reticulum）、玉夫座（Sculptor）、望远镜座（Telescopium），一共14个。其中除代表开普敦桌山的山案座以外，其他星座的名字都取自当时的仪器设备。我们可以从中感受到那个科技飞速发展的时代给世人带来的无限憧憬，第一次工业革命正呼之欲出。至此，南天星空也完全被星座填满，地球的夜空再也没有陌生的星域。

我国最后一版传统星官——清乾隆十七年（1752年）完成的《仪象考成》参考普兰修斯的航海星座补充了南天的部分，形成较为完整的中国星官系统。但1844年完成的《仪象考成续编》只是增补了亮星。并没有将拉卡伊的新星座包括进来。

下面我们就从半人马座开始依次介绍这些星座和其中的重要天体。

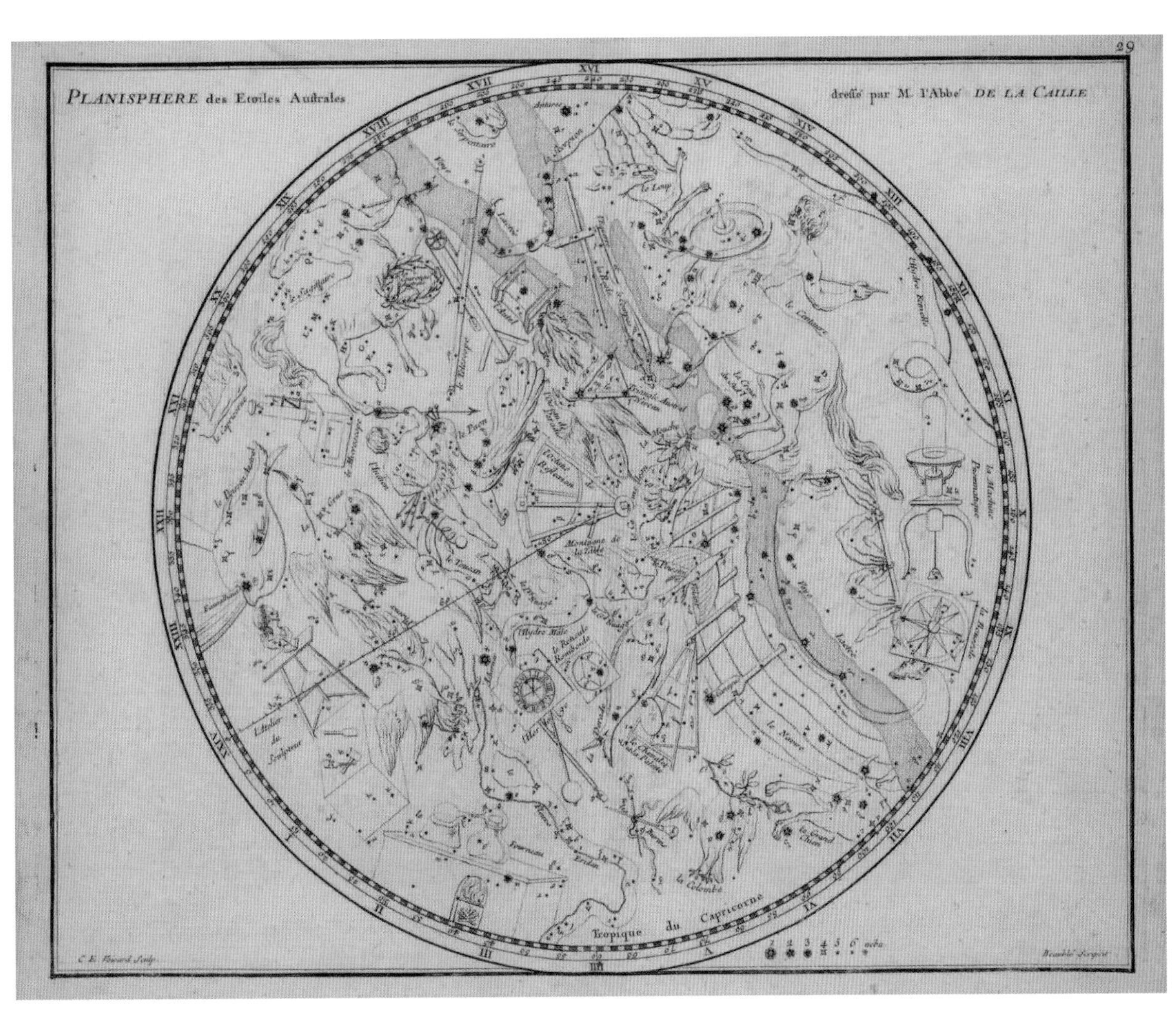

弗拉姆斯蒂德1776年第二版《天球图谱》中的南天星图。其中包含了拉卡伊设立的14个新星座

半人马座

(Centaurus)

半人马座与位于黄道的人马座代表着同一种半人半马的生物，但它们之间的联系与区别已经随着半人马座从北半球夜空中消失而渐渐被人遗忘。通常认为人马座代表半人马贤者喀戎，曾教导了包括赫拉克勒斯（武仙座）在内的许多希腊王子和英雄。而半人马座则是一个身份不明、面目模糊的半人马形象。在星空中，这只半人马正举起一只动物（豺狼座）准备放上祭坛（天坛座）献祭。在中国古代的星官系统中，这里被称作“库楼”，是天上的武器库。位于半人马前腿处的 α 和 β 星在南方低空组成南门（隋唐以后这两颗星在西安、开封以北的地区逐渐无法看到，天文官便将南门北移到 ε 星处）。

南门二，即半人马座 α 星，它的亮度达到 0 等，是全天第三亮的恒星，仅次于大犬座的天狼星和船底座的老人星。南门二的亮度如此突出主要因为它是距离我们最近的恒星，就在 4.37 光年之外，而且它不是独自在燃烧。我们眼中的南门二闪耀的星光来自两颗恒星：南门二 A 和南门二 B。它们是两颗和太阳质量差不多的中年恒星，以 79 年为周期相互绕转。

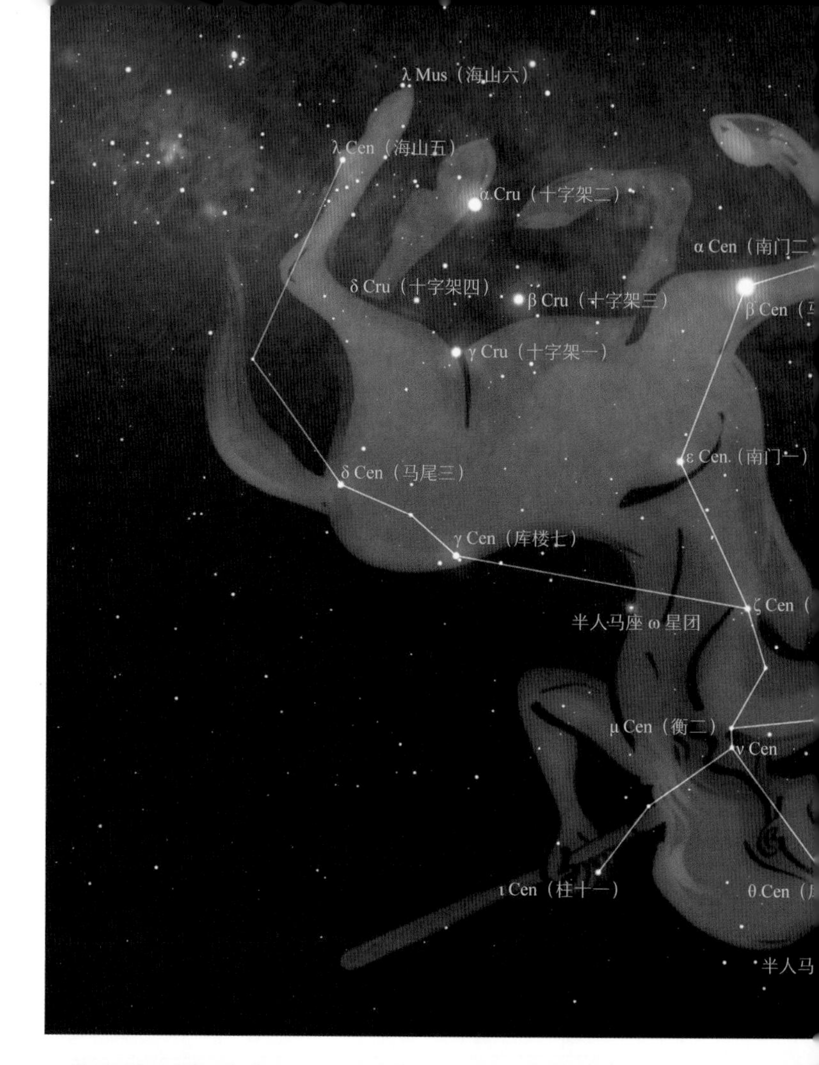

比邻星围绕南门二转动的轨道

比邻星行星系统的艺术假想图。画面近处的比邻星 b 绕着远处的红矮星比邻星运行

1915 年，苏格兰天文学家罗伯特·托尔布恩·艾顿·英尼斯（Robert Thorburn Ayton Innes, 1861—1933）发现南门二附近有一颗 11 等的红矮星，到我们的距离比南门二更近一些，于是将它命名为 Proxima Centauri，即“半人马座中的最近星”。我国天文学家用唐代诗人王勃“海内存知己，天涯若比邻”的诗句将它命名为“比邻星”，令人浮想联翩。而就在 2016 年，欧洲南方天文台真的在比邻星的光谱中发现了行星存在的迹象。这让比邻星又拿下了最接近地球的系外行星系统的称号。更激动人心的是，这颗行星到主星的距离不远不近，如果它拥有条件合适的大气层，甚至可能允许液态水的存在。考虑到比邻星的质量只有太阳的十分之一，它的寿命将是太阳的数百倍。这个行星系统无疑是个振奋人心的存在。不过它到底在多大程度上适宜人类居住仍有待进一步研究。

而另一方面，我们还不具备星际航行的能力。目前航行最远的人造天体是 1977 年发射的旅行者 1 号飞船。它在历经了 42 年的连续飞行之后，终于在 2019 年飞出了太阳系，到达了星际空间。它飞行的总距离已经达到 0.002 光年。如果旅行者 1 号日后幸运地没有被流星体撞击，或者被其他星体的引力捕获，约 8 万年后它的航程就相当于我们到比邻星的距离。而人类从走出非洲到登陆月球也仅用了 6 万年而已。

对于星际航行的要求，我们可以做一个简单的估计：如果人类航天器能被加速到光速的一半，就可以在 9 年内到达比邻星。而要将一艘 100 吨（航天飞机的典型质量）的宇宙飞船加速到光速的一半需要至少 10^{21} 焦耳的能量。这大约是 2018 年全世界消耗总能量的两倍，或者是整个地球在 2 小时内接收到的全部太阳能。而我们不能没有阳光、风雨、衣食、网络，甚至手机。要在不影响日常生活的前提下完成发射，我们目前的能源供应水平至少还需要提高几个量级。因此在新的能源革命出现之前，比邻星只是一个遥远的梦想而已。

半人马座中也有精彩的深空天体。在它的背部不难找到 4 等的半人马座 ω，这个拥有希腊字母编号的天体其实不是恒星。在望远镜发明以前，包括托勒玫、拜尔在内的许多有经验的观测者都没有发现异样。直到 1677 年，英国天文学家哈雷在大西洋圣赫勒拉岛上观测南天星座时才借助望远镜揭开这个天体的真实身份。它是一个位于 1.6 万光年之外的巨大球状星团，在 75 光年的半径中汇聚了近 1000 万颗恒星，是银河系中最大最重的星团。从其中包含的众多年老恒星来看，它的年龄可能超过 120 亿年。有的天文学家还怀疑其中存在黑洞。但由于中心处的恒星密度实在太高，难以观测，学界对此尚未达成共识。所有这些迹象都表明它很可能不是在银河系内诞生的，而是被银河系吞噬的其他矮星系的残骸，就像被吃剩的果核。

在半人马座 ω 星团北方 4° 的地方可以找到一个 7 等星系——半人马 A。它是全天第五亮的河外星系，仅次于大小麦哲伦云、仙女座大星系 M31 和三角座星系 M33。它与其他几个星系不一样的地方在于，它仍处于并合过程中，明亮的核球将扭曲的尘埃带映照得十分明显。新吸收的物质为中心大质量黑洞的活动提供了充足的燃料，在射电和 X 射线波段都有强烈的辐射。

半人马座 ω 星团，
由欧洲南方天文台拉西亚天文台 2.2 米望远镜拍摄

半人马 A 星系的多波段合成图像。
橙色来自亚毫米波波段，蓝色是 X 射线，白色是可见光

南十字座（*Crux*）

沿着半人马座的 α 和 β 两星连线向西可以找到明亮的南十字座。在古希腊人的眼中，它是半人马的后腿，南美安第斯山脉的印加人将它视为阶梯，新西兰岛上的毛利原住民认为它是锚具。郑和下西洋时也看到了南十字座，并称之为“灯笼骨星”。而在欧洲远洋商船上的基督教水手眼中，一个在晴朗夜空现身的十字架远比古老的神话更能抚慰人心。而且这个十字架的长竖指向南天极附近，有助于导航。于是在 17 世纪末，南十字座从半人马座中独立出来，成为星图上独立的形象。

南十字座虽然是全天 88 星座中最小的一个，但它位于南天银河之中，包括两个著名深空天体。一个是被称为煤袋（Coalsack）的暗星云，另一个是珠宝盒星团 NGC 4755。位于南十字座 α 和 β 星之间的煤袋星云是一团浓厚的星际尘埃云，遮住了后方银河的密集星光。澳大利亚的原住民将银河中的暗带看成是一只巨大的鸸鹋（鸸鹋是澳大利亚最大的鸟类，不会飞行，它的肉和蛋是原住民的重要食物来源），而煤袋星云正是它小巧的头部。

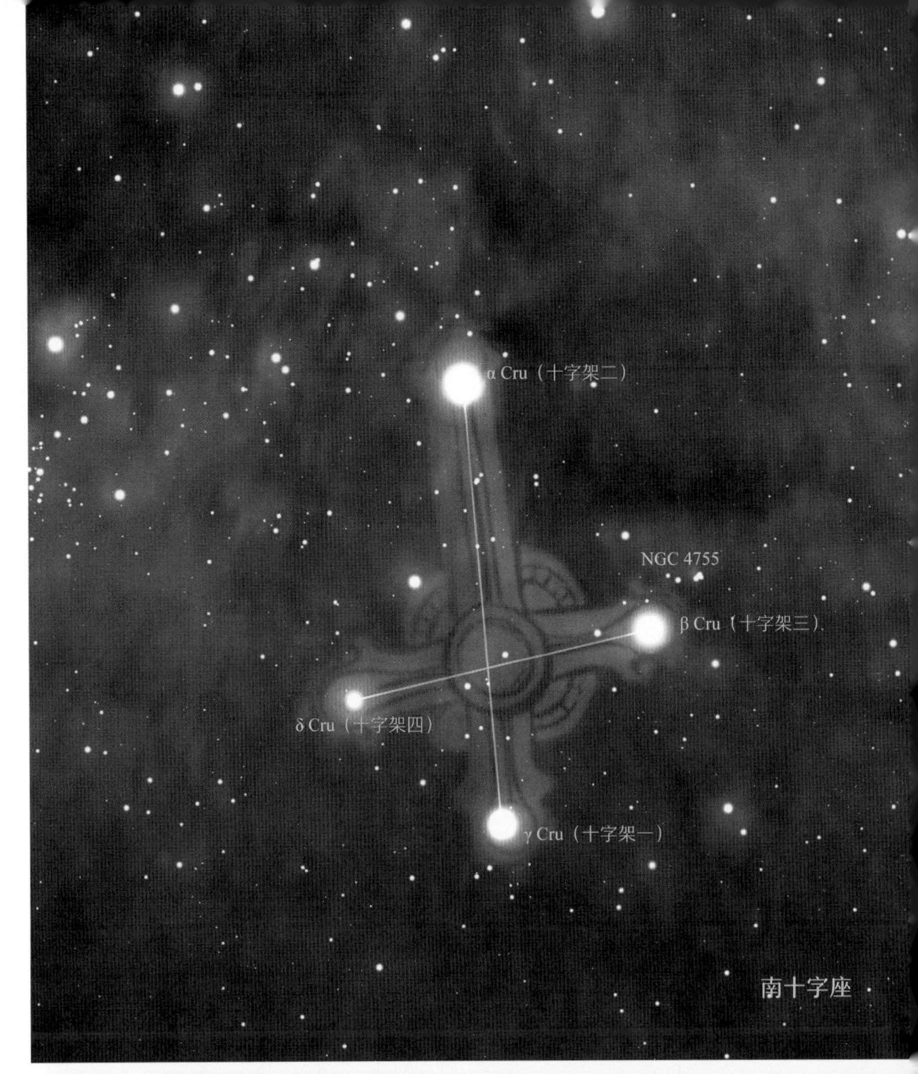

星空摄影师拍摄的南十字座和煤袋星云

位于南十字座β星附近的珠宝盒星团是一个年轻的疏散星团。19世纪的英国天文学家约翰·弗里德里希·威廉·赫歇尔（John Frederick William Herschel，1792—1871）曾在南非好望角对它进行过观测，并增补到他父亲威廉·赫歇尔编写的星云和星团总表（CN）之中。他将这个星团形容为"一个满是彩色宝石的盒子"，从此这个星团就被冠以珠宝盒之称。这个星团视场中最明显的天体是一颗6等的红巨星——南十字座κ，与其他蓝色恒星形成了鲜明对比。不过，这颗红巨星并不属于这个星团。它只是一颗碰巧出现在这个方向的前景恒星，到我们的距离只有1700光年。而星团远在6440光年之外。

珠宝盒星团NGC 4755，红色的南十字座κ位于中间，与其他的蓝色恒星形成了鲜明对比。由欧洲南方天文台拉西亚天文台2.2米望远镜拍摄

南船座（*Argo Navis*）

在南十字座的西侧是古老而巨大的南船座。法国天文学家拉卡伊为方便检索，将它拆成三个大小相近的星座，分别是船底座（Carina）、船帆座（Vela）和船尾座（Puppis），但仍保留了其中的亮星在南船座的希腊字母编号。在我国的星官系统中，船帆和船尾因为纬度稍高，都有对应的传统星官，只有船底部分的恒星没有被记录过。明代徐光启在编著《崇祯历书》时，才参考传教士提供的西方星表第一次将这些恒星加入中国的星官系统当中。他在船底部分自东向西依次设立了海山、南船和海石三个星官。南船座主体与南天银河重合，包含了大量的星云和星团。这里只介绍其中比较有特点的几个。

船底座中有一颗非常特别的恒星——船底座η，中文名是海山二。这是一个距离我们相对较近（约7500光年）的大质量恒星系统。它至少包括两颗恒星，其中质量较大的一颗超过100倍太阳质量，这非常罕见。一方面因为大质量恒星演化得非常快，存活时间只有10万年左右；另一方面是大质量恒星的绝对数目很少，整个银河系中可能也就只有几十颗而已。一般来说，恒星质量一旦达到120个太阳质量，强烈的辐射压就能够与引力抗衡，阻止外部物质的进一步下落。所以它十分接近一颗恒星所能达到的质量上限。

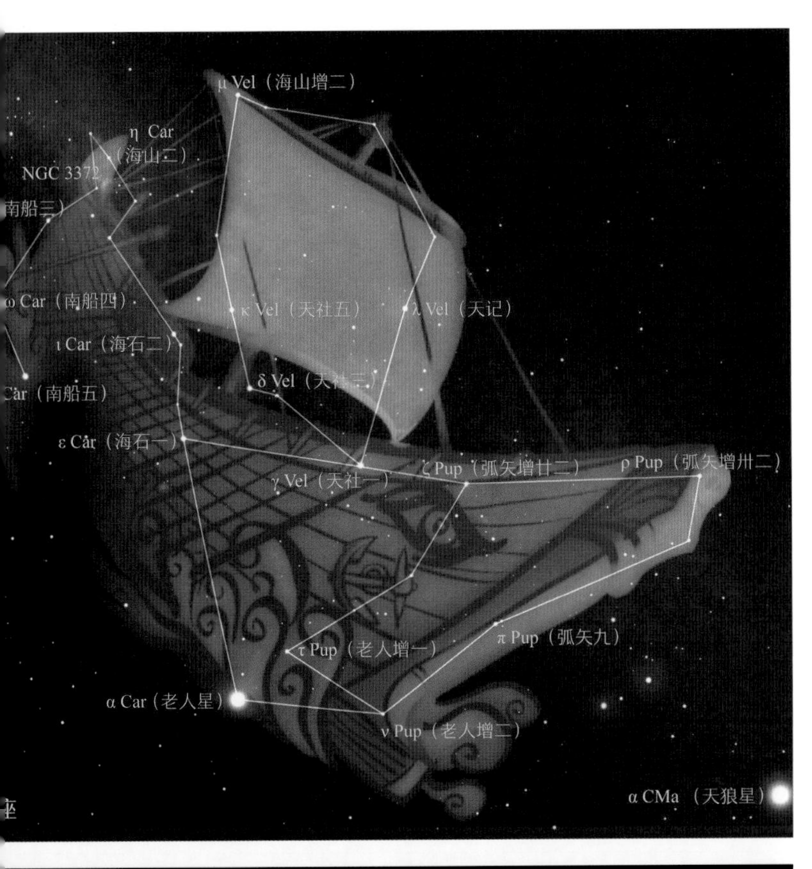

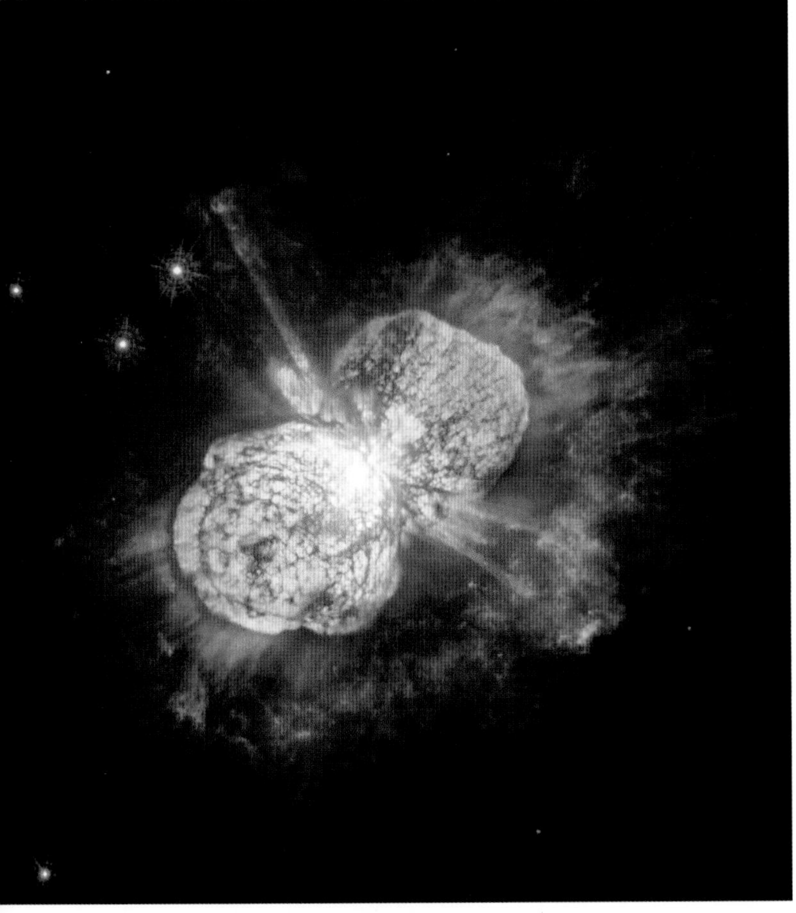

哈勃空间望远镜拍摄的海山二

虽然海山二目前的看上去只有 5 等，但实际光度是太阳的 400 万倍。而且自 19 世纪以来有过多次猛烈的爆发，亮度一度达到 -1 等，仅次于天狼星。我们甚至以为它就要炸毁了。结果等到亮度降下去之后，天文学家惊讶地发现它还在原处。我们还不清楚它不时爆发的原因。如果能够直接观测到这颗恒星也许会有助于理解它的性质，但这并不容易。在大约 150 年前的一次爆发中，它喷发出的浓厚气体和尘埃形成了一个年轻的星云——侏儒星云（Homunculus Nebula）。这些喷出物将中心星包裹起来，并吸收了大部分星光，而且这些气体还在以 670km/s 的速度向外膨胀。我们虽然暂时无法看到这颗大质量恒星的身形，但能目睹一个星云的诞生。天文学家仍然相信海山二在某一天会以超新星甚至更亮的特超新星的方式壮丽谢幕。如果人类能够等到那一天，很难说是幸运还是不幸。因为它不是在远处绽放的美丽烟花，而是会在我们身旁引爆的不定时炸弹。7500 光年对于地球来说可不是一个绝对安全的距离。海山二这样一颗巨星爆发时释放的高能粒子会对地球产生直接的威胁。所以我们有必要提前弄清它的性质，评估潜在的风险，起码不能像 2.4 亿年前的三叶虫，或者 6500 万年前的恐龙那样浑浑噩噩地灭绝。

海山二本身也位于一个巨大的星云——船底座星云（NGC 3372）之内。这个星云比猎户座大星云更大也更为明亮，不过因为远在南天而少有人知。这里的天体类型也比猎户座大星云更加丰富，就像一个热闹的恒星保育院。各种或亮或暗的气体尘埃云是滋生星体的土壤，浓密的尘埃柱是孕育恒星的温床，年轻的恒星以星风撕开襁褓，用星光看清自己的所在，兄弟姐妹们聚在一起组成星团，踏上环游星系的漫长旅程。

船底座北边的银河里是船帆座。它是古希腊桨帆船上的那种四角帆，操作简便，适合在地中海航行时使用。船帆座靠近银河，包含许多星团和星云，其中最精彩的是位于船帆座西北边界处的一个超新星遗迹。大约在 1.1 万年前，一颗距我们 800 光年的大质量恒星以超新星爆发的形式完成了自己的轮回。它也许曾照亮过地球的夜空。那时，人类的先祖才刚刚抵达美洲，亚欧大陆上的定居者开始加工石器，他们都无法留下关于星空的记录。今天，我们借助星云滤镜看到那颗超新星抛出的气体还在星际空间中如涟漪般扩散，形成复杂的纤维状结构，有着令人叹为观止的细节。可以想象当时的爆发一定非常猛烈。

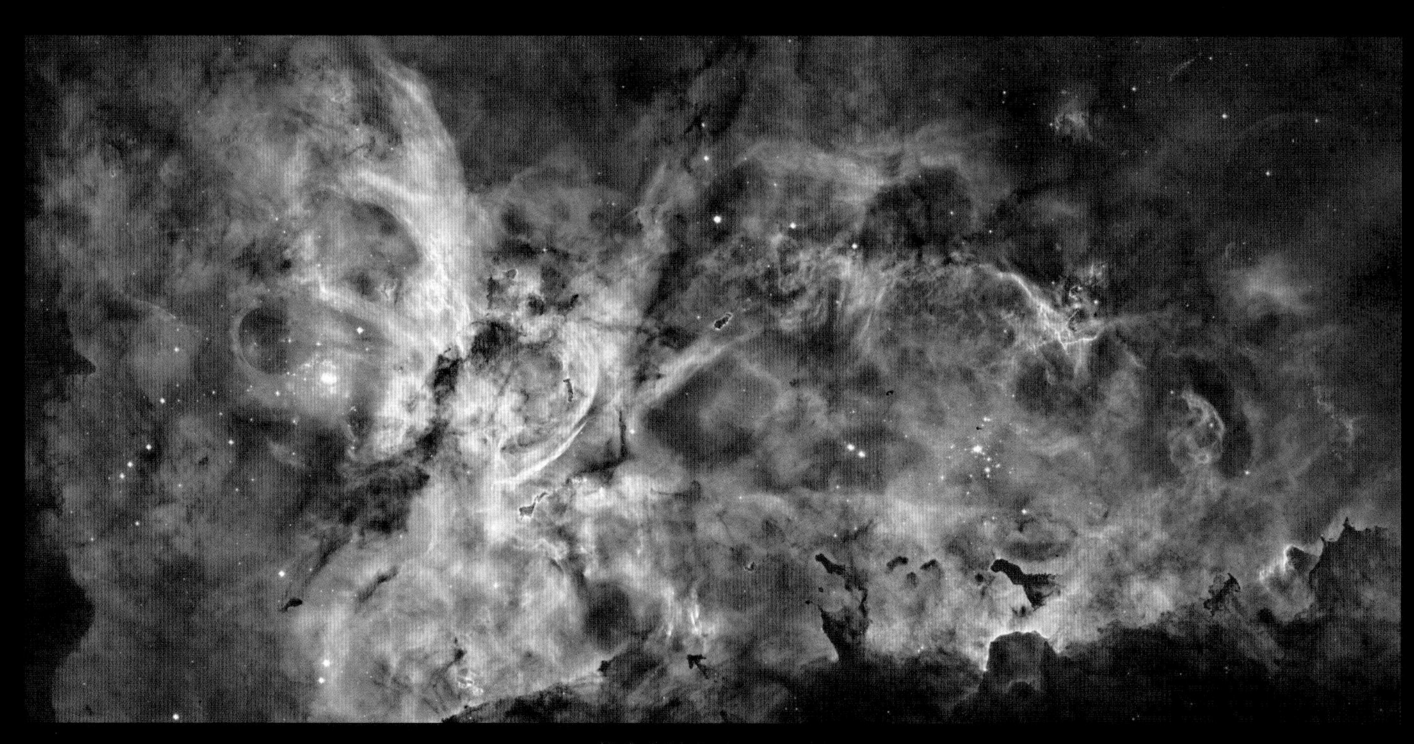

船底座星云 NGC 3372

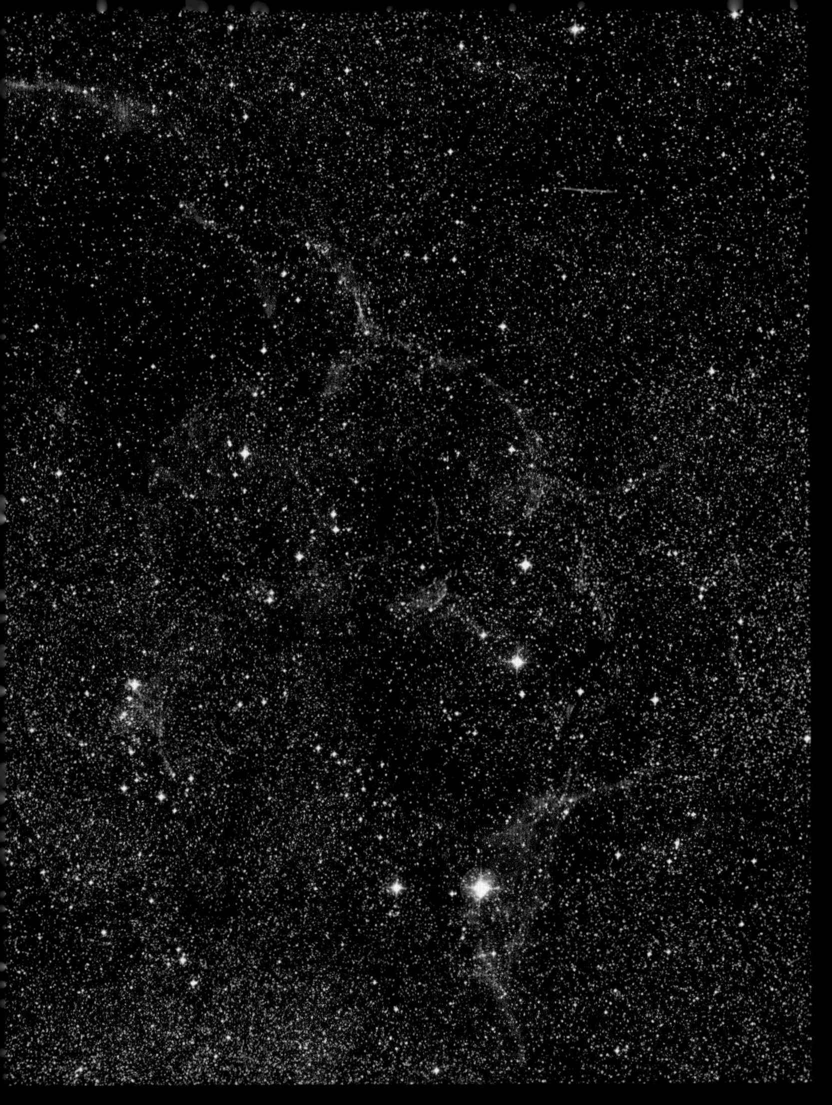

超新星遗迹船帆座星云，由欧洲南方天文台拉西亚天文台 1 米望远镜拍摄

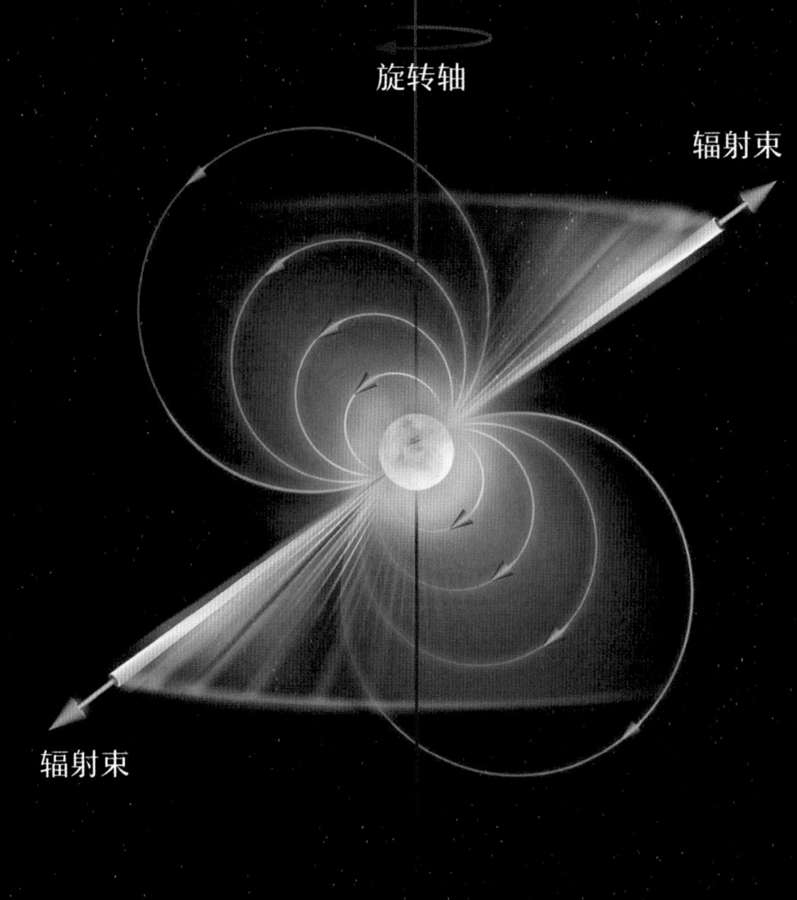

脉冲星示意图，其中蓝色为磁场，黄色为射出的粒子束

恒星的内部核心坍缩为一颗 23 等的脉冲星，正以每秒 11 圈的频率高速旋转，这个速度比直升机螺旋桨的速度还要快。而且它的磁轴和自转轴不完全重合，发出的辐射每 90 毫秒就会扫过地球一次。这使得脉冲星就像宇宙中的灯塔，可以为日后的星际航行提供可靠的位置参考。而且它还是天空中最亮的持续 γ 射线源，强烈的高能粒子流持续激发周围的星际介质，形成明亮的 X 射线星云。所以，不要小看那些不起眼的星体，它们从来不像看上去那么简单。

绘架座 (*Pictor*)

在船底座老人星的西侧是拉卡伊设立的绘架座，代表画架和调色板。其中的最亮星绘架座α只有3等。不过位于老人星西边3.8等的绘架座β星是一个年轻的恒星系，拥有气体和尘埃组成的碎屑盘，这是行星系统的早期形态。而且天文学家还在其中发现了一个数倍于木星质量的行星，这大大增加了它附近存在类似地球的星体的可能性。这个距离我们63光年的恒星系统因此备受关注。

除此之外，绘架座中还有一颗恒星更为著名，那就是开普坦星（Kapteyn's Star）。这颗9等红矮星位于绘架座和天鸽座的交界处。德国天文学家雅各布斯·科内利乌斯·开普坦（Jacobus Cornelius Kapteyn, 1851—1922）在1898年发现它每年会在天空中移动8"，这种位置变化被称为“自行”。这个记录虽然在1916年被蛇夫座的巴纳德星打破，但它们一起把位置变化前两名的头衔保持至今。其实银河系中恒星运动的绝对速度大都相差不远。我们附近的恒星如果刚好运动方向垂直于视线，位置变化就会十分明显。开普坦星算是其中绝对速度比较高的一颗。从它的年龄、运动轨迹和元素组成来看，它可能来自半人马座ω星团，在很久以前就被银河系的引力剥离。就在2014年，天文学家在这颗110亿岁的恒星周围发现了两颗行星！我们不知道如此古老的星球是否有机会演化出生命形态。在经历如此漫长的岁月之后，绵延的物种是否一定能发展出不可思议的文明。也许，那里缺少必要的巧合与运气，至今仍是一片荒芜，像宇宙中绝大多数星球一样。

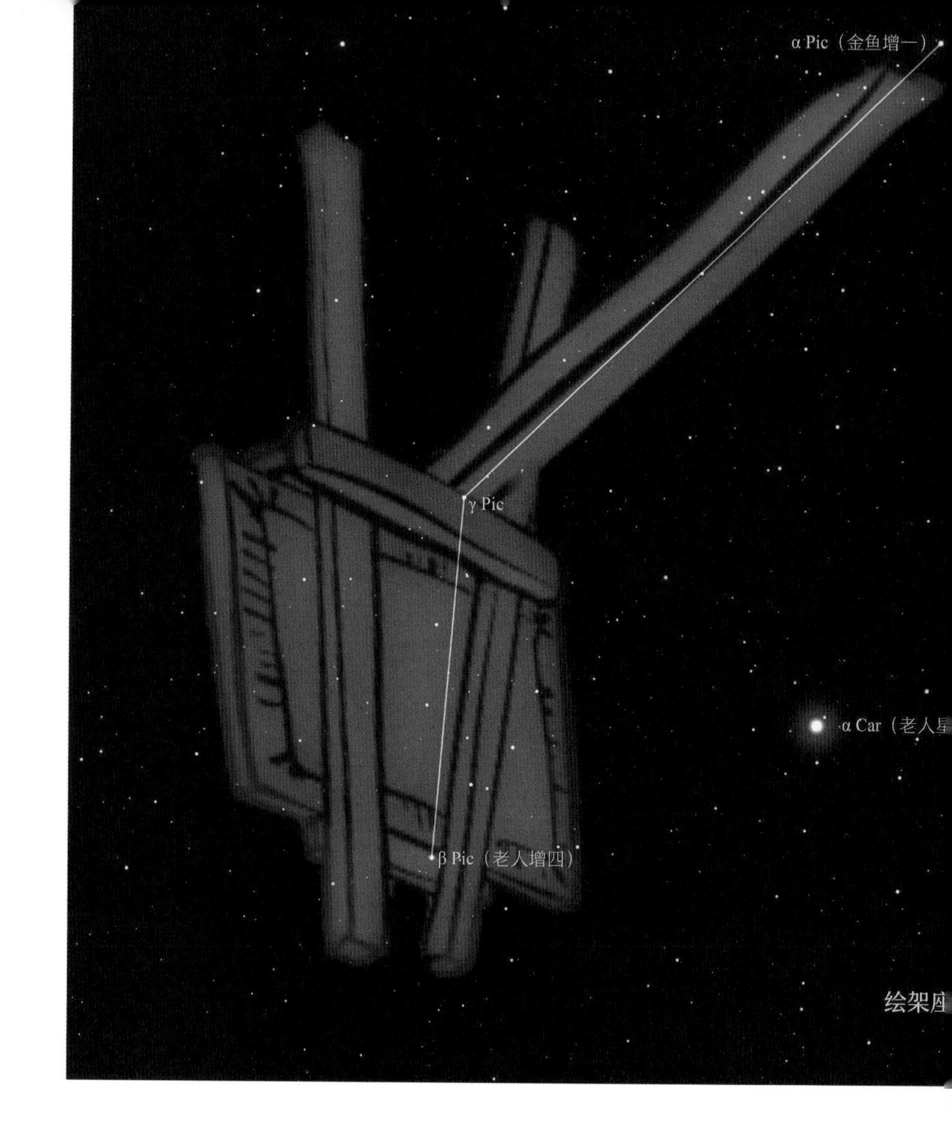

剑鱼座 (*Dorado*)

绘架座的西南角是剑鱼座。它的名字来自西班牙语，指的是俗称鬼头刀的鲯鳅。水手们经常看到这种鱼在海面上追逐飞鱼，于是把它放在飞鱼座身后。后来开普勒在编制星表时不知为何把它改成了剑鱼（Xiphias）。虽然这个名字没有被最终接受，但剑鱼的形象获得了广泛认可。

剑鱼座最重要的天体就是大麦哲伦云，它位于山案座和剑鱼座之间，亮度达到 1 等，不借助任何设备就能清楚地看到。身处杜鹃座的小麦哲伦云亮度也有 3 等。它们是南天的标志性天体。虽然波斯天文学家阿苏菲（即阿卜杜勒-拉赫曼·苏菲）早在 10 世纪就留下了关于大小麦哲伦云的记录，但直到 16 世纪它们才随着葡萄牙航海家麦哲伦环球旅行的壮举而重新引起欧洲人的注意。我国古代一直没有记录星云的传统。尽管北天的仙女星系肉眼可见，却直到清代传教士主持编修星表《仪象考成》时才获得编号（奎宿增二十一）。明代的天文官从传教士那里获知大小麦哲伦云的存在，也只是简单地将它们视为夜空中的白斑，选取它们附近的恒星设立了“夹白”和“附白”两个星官。

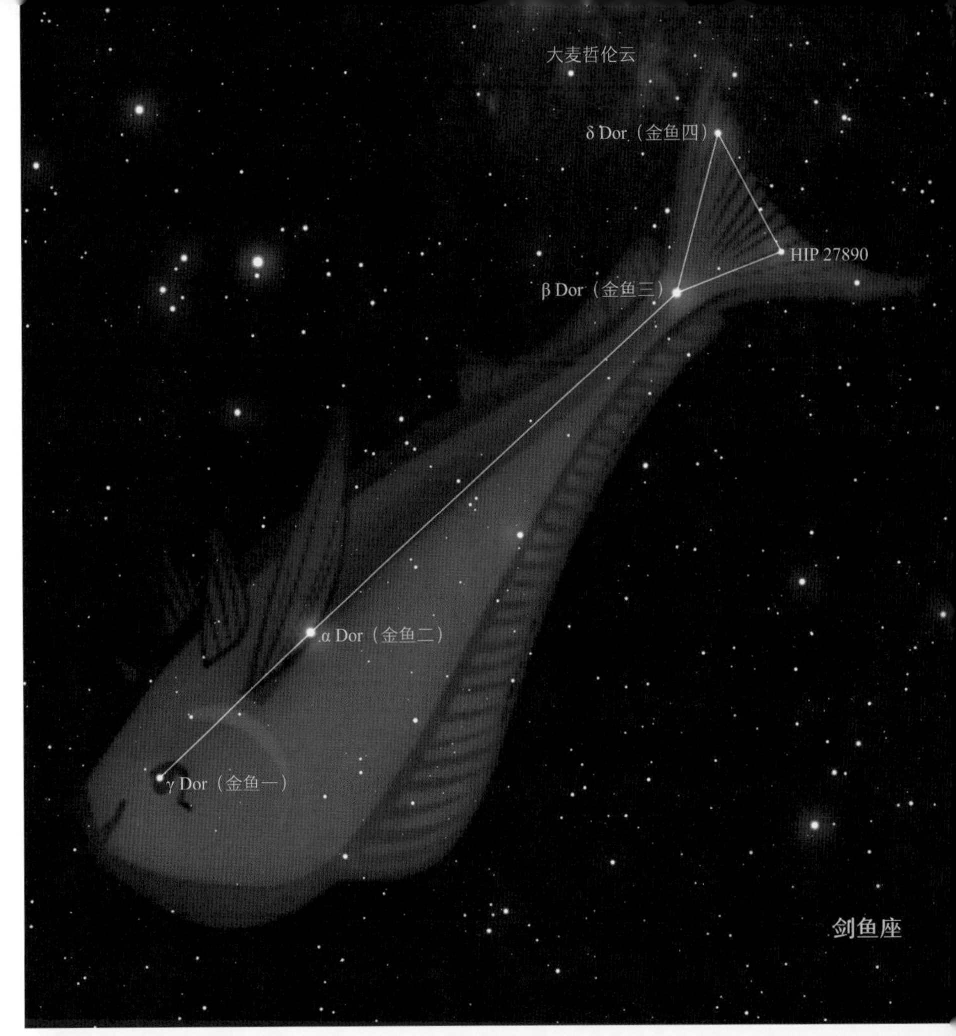

位于智利 ALMA 望远镜阵上空的大小麦哲伦云

在古代印加人的传说中，大小麦哲伦云是天神（Ataguchu）在盛怒中踢飞的两块银河碎片，天神的脚落地后还踩出一个深深的脚印，就是南十字座的煤袋星云。而实际的物理过程正好与此相反——大小麦哲伦云和银河系在同一时期形成，由于质量较小而被银河系的引力捕获，正被慢慢地拉入银河系中。大小麦哲伦云虽然相距7.5万光年，但也在相互绕转。它们之间存在一个由恒星和气体组成的“麦哲伦桥”，说明它们是携手来到银河系面前的。在这种影响下，两个星云的结构都已经被破坏，明显失去了原有的对称性，成为不规则星系。其中大麦哲伦云离我们的距离较近，有16万光年；而小麦哲伦云距我们约20万光年。在很长一段时间里，大小麦哲伦星云都被认为是距离我们最近的星系。直到1994年，我们发现了距离地球只有8万光年的人马座矮椭球星系，才打破这个记录。2003年，天文学家又在大犬座方向发现了一个距离为2.5万年的矮星系。不过这些矮星系都环绕银河多年，早已变得支离破碎，不再是完整独立的形态。所以我们仍然可以说，大小麦哲伦云是距离我们最近的独立星系。

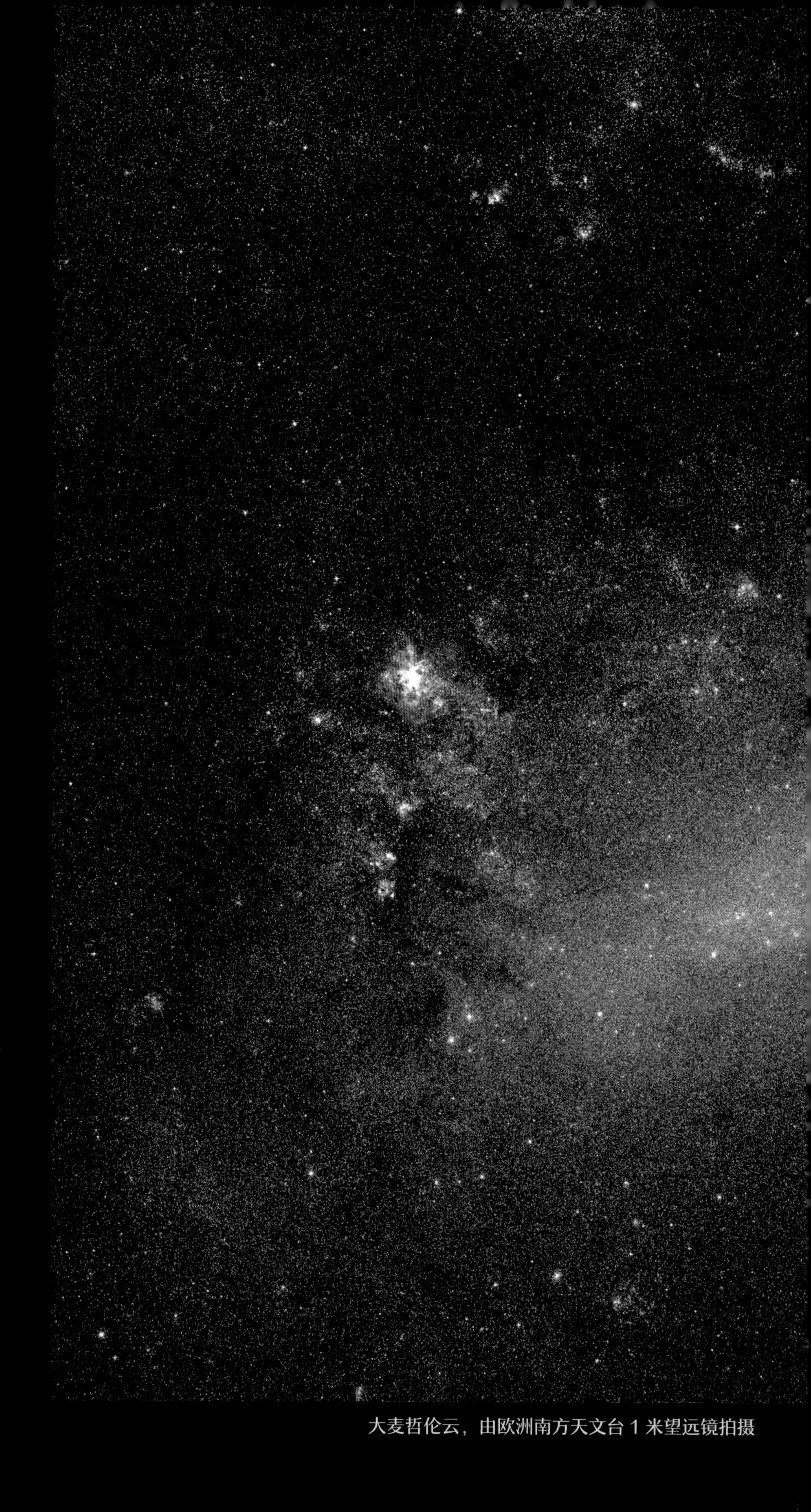

大麦哲伦云，由欧洲南方天文台1米望远镜拍摄

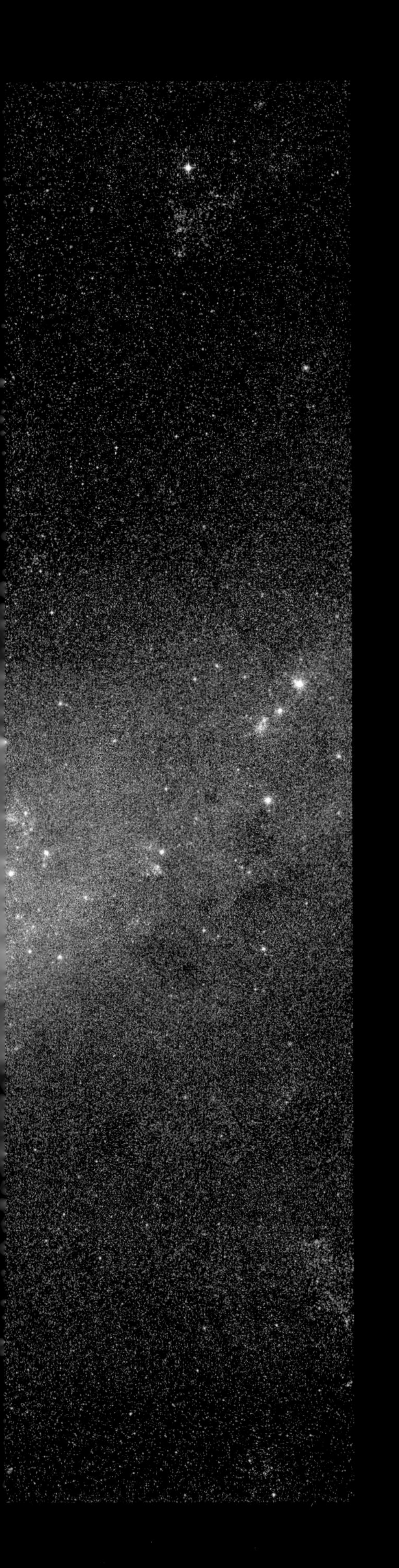

大麦哲伦云的质量虽然只有银河系的百分之一，但也足以让它在本星系群中排到第四，仅次于三角座星系 M33。由于我们身处银河系的盘面，对家园星系的观察存在各种局限，离银道面较远且张角超过 20 个满月的大麦哲伦云就成为更理想的研究对象。我们在那里找到了许多巨星、变星、星云和星团，它们可以在几乎相同的条件下被观测，非常适合开展比对研究。大麦哲伦云仍保有自己的尘埃和气体，这就有机会形成新的恒星。其中有一个著名的蜘蛛星云（Tarantula Nebula，NGC 2070），它是附近几个星系中最大的一处恒星形成区，直径将近 1000 光年，由于过于明亮（8 等）曾被当成是恒星，并获得了正式编号剑鱼座 30 号。要知道蜘蛛星云可是远在 16 万光年之外，如果它位于猎户座大星云的距离处，亮度将会超过天狼星。

1987 年 2 月，这个星云边缘处的一颗蓝超巨星发生超新星爆炸。它是 1987 年发现的第一颗超新星，于是被命名为“1987A”。这是 1601 年望远

蜘蛛星云

镜发明之后离地球最近的一次超新星爆炸，为现代天文学家提供了一次难得的近距离观测超新星的机会。1987A 最亮时达到 3 等，在天空中闪耀了将近 1 年才逐渐消失。天文学家在此后的 30 多年里在所有可能的波段对它进行了持续的观测，获得了许多重要的研究结果。它是人类发现的第一颗有前身星数据的超新星，也是第一个探测到尘埃和星周盘的超新星。地球上的中微子探测器还记录下了在它爆发前 3 小时到达地球的中微子流，说明在它核心坍缩 3 小时之后，冲击波才到达恒星表面，光子得以倾泻而出。这个发现被授予了 2002 年的诺贝尔物理学奖。如今，在 1987A 死亡 30 多年后，天文学家仍在为它的遗产争执不休。首先，它的前身星是一颗蓝超巨星，不是常见的红超巨星，按理说还没有演化到最后的阶段。我们不清楚它为什么会提前爆发，也许有未知伴星的参与，但现在已无法验证了。另一个问题是，这个大小的恒星爆发后会在中心留下中子星，但我们一直没有找到。也许是周围的尘埃太厚遮蔽了星光，也许是回落的物质太多让它坍缩成黑洞，也许还有其他我们没有想到的可能。这个疑惑一直持续到 2019 年 11 月，天文学家利用位于智利阿塔卡马沙漠中的大型毫米波阵列——ALMA 望远镜终于看出一些端倪，遗迹中心的浓密分子云呈现出被加热的迹象，说明那颗失踪的中子星可能就藏在其中。也许在不久的将来，当那些尘埃渐渐凝结消散，我们就能够直接看到那颗新生的星体。

1987A 超新星爆发抛出物的艺术假想图

飞鱼座 (*Volans*)

天气晴好，风平浪静。被剑鱼座追逐的飞鱼座在南船旁高高跃起，是水手们津津乐道的动人景象。荷兰商船上的领航员将这番情景永久地放到星空中，来纪念他们旅程中难得的轻松时刻。时隔400多年，我们仍能够通过星空中的形象想象他们当年的愉悦心情。这无疑是个成功的创意。

网罟座 (*Reticulum*)

在剑鱼座西侧是菱形的网罟座。最初，欧洲天文学家直接称它为菱花座（Rhombus）。拉卡伊把它看成望远镜目镜上用于辅助测量恒星位置的菱形叉丝，于是把它称为叉丝（reticule）座。这个词在拉丁语中有小网的含义，译成中文时就成了捕鱼用的网罟，它和剑鱼、飞鱼及水蛇凑在一起倒也十分协调。

水蛇座 (*Hydrus*)

网罟座南侧是扭曲的水蛇座。它的存在也许是因为某处的海蛇给水手们留下了深刻的记忆，也许只是因为灵活柔软的身形适合填充星空中的不规则边界而已。拉卡伊为了将它与北天的长蛇座相区别，将其称之为雄蛇座，因为长蛇座（Hydra）的词尾为阴性，自然是雌蛇。也许拉卡伊是希望它们成为继大熊小熊、大犬小犬、狮子小狮、飞马小马之后的又一对动物星座，但是这个提议并没有被同行认可。九头蛇怪（Hydra）一只就够受了，要是在天上配成对，那可后患无穷呢。

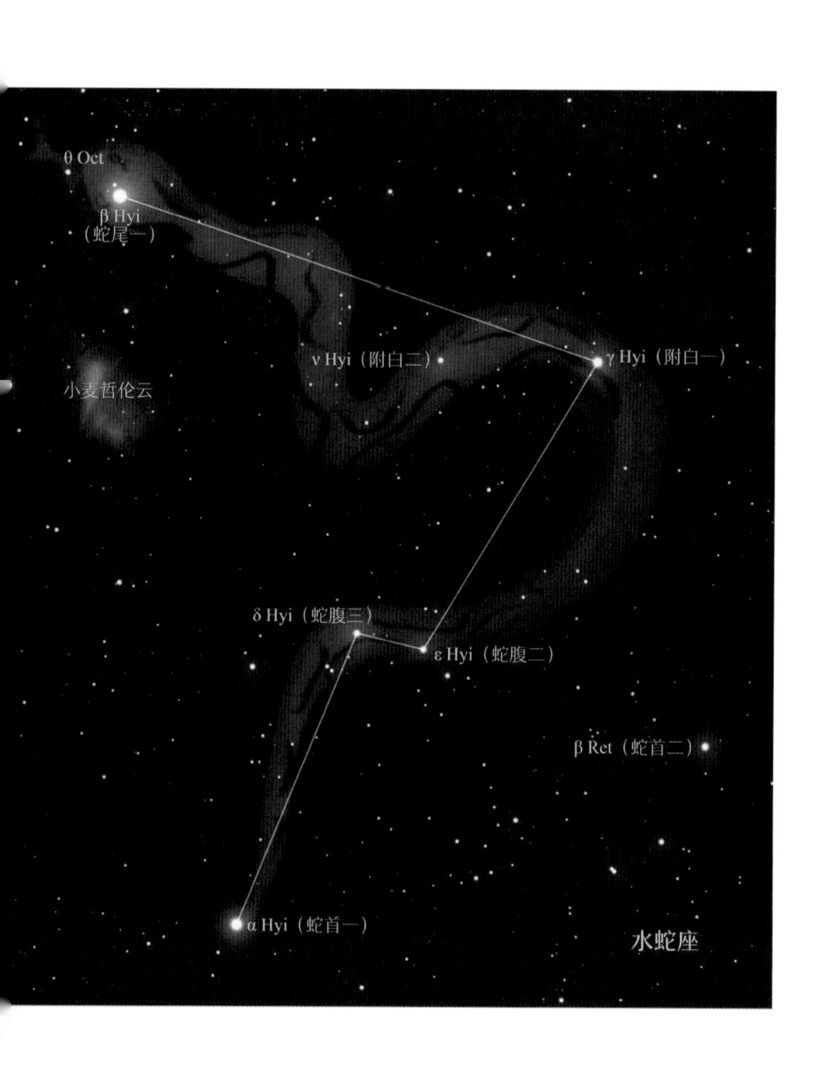

杜鹃座 (*Tucana*)

杜鹃座的英文本意是南美洲的巨嘴鸟。这种嘴长达到体长三分之一的热带鸟类不为国人所知，早期的译者便干脆将它本土化，改用发音相近的杜鹃为星座命名。后来有学者根据英文（toucan）将这种鸟译为 鵎鵼（音为 tuǒ kōng），但因为用字过于生僻而没有流传开来。等到巨嘴鸟的译名在动物学界达成共识，杜鹃座的名称已经在天文界约定俗成不便更改了，于是这个译名作为那个睁眼看世界时代的见证，将我们与西方文化接轨过程中的努力与局限留存至今。

南天著名的小麦哲伦云就位于杜鹃座中。它的质量稍小于大麦哲伦云，与我们的距离也比后者要远，因此看上去小一些，形状也更加不规则。小麦哲伦云旁边还有一个明亮的天体，那不是恒星，而是全天第二亮的球状星团——杜鹃座 47（NGC 104）。它的大小和满月相当，亮度超过 5 等，仅

次于半人马座的ω星团。虽然杜鹃座47和小麦哲伦云离得很近，但它到我们的距离只有1.3万光年，仍位于银河系内。这类包含上百万颗恒星的致密系统也许是智能生命演化的理想环境。因为恒星分布密集，只要掌握了能有效利用恒星能量的方式，就有取之不尽的能源可供文明发展。而恒星之间的距离又都很近，星际移民也要容易得多。我们一度试图在杜鹃座47中寻找系外行星的信号，却意外地发现这些密密麻麻的恒星完全没有行星环绕的迹象。可能这个球状星团由于形成时间太早，缺乏构成行星所需的重元素，生命演化也就无从谈起了。真是可惜了如此丰沛的恒星资源。

小麦哲伦云（左）和球状星团杜鹃座47（右）

天燕座（*Apus*）

天燕座代表的是分布在几内亚地区羽毛华丽的极乐鸟，也称天堂鸟。商人们最早带回欧洲的标本是从当地人手中换来的装饰物，没有双腿，甚至也没有翅膀。欧洲人一度以为这类美丽的生物是没有脚的，于是用拉丁语中的无脚鸟（Apus）来为它命名。而古希腊人所说的无脚鸟其实是脚短翼长且从来不在平地降落的雨燕。天燕座的译名便据此而来。王家卫的电影《阿飞正传》中对此有过诗意的描述：“这世界上有一种鸟是没有脚的，它只能够一直地飞，飞累了就睡在风里。这种鸟一辈子只能落地一次，那一次就是死亡的时候。”

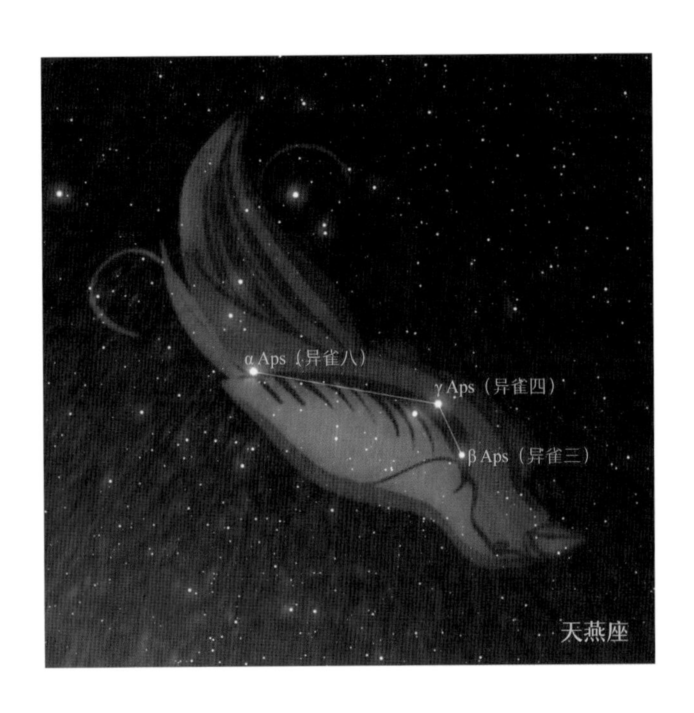

印第安座 *(Indus)*

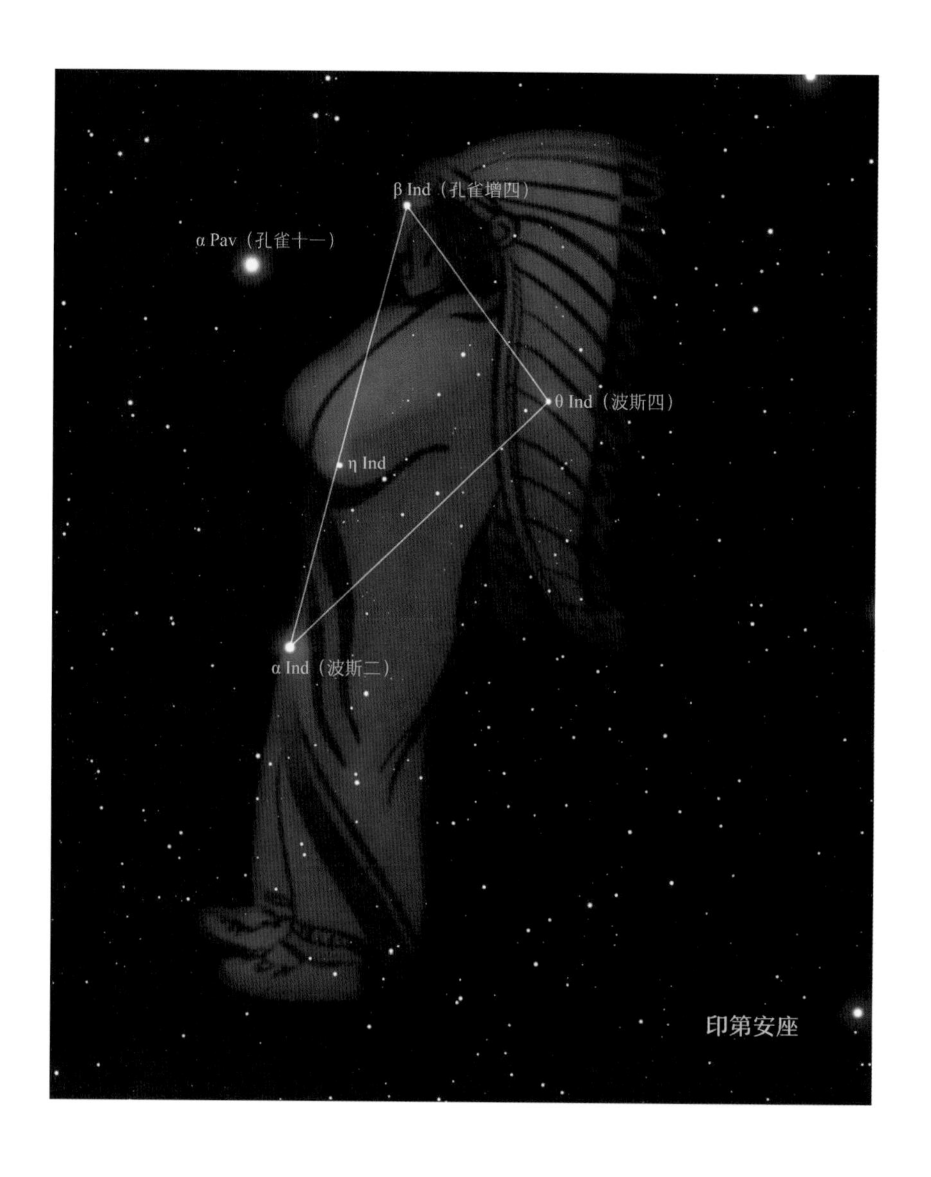

在天鹤座和杜鹃座的西边是印第安座，但它并不是象征北美印第安人的星座。哥伦布在1492年就发现了新大陆，麦哲伦的环球旅行也在1522年完成，但是荷兰人在1595年首次前往亚洲寻找香料群岛时仍然选取了绕过非洲、横穿印度洋的东方航线。这是一个他们更加熟悉，也更容易获得补给的方案，即便如此，在这趟为时两年的旅程中，只有三分之一的船员从疲惫、风暴和坏血病中生还。他们一路上遇见了南非的黑人、马达加斯加岛的原住民、真正的印度人，甚至爪哇的土著，但唯独没有见过美洲的印第安人。当时的欧洲人还没有搞清楚美洲和亚洲之间的关系，他们所说的“印度”是包括整个东南亚的东印度和整个北美的西印度。因此这个由普兰修斯设立的星座到底象征哪个民族，很难从字面上来确定。它应该是代表遥远未知的新奇世界。从这个意义上来说，译成印第安座也算是殊途同归了。

孔雀座（*Pavo*）

在印第安座西南方的是孔雀座。这可不是那种动物园里常见的蓝孔雀，而是体型更大、颜色更加华丽的绿孔雀（也称爪哇孔雀）。抵达东南亚的欧洲海员想必也十分惊讶，才将它开屏时的美丽姿态定格在星空中。但是法国天文学家拉卡伊觉得它面积太大，而把它的尾羽部分改成望远镜座（Telescopium），以纪念巴黎天文台的一架悬空望远镜。

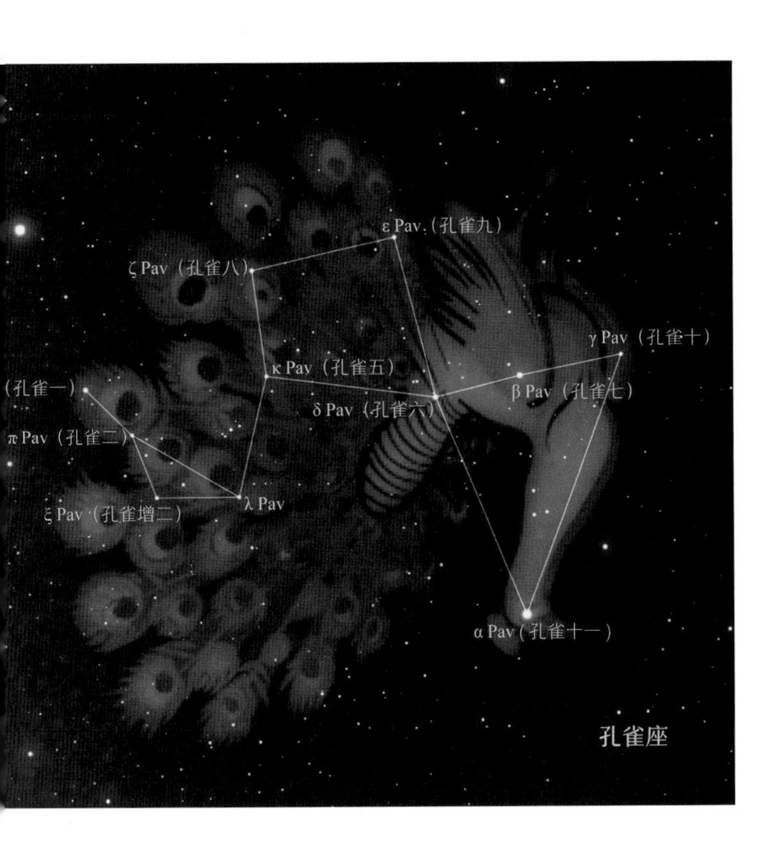

天坛座（*Ara*）

在星空中，天坛座是半人马座向神呈上牺牲（豺狼座）的祭坛。在希腊神话中，天坛是主神宙斯为了纪念众神打败泰坦巨人族，推翻他父亲克罗诺斯的统治，从而主宰世界的纪念物。也有传说将它视为其他国王和神祇的祭坛。不过这些故事都随着天坛座的沉没而被遗忘。公元前2000年时，天坛座的高度和如今天蝎座的尾巴相当。但现在要到北纬25°以南的地方才有机会看清它的全貌。在《史记》中，它被视为杵和臼。后世看不到这些星，自然也就语焉不详了。

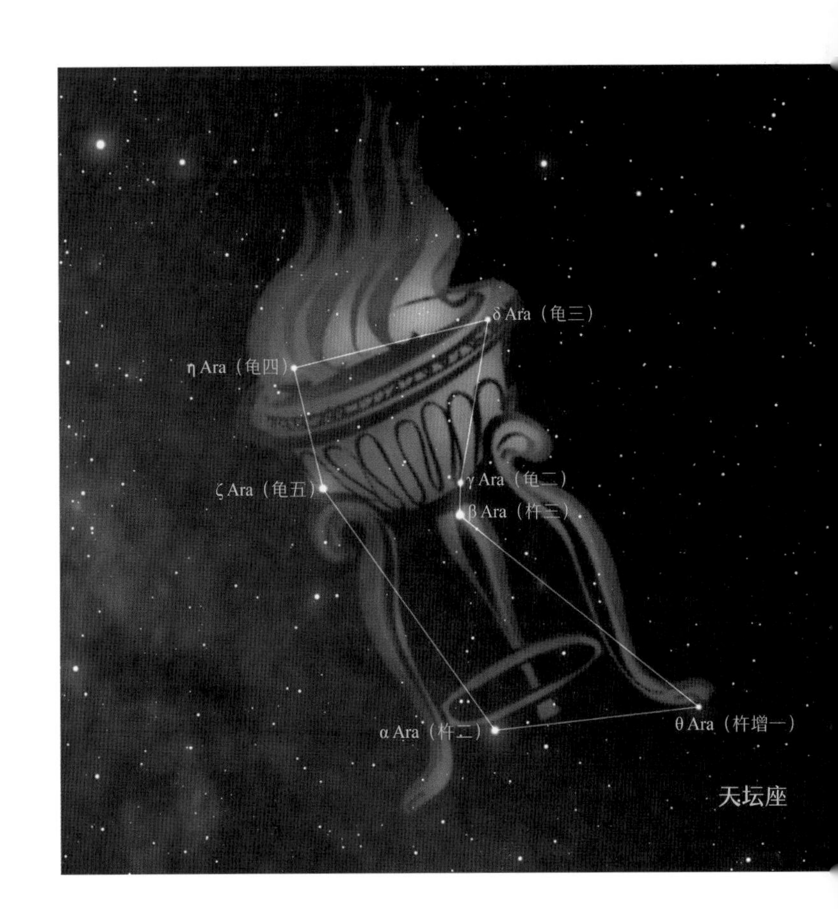

南三角座 (Triangulum Australe)

南三角座是航海十二星座中最小的一个。在南天星空座，它算是相对明亮的一个，三颗主星都在3等以上，但其中没有特别的天体。拉卡伊把它视为测绘员所用的水平仪，和附近代表直尺和角尺的矩尺座（Norma），以及圆规座（Circinus）一起组成了完整的测绘制图工具箱。

天鹤座 (Grus) & 凤凰座 (Phoenix)

杜鹃座北方，是另外两只充满异域风情的鸟类：天鹤座和凤凰座。

天鹤是一只长脖子的鸟类，可能是红鹤（即火烈鸟），它们广泛分布在南欧、非洲沿海、中南美洲等地。而凤凰座则是航海十二星座中唯一一个不存在的生物，它浴火重生的传说在欧洲也广为人知。无脚的极乐鸟标本重新点燃了欧洲人的想象，让他们开始憧憬在遥远的东方，凤凰是和极乐鸟一样的真实存在。不过，这两个星座中都没有适合天文爱好者观测的天体。

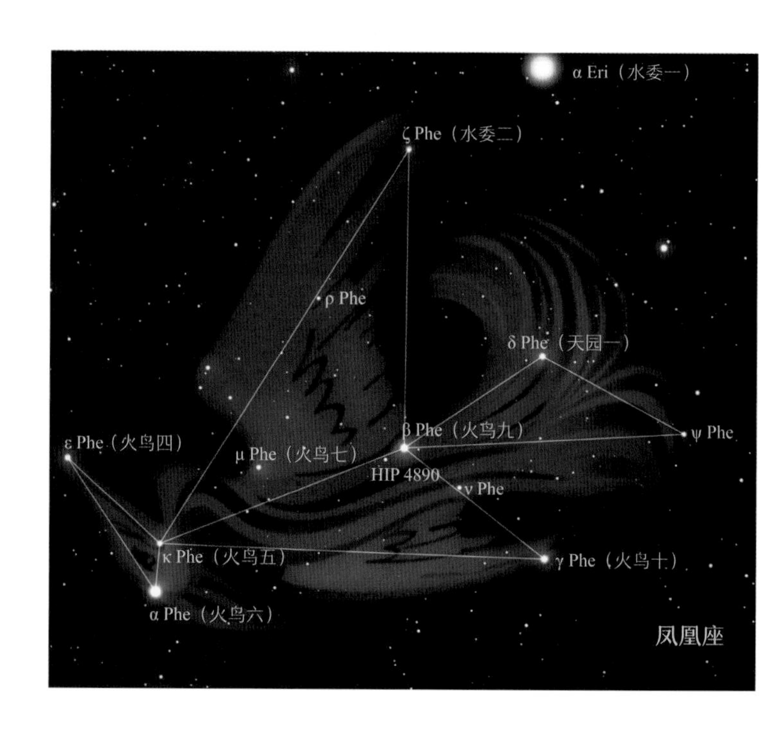

苍蝇座(*Musca*)

苍蝇座位于南十字座的南方。由于普兰修斯在最初的星图上没有给它命名，这里很长一段时间都被称为蜜蜂座（Apis）。后来，普兰修斯把它定为苍蝇座，作为变色龙蝘蜓座的猎物，就像飞鱼座和剑鱼座的关系一样。因为当时北天白羊座的背上也有一个苍蝇座（北蝇座，Musca Borealis），拉卡伊便把它称为南蝇座（Musca Australis）。后来北蝇座并入白羊座，它的名字也得以简化。

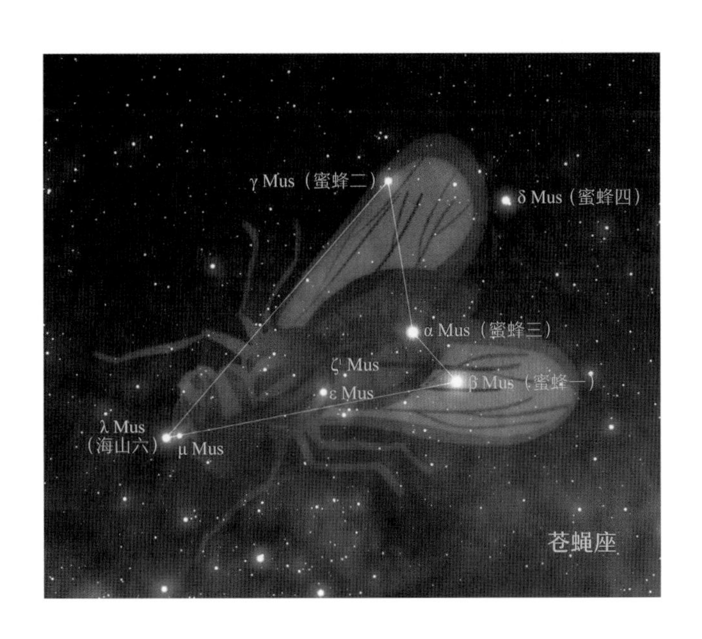

蝘蜓座(*Chamaeleon*)

在苍蝇座南方、靠近南极的蝘蜓座是个小而暗淡的星座。变色龙能够随时融入背景之中不被发现，用它来标记这个不易辨认的星座还是十分贴切的。但是变色龙来自非洲，中国没有，给它定名便成了一件麻烦事。清代的天文官干脆放弃了这个形象，从中挑出几颗星大致组成斗形，称为小斗。后来，生僻的蝘蜓被用来代表这种全新的物种，至少不会和已有的生物混淆。

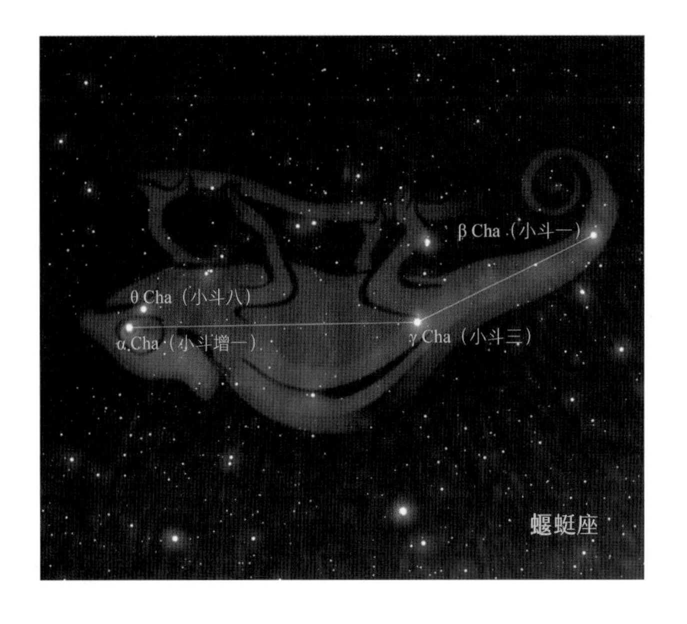

山案座 (*Mensa*)

位于大麦哲伦云南侧、靠近南天极的山案座是全天 88 星座中唯一以地名命名的星座。它代表的是位于南非开普敦城外的桌山，海拔 1086 米，山顶开阔平坦，经常有云覆盖。所以在此观测的拉卡伊把它设置在大麦哲伦云的下方，让它们在夜空中也构成同样的风景。

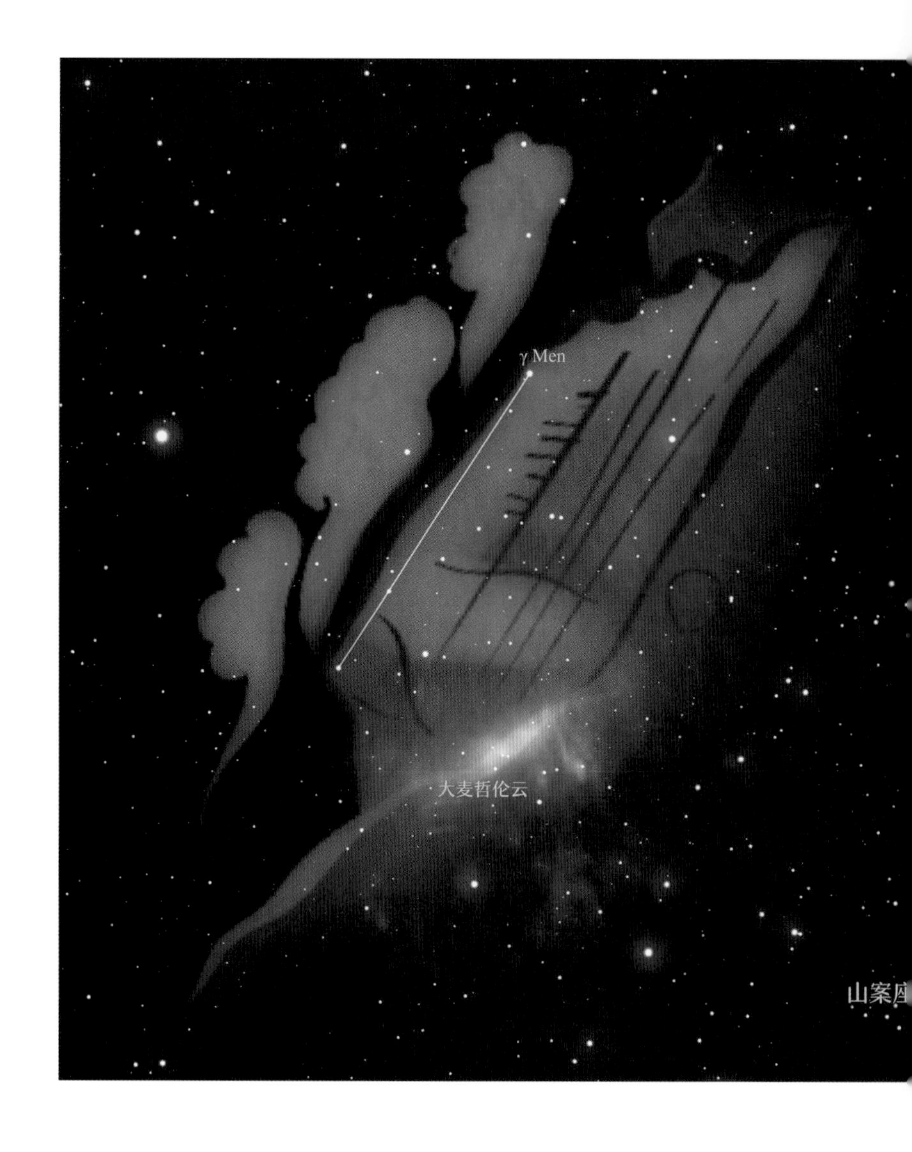

南极座（*Octans*）

位于南天极附近的星座被直截了当地称为南极座。其实它的英文名叫八分仪座。八分仪是航海中用于测量天体高度来为船只定位的设备，后来逐渐被六分仪代替。为了照顾这个星座，拉卡伊还将水蛇座的一部分移了过来，反正蛇也没有固定的形状。南极座中并没有一颗堪称南极星的亮星，而且在人类文明出现的这前后5000年里都没有过。目前人眼可见的最接近南天极的一颗星是5.4等的南极座σ，但它距离南天级还有1°之差。相比之下，2等亮星勾陈一如今距离北天极只有0.7°，这让它成为了当之无愧的极星，为定向和导航提供了重要参照。

虽然我们的历史文化中并没有包含多少关于南天星空的故事，不过探索更广阔的世界，了解更深邃的宇宙是人类与生俱来的本能追求。所以如果有机会，不妨去南半球看看别样的风物，以及那里更灿烂的星河。

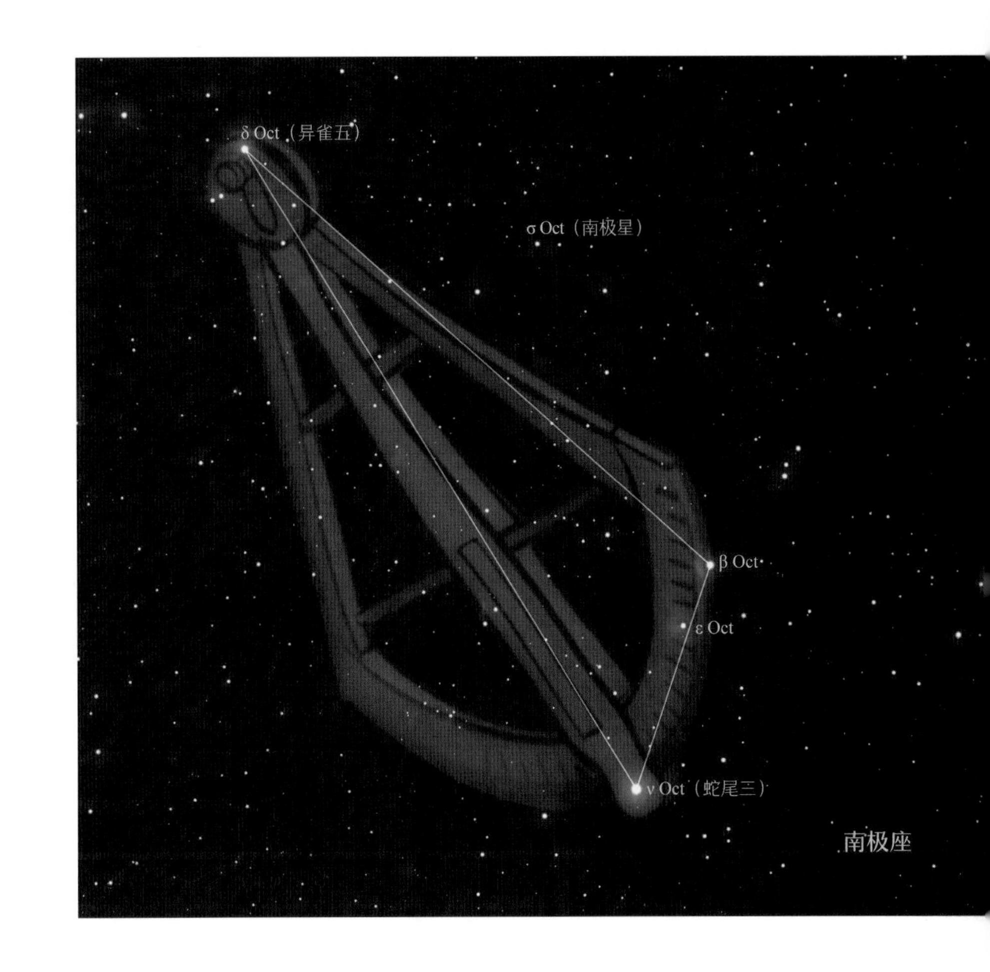

南极座

附录

流星雨

流星是坠入地球的星际物质和大气摩擦而产生的剧烈燃烧现象。小流星只会在天空中形成转瞬即逝的光迹，较大的流星体则有机会在完全燃烧前坠落地面，成为陨石。其实每天都有不少流星划过夜空。但它们完全是随机出现的，没有固定的大小和方向，所以能看见流星无疑是幸运的。

但有时候，地球在围绕太阳转动时会穿过一些星际物质密集的区域，就有大量流星在同一时间集中出现，这就是流星雨。流星雨通常来自彗星散落在地球公转轨道上的物质颗粒。彗星是来自太阳系边缘的冰质小天体，在接近太阳的过程中，自身的大量物质被来自太阳的高能粒子剥离，在背对太阳的位置上形成长长的尾巴，形成了我们看到的彗尾。这些被吹掉的彗星物质就散落在自己的运行轨道上。如果地球在公转过程中恰好穿过这些轨道，我们就有机会看到壮观的流星雨。

地球以 30km/s 的速度在公转轨道上运行，一旦穿过遍布彗星碎屑的区域，碎屑等物质就会坠入大气层变成流星。来自一个方向的流星体在地球上看来就好像是从天上的同一点射出的，就如同平行的铁轨会在视线的尽头相交，这个点被称为辐射点。天文学家就根据辐射点所在的星座来为这些流星雨命名，比如狮子座流星雨、英仙座流星雨。地球每年都会经过这些区域，流星雨因此每年都如期而至。但彗星轨道上的尘粒并不是无穷的，而是在接近太阳时才有机会补充。这样年复一年地被地球消耗，一旦彗星瓦解或坠入太阳，它对应的流星雨也就离消失不远了。

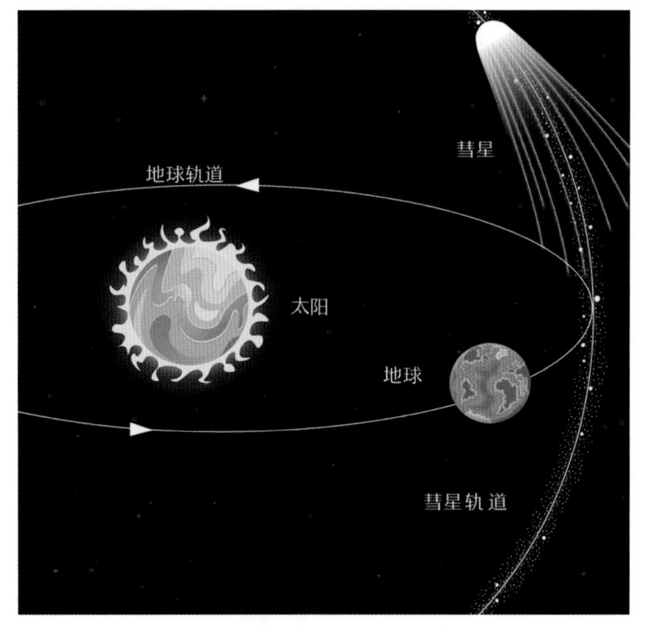

地球公转穿过彗星轨道示意图

天文上所说的流星雨并不是人们想象的那样星如雨下。按照天文学家的定义，在最理想的情况下（辐射点位于头顶正上方，且没有月光干扰），每小时的流星数大于 10 便可称作是流星雨。著名的流星雨在极大时也只有每小时 100 多颗的规模，而且其中明亮流星的数目有限，出现的方向和持续的时间又都不确定。实际观测时，常常几分钟甚至十几分钟才能看到一颗，不过这毕竟要比平时偶然看到流星的机会要大很多。不过由于彗星轨道上的这些碎屑实在太小，天文学家们了解得也不是那么充分，偶尔也会意外出现每小时上千颗的流星大爆发（称为流星暴）。所以每一次流星雨都有爱好者严阵以待，盼望着惊喜出现。

每年有以下几个著名的流星雨值得关注：

1. 象限仪流星雨（Quadrantids）

1 月 4 日前后。象限仪座这个名字来自一个废弃的

河北兴隆 LAMOST 望远镜上空闪耀的双子座流星雨。袁凤芳拍摄

星座，辐射点位于现在的牧夫座、靠近北斗七星斗柄的方向。与大多数源自彗星的流星雨不同，这个流星雨是第 196256 号小行星带来的。这颗直径只有 3 千米的小行星以 5.5 年为周期围绕太阳运转，并像一颗彗星那样将物质撒落在轨道上。象限仪座流星雨极大时每小时会有约 100 颗流星。

2. 英仙流星雨（Perseids）

8 月 13 日前后。因为辐射点位于英仙座 γ 星附近，有时也被称为英仙座 γ 流星雨，以和其他几个辐射点也在英仙座的流星雨相区别。这个流星雨来自周期为 133 年的斯威夫特-塔特尔（Swift-Tuttle）彗星。极大时每小时会有约 60 颗流星。因为出现时间正好是北半球的夏季，观测起来不那么辛苦。

3. 狮子流星雨（Leonids）

11 月 17 日前后。这个流星雨与周期约为 33 年的坦普尔-塔特尔（Tempel-Tuttle）彗星有关。历史上有过多次爆发记录。随着坦普尔-塔特尔彗星 1998 年的回归，这个流星雨展现了绝对的实力：2001 年 11 月 19 日，它的峰值达到每小时数千颗流星。这是距今最近的一次流星暴。在此之后，它的活动性逐年减弱。

4. 双子流星雨（Geminids）

12 月 12 日前后。这是与第 3200 号小行星法厄同（Phaethon）有关的一个流星雨。这颗小行星的轨道非常接近太阳。最近处不到水星和太阳距离的一半。因此天文学家用希腊神话中尝试驾驭太阳神车而失控的太阳神之子法厄同作为它的名字。双子流星雨中的流星速度不高，相对容易观测。近年来极大值稳定在每小时 100 颗以上。

参考书目

[1] 赵䜣怀 . 秋之星 [M]. 上海：开明书店，1935.

复旦中文系教授赵䜣怀所写的星座知识普及读本，充分展示了 20 世纪 30 年代知识分子的开阔眼界。2009 年二十一世纪出版社再版。

[2] 陶宏 . 每月之星 [M]. 上海：开明书店，1949.

陶宏根据其父陶行知的课程整理的观星手册，2018 年湖北科学技术出版社再版。

[3] Jr. ROBERT BURNHAM. Robert Burnham's Celestial Handbook[M]. New York: Dover Publication，1976.

三卷本星空巨著，全球发行量上百万册。

[4] IAN RIDPATH. Star Tales [M]. London: Lutterworth Press，1989.

讲述西方星座的起源与演变。

[5] Discovery Networks. 夜空 [M]. 丁蔚，徐凤先，沈方洁，译 . 沈阳：辽宁教育出版社，2000.

根据美国发现频道（Discovery）节目编写的观星手册。

[6] 特伦斯・迪金森 . 夜观星空：天文观测实践指南 [M]. 谢懿，译 . 北京：北京科学技术出版社，2012.

天文观测入门指南。

[7] 马丁・里斯 . DK 宇宙大百科 [M]. 余恒，张博，王靓，等译 . 北京：电子工业出版社，2014.

DK 出版社图文并茂的天文学百科全书。

[8] 徐刚，王燕平 . 星空帝国：中国古代星宿揭秘 [M]. 北京：人民邮电出版社，2016.

图解中国古代星宿。

全天88星座表

星座	拉丁文名称	缩写	出现的页码
仙女座	Andromeda	And	169
唧筒座	Antlia	Ant	66
天燕座	Apus	Aps	267
宝瓶座	Aquarius	Aqr	160
天鹰座	Aquila	Aql	122
天坛座	Ara	Ara	269
白羊座	Aries	Ari	189
御夫座	Auriga	Aur	205
牧夫座	Bootes	Boo	92
雕具座	Caelum	Cae	209
鹿豹座	Camelopardalis	Cam	245
巨蟹座	Cancer	Cnc	52
猎犬座	Canes Venatici	CVn	78
大犬座	Canis Major	CMa	212
小犬座	Canis Minor	CMi	216
摩羯座	Capricornus	Cap	148
船底座	Carina	Car	256
仙后座	Cassiopeia	Cas	238
半人马座	Centaurus	Cen	83,252
仙王座	Cepheus	Cep	240
鲸鱼座	Cetus	Cet	174
蝘蜓座	Chamaeleon	Cha	271

星座	拉丁文名称	缩写	出现的页码
圆规座	Circinus	Cir	270
天鸽座	Columba	Col	209
后发座	Coma Berenices	Com	74
南冕座	Corona Australis	CrA	131
北冕座	Corona Borealis	CrB	93
乌鸦座	Corvus	Crv	81
巨爵座	Crater	Crt	64
南十字座	Crux	Cru	255
天鹅座	Cygnus	Cyg	122,138
海豚座	Delphinus	Del	145
剑鱼座	Dorado	Dor	261
天龙座	Draco	Dra	243
小马座	Equuleus	Equ	146
波江座	Eridanus	Eri	191
天炉座	Fornax	For	192
双子座	Gemini	Gem	219
天鹤座	Grus	Gru	165,270
武仙座	Hercules	Her	114
时钟座	Horologium	Hor	193
长蛇座	Hydra	Hya	54,65,82
水蛇座	Hydrus	Hyi	266
印第安座	Indus	Ind	268

星座	拉丁文名称	缩写	出现的页码
蝎虎座	Lacerta	Lac	158
狮子座	Leo	Leo	58
小狮座	Leo Minor	LMi	61
天兔座	Lepus	Lep	207
天秤座	Libra	Lib	96
豺狼座	Lupus	Lup	97
天猫座	Lynx	Lyn	221
天琴座	Lyra	Lyr	120
山案座	Mensa	Men	272
显微镜座	Microscopium	Mic	151
麒麟座	Monoceros	Mon	216
苍蝇座	Musca	Mus	271
矩尺座	Norma	Nor	270
南极座	Octans	Oct	273
蛇夫座	Ophiuchus	Oph	110
猎户座	Orion	Ori	196
孔雀座	Pavo	Pav	269
飞马座	Pegasus	Peg	154
英仙座	Perseus	Per	184
凤凰座	Phoenix	Phe	270
绘架座	Pictor	Pic	260
双鱼座	Pisces	Psc	171

星座	拉丁文名称	缩写	出现的页码
南鱼座	Piscis Austrinus	PsA	163
船尾座	Puppis	Pup	222,256
罗盘座	Pyxis	Pyx	55
网罟座	Reticulum	Ret	265
天箭座	Sagitta	Sge	125
人马座	Sagittarius	Sgr	128
天蝎座	Scorpius	Sco	102
玉夫座	Sculptor	Scl	177
盾牌座	Scutum	Sct	126
巨蛇座	Serpens	Ser	94,127
六分仪座	Sextans	Sex	63
金牛座	Taurus	Tau	200
望远镜座	Telescopium	Tel	269
三角座	Triangulum	Tri	187
南三角座	Triangulum Australe	TrA	270
杜鹃座	Tucana	Tuc	266
大熊座	Ursa Major	UMa	233
小熊座	Ursa Minor	UMi	230
船帆座	Vela	Vel	256
室女座	Virgo	Vir	70
飞鱼座	Volans	Vol	265
狐狸座	Vulpecula	Vul	123

图片版权

p. 2: Unmismoobjetivo, CC BY-SA 3.0
p. 3: The TNG Collaboration
p. 6-7: steed
p 14-15: 余恒
p. 16-17: Kelvinsong, CC BY-SA 3.0
p. 18-19: NASA/WMAP Science Team
p. 24: NASA/Johns Hopkins University Applied Physics Laboratory/Carnegie Institution of Washington
p. 26: PLANET-C Project Team
p. 27: Erling S. Nordøy & the VT-2004 programme
p. 28: NASA/JPL-Caltech
p. 30: NASA, ESA, A. Simon (Goddard Space Flight Center), and M.H. Wong (University of California, Berkeley)
p. 31: Dennis, CC BY 4.0, p. 30: NASA/JPL-Caltech/Space Science Institute
p. 32: NASA/JPL-Caltech/Space Science Institute
p. 33: ESA/Hubble & NASA, L. Lamy / Observatoire de Paris
p. 34: NASA/JPL
p. 35: ESO/H.H.Heyer
p. 36-37: 周熠君
p. 38-39: 杨小咪
p. 40-41: CNSA（上图），Gregory H. Revera, CC BY-SA 3.0（左图），NASA/GSFC/Arizona State University（右图）
p. 43: NASA
p. 44: NASA/JPL/STScI
p. 45: NASA, ESA, and D. Ehrenreich (Institut de Planétologie et d'Astrophysique de Grenoble (IPAG)/CNRS/UniversitéJoseph Fourier)
p. 46-47: 周熠君
p. 53: 湖南省天文协会
p. 58: Scott AnttilaAnttler, CC BY-SA 3.0（下图）
p. 59: REU program/NOIRLab/NSF/AURA
p. 60: 湖南省天文协会
p. 62: NASA, ESA, William Keel (University of Alabama, Tuscaloosa), and the Galaxy Zoo team
p. 64: 邵珍珍（左图）
p. 65: Pablo Carlos Budassi, CC BY-SA 4.0
p. 66: NASA, ESA, the Hubble Heritage (STScI/AURA)-ESA/Hubble Collaboration, and W. Keel (University of Alabama)（左图）
p. 67: Giuseppe Donatiello
p. 71: 李天
p. 72: NASA and The Hubble Heritage Team (STScI/AURA)
p. 73: EHT Collaboration, CC BY 4.0（左图），ESA/Hubble & NASA（右图）
p. 75: ESA/Hubble & NASA
p. 76-77: ESA/Hubble & NASA（左图），NASA and The Hubble Heritage Team (AURA/STScI);
Acknowledgment: S. Smartt (Institute of Astronomy) and D. Richstone (U. Michigan)（中图），ESO（右图）
p. 79: 杨小咪（左图），David Ritter, CC BY-SA 4.0（右图）
p. 80: NASA, ESA, S. Beckwith (STScI), and The Hubble Heritage Team (STScI/AURA)（上图），1994- National Astronomical Observatory of Japan（下左图）
p. 82: Bob and Bill Twardy/Adam Block/NOAO/AURA/NSF（上图），ESA/Hubble & NASA（下左图、下右图）
p. 83: NASA, ESA, and the Hubble Heritage Team (STScI/AURA), Acknowledgment: W. Blair (STScI/JHU), Carnegie Institution of Washington (Las Campanas Observatory), and NOAO
p. 84-85: steed
p. 90: 湖南省天文协会
p. 95: ESA/Hubble & NASA（上图），NASA/ESA, J. English (U. Manitoba), S. Hunsberger, S. Zonak, J. Charlton, S. Gallagher (PSU), and L. Frattare (STScI)（下图）
p. 96: Digitized Sky Survey (DSS), STScI/AURA, Palomar/Caltech, and UKSTU/AAO（下图）
p. 98-99: X-ray: NASA/CXC/Rutgers/G.Cassam-Chenai, J.Hughes et al.; Radio: NRAO/AUI/NSF/GBT/VLA/Dyer, Maddalena & Cornwell; Optical: Middlebury College/F.Winkler, NOAO/AURA/NSF/CTIO Schmidt & DSS
p. 103: ESO/M. Kornmesser
p. 106: Rogelio Bernal Andreo, CC BY-SA 3.0
p. 107: Dylan O'Donnell, deography.com
p. 108: Starhopper, CC BY-SA 4.0
p. 109: ESO/B. Tafreshi (twanight.org)
p. 111: NASA/JPL-Caltech
p. 113: Chandra X-Ray Observatory
p. 115: N.A.Sharp, REU program/NOIRLab/NSF/AURA（上图），Arne Nordmann (norro)（下左图），ESA/Hubble & NASA Acknowledgement: Gilles Chapdelaine（下右图）
p. 117: WIYN/NOIRLab/NSF
p. 121: The Hubble Heritage Team (AURA/STScI/NASA)（下图）
p. 123 : ESO/I. Appenzeller, W. Seifert, O. Stahl, M. Zamani（下图）
p. 124: NASA and The Hubble Heritage Team (STScI/AURA); Acknowledgment: C.R. O'Dell (Vanderbilt University)（上图），Harold D.Craft（下图）
p. 125: ESA/Hubble and NASA（下图）

p. 126: ESO（下左图），Hillary Mathis, Vanessa Harvey, REU program/NOIRLab/NSF/AURA（下右图）
p. 127: NASA, ESA, and the Hubble Heritage Team (STScI/AURA)
p. 129: ESO/INAF-VST/OmegaCAM. Acknowledgement: OmegaCen/Astro-WISE/Kapteyn Institute（上图），NASA/JPL-Caltech/J. Rho (SSC/Caltech)（下图）
p. 130: Giuseppe Donatiello
p. 131: NASA/JPL-Caltech（上图）
p. 132-133: 戴建峰
p. 139: N. B., CC BY-SA 4.0
p. 140: Hypatia Alexandria, CC BY 2.0
p. 141: NASA/JPL-Caltech/L. Rebull (SSC/Caltech)（上图），Hillary Mathis/NOIRLab/NSF/AURA（下图）
p. 142: Heidi Schweiker/WIYN and NOIRLab/NSF/AURA
p. 143: X-ray: NASA/CXC/SAO; Optical: NASA/STScI; Radio: NSF/NRAO/AUI/VLA（上图），Optical: DSS; Illustration: NASA/CXC/M.Weiss（下图）
p. 144: NASA, ESA, the Hubble Heritage Team (STScI/AURA), Digitized Sky Survey ((DSS) STScI/AURA, Palomar/Caltech, and UKSTU/AAO), and T.A. Rector (University of Alaska, Anchorage) and WIYN/NOAO/AURA/NSF
p. 147: 余恒（上图），ESA/Hubble & NASA, G. Piotto et al.（下图）
p. 149: Daderot
p. 150: NASA/ESA
p. 155: ESO/M. Kornmesser/Nick Risinger (skysurvey.org)（右图）
p. 156: NASA, ESA, and the Hubble SM4 ERO Team
p. 157: ESA/Hubble, NASA, Suyu et al.（左图），杨小咪（右图）
p. 158: DESY, Science Communication Lab（下图）
p. 159: Casey Reed/NASA
p. 161: Judy Schmidt, CC BY 2.0
p. 162: NASA, NOAO, ESA, the Hubble Helix Nebula Team, M. Meixner (STScI), and T.A. Rector (NRAO).
p. 164: NASA, ESA, and A. Gáspár and G. Rieke (University of Arizona)
p. 165: Radialvelocity, CC BY-SA 4.0（下图）
p. 168: Torben Hansen, CC BY 2.0
p. 171: ESA/Hubble & NASA, Acknowledgement: Nick Rose（左图）
p. 173: NASA, ESA, and The Hubble Heritage (STScI/AURA)-ESA/Hubble Collaboration
p. 175: NASA/CXC
p. 176: NASA/JPL-Caltech/POSS-II/DSS/C. Martin (Caltech)/M. Seibert(OCIW)
p. 177: ESA/Hubble & NASA（下图）
p. 178-179: 拂晓 718
p. 185: Chrisguidry, CC BY-SA 4.0
p. 186: Gendron-Marsolais et al.; NRAO/AUI/NSF; NASA; SDSS.
p. 187: X-ray: NASA/CXC/IoA/A.Fabian et al.; Radio: NRAO/VLA/G. Taylor; Optical: NASA/ESA/Hubble Heritage (STScI/AURA) & Univ. of Cambridge/IoA/A. Fabian（左图）
p. 188: ESO
p. 190: ESO
p. 191: Fred the Oysteri, CC BY-SA 4.0（下图）
p. 197: NASA,ESA, M. Robberto (Space Telescope Science Institute/ESA) and the Hubble Space Telescope Orion Treasury Project Team
p. 198: ESO/M. Montargès et al.（上图），Zdeněk Bardon/ESO（下图）
p. 199: Bondboy9756, CC BY-SA 4.0（上图），T.A.Rector (NOIRLab/NSF/AURA) and Hubble Heritage Team (STScI/AURA/NASA)（下图）
p. 200: Rogelio Bernal Andreo, CC BY-SA 3.0（左图）
p. 201: Hypatia Alexandria, CC BY 2.0（下图）
p. 202: NASA/Don Davis（上图），Vectors by Oona Räisänen (Mysid); designed by Carl Sagan & Frank Drake; artwork by Linda Salzman Sagan,original image by NASA（下图）
p. 203: 李天
p. 204: NASA, ESA, G. Dubner (IAFE, CONICET-University of Buenos Aires) et al.; A. Loll et al.; T. Temim et al.; F. Seward et al.; VLA/NRAO/AUI/NSF; Chandra/CXC; Spitzer/JPL-Caltech; XMM-Newton/ESA; and Hubble/STScI
p. 206: Auvo Korpi, CC BY 2.0（上图），T.A.Rector and B.A.Wolpa/NOIRLab/NSF/AURA（下图）
p. 208: NASA and ESA
p. 212: NASA, ESA and G. Bacon (STScI)
p. 213: NASA, ESA, H. Bond (STScI), and M. Barstow (University of Leicester)（上图）
p. 214: NOIRLab/NSF/AURA（右图）
p. 215: SSRO/PROMPT/CTIO
p. 217: Luka.psk, CC BY-SA 4.0（上图），ESO（下图）
p. 218: NASA, ESA, and The Hubble Heritage Team (AURA/STScI)
p. 220: 湖南省天文协会（上图），alainaubert, CC BY 2.0（下图）
p. 221: NASA, ESA, Andrew Fruchter (STScI), and the ERO team (STScI + ST-ECF)（左图）
p. 223: Atlas Image [or Atlas Image mosaic] courtesy of 2MASS/UMass/IPAC-Caltech/NASA/NSF（上图），Horizon Productions SFL（下图）
p. 224-225: 袁凤芳
p. 226-227: 余恒
p. 233: 杨小咪
p. 234: NASA/JPL-Caltech/ESA/Harvard-Smithsonian CfA

p. 235: NASA, ESA and the Hubble Heritage Team (STScI/AURA). Acknowledgment: J. Gallagher (University of Wisconsin), M. Mountain (STScI) and P. Puxley (NSF).
p. 236: Göran Nilsson & The Liverpool Telescope, CC BY-SA 4.0（左图）, T.A. Rector (University of Alaska Anchorage) and H. Schweiker (WIYN and NOIRLab/NSF/AURA)（右图）
p. 237: ESA/Hubble & NASA（上图、中图）, R. Williams (STScI), the Hubble Deep Field Team and NASA/ESA（下图）
p. 239: NASA/JPL-Caltech/O. Krause (Steward Observatory)（上图）, NASA, ESA, and the Hubble Heritage (STScI/AURA)-ESA/Hubble Collaboration. Acknowledgement: Robert A. Fesen (Dartmouth College, USA) and James Long (ESA/Hubble)（下图）
p. 241: Giuseppe Donatiello（上图）, NASA/JPL-Caltech/M. Marengo (Iowa State)（下图）
p. 242: Chuck Ayoub, CC BY-SA 4.0（上图）, KeithSteffens, CC BY-SA 4.0（下图）
p. 243: 美国沃尔特美术馆
p. 244: NASA, ESA, and The Hubble Heritage Team (STScI/AURA); Acknowledgment: W. Keel (University of Alabama, Tuscaloosa)
p. 245: Kamil Pecinovský (http://astrofotky.cz/~caradoc), CC BY-SA 4.0（下图）
p. 246-247: 戴建峰
p. 252: P. Kervella (CNRS/U. of Chile/Observatoire de Paris/LESIA), ESO/Digitized Sky Survey 2, D. De Martin/M. Zamani
p. 253: ESO/M. Kornmesser
p. 254: ESO（上图）, ESO/WFI (Optical); MPIfR/ESO/APEX/A.Weiss et al. (Submillimetre); NASA/CXC/CfA/R.Kraft et al. (X-ray)（下图）
p. 255: Naskies, CC-BY-SA-3.0（下图）
p. 256: ESO
p. 257: NASA, ESA, N. Smith (University of Arizona), and J. Morse (BoldlyGo Institute)（下图）
p. 258: NASA, Christine Klicka Godfrey (STScI)
p. 259: ESO（左图）, B. Saxton, NRAO/AUI/NSF（右图）
p. 261: ESO/C. Malin（下图）
p. 262: ESO
p. 263: ESO/R. Fosbury (ST-ECF)
p. 264: ESO/L. Calçada
p. 267: ESO/VISTA VMC（左图）
p. 276: 袁凤芳
p. 287: NASA/GSFC/Arizona State University

p.52、p.54、p.55、p.58-59、p.61、p.63、p.64、p.66、p.70、p.74、p.78、p.81、p.92、p.93、p.94、p.96、p.97、p.102、p.110、p.114、p.120、p.122、p.123、p.125、p.126、p.128、p.131、p.138、p.145、p.146、p.148、p.151、p.154、p.158、p.160、p.163、p.165、p.169、p.171、p.174、p.177、p.184、p.187、p.189、p.191、p.192、p.193、p.196、p.200、p.205、p.207、p.209、p.213、p.216、p.219、p.221、p.222、p.232、p.233、p.238、p.240、p.243、p.245、p.252、p.255、p.257、p.260、p.261、p.265、p.266、p.267、p.268、p.269、p.270、p.271、p.272、p.273 的星座模拟图由杨小咪借助 Stellarium 软件制作

p.48-49、p. 50-51、p.56-57、P.68-69、p.86-87、p.88-89、p.100-101、p.104、p.118-119、p.134-135、p.136-137、p.152-153、p.166-167、p.172、p.180-181、p.182-183、p.194-195、p.210-211、p.214（左图）、p.229、p.230、p.249 的星图由余恒制作

p.9、p.11、p.12、p.13、p.21、p.22~23、p.25、p.29、p.42、p.91、p.157、p.184（下图）、p.231、p.275 的科学插画由白鳍豚工作室绘制

后记并致谢

2015 年 12 月 7 日，美国国家航空航天局（NASA）发布了月亮侦察轨道器（LRO）所捕获的独特的地球景观。照片中，地球刚从月球地平线上升起。右上方的棕褐色是撒哈拉沙漠，左下是汹涌的大西洋与南美洲和非洲的海岸线。除了极少数的宇航员，如不借助这样的照片，我们根本不会有机会以身在太空的视角来看我们的家园——地球。

这张照片的最高质量图像的大小为 783M。我将它放到最大，也没有在地球上找到任何疑似生物的影像。所有的生物在这张照片中的存在感都不会大于一个像素。而在去往太阳系边缘的飞行器“旅行者一号”所拍摄的太阳系照片里，地球仅是一个暗淡蓝点，按比例不过 0.12 像素。但这颗星球，是我们仰望星空的落脚点，也是美国天文学家卡尔·萨根先生所写的“那是此地，那是家园，那是我们。你所爱的每一个人，你所知的每一个人，你所闻的每一个人，曾经存在的每一个人，都在它上面度过一生”。

亦是现在这本你打开的书的起点。

我将这张照片放在本书末尾，至此，它终于完整。

回想起三年多前，我找到老友余恒博士，软磨硬泡地要他写一本关于星空的大众科普书。当时的设想是以大开本的地板书形式呈现星空，每月一张大图，并置星图与各类天体，但除此之外，并没有更清晰的逻辑。唯一定下的，也就是取自德国哲学家康德名言的书名。余博士是志向坚定、一心探索星辰大海的天文学家和经验丰富的天体物理学教师，自然不会被我那些不靠谱的要求所难倒，很快就写出了样稿。我读完之后知道，这就是我要的书了。当然，其时离现在成书的模样还很遥远，否则的话，也不会花费近四年光阴才能面世。在此略过撰写、修改、编辑、设计过程不谈，总之是一段辛苦漫长的历程，所幸终于不负余博士和所有参与者的付出。

致谢这部分文字原本该由本书作者余恒博士来完成，但我硬是从他手上抢来了。这本书有如今的样子，其实是无数人辛劳的成果，尽管直接或间接参与的每一个人都隐身其后，面目模糊，不会比书中的任何一段文字或一张图片更明晰。但我仍然想要在书中占据一页，将他们的名字一一记下，以此致以敬意。（以下排名不分先后）

周挺小姐《我们头顶的星空》的特约编辑

温柔耐心的她承担了这本书繁重、烦琐的编校工作，细致认真地整理图片、与插画绘制团队和设计师沟通，以自己独有的文字敏感度提出表述方面的疑问。这本书可以大众更能理解的方式来解释科学，余博士也说自己的“写作水平大大提高”，都是周挺的付出。

森田达子小姐《我们头顶的星空》的设计师

将文稿和图片转化为有色彩有重量有厚度的印刷品，是视觉表现的魔法。达子正是这样一位有魔法的设计师。之前我们已经合作过三本书，每一次达子都给出了最漂亮的方案。这一次当然也不例外。我们喜欢达子的设计不仅仅在于美，还因为她的用心和极高的专业素养，总能精准地表达出作者和编辑想要传达的意图。与这样了不起的设计师合作，是我们的幸运。

白鲟豚插画工作室《我们头顶的星空》的科学示意图绘制

相较于一般的插画，除了对文字内容的表达和美，科学示意图还需要准确地解释科学现象，创作难度非常高。我们有一些小小的野心和狂妄，希望创作出有生命力的优美的科学示意图。白鲟豚插画工作室是最优秀的合作方，完美地画出了我们想要的作品。在此也一并感谢工作室创始人胡龙先生，正是因他不计报酬鼎力支持，我们才能愉快顺利地完成这一切。

张国荣先生、黄霑先生

冬季北京天黑得早，傍晚走出办公楼时天总是黑尽了。回家要去的公交站朝东，没有雾霾时总能看见小犬座已经升起，天狼星挂在天边，不远处是猎户座的三颗星腰带。那时候我总会想起 20 世纪的老歌《明星》。歌中唱道："我像那银河星星，让你默默爱过，更让那柔柔光辉，为你解痛楚。"这一句深情，我常常听得心中酸楚，又觉得无限安慰。从前我曾与余博士笑言，心情不好时就去看星星吧，还想要把这一点写在书的腰条上。成书过程中，挫折困难重重，世界还因为突如其来的新冠肺炎疫情断裂，不复从前的模样，歌者张国荣先生和创作者黄霑先生更是早已故去。人们常说星空依旧，可谁又能想到 1.4 万年前，北极星其实是现在的织女星而非小熊座 α 呢？所幸名曲不朽，伴我看星星，贯穿这本书的始终。

所有的图片作者

本书中的图片来自国内外的众多机构和作者。国际天文界一向有开放共享的传统，关于星空的影像和知识是全人类共同的财富。鉴于篇幅有限，恕在此不能一一列入著作者的名字（详细信息请查阅书后附录的图片来源）。非常庆幸我们身在互联网时代，知识的传播可以不受封锁和阻塞，自由的流动才有了书中丰富多样的图片。不过，我们要特别感谢袁凤芳、虞骏（Steed）、周熠君、戴建峰等中国星空摄影师，以及湖南省天文协会会长谭巍，北京师范大学天文系李天，北京天文馆邵珍珍，他们镜头下的中国星空让本书变得更加亲切美好。还要感谢开源星图软件 Parvum Planetarium 的作者 Torsten Bronger，以及进行后续开发和改进的何冬杰。本书所用的高质量星图很大程度上得益于他们的努力。

王思楠小姐并重庆大学出版社

思楠是《我们头顶的星空》这本书的责任编辑，给予了我们无数支持和鼓励。这本书能够顺利出版，幸有思楠。好书最值得托付给思楠，因为她是最真诚、最值得信赖的好编辑。在此也一并感谢重庆大学出版社的印制、发行部门的诸位老师，他们都为这本书付出了诸多心血，是杰出优秀的出版团队。

余恒博士 《我们头顶的星空》作者

最该感谢的，当然是余恒博士。没有他，哪有这样美好动人的科普书呢？

——郭桴

最后，我还要感谢这些年里曾和我一起观星的各地同好。在一起追逐星光的路上，我也被你们眼中的光芒照亮。

——余恒

2015 年 12 月 7 日，美国国家航空航天局（NASA）发布的月亮侦察轨道器（LRO）所捕获的独特的地球景观

我们头顶的

星空

图书在版编目（CIP）数据

我们头顶的星空 / 余恒 著 . -- 重庆 : 重庆大学出版社 ,2022.4
ISBN 978-7-5689-3123-6

I. ①我 … II. ①余 … III. ①天文学—普及读物
IV. ① P1-49

中国版本图书馆 CIP 数据核字（2022）第 025823 号

我们头顶的星空
WOMEN TOUDING DE XINGKONG
余恒 著

责任编辑：王思楠
责任校对：关德强
责任印制：张　策

重庆大学出版社出版发行
出版人：饶邦华
社　址：（401331）重庆市沙坪坝区大学城西路 21 号
网　址：http://www.cqup.com.cn
印　刷：北京利丰雅高长城印刷有限公司

开本：787 mm×1092 mm 1/8　印张：36　字数：445 千
2022 年 4 月第 1 版 2022 年 4 月第 1 次印刷
ISBN 978-7-5689-3123-6 定价：228.00 元